책장을 넘기며 느껴지는
몰입의 기쁨

노력한 만큼 빛이 나는
내일의 반짝임

새로운 배움, 더 큰 즐거움

미래엔이 응원합니다!

올리드

중등 수학 1(하)

BOOK CONCEPT

개념 이해부터 내신 대비까지 완벽하게 끝내는 필수 개념서

BOOK GRADE

구성 비율	개념				문제

개념 수준	간략	알참	상세

문제 수준	기본	표준	발전

WRITERS

미래엔콘텐츠연구회
No.1 Content를 개발하는 교육 전문 콘텐츠 연구회

천태선 인도네시아 자카르타한국국제학교 교사 | 서울대 수학교육과
강순모 동신중 교사 | 한양대 대학원 수학교육과
김보현 동성중 교사 | 이화여대 수학교육과
강해기 배재중 교사 | 서울대 수학교육과
신지영 개운중 교사 | 서울대 수학교육과
이경은 한울중 교사 | 서울대 수학교육과
이현구 정의여중 교사 | 서강대학교 대학원 수학교육과
정 란 옥정중 교사 | 부산대 수학교육과
정석규 세곡중 교사 | 충남대 수학교육과
주우진 서울사대부설고 교사 | 서울대 수학교육과
한혜정 창덕여중 교사 | 숙명여대 수학과
홍은지 원촌중 교사 | 서울대 수학교육과

COPYRIGHT

인쇄일 2023년 8월 1일(1판11쇄)
발행일 2018년 3월 2일

펴낸이 신광수
펴낸곳 ㈜미래엔
등록번호 제16-67호

교육개발1실장 하남규
개발책임 주석호
개발 김지현, 박혜령, 황규리, 조성민

디자인실장 손현지
디자인책임 김기욱
디자인 이진희, 유성아

CS본부장 강윤구
CS지원책임 강승훈

ISBN 979-11-6841-119-7

자신감

보조바퀴가 달린 네발 자전거를 타다 보면
어느 순간 시시하고, 재미가 없음을 느끼게 됩니다.
그리고 주위에서 두발 자전거를 타는 모습을 보며
'언제까지 네발 자전거만 탈 수는 없어!'
라는 마음에 두발 자전거 타는 방법을 배우려고 합니다.

보조바퀴를 떼어낸 후
자전거도 뒤뚱뒤뚱, 몸도 뒤뚱뒤뚱.
결국에는 넘어지기도 수 십번.
넘어졌다고 포기하지 않고 다시 일어나서 자전거를 타다 보면
어느덧 혼자서도 씽씽 달릴 수가 있습니다.

올리드 수학을 만나면
개념과 문제뿐 아니라 오답까지 잡을 수 있습니다.
그래서 어느새 수학에 자신감이 생기게 됩니다.

자, 이제 **올리드 수학**으로 공부해 볼까요?

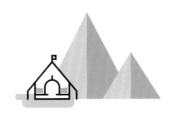

Structure

[첫째,
교과서 개념을 **44개로 세분화**
하고 알차게 정리하여 차근차근
공부할 수 있도록 하였습니다.

[둘째,
개념 1쪽, 문제 1쪽의 2쪽 구성
으로 개념 학습 후 문제를 바로
풀면서 개념을 익힐 수 있습니다.

[셋째,
개념교재편을 공부한 후, 익힘교
재편으로 **반복 학습**을 하여 **완
벽하게 마스터**할 수 있습니다.

개념 교재편

1 개념 & 대표 문제 학습

2쪽 구성

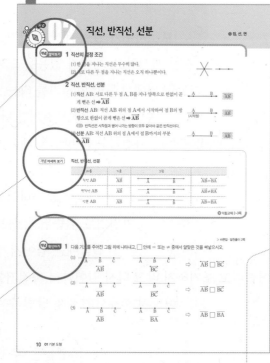

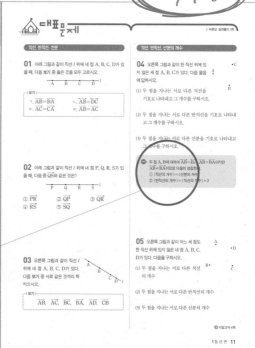

개념 학습

개념 알아보기

각 단원에서 교과서 핵심 개념을 세분화하여 정리하
였습니다.

개념 자세히 보기

개념을 도식화, 도표화하여 보다 쉽게 개념을 이해
할 수 있습니다.

개념 확인하기

정의와 공식을 이용하여 푸는 문제로 개념을 바로
확인할 수 있습니다.

대표 문제

개념별로 1~3개의 주제로 분류하고, 주제별로 대표
적인 문제를 수록하였습니다.

TIP

문제를 해결하는 데 필요한 전략이나 어려운 개념에
대한 설명이 필요한 경우에 TIP을 제시하였습니다.

2 핵심 문제 학습

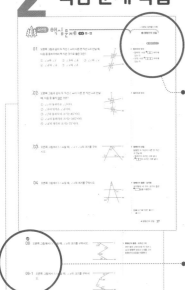

소단원 핵심 문제
각 소단원의 주요 핵심 문제만을 선별하여 수록하였습니다.

● 개념 REVIEW
문제 풀이에 이용된 개념을 다시 한 번 짚어 볼 수 있습니다.

UP & 한문제 더
실력을 한 단계 향상시킬 수 있는 문제로, UP과 유사한 문제를 한 번 더 학습할 수 있습니다.

3 마무리 학습

중단원 마무리 문제
중단원에서 배운 내용을 종합적으로 마무리할 수 있는 문제를 수록하였습니다.

● 창의·융합 문제
타 교과나 실생활과 관련된 문제를 단계별 과정에 따라 풀어 봄으로써 문제 해결력을 기를 수 있습니다.

교과서 속 서술형 문제
꼬리에 꼬리를 무는 구체적인 질문으로 풀이를 서술하는 연습을 하고, 연습문제를 풀면서 서술형에 대한 감각을 기를 수 있습니다.

익힘 교재편

개념 정리
빈칸을 채우면서 중단원별 핵심 개념을 다시 한 번 확인할 수 있습니다.

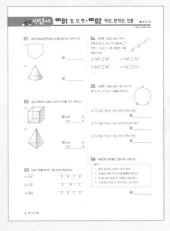

익힘 문제
개념별 기본 문제로 개념교재편의 대표 문제를 반복 연습할 수 있습니다.

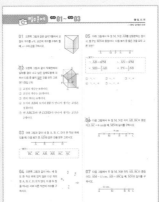

필수 문제
소단원별 필수 문제로 개념교재편의 핵심 문제를 반복 연습할 수 있습니다.

Contents

차례

수학적 발견의 원동력은
논리적 추론이 아니라 상상력이다.
- 오거스터스 드 모르간 -

01

기본 도형

배운내용 Check

1 오른쪽 그림을 보고, 다음을 구하시오.

(1) 직선 가와 수직인 직선

(2) 직선 가와 평행한 직선

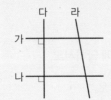

정답 **1** (1) 직선 다   (2) 직선 나

01 점, 선, 면

개념 알아보기

1 도형의 기본 요소

(1) **도형의 기본 요소**: 점, 선, 면

(2) 점이 움직인 자리는 선이 되고, 선이 움직인 자리는 면이 된다.

2 평면도형과 입체도형

(1) **평면도형**: 삼각형, 원과 같이 한 평면 위에 있는 도형

(2) **입체도형**: 직육면체, 원기둥과 같이 한 평면 위에 있지 않은 도형

평면도형	입체도형
△ ○	▱ ⬭

3 교점과 교선

(1) **교점**: 선과 선 또는 선과 면이 만나서 생기는 점

(2) **교선**: 면과 면이 만나서 생기는 선 ← 교선은 직선일 수도 있고 곡선일 수도 있다.

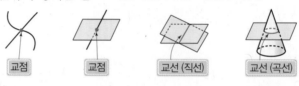

| 교점 | 교점 | 교선 (직선) | 교선 (곡선) |

개념 자세히 보기

각기둥과 각뿔에서 교점과 교선

각기둥과 각뿔에서 꼭짓점은 모서리와 모서리 또는 면과 모서리가 만나서 생기는 교점이고, 모서리는 면과 면이 만나서 생기는 교선이다.

➡ 오른쪽 그림의 삼각뿔에서
$$\begin{cases} (교점의\ 개수) = (꼭짓점의\ 개수) = 4(개) \\ (교선의\ 개수) = (모서리의\ 개수) = 6(개) \end{cases}$$

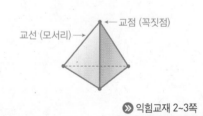

교선 (모서리)→ ←교점 (꼭짓점)

➡ 익힘교재 2~3쪽

※ 바른답·알찬풀이 2쪽

개념 확인하기

1 오른쪽 그림의 직육면체를 보고, 다음 물음에 답하시오.

(1) 평면도형인지, 입체도형인지 말하시오.

(2) 몇 개의 면으로 둘러싸여 있는지 구하시오.

(3) 교점과 교선의 개수를 각각 구하시오.

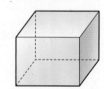

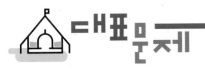

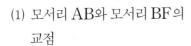

교점과 교선

01 오른쪽 그림과 같은 직육면체에서 다음을 구하시오.

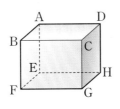

(1) 모서리 AB와 모서리 BF의 교점

(2) 모서리 CD와 면 BFGC의 교점

(3) 면 ABCD와 면 DCGH의 교선

02 다음 그림과 같은 도형에서 교점과 교선의 개수를 각각 구하시오.

(1)

(2)

03 오른쪽 그림과 같은 입체도형에서 교점의 개수를 a개, 교선의 개수를 b개, 면의 개수를 c개라 할 때, $a+b-c$의 값을 구하시오.

도형의 이해

04 다음 설명 중 옳은 것은 ○표, 옳지 않은 것은 ×표를 하시오.

(1) 도형의 기본 요소는 점, 선, 면이다. (   )

(2) 점이 움직인 자리는 선이 되고, 선이 움직인 자리는 면이 된다. (   )

(3) 삼각형, 사각형 등과 같이 한 평면 위에 있는 도형은 입체도형이다. (   )

(4) 선과 면이 만나면 교선이 생긴다. (   )

(5) 교점은 선과 선이 만날 때만 생긴다. (   )

(6) 면과 면이 만나서 생기는 선을 교선이라 한다. (   )

05 다음 **보기** 중 옳은 것을 모두 고른 것은?

┤ 보기 ├
ㄱ. 선은 무수히 많은 점으로 이루어져 있다.
ㄴ. 사각기둥, 구는 입체도형이다.
ㄷ. 입체도형은 점, 선, 면으로 이루어져 있다.
ㄹ. 오각뿔에서 교점의 개수는 모서리의 개수와 같다.

① ㄱ   ② ㄴ, ㄷ   ③ ㄱ, ㄴ, ㄷ
④ ㄱ, ㄴ, ㄹ   ⑤ ㄱ, ㄴ, ㄷ, ㄹ

▶▶ 익힘교재 4쪽

개념 알아보기

1 직선의 결정 조건

(1) 한 점을 지나는 직선은 무수히 많다.

(2) 서로 다른 두 점을 지나는 직선은 오직 하나뿐이다.

2 직선, 반직선, 선분

(1) **직선 AB**: 서로 다른 두 점 A, B를 지나 양쪽으로 한없이 곧게 뻗은 선 ➡ $\overleftrightarrow{AB}$

A   B $\boxed{\overleftrightarrow{AB}}$

(2) **반직선 AB**: 직선 AB 위의 점 A에서 시작하여 점 B의 방향으로 한없이 곧게 뻗은 선 ➡ $\overrightarrow{AB}$

A(시작점)   B $\boxed{\overrightarrow{AB}}$

> 참고 반직선은 시작점과 뻗어 나가는 방향이 모두 같아야 같은 반직선이다.

(3) **선분 AB**: 직선 AB 위의 점 A에서 점 B까지의 부분 ➡ $\overline{AB}$

A   B $\boxed{\overline{AB}}$

개념 자세히 보기

직선, 반직선, 선분

이름	기호	그림	
직선 AB	$\overleftrightarrow{AB}$	A B	$\overleftrightarrow{AB}=\overleftrightarrow{BA}$
반직선 AB	$\overrightarrow{AB}$	A B	$\overrightarrow{AB}\neq\overrightarrow{BA}$
선분 AB	$\overline{AB}$	A B	$\overline{AB}=\overline{BA}$

>> 익힘교재 2~3쪽

🗝 바른답·알찬풀이 2쪽

개념 확인하기

1 다음 기호를 주어진 그림 위에 나타내고, ☐ 안에 = 또는 ≠ 중에서 알맞은 것을 써넣으시오.

(1)
A   B   C $\overrightarrow{AB}$ A   B   C $\overrightarrow{BC}$ ⇨ $\overrightarrow{AB}$ ☐ $\overrightarrow{BC}$

(2)
A   B   C $\overrightarrow{AB}$ A   B   C $\overrightarrow{BC}$ ⇨ $\overrightarrow{AB}$ ☐ $\overrightarrow{BC}$

(3)
A   B   C $\overline{AB}$ A   B   C $\overline{BA}$ ⇨ $\overline{AB}$ ☐ $\overline{BA}$

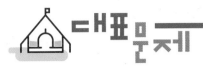

직선, 반직선, 선분

01 아래 그림과 같이 직선 l 위에 네 점 A, B, C, D가 있을 때, 다음 **보기** 중 옳은 것을 모두 고르시오.

┌ 보기 ┐

ㄱ. $\overline{AB}=\overline{BA}$　　　　ㄴ. $\overleftrightarrow{AB}=\overleftrightarrow{DC}$

ㄷ. $\overrightarrow{AC}=\overrightarrow{CA}$　　　　ㄹ. $\overrightarrow{AB}=\overrightarrow{AC}$

02 아래 그림과 같이 직선 l 위에 네 점 P, Q, R, S가 있을 때, 다음 중 $\overrightarrow{QS}$와 같은 것은?

① $\overrightarrow{PR}$　　　　② $\overrightarrow{QP}$　　　　③ $\overrightarrow{QR}$

④ $\overrightarrow{RS}$　　　　⑤ $\overrightarrow{SQ}$

03 오른쪽 그림과 같이 직선 l 위에 네 점 A, B, C, D가 있다. 다음 **보기** 중 서로 같은 것끼리 짝 지으시오.

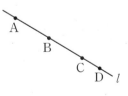

┌ 보기 ┐

$\overrightarrow{AB}$, 　$\overrightarrow{AC}$, 　$\overline{BC}$, 　$\overrightarrow{BA}$, 　$\overleftrightarrow{AD}$, 　$\overrightarrow{CB}$

직선, 반직선, 선분의 개수

04 오른쪽 그림과 같이 한 직선 위에 있지 않은 세 점 A, B, C가 있다. 다음 물음에 답하시오.

(1) 두 점을 지나는 서로 다른 직선을 기호로 나타내고 그 개수를 구하시오.

(2) 두 점을 지나는 서로 다른 반직선을 기호로 나타내고 그 개수를 구하시오.

(3) 두 점을 지나는 서로 다른 선분을 기호로 나타내고 그 개수를 구하시오.

TIP 두 점 A, B에 대하여 $\overrightarrow{AB}=\overrightarrow{BA}$, $\overline{AB}=\overline{BA}$이지만 $\overrightarrow{AB}\neq\overrightarrow{BA}$이므로 다음이 성립한다.
① (직선의 개수)＝(선분의 개수)
② (반직선의 개수)＝(직선의 개수)×2

05 오른쪽 그림과 같이 어느 세 점도 한 직선 위에 있지 않은 네 점 A, B, C, D가 있다. 다음을 구하시오.

(1) 두 점을 지나는 서로 다른 직선의 개수

(2) 두 점을 지나는 서로 다른 반직선의 개수

(3) 두 점을 지나는 서로 다른 선분의 개수

익힘교재 4쪽

두 점 사이의 거리

개념 알아보기

1 두 점 사이의 거리

(1) **두 점 A, B 사이의 거리**

두 점 A, B를 잇는 무수히 많은 선 중에서 길이가 가장 짧은 선, 즉 **선분 AB의 길이**

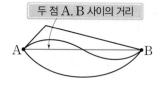

참고 ① 선분 AB의 길이가 2 cm일 때, $\overline{AB}=2$ cm와 같이 나타낸다.
② 선분 AB와 선분 CD의 길이가 같을 때, $\overline{AB}=\overline{CD}$와 같이 나타낸다.

(2) **선분 AB의 중점**

선분 AB 위의 점 M에 대하여 $\overline{AM}=\overline{MB}$일 때, 점 M을 선분 AB의 **중점**이라 한다.
점 M은 선분 AB의 길이를 이등분한다.

➡ $\overline{AM}=\overline{MB}=\dfrac{1}{2}\overline{AB}$

개념 자세히 보기

선분 AB를 삼등분하는 점

두 점 M, N이 선분 AB를 삼등분하는 점이면

A   M   N   B   ➡ $\overline{AM}=\overline{MN}=\overline{NB}=\dfrac{1}{3}\overline{AB}$

>> 익힘교재 2~3쪽

개념 확인하기

바른답·알찬풀이 3쪽

1 오른쪽 그림에서 다음을 구하시오.

(1) 두 점 A, B 사이의 거리

(2) 두 점 B, D 사이의 거리

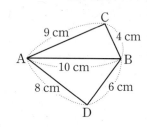

2 오른쪽 그림에서 점 M이 선분 AB의 중점일 때, 다음 □ 안에 알맞은 수를 써넣으시오.

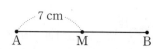

(1) $\overline{MB}=\overline{AM}=\boxed{}$ cm

(2) $\overline{AM}=\overline{MB}=\boxed{}\ \overline{AB}$

(3) $\overline{AB}=\boxed{}\ \overline{AM}=\boxed{}$ cm

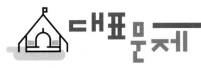
두 점 사이의 거리

01 아래 그림에서 점 M은 $\overline{AB}$의 중점이고 점 N은 $\overline{AM}$의 중점일 때, 다음 ☐ 안에 알맞은 수를 써넣으시오.

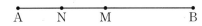

(1) $\overline{AM} = \boxed{}\,\overline{AB}$

(2) $\overline{AN} = \boxed{}\,\overline{AM} = \boxed{} \times \boxed{}\,\overline{AB} = \boxed{}\,\overline{AB}$

(3) $\overline{AB} = \boxed{}\,\overline{AM} = \boxed{} \times \boxed{}\,\overline{AN} = \boxed{}\,\overline{AN}$

02 아래 그림에서 점 M은 $\overline{AB}$의 중점이고 점 N은 $\overline{MB}$의 중점이다. $\overline{AB} = 32$ cm일 때, 다음을 구하시오.

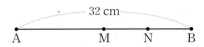

(1) $\overline{MN}$의 길이

(2) $\overline{AN}$의 길이

03 아래 그림에서 두 점 M, N이 $\overline{AB}$를 삼등분하는 점일 때, 다음 ☐ 안에 알맞은 수를 써넣으시오.

A   M   N   B

(1) $\overline{AB} = \boxed{}\,\overline{AM} = \boxed{}\,\overline{MN} = \boxed{}\,\overline{NB}$

(2) $\overline{AM} = \overline{MN} = \overline{NB} = \boxed{}\,\overline{AB}$

(3) $\overline{AN} = \boxed{}\,\overline{NB} = \boxed{}\,\overline{AB}$

04 아래 그림에서 $\overline{AB} = \overline{BC} = \overline{CD}$이고 $\overline{AD} = 15$ cm일 때, 다음을 구하시오.

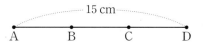

(1) $\overline{BC}$의 길이

(2) $\overline{AC}$의 길이

05 아래 그림에서 $\overline{AB} = \overline{BN} = \overline{NC}$이고 점 M은 $\overline{AB}$의 중점일 때, 다음 **보기** 중 옳지 <u>않은</u> 것을 고르시오.

┤ 보기 ├

ㄱ. $\overline{AB} = 2\overline{AM}$ ㄴ. $\overline{AC} = 3\overline{AB}$

ㄷ. $\overline{BN} = \dfrac{1}{3}\overline{AC}$ ㄹ. $\overline{AN} = 3\overline{AM}$

06 다음 그림에서 두 점 M, N은 각각 $\overline{AB}$, $\overline{BC}$의 중점이다. $\overline{MN} = 6$ cm일 때, $\overline{AC}$의 길이를 구하시오.

A   M   B   N   C
6 cm

> **TIP**
> • 점 M은 $\overline{AB}$의 중점이다. ⇨ $\overline{AM} = \overline{MB}$
> • 점 N은 $\overline{BC}$의 중점이다. ⇨ $\overline{BN} = \overline{NC}$

» 익힘교재 5쪽

● 개념 REVIEW

01 오른쪽 그림과 같은 입체도형에서 교점의 개수를 a개, 교선의 개수를 b개라 할 때, $b-a$의 값은?

① -1 ② 0 ③ 1

④ 2 ⑤ 3

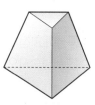

▶ 교점과 교선의 개수
각기둥과 각뿔에서
· (교점의 개수)
 $=$ (❶□□□의 개수)
· (교선의 개수)
 $=$ (❷□□□의 개수)

 오른쪽 그림과 같이 직선 l 위에 네 점 A, B, C, D가 있을 때, 다음 **보기** 중 $\overline{\text{CD}}$를 포함하는 것은 모두 몇 개인지 구하시오.

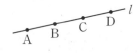

┌ 보기 ├─
$\overrightarrow{\text{AC}}$, $\overrightarrow{\text{BD}}$, $\overline{\text{CD}}$, $\overrightarrow{\text{CA}}$, $\overrightarrow{\text{BA}}$

▶ 직선, 반직선, 선분
· $\overleftrightarrow{\text{AB}}=\overleftrightarrow{\text{BA}}$
· $\overrightarrow{\text{AB}}$❸$\square\overrightarrow{\text{BA}}$
· $\overline{\text{AB}}$❹$\square\overline{\text{BA}}$

03 오른쪽 그림과 같이 직선 l 위에 네 점 A, B, C, D가 있다. 두 점을 이어서 만들 수 있는 서로 다른 직선의 개수를 a개, 반직선의 개수를 b개라 할 때, $a+b$의 값을 구하시오.

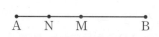

▶ 두 반직선이 같을 조건
두 반직선이 같으려면 시작점과 뻗어 나가는 ❺□□이 모두 같아야 한다.

04 오른쪽 그림에서 점 M은 $\overline{\text{AB}}$의 중점이고 점 N은 $\overline{\text{AM}}$의 중점이다. 다음 중 옳은 것은?

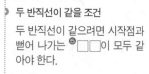

① $\overline{\text{AM}}=\dfrac{1}{2}\overline{\text{NM}}$ ② $\overline{\text{AB}}=4\overline{\text{MB}}$ ③ $\overline{\text{AN}}=\dfrac{1}{3}\overline{\text{AB}}$

④ $\overline{\text{NB}}=2\overline{\text{AM}}$ ⑤ $\overline{\text{MB}}=2\overline{\text{AN}}$

▶ 선분의 중점
점 M이 선분 AB의 중점이면
$\Rightarrow \overline{\text{AM}}=\overline{\text{MB}}=\dfrac{1}{2}\overline{\text{AB}}$

04-1 오른쪽 그림에서 두 점 M, N은 각각 $\overline{\text{AC}}$, $\overline{\text{CB}}$의 중점이고, $\overline{\text{AB}}=18$ cm일 때, $\overline{\text{MN}}$의 길이를 구하시오.

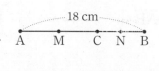

답 ❶꼭짓점 ❷모서리 ❸≠ ❹＝
❺방향

➡ 익힘교재 6쪽

개념 04 각

개념 알아보기

1 각

(1) **각 AOB**: 한 점 O에서 시작하는 두 반직선 OA와 OB로 이루어진 도형 ➡ ∠AOB, ∠BOA, ∠O, ∠a

꼭짓점을 항상 가운데에 나타낸다.

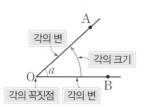

(2) **각 AOB의 크기**: ∠AOB에서 꼭짓점 O를 중심으로 변 OB가 변 OA까지 회전한 양

예 ∠AOB의 크기가 60°일 때, ∠AOB＝60°와 같이 나타낸다.

2 각의 분류

(1) **평각**(180°): 각의 두 변이 꼭짓점을 중심으로 서로 반대쪽에 있으면서 한 직선을 이루는 각

(2) **직각**(90°): 평각의 크기의 $\frac{1}{2}$인 각

(3) **예각**: 크기가 0°보다 크고 90°보다 작은 각

(4) **둔각**: 크기가 90°보다 크고 180°보다 작은 각

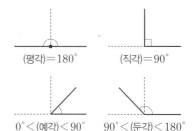

(평각)＝180° (직각)＝90°

0°＜(예각)＜90° 90°＜(둔각)＜180°

개념 자세히 보기

각의 분류

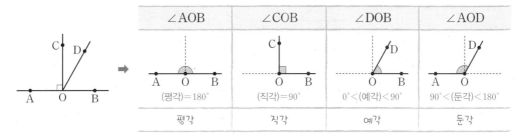

	∠AOB	∠COB	∠DOB	∠AOD
	(평각)＝180°	(직각)＝90°	0°＜(예각)＜90°	90°＜(둔각)＜180°
	평각	직각	예각	둔각

≫ 익힘교재 2~3쪽

바른답 · 알찬풀이 4쪽

개념 확인하기

1 다음 각을 보기에서 모두 고르시오.

┤보기├

ㄱ. 90°   ㄴ. 86°   ㄷ. 130°   ㄹ. 180°

ㅁ. 112°   ㅂ. 37°   ㅅ. 100°   ㅇ. 45°

(1) 예각

(2) 직각

(3) 둔각

(4) 평각

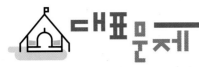

각의 크기

01 다음 그림에서 $\angle x$의 크기를 구하시오.

(1)

(2)

02 오른쪽 그림에서 $\angle$AOD가 평각일 때, 다음 각의 크기를 구하시오.

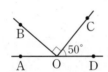

(1) $\angle$BOD

(2) $\angle$AOB

03 오른쪽 그림에서 $\angle x$의 크기를 구하시오.

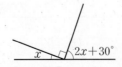

04 오른쪽 그림에서
$\angle$AOC$=\angle$COD이고
$\angle$DOE$=\angle$EOB일 때, 다음은
$\angle$COE의 크기를 구하는 과정이다.
□ 안에 알맞은 것을 써넣으시오.

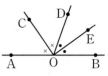

$$\times + \times + \bullet + \bullet = \boxed{} \text{이므로}$$
$$2(\times + \bullet) = \boxed{} \qquad \therefore \times + \bullet = \boxed{}$$
$$\therefore \angle\text{COE} = \times + \bullet = \boxed{}$$

05 오른쪽 그림에서
$\angle x : \angle y : \angle z = 2 : 4 : 3$일 때,
□ 안에 알맞은 것을 써넣으시오.

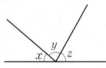

(1) $\angle x = 180° \times \dfrac{\boxed{}}{2+4+3} = \boxed{}$

(2) $\angle y = 180° \times \dfrac{\boxed{}}{2+4+3} = \boxed{}$

(3) $\angle z = 180° \times \dfrac{\boxed{}}{2+4+3} = \boxed{}$

06 오른쪽 그림에서
$\angle x : \angle y : \angle z = 4 : 6 : 5$일 때,
$\angle y$의 크기를 구하시오.

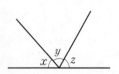

익힘교재 7쪽

05 맞꼭지각

개념 알아보기 1 맞꼭지각

(1) **교각**: 서로 다른 두 직선이 한 점에서 만날 때 생기는 네 각

➡ $\angle a$, $\angle b$, $\angle c$, $\angle d$

(2) **맞꼭지각**: 교각 중에서 서로 마주 보는 각

➡ $\angle a$와 $\angle c$, $\angle b$와 $\angle d$

(3) **맞꼭지각의 성질**: 맞꼭지각의 크기는 서로 같다.

➡ $\angle a = \angle c$, $\angle b = \angle d$

(참고) 평각은 서로 다른 두 직선이 한 점에서 만나서 이루어지는 각이 아니므로 맞꼭지각에서 제외한다.

(주의) 마주 보는 각이라 해서 항상 맞꼭지각이 되는 것은 아니다.

예를 들어 오른쪽 그림에서 $\angle a$와 $\angle c$, $\angle b$와 $\angle d$는 맞꼭지각이 아니다.

➡ 반드시 두 직선이 만나서 생기는 교각 중에서 서로 마주 보는 각이어야 맞꼭지각이다.

개념 자세히 보기 맞꼭지각의 성질

평각의 크기가 $180°$임을 이용하여 맞꼭지각의 크기가 서로 같음을 확인해 보자.

오른쪽 그림과 같이 서로 다른 두 직선이 한 점에서 만날 때

$\angle a + \angle b = 180°$, $\angle b + \angle c = 180°$

이므로

$\angle a = 180° - \angle b$, $\angle c = 180° - \angle b$

$\therefore \angle a = \angle c$

마찬가지로

$\angle a + \angle b = 180°$, $\angle a + \angle d = 180°$

이므로

$\angle b = 180° - \angle a$, $\angle d = 180° - \angle a$

$\therefore \angle b = \angle d$

❯❯ 익힘교재 2~3쪽

✑ 바른답 · 알찬풀이 4쪽

개념 확인하기 1 오른쪽 그림과 같이 세 직선이 한 점 O에서 만날 때, 다음 각의 맞꼭지각을 구하시오.

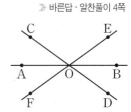

(1) $\angle AOC$

(2) $\angle FOD$

(3) $\angle COB$

(4) $\angle EOD$

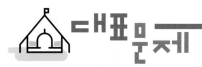

맞꼭지각의 성질(1)

01 다음 그림에서 ∠x, ∠y의 크기를 각각 구하시오.

(1)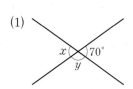

(2)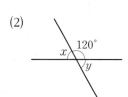

02 다음 그림에서 ∠x의 크기를 구하시오.

(1) (2)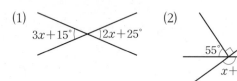

맞꼭지각의 성질(2)

03 다음 그림에서 ∠x의 크기를 구하시오.

(1)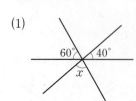

(2)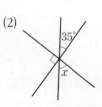

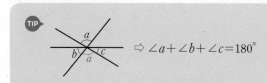

04 오른쪽 그림에서 ∠x의 크기는?

① 20° ② 25°

③ 30° ④ 35°

⑤ 40°

05 다음 그림에서 ∠x, ∠y의 크기를 각각 구하시오.

(1)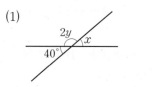

(2)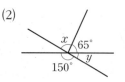

06 오른쪽 그림에서 ∠x+∠y의 크기는?

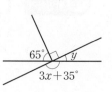

① 60° ② 65°

③ 70° ④ 75°

⑤ 80°

익힘교재 8쪽

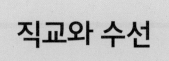

06 직교와 수선

❷ 각

개념 알아보기

1 직교와 수선

(1) **직교**: 두 직선 AB와 CD의 교각이 직각일 때 두 직선은 **직교**한다고 한다. ➡ $\overleftrightarrow{AB} \perp \overleftrightarrow{CD}$

(2) **수직과 수선**: 두 직선이 직교할 때, 두 직선은 서로 수직이고, 한 직선을 다른 직선의 수선이라 한다.

(3) **수직이등분선**: 직선 l이 선분 AB의 중점 M을 지나고 선분 AB에 수직일 때, 직선 l을 선분 AB의 **수직이등분선**이라 한다.
➡ $\overline{AM} = \overline{BM}$, $l \perp \overline{AB}$

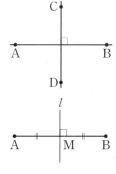

2 점과 직선 사이의 거리

(1) **수선의 발**: 직선 l 위에 있지 않은 점 P에서 직선 l에 수선을 그어 생기는 교점을 H라 할 때, 이 점 H를 점 P에서 직선 l에 내린 **수선의 발**이라 한다.

(2) **점과 직선 사이의 거리**: 직선 l 위에 있지 않은 점 P에서 직선 l에 내린 수선의 발 H까지의 거리 ➡ $\overline{PH}$의 길이

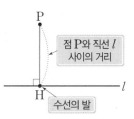

점 P와 직선 l 사이의 거리

수선의 발

개념 자세히 보기

점과 직선 사이의 거리

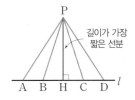

길이가 가장 짧은 선분

➡ (점 P와 직선 l 사이의 거리) $= \overline{PH}$

» 익힘교재 2~3쪽

※ 바른답 · 알찬풀이 5쪽

개념 확인하기

1 오른쪽 그림에서 ∠AOC=90°일 때, 다음 ☐ 안에 알맞은 것을 써넣으시오.

(1) $\overleftrightarrow{AB}$ ☐ $\overleftrightarrow{CD}$

(2) $\overleftrightarrow{CD}$는 $\overleftrightarrow{AB}$의 ☐이다.

(3) 점 C에서 $\overleftrightarrow{AB}$에 내린 수선의 발은 점 ☐이다.

(4) 점 C와 $\overleftrightarrow{AB}$ 사이의 거리는 선분 ☐의 길이이다.

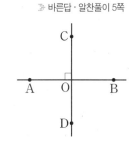

2각 **19**

직교와 수선

01 오른쪽 그림과 같이 한 눈금의 길이가 1인 모눈종이 위에 직선 l과 세 점 A, B, C가 있다. 다음 물음에 답하시오.

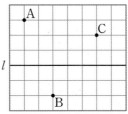

(1) 세 점 A, B, C에서 직선 l에 내린 수선의 발을 각각 P, Q, R라 할 때, 세 점 P, Q, R를 모눈종이 위에 각각 나타내시오.

(2) 세 점 A, B, C와 직선 l 사이의 거리를 차례대로 구하시오.

02 오른쪽 그림과 같은 사다리꼴 ABCD에서 다음을 구하시오.

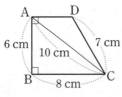

(1) $\overline{BC}$와 직교하는 선분

(2) 점 A에서 $\overline{BC}$에 내린 수선의 발

(3) 점 A와 $\overline{BC}$ 사이의 거리

03 오른쪽 그림과 같은 삼각형 ABC에서 다음을 구하시오.

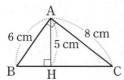

(1) 점 A와 $\overline{BC}$ 사이의 거리

(2) 점 C와 $\overline{AB}$ 사이의 거리

04 오른쪽 그림과 같이 직선 AB와 직선 CD가 직교하고 $\overline{AH}=\overline{BH}$일 때, 다음 중 옳은 것은 ○표, 옳지 않은 것은 ×표를 하시오.

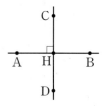

(1) $\overleftrightarrow{AB}\perp\overleftrightarrow{CD}$ ( )

(2) $\overleftrightarrow{AB}$는 $\overleftrightarrow{CD}$의 수선이다. ( )

(3) $\overleftrightarrow{AB}$는 $\overline{CD}$의 수직이등분선이다. ( )

(4) 점 A에서 $\overleftrightarrow{CD}$에 내린 수선의 발은 점 B이다. ( )

(5) 점 C와 $\overleftrightarrow{AB}$ 사이의 거리는 $\overline{CH}$의 길이이다. ( )

05 다음 보기 중 오른쪽 그림과 같은 사다리꼴 ABCD에 대한 설명으로 옳은 것을 모두 고르시오.

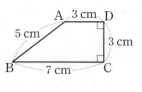

┤보기├

ㄱ. $\overline{AD}\perp\overline{CD}$

ㄴ. 점 A와 $\overline{BC}$ 사이의 거리는 5 cm이다.

ㄷ. 점 B에서 $\overline{CD}$에 내린 수선의 발은 점 C이다.

ㄹ. 점 C와 $\overline{AD}$ 사이의 거리는 3 cm이다.

▶▶ 익힘교재 9쪽

● 개념 REVIEW

01 다음 그림에서 $\angle x$의 크기를 구하시오.

(1)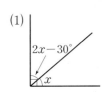

(2)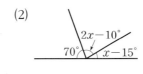

> 각의 크기
> · (직각의 크기)=❶□
> · (평각의 크기)=❷□

02 오른쪽 그림에서 $\angle y - \angle x$의 크기를 구하시오.

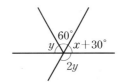

> 맞꼭지각의 성질
> 맞꼭지각의 크기는 서로 ❸□□.

03 오른쪽 그림과 같이 세 직선이 한 점 O에서 만날 때 생기는 맞꼭지각은 모두 몇 쌍인가?

① 3쌍   ② 4쌍   ③ 5쌍

④ 6쌍   ⑤ 7쌍

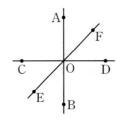

> 맞꼭지각의 쌍의 개수
> 서로 다른 두 직선이 한 점에서 만날 때 맞꼭지각은 ❹□쌍이 생긴다.

04 오른쪽 그림과 같은 평행사변형 ABCD에서 점 A와 $\overline{BC}$ 사이의 거리를 x cm, 점 C와 $\overline{AB}$ 사이의 y cm라 할 때, $x+y$의 값을 구하시오.

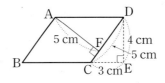

> 점과 직선 사이의 거리
> 점에서 직선에 내린 ❺□□의 발까지의 거리

05 오른쪽 그림에서 $\angle COD=90°$, $\angle AOC=\dfrac{1}{4}\angle DOB$일 때, $\angle AOC$의 크기를 구하시오.

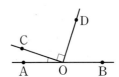

> 각의 크기 사이의 조건이 주어진 경우
> 평각의 크기가 180°임을 이용하여 식을 세운다.

05-1 오른쪽 그림에서 $\angle BOC$의 크기가 $\angle AOB$의 크기의 3배일 때, $\angle AOB$, $\angle BOC$의 크기를 각각 구하시오.

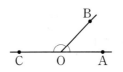

>> 익힘교재 10쪽

답 ❶90° ❷180° ❸같다 ❹2
❺수선

07 점과 직선, 점과 평면의 위치 관계

개념

❸ 위치 관계

개념 알아보기

1 점과 직선의 위치 관계

(1) 점 A는 직선 l 위에 있다. ← 직선 l이 점 A를 지난다.

(2) 점 B는 직선 l 위에 있지 않다. ← 직선 l이 점 B를 지나지 않는다.
점 B가 직선 l 밖에 있다.

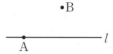

2 점과 평면의 위치 관계

(1) 점 A는 평면 P 위에 있다. ← 평면 P는 점 A를 포함한다.

(2) 점 B는 평면 P 위에 있지 않다. ← 평면 P는 점 B를 포함하지 않는다.
점 B는 평면 P 밖에 있다.

참고 보통 평면은 P, Q, R, …와 같이 나타내고, 그림으로 나타낼 때는 평행사변형으로 그린다.

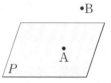

개념 자세히 보기

· 점과 직선의 위치 관계

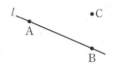

(1) 직선 l 위에 있는 점 ➡ 점 A, 점 B

(2) 직선 l 위에 있지 않은 점 ➡ 점 C

· 점과 평면의 위치 관계

(1) 평면 P 위에 있는 점 ➡ 점 B

(2) 평면 P 위에 있지 않은 점 ➡ 점 A, 점 C

≫ 익힘교재 2~3쪽

✍ 바른답·알찬풀이 6쪽

개념 확인하기

1 오른쪽 그림에서 다음을 구하시오.

(1) 직선 l 위에 있는 점

(2) 직선 l 위에 있지 않은 점

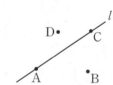

2 오른쪽 그림에서 다음을 구하시오.

(1) 평면 P 위에 있는 점

(2) 평면 P 위에 있지 않은 점

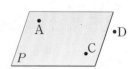

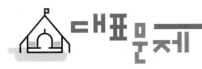

점과 직선의 위치 관계

01 오른쪽 그림에서 다음을 구하시오.

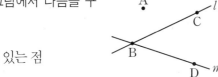

(1) 직선 l 위에 있는 점

(2) 직선 m 위에 있는 점

(3) 두 직선 l, m 위에 동시에 있는 점

02 오른쪽 그림과 같은 평행사변형 ABCD에서 다음을 구하시오.

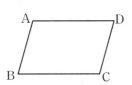

(1) 변 AD 위에 있는 꼭짓점

(2) 변 BC 위에 있지 않은 꼭짓점

(3) 두 변 AD, CD 위에 동시에 있는 꼭짓점

03 다음 보기 중 오른쪽 그림에 대한 설명으로 옳은 것을 모두 고르시오.

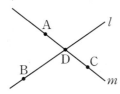

┤ 보기 ├─

ㄱ. 점 A는 직선 l 위에 있다.

ㄴ. 직선 l은 점 B를 지난다.

ㄷ. 점 C는 직선 m 위에 있지 않다.

ㄹ. 직선 l과 직선 m 위에 동시에 있는 점은 점 D 이다.

점과 평면의 위치 관계

04 오른쪽 그림과 같은 삼각기둥에서 다음을 구하시오.

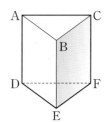

(1) 모서리 BC 위에 있는 꼭짓점

(2) 모서리 BC 위에 있지 않은 꼭짓점

(3) 면 ADEB 위에 있는 꼭짓점

(4) 면 ADEB 위에 있지 않은 꼭짓점

05 오른쪽 그림과 같은 직육면체에서 다음을 구하시오.

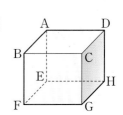

(1) 꼭짓점 F를 포함하는 면

(2) 꼭짓점 C와 꼭짓점 D를 동시에 포함하는 면

06 오른쪽 그림과 같은 사각뿔에서 모서리 AC 위에 있지 않은 꼭짓점의 개수를 a개, 면 BCDE 위에 있지 않은 꼭짓점의 개수를 b개라 할 때, $a+b$의 값을 구하시오.

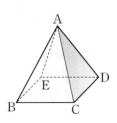

➡️ 익힘교재 11~12쪽

08 두 직선의 위치 관계

개념 알아보기 **1 두 직선의 위치 관계**

(1) **두 직선의 평행:** 한 평면 위에서 두 직선 l, m이 만나지 않을 때, 두 직선 l, m은 평행하다고 하고 기호로 $l /\!\!/ m$과 같이 나타낸다.

(2) **꼬인 위치:** 공간에서 두 직선이 서로 만나지도 않고 평행하지도 않을 때, 두 직선은 **꼬인 위치**에 있다고 한다.

(3) **두 직선의 위치 관계**

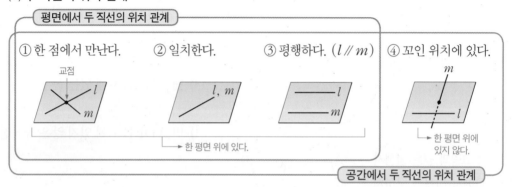

참고 **평면의 결정 조건:** 공간에서 평면이 단 하나로 결정되는 조건은 다음과 같다.

① 한 직선 위에 있지 않 은 세 점이 주어질 때

② 한 직선과 그 직선 위에 있지 않은 한 점이 주어질 때

③ 한 점에서 만나는 두 직선이 주어질 때

④ 서로 평행한 두 직선이 주어질 때

개념 자세히 보기 **공간에서 두 직선의 위치 관계**

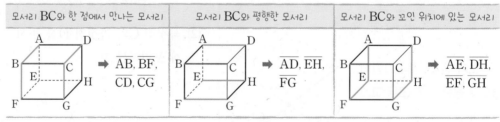

>> 익힘교재 2~3쪽

🖢 바른답·알찬풀이 6쪽

개념 확인하기 **1** 다음 중 오른쪽 그림과 같은 직사각형 ABCD에 대한 설명으로 옳은 것은 ○표, 옳지 않은 것은 ×표를 하시오.

(1) $\overline{\text{AD}}$와 $\overline{\text{CD}}$는 한 점에서 만난다. ( )

(2) $\overline{\text{AB}} /\!\!/ \overline{\text{BC}}$ ( )

평면에서 두 직선의 위치 관계

01 오른쪽 그림과 같은 평행사변형 ABCD에서 다음 물음에 답하시오.

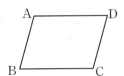

(1) 변 AB와 한 점에서 만나는 변을 구하시오.

(2) 서로 평행한 두 변을 찾아 그 관계를 기호로 나타내시오.

02 오른쪽 그림과 같은 정육각형에서 각 변의 연장선을 그을 때, 다음을 구하시오.

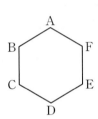

(1) $\overleftrightarrow{AB}$와 평행한 직선

(2) $\overleftrightarrow{AB}$와 한 점에서 만나는 직선

> **TIP** 도형에서 두 직선의 위치 관계를 살펴볼 때는 변의 연장선을 그어서 알아봐야 한다.
> ⇨ 주어진 그림에서 직선 AB와 직선 CD는 만나지 않는 것처럼 보이지만 변의 연장선을 그으면 한 점에서 만남을 알 수 있다.

03 오른쪽 그림과 같은 사다리꼴 ABCD에서 각 변의 연장선을 그을 때, 다음 **보기** 중 옳은 것을 모두 고르시오.

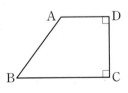

┌ **보기** ┐
ㄱ. $\overleftrightarrow{AB} /\!/ \overleftrightarrow{CD}$ ㄴ. $\overleftrightarrow{AD} /\!/ \overleftrightarrow{BC}$
ㄷ. $\overleftrightarrow{BC} \perp \overleftrightarrow{CD}$ ㄹ. $\overleftrightarrow{AD} \perp \overleftrightarrow{CD}$

공간에서 두 직선의 위치 관계

04 오른쪽 그림과 같은 직육면체에서 다음을 구하시오.

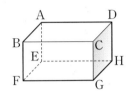

(1) 모서리 AB와 한 점에서 만나는 모서리

(2) 모서리 AB와 평행한 모서리

(3) 모서리 AB와 꼬인 위치에 있는 모서리

> **TIP** 입체도형에서 모서리 AB와 꼬인 위치에 있는 모서리를 찾는 방법
> ❶ 모서리 AB와 한 점에서 만나는 모서리를 제외한다.
> ❷ 모서리 AB와 평행한 모서리를 제외한다.
> ❸ 위 ❶, ❷에서 제외하고 남은 모서리가 모서리 AB와 꼬인 위치에 있는 모서리이다.

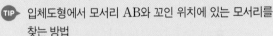

05 오른쪽 그림과 같은 삼각기둥에서 다음을 구하시오.

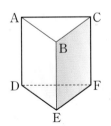

(1) 모서리 BC와 한 점에서 만나는 모서리

(2) 모서리 BC와 모서리 CF가 만나는 점

(3) 모서리 BC와 평행한 모서리

(4) 모서리 BC와 꼬인 위치에 있는 모서리

06 오른쪽 그림과 같이 밑면이 정오각형인 오각기둥에서 각 모서리를 연장한 직선을 그을 때, 다음을 구하시오.

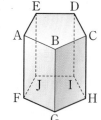

(1) 직선 BC와 평행한 직선

(2) 직선 BC와 만나는 직선

(3) 직선 BC와 만나지도 않고 평행하지도 않은 직선

> **TIP** 공간에서 두 직선이 만나지도 않고 평행하지도 않다.
> ⇨ 공간에서 두 직선이 꼬인 위치에 있다.

07 다음 중 오른쪽 그림과 같이 밑면이 정사각형인 사각뿔에서 모서리 BC와 만나지도 않고 평행하지도 않은 모서리를 모두 고르면?

(정답 2개)

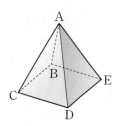

① $\overline{AB}$ ② $\overline{AD}$ ③ $\overline{AE}$
④ $\overline{CD}$ ⑤ $\overline{DE}$

08 다음 보기 중 오른쪽 그림과 같은 직육면체에서 선분 AC와 꼬인 위치에 있는 모서리를 모두 고르시오.

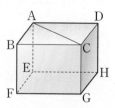

┤ 보기 ├
$$\overline{AE}, \quad \overline{BF}, \quad \overline{CG}, \quad \overline{DH},$$
$$\overline{EF}, \quad \overline{EH}, \quad \overline{FG}, \quad \overline{GH}$$

09 다음은 공간에서 서로 다른 세 직선 l, m, n의 위치 관계를 직육면체를 이용하여 알아본 것이다. 옳은 것은 ○표, 옳지 않은 것은 ×표를 하시오.

(1) $l /\!/ m$, $l /\!/ n$이면 $m /\!/ n$이다.   (   )

세 직선의 위치 관계를 다음 순서와 같이 그림으로 나타낸다.
❶ $l /\!/ m$인 두 직선 l, m을 각각 나타낸다.
❷ $l /\!/ n$인 직선 n을 나타낸다.
❸ 두 직선 m과 n의 위치 관계를 알아본다.

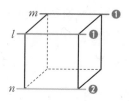

(2) $l \perp m$, $l \perp n$이면 두 직선 m, n은 꼬인 위치에 있다.   (   )

(3) $l /\!/ m$, $m \perp n$이면 두 직선 l, n은 수직으로 만난다.   (   )

> **TIP** 서로 다른 직선 사이의 위치 관계의 일부가 주어졌을 때, 나머지 위치 관계는 직육면체를 그려서 확인하면 편리하다. ⇨ 각 모서리를 직선으로 생각한다.

▶▶ 익힘교재 11~12쪽

직선과 평면의 위치 관계

개념 알아보기   **1** 직선과 평면의 위치 관계

(1) 공간에서 직선과 평면의 위치 관계

① 한 점에서 만난다.

② 포함된다.
└→ 직선이 평면 위에 있다.

③ 평행하다. ($l /\!/ P$)
└→ 만나지 않는다.

(2) **직선과 평면의 수직**

직선 l이 평면 P와 한 점 H에서 만나고, 직선 l이 점 H를 지나는 평면 P 위의 모든 직선과 수직일 때, 직선 l과 평면 P는 **수직**이다 또는 **직교**한다고 한다.

➡ $l \perp P$

점 A와 평면 P 사이의 거리

참고 평면 P 위에 있지 않은 점 A와 평면 P 사이의 거리는 점 A에서 평면 P에 내린 수선의 발 H까지의 거리, 즉 $\overline{\text{AH}}$의 길이이다.

개념 자세히 보기   공간에서 직선과 평면의 위치 관계

모서리 BC와 한 점에서 만나는 면	모서리 BC를 포함하는 면	모서리 BC와 평행한 면
➡ 면 ABFE, 면 CGHD	➡ 면 ABCD, 면 BFGC	➡ 면 AEHD, 면 EFGH

» 익힘교재 2~3쪽

바른답·알찬풀이 7쪽

개념 확인하기   **1** 오른쪽 그림과 같은 직육면체에서 다음을 구하시오.

(1) 면 ABCD와 한 점에서 만나는 모서리

(2) 면 ABCD에 포함되는 모서리

(3) 모서리 AB와 평행한 면

(4) 면 ABCD와 평행한 모서리

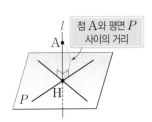

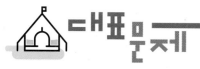

바른답·알찬풀이 7쪽

공간에서 직선과 평면의 위치 관계

01 오른쪽 그림과 같은 삼각기둥에서 다음을 구하시오.

(1) 모서리 AB를 포함하는 면

(2) 모서리 AB와 한 점에서 만나는 면

(3) 면 BEFC와 수직인 모서리

(4) 면 ABC와 평행한 모서리

02 오른쪽 그림과 같이 직육면체의 일부를 잘라 낸 입체도형에서 다음을 구하시오.

(1) 모서리 CD와 수직인 면

(2) 면 ABFE와 평행한 모서리

(3) 면 EFGH와 수직인 모서리

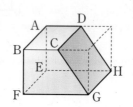

> **TIP** 일부가 잘린 입체도형에서의 위치 관계
> ⇨ 주어진 입체도형에서 모서리를 직선으로, 면을 평면으로 생각하여 공간에서 직선과 평면의 위치 관계를 파악한다.

03 오른쪽 그림과 같은 사각기둥에서 면 ABCD와 평행한 모서리의 개수를 a개, 수직인 모서리의 개수를 b개라 할 때, $a+b$의 값을 구하시오.

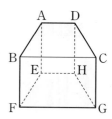

점과 평면 사이의 거리

04 오른쪽 그림과 같은 삼각기둥에서 다음을 구하시오.

(1) 점 A와 면 BCFE 사이의 거리

(2) 점 B와 면 DEF 사이의 거리

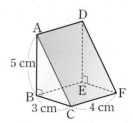

05 오른쪽 그림과 같은 직육면체에서 점 B와 면 AEHD 사이의 거리를 x cm, 점 E와 면 ABCD 사이의 거리를 y cm라 할 때, $x+y$의 값을 구하시오.

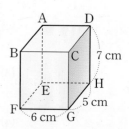

익힘교재 13쪽

두 평면의 위치 관계

개념 알아보기 **1** 두 평면의 위치 관계

(1) 공간에서 두 평면의 위치 관계

① 한 직선에서 만난다. ② 일치한다. ③ 평행하다. ($P /\!/ Q$)

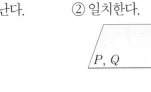 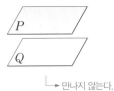

교선

└→ 만난다.

└→ 만나지 않는다.

(2) 두 평면의 수직

평면 Q가 평면 P에 수직인 직선 l을 포함할 때, 평면 P와 평면 Q 는 **수직**이다 또는 **직교**한다고 한다.

➡ $P \perp Q$

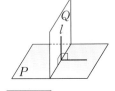

참고 평행한 두 평면 P, Q 사이의 거리는 평면 P 위의 한 점 A에서 평면 Q에 내린 수선의 발 H까지의 거리이다. ➡ $\overline{AH}$의 길이

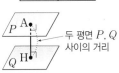

두 평면 P, Q 사이의 거리

개념 자세히 보기 │ 공간에서 두 평면의 위치 관계

면 ABCD와 한 직선에서 만나는 면	면 ABCD와 평행한 면	면 ABCD와 수직인 면
➡ 면 ABFE, 면 BFGC, 면 CGHD, 면 AEHD	➡ 면 EFGH	➡ 면 ABFE, 면 BFGC, 면 CGHD, 면 AEHD

》 익힘교재 2~3쪽

🔖 바른답 · 알찬풀이 7쪽

개념 확인하기 **1** 오른쪽 그림과 같은 직육면체에서 다음을 구하시오.

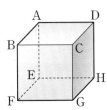

(1) 면 BFGC와 만나는 면

(2) 모서리 CD를 교선으로 하는 두 면

(3) 면 BFGC와 평행한 면

(4) 면 BFGC와 수직인 면

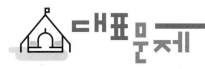

바른답·알찬풀이 7쪽

공간에서 두 평면의 위치 관계

01 오른쪽 그림과 같은 삼각기둥에서 다음 면의 개수를 구하시오.

(1) 면 ABC와 평행한 면

(2) 면 ABC와 수직인 면

(3) 면 BEFC와 한 모서리에서 만나는 면

02 오른쪽 그림과 같은 직육면체에서 다음을 구하시오.

(1) 면 AEGC와 만나는 면

(2) 면 AEGC와 수직인 면

03 오른쪽 그림과 같이 밑면이 정육각형인 육각기둥에서 면 CIJD와 평행한 면의 개수를 a개, 수직인 면의 개수를 b개라 할 때, $a+b$의 값을 구하시오.

공간에서 여러 가지 위치 관계

04 다음은 공간에서 서로 다른 두 직선 l, m과 서로 다른 두 평면 P, Q의 위치 관계를 직육면체를 이용하여 알아본 것이다. 옳은 것은 ○표, 옳지 않은 것은 ×표를 하시오.

(1) $l /\!/ m$, $l \perp P$이면 $m \perp P$이다. ( )

> 직선과 평면의 위치 관계를 다음 순서와 같이 그림으로 나타낸다.
> ❶ $l /\!/ m$인 두 직선 l, m을 각각 나타낸다.
> ❷ $l \perp P$인 평면 P를 나타낸다.
> ❸ 직선 m과 평면 P의 위치 관계를 알아본다.
>
>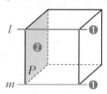

(2) $l \perp P$, $m \perp P$이면 $l \perp m$이다. ( )

(3) $P /\!/ Q$, $P \perp l$이면 $l \perp Q$이다. ( )

> **TIP** 서로 다른 직선 또는 평면 사이의 위치 관계의 일부가 주어졌을 때, 나머지 위치 관계는 직육면체를 그려서 확인하면 편리하다.
> ⇨ 각 면을 평면으로, 각 모서리를 직선으로 생각한다.

▶ 익힘교재 14쪽

● 개념 REVIEW

01 다음 중 오른쪽 그림에 대한 설명으로 옳지 <u>않은</u> 것은?

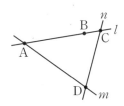

① 점 B는 직선 l 위에 있다.

② 점 D는 직선 l 위에 있지 않다.

③ 직선 n은 점 D를 지난다.

④ 점 A는 두 직선 n, m의 교점이다.

⑤ 점 C는 두 직선 l, n의 교점이다.

▶ 점과 직선의 위치 관계
① 점이 직선 위에 있다.
　⇨ 직선이 점을 지난다.
② 점이 직선 위에 있지 않다.
　⇨ 직선이 점을 지나지 않는다.

02 다음 중 오른쪽 그림에 대한 설명으로 옳지 않은 것을 모두 고르면? (정답 2개)

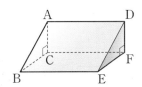

① $\overleftrightarrow{AB} /\!/ \overleftrightarrow{CD}$

② $\overleftrightarrow{AB} \perp \overleftrightarrow{BC}$

③ $\overleftrightarrow{AD}$와 $\overleftrightarrow{BC}$는 만나지 않는다.

④ 점 A에서 $\overleftrightarrow{CD}$에 내린 수선의 발은 점 D이다.

⑤ $\overleftrightarrow{BC}$와 $\overleftrightarrow{CD}$의 교점은 점 C이다.

▶ 평면에서 두 직선의 위치 관계
① 한 점에서 만난다.
② 일치한다.
③ **❶**□□하다.

03 오른쪽 그림과 같은 삼각기둥에서 모서리 EF와 수직으로 만나는 모서리의 개수를 x개, 모서리 CF와 평행한 모서리의 개수를 y개라 할 때, $x+y$의 값을 구하시오.

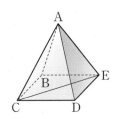

▶ 공간에서 두 직선의 위치 관계
① 한 점에서 만난다.
② 일치한다.
③ 평행하다.
④ **❷**□□ 위치에 있다.

04 오른쪽 그림과 같은 사각뿔에서 선분 CE와 꼬인 위치에 있는 모서리를 모두 고르면? (정답 2개)

① $\overline{AB}$　　② $\overline{AC}$　　③ $\overline{AD}$

④ $\overline{BC}$　　⑤ $\overline{DE}$

▶ 꼬인 위치
공간에서 두 직선이 서로 만나지도 않고 **❸**□□하지도 않을 때, 두 직선은 꼬인 위치에 있다고 한다.

● 개념 REVIEW

05 오른쪽 그림과 같은 직육면체에서 면 EFGH와 수직으로 만나지 않는 것은?

① $\overline{AE}$ ② $\overline{AD}$ ③ $\overline{CG}$

④ 면 AEHD   ⑤ 면 CGHD

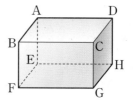

▸ 공간에서 직선과 평면의 위치 관계
① 한 점에서 만난다.
② ❶□□된다.
③ 평행하다.

06 오른쪽 그림은 직육면체를 세 꼭짓점 B, C, F를 지나는 평면으로 잘라 낸 입체도형이다. 다음 중 옳지 않은 것은?

① 모서리 BF와 면 ADGC는 평행하다.
② 모서리 BE와 면 ABC는 수직이다.
③ 면 ABC와 면 DEFG는 평행하다.
④ 면 ABC와 면 BFC는 수직이다.
⑤ 모서리 BF와 꼬인 위치에 있는 모서리는 5개이다.

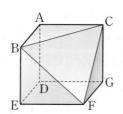

▸ 공간에서 두 평면의 위치 관계
① 한 직선에서 만난다.
② ❷□□한다.
③ 평행하다.

07 다음 그림과 같은 전개도로 정육면체를 만들 때, □ 안에 알맞은 것을 써넣고, 모서리 AN과 꼬인 위치에 있는 모서리의 개수를 구하시오.

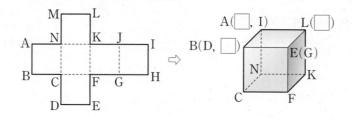

▸ 전개도가 주어진 입체도형에서의 위치 관계
정육면체의 전개도가 주어지면 전개도에서 밑면을 정한 다음 서로 마주 보게 되는 면끼리 색을 칠해 구분한다.

07-1 다음 중 **07**번 문제의 정육면체에서 면 JGHI와 평행한 모서리는?

① $\overline{AB}$ ② $\overline{FG}$ ③ $\overline{AN}$
④ $\overline{NK}$ ⑤ $\overline{LK}$

≫ 익힘교재 15쪽

답 ❶ 포함 ❷ 일치

개념 알아보기 **1** 동위각과 엇각

한 평면 위의 서로 다른 두 직선 l, m이 다른 한 직선 n과 만나서
생기는 8개의 각 중에서

(1) **동위각**: 서로 같은 위치에 있는 각

 ➡ $\angle a$와 $\angle e$, $\angle b$와 $\angle f$, $\angle c$와 $\angle g$, $\angle d$와 $\angle h$

(2) **엇각**: 서로 엇갈린 위치에 있는 각

 ➡ $\angle b$와 $\angle h$, $\angle c$와 $\angle e$

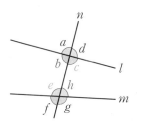

참고 서로 다른 두 직선이 다른 한 직선과 만날 때, 8개의 교각이 생긴다. 이 중 4쌍의 동위각과 2쌍의 엇각을 찾을 수 있다.

주의 $\angle a$와 $\angle g$, $\angle d$와 $\angle f$는 엇각이 아니다.

개념 자세히 보기

동위각

엇각

같다 위치 각
동 **위** **각** ➡ 같은 위치에 있는 각

엇갈리다 각
엇 **각** ➡ 엇갈린 위치에 있는 각

» 익힘교재 2~3쪽

 바른답·알찬풀이 8쪽

개념 확인하기 **1** 다음 그림과 같이 서로 다른 두 직선이 다른 한 직선과 만날 때, $\angle a \sim \angle d$의 동위각, 엇각을 각각 찾아서 그림 위에 나타내시오.

(1)
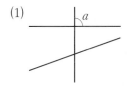

(2)
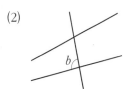

(3)

(4)

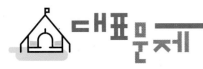

바른답·알찬풀이 9쪽

동위각과 엇각 찾기

01 오른쪽 그림과 같이 두 직선 l, m이 다른 한 직선 n과 만날 때, 다음을 구하시오.

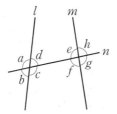

(1) $\angle a$의 동위각

(2) $\angle d$의 동위각

(3) $\angle c$의 엇각

(4) $\angle f$의 엇각

> **TIP** 동위각과 엇각의 위치 기억하기
>
> | 동위각 ⇨ 알파벳 F | 엇각 ⇨ 알파벳 Z |
> |---|---|
> | | |

02 오른쪽 그림과 같이 두 직선 l, m이 다른 한 직선 n과 만날 때, 다음 **보기** 중 동위각과 엇각을 짝 지은 것으로 옳은 것을 모두 고르시오.

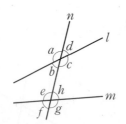

┤ 보기 ├

〈동위각〉	〈엇각〉
ㄱ. $\angle a$와 $\angle e$,	$\angle b$와 $\angle h$
ㄴ. $\angle b$와 $\angle d$,	$\angle c$와 $\angle e$
ㄷ. $\angle g$와 $\angle c$,	$\angle f$와 $\angle d$
ㄹ. $\angle h$와 $\angle d$,	$\angle h$와 $\angle b$

동위각과 엇각의 크기

03 오른쪽 그림과 같이 두 직선 l, m이 다른 한 직선 n과 만날 때, 다음 각의 크기를 구하려고 한다. □ 안에 알맞은 것을 써넣으시오.

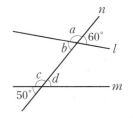

(1) $\angle a$의 동위각

⇨ $\angle\square = 180° - \square$

$= \square$

(2) $\angle d$의 엇각

⇨ $\angle\square = \square$

> **TIP** 동위각이나 엇각의 크기를 구하려면
> ❶ 주어진 각의 동위각 또는 엇각을 찾는다.
> ❷ 평각의 크기, 맞꼭지각의 성질 등을 이용하여 ❶에서 찾은 각의 크기를 구한다.

04 오른쪽 그림과 같이 두 직선 l, m이 다른 한 직선 n과 만날 때, 다음 각을 찾고, 그 각의 크기를 구하시오.

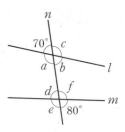

(1) $\angle a$의 동위각

(2) $\angle c$의 동위각

(3) $\angle d$의 엇각

(4) $\angle f$의 엇각

익힘교재 16~17쪽

개념 12 평행선의 성질

개념 알아보기

1 평행선의 성질

한 평면 위에서 평행한 두 직선 l, m이 다른 한 직선 n과 만날 때,

(1) 동위각의 크기는 서로 같다.

➡ $l /\!/ m$이면 $\angle a = \angle b$

(2) 엇각의 크기는 서로 같다.

➡ $l /\!/ m$이면 $\angle c = \angle d$

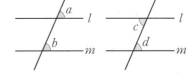

주의 맞꼭지각의 크기는 항상 같지만 동위각과 엇각의 크기는 두 직선이 평행할 때만 같다.

참고 오른쪽 그림에서 $l /\!/ m$일 때, $\angle c$와 $\angle d$는 엇각이므로 $\angle c = \angle d$

∴ $\angle a + \angle d = \angle a + \angle c = 180°$

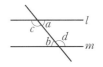

2 평행선이 되기 위한 조건

한 평면 위에서 서로 다른 두 직선 l, m이 다른 한 직선 n과 만날 때,

(1) 동위각의 크기가 같으면 두 직선 l, m은 평행하다.

➡ $\angle a = \angle b$이면 $l /\!/ m$

(2) 엇각의 크기가 같으면 두 직선 l, m은 평행하다.

➡ $\angle c = \angle d$이면 $l /\!/ m$

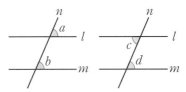

개념 자세히 보기

평행선이 되기 위한 조건

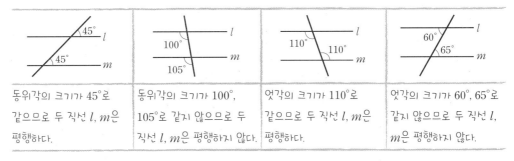

동위각의 크기가 45°로 같으므로 두 직선 l, m은 평행하다.	동위각의 크기가 100°, 105°로 같지 않으므로 두 직선 l, m은 평행하지 않다.	엇각의 크기가 110°로 같으므로 두 직선 l, m은 평행하다.	엇각의 크기가 60°, 65°로 같지 않으므로 두 직선 l, m은 평행하지 않다.

➡ 익힘교재 2~3쪽

바른답·알찬풀이 9쪽

개념 확인하기

1 다음 그림에서 $l /\!/ m$일 때, $\angle x$의 크기를 구하시오.

(1)

(2)

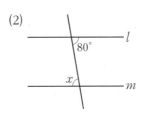

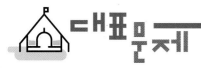

바른답·알찬풀이 9쪽

평행선의 성질

01 오른쪽 그림에서 $l /\!/ m$일 때, $\angle x$, $\angle y$의 크기를 각각 구하시오.

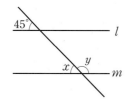

02 다음 그림에서 $l /\!/ m$일 때, $\angle x$, $\angle y$의 크기를 각각 구하시오.

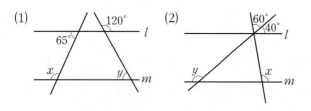

03 오른쪽 그림에서 $l /\!/ m$일 때, $\angle x$의 크기를 구하시오.

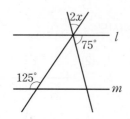

평행선의 활용 - 보조선

04 다음 그림에서 $l /\!/ m$일 때, $\angle x$의 크기를 구하시오.

(1)　　　　　　　(2)

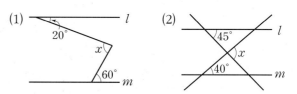

> **TIP** 오른쪽 그림과 같이 꺾인 점을 지나고 주어진 두 직선 l, m에 평행한 직선 n을 그은 후 동위각과 엇각의 크기가 각각 같음을 이용한다. $\Rightarrow \angle x = \angle a + \angle b$

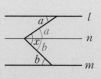

05 오른쪽 그림에서 $l /\!/ m$일 때, $\angle x$의 크기를 구하시오.

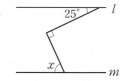

평행선이 되기 위한 조건

06 다음 **보기** 중 두 직선 l, m이 평행한 것을 모두 고르시오.

┤보기├

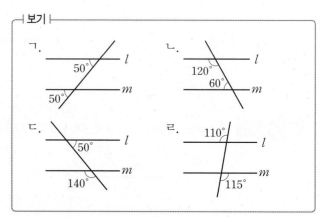

익힘교재 16~17쪽

● 개념 REVIEW

01 오른쪽 그림과 같이 두 직선 l, m이 다른 한 직선 n과 만날 때, 다음 중 동위각끼리 짝 지은 것으로 옳은 것은?

① $\angle a$와 $\angle f$ ② $\angle b$와 $\angle h$ ③ $\angle c$와 $\angle e$

④ $\angle d$와 $\angle h$ ⑤ $\angle e$와 $\angle b$

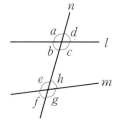

● 동위각과 엇각
• 동위각: 서로 ❶□□ 위치에 있는 각
• 엇각: 서로 ❷□□□ 위치에 있는 각

02 오른쪽 그림과 같이 두 직선 l, m이 다른 한 직선 n과 만날 때, 다음 중 옳지 <u>않은</u> 것은?

① $\angle c$의 동위각은 $\angle f$이다.

② $\angle b$의 엇각은 $\angle d$이다.

③ $\angle f$의 동위각의 크기는 $85°$이다.

④ $\angle a$의 동위각의 크기는 $105°$이다.

⑤ $\angle d$의 엇각의 크기는 $75°$이다.

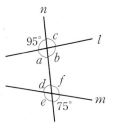

● 동위각과 엇각

03 오른쪽 그림에서 $l /\!/ m$일 때, $\angle x + \angle y$의 크기를 구하시오.

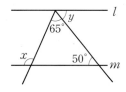

● 평행선의 성질
평행한 두 직선이 다른 한 직선과 만날 때
• 동위각의 크기는 서로 같다.
• ❸□□의 크기는 서로 같다.

04 오른쪽 그림에서 $l /\!/ m$일 때, $\angle x$의 크기를 구하시오.

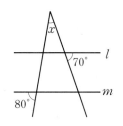

● 평행선의 활용 – 삼각형
삼각형의 세 각의 크기의 합은 ❹□□임을 이용한다.

답 ❶ 같은 ❷ 엇갈린 ❸ 엇각
❹ 180°

● 개념 REVIEW

 05 오른쪽 그림에서 $l /\!/ m$일 때, $\angle x$의 크기를 구하시오.

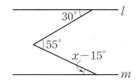

▶ **평행선의 활용 – 보조선 1개**
꺾인 점을 지나면서 평행선에 평행한 보조선을 1개 그어 평행선의 성질을 이용한다.

06 오른쪽 그림에서 두 직선 l, m이 평행하기 위한 $\angle x$의 크기를 구하시오.

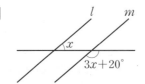

▶ **평행선이 되기 위한 조건**
서로 다른 두 직선이 한 직선과 만날 때
• 동위각의 크기가 같으면 두 직선은 **❶**□□하다.
• **❷**□□의 크기가 같으면 두 직선은 평행하다.

07 오른쪽 그림과 같이 직사각형 모양의 종이를 접었을 때, 다음 물음에 답하시오.

(1) $\angle EGF$와 크기가 같은 각을 모두 구하시오.

(2) $\angle x$의 크기를 구하시오.

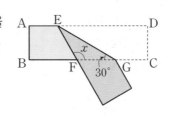

▶ **평행선의 활용 – 종이 접기**
접은 각
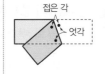
엇각

08 오른쪽 그림에서 $l /\!/ m$일 때, $\angle x$의 크기를 구하시오.

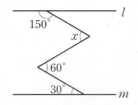

▶ **평행선의 활용 – 보조선 2개**
꺾인 점이 2개이므로 두 직선 l, m과 평행한 보조선 2개를 그어 평행선의 성질을 이용한다.

08-1 오른쪽 그림에서 $l /\!/ m$일 때, $\angle x$의 크기를 구하시오.

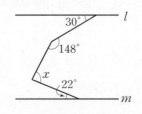

▶▶ 익힘교재 18쪽

답 ❶ 평행 ❷ 엇각

01 오른쪽 그림과 같은 오각뿔에서 교점의 개수를 a개, 교선의 개수를 b개, 면의 개수를 c개라 할 때, $a+b+c$의 값은?

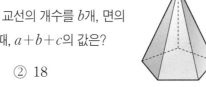

① 16   ② 18

③ 20   ④ 22

⑤ 24

02 아래 그림과 같이 직선 l 위에 네 점 A, B, C, D가 있을 때, 다음 중 옳지 <u>않은</u> 것은?

① $\overleftrightarrow{AB}=\overleftrightarrow{CD}$ ② $\overrightarrow{AB}=\overrightarrow{AD}$

③ $\overline{AC}=\overline{CA}$ ④ $\overleftrightarrow{CB}=\overleftrightarrow{DB}$

⑤ $\overrightarrow{CA}=\overrightarrow{CD}$

03 다음 그림에서 점 M은 $\overline{AB}$의 중점이고, 점 N은 $\overline{AM}$의 중점이다. $\overline{NM}=3\ cm$일 때, $\overline{AB}$의 길이는?

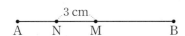

① 10 cm   ② 12 cm   ③ 14 cm

④ 16 cm   ⑤ 18 cm

04 오른쪽 그림에서

$\angle x : \angle y : \angle z = 3 : 7 : 5$

일 때, $\angle y$의 크기를 구하시오.

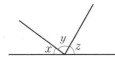

05 오른쪽 그림에서

$\overline{AB}\perp\overline{EO}$이고

$\angle EOB=3\angle DOE$,

$\angle AOD=2\angle COD$일 때,

$\angle COE$의 크기를 구하시오.

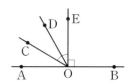

06 오른쪽 그림과 같이 한 평면 위에 4개의 직선이 있을 때 생기는 맞꼭지각은 모두 몇 쌍인지 구하시오.

서술형
07 오른쪽 그림에서 $\angle y - \angle x$의 크기를 구하시오.

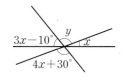

08 다음 중 한 평면 위에 있지 <u>않은</u> 것은?

① 한 직선 위에 있지 않은 서로 다른 세 점

② 한 점에서 만나는 서로 다른 두 직선

③ 서로 평행한 두 직선

④ 한 직선과 그 직선 위에 있지 않은 한 점

⑤ 꼬인 위치에 있는 두 직선

09 오른쪽 그림과 같은 사 다리꼴 ABCD에 대한 설명으로 다음 **보기** 중 옳은 것을 모두 고르시오.

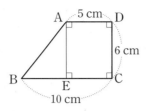

┤보기├

ㄱ. $\overleftrightarrow{AD}$와 $\overleftrightarrow{BC}$는 평행하다.

ㄴ. $\overleftrightarrow{AB}$와 $\overleftrightarrow{BC}$는 수직으로 만난다.

ㄷ. 점 A에서 $\overleftrightarrow{BC}$에 내린 수선의 발은 점 B이다.

ㄹ. 점 B와 $\overleftrightarrow{AD}$ 사이의 거리는 6 cm이다.

10 오른쪽 그림과 같은 정육면체에서 모서리 AE와는 평행하고 선분 BD와는 꼬인 위치에 있는 모서리는?

① $\overline{AD}$ ② $\overline{BF}$
③ $\overline{CG}$ ④ $\overline{DH}$
⑤ $\overline{EF}$

11 오른쪽 그림과 같이 밑면이 정오각형인 오각기둥에서 각 모서리를 연장한 직선을 그을 때, 다음 중 옳지 <u>않은</u> 것을 모두 고르면? (정답 2개)

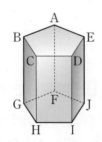

① $\overleftrightarrow{DE}$와 $\overleftrightarrow{IJ}$는 평행하다.
② $\overleftrightarrow{AB}$와 $\overleftrightarrow{CD}$는 꼬인 위치에 있다.
③ $\overleftrightarrow{BC}$는 면 ABCDE에 포함된다.
④ 면 BGHC와 $\overleftrightarrow{FJ}$는 평행하다.
⑤ 면 ABCDE와 수직인 모서리는 5개이다.

12 오른쪽 그림은 직육면체의 일부를 잘라 낸 입체도형이다.
면 ABE와 평행한 면의 개수를 a개, 면 AEFD와 수직인 모서리의 개수를 b개, $\overline{CD}$와 꼬인 위치에 있는 모서리의 개수를 c개라 할 때, $a+b+c$의 값을 구하시오.

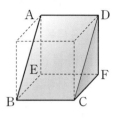

UP
13 다음 중 공간에서 서로 다른 두 직선 l, m과 서로 다른 두 평면 P, Q에 대한 설명으로 옳은 것을 모두 고르면?

(정답 2개)

① $l /\!/ P$, $m /\!/ P$이면 $l /\!/ m$이다.
② $l /\!/ P$, $l /\!/ Q$이면 $P \perp Q$이다.
③ $l \perp P$, $l \perp Q$이면 $P /\!/ Q$이다.
④ $l \perp P$, $m \perp P$이면 $l \perp m$이다.
⑤ $l \perp P$, $l /\!/ Q$이면 $P \perp Q$이다.

14 오른쪽 그림과 같이 세 직선이 만날 때, 다음 중 $\angle c$의 엇각을 모두 고른 것은?

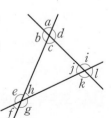

① $\angle e$, $\angle i$ ② $\angle e$, $\angle j$
③ $\angle h$, $\angle i$ ④ $\angle h$, $\angle j$
⑤ $\angle g$, $\angle i$

15 오른쪽 그림에서 $l /\!/ m$일 때, $\angle x$의 크기를 구하시오.

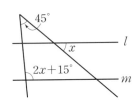

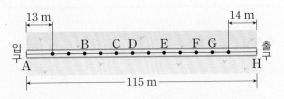

아래 그림은 어느 지역의 푸드트럭 축제에서 12대의 푸드트럭의 위치를 점으로 나타낸 것이다. 입구 A에서 출구 H까지는 일직선으로, 그 거리는 115 m이다. 푸드트럭의 위치는 모두 같은 간격으로 있을 때, 다음 **보기** 중 옳은 것을 모두 고르시오.

신유형

16 승우가 A 지점에서 출발하여 E 지점까지 자전거를 타는데 오른쪽 그림과 같이 B, C, D 세 지점에서 방향을 바꾸었다. $\overleftrightarrow{AB} /\!/ \overleftrightarrow{DE}$일 때, $\angle x$의 크기를 구하시오.

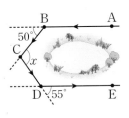

┤ 보기 ├

ㄱ. $\overline{BD} = \overline{FH}$　　　ㄴ. $\overline{CD} = \dfrac{1}{3}\overline{CE}$

ㄷ. $\overline{CG} = \dfrac{1}{5}\overline{FG}$　　ㄹ. $\overline{DF} = 2\overline{DE}$

해결의 길잡이

❶ 이웃한 푸드트럭 사이의 간격을 이용하여 $\overline{BD}$와 $\overline{FH}$의 길이 사이의 관계를 알아본다.

❷ $\overline{CD}$와 $\overline{CE}$의 길이 사이의 관계를 알아본다.

17 다음 중 두 직선 l, m이 평행한 것은?

① 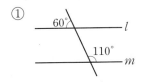　　②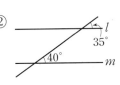

❸ $\overline{CG}$와 $\overline{FG}$의 길이 사이의 관계를 알아본다.

③ 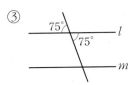　　④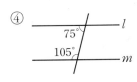

❹ $\overline{DF}$와 $\overline{DE}$의 길이 사이의 관계를 알아본다.

⑤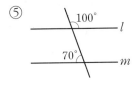

교과서 속 서술형 문제

1 오른쪽 그림에서 $l /\!/ m$ 일 때, $\angle x$의 크기를 구하시오.

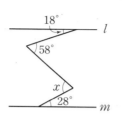

2 오른쪽 그림에서 $l /\!/ m$ 일 때, $\angle x$의 크기를 구하시오.

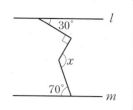

---

1 두 직선 l, m에 평행한 두 직선 p, q를 긋고 $\angle a \sim \angle d$를 이용하여 각을 표시하면?

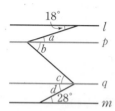

··· 30 %

2 평행선의 성질을 이용하여 $\angle a \sim \angle d$의 크기를 구하면?

$l /\!/ p$이므로

$\angle a = \boxed{}°$ (엇각)

$\angle b = 58° - \angle a = \boxed{}°$

$p /\!/ q$이므로

$\angle c = \angle b = \boxed{}°$ (엇각)

$q /\!/ m$이므로

$\angle d = \boxed{}°$ (엇각)

··· 60 %

3 $\angle x$의 크기는?

$\angle x = \angle c + \angle d = \boxed{}°$

··· 10 %

---

1 두 직선 l, m에 평행한 두 직선 p, q를 긋고 $\angle a \sim \angle d$를 이용하여 각을 표시하면?

2 평행선의 성질을 이용하여 $\angle a \sim \angle d$의 크기를 구하면?

3 $\angle x$의 크기는?

3 다음 그림에서 점 D는 $\overline{AC}$의 중점이고 $3\overline{AC}=2\overline{AB}$, $\overline{AE}=3\overline{DE}$이다. $\overline{AB}=24$ cm일 때, $\overline{AE}$의 길이를 구하시오.

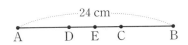

풀이 과정

답 _____

4 오른쪽 그림에서 $\overline{AE}\perp\overline{BO}$이고 $\angle AOB=5\angle BOC$, $\angle COE=4\angle COD$일 때, $\angle BOD$의 크기를 구하시오.

풀이 과정

답 _____

5 오른쪽 그림은 직육면체를 세 모서리의 중점을 지나는 평면으로 잘라 낸 입체도형이다. 각 모서리를 연장한 직선 중 $\overleftrightarrow{FI}$와 꼬인 위치에 있는 직선의 개수를 a개, 면 ABHG와 평행한 직선의 개수를 b개, 면 BHIFC와 수직인 면의 개수를 c개라 할 때, $a+b+c$의 값을 구하시오.

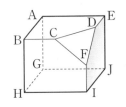

풀이 과정

답 _____

6 다음 그림과 같이 직사각형 모양의 종이를 접었을 때, $\angle x-\angle y$의 크기를 구하시오.

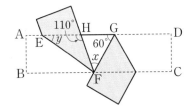

풀이 과정

답 _____

최고가 된다는 것

최고가 된다는 것은
불가능을 넘어서도록
스스로를 채찍질한다는 의미입니다.

주변 모든 사람들이 할 수 없다고 말할 때도
자신의 능력을 믿는 것입니다.
내리막이라고요?
어림없는 소리입니다.
나는 다시 정상에 섰고
거기서 내려오느냐 마느냐는
나의 자발적인 선택과 결단의 문제일 뿐입니다.

– 나디아 코마네치, 이가출판사, 〈지금 이 순간 나에게 필요한 한마디〉 중에서

02

작도와 합동

배운내용 Check

1 아래 그림에서 사각형 ABCD와 사각형 EFGH가 서로 합동일 때, 다음을 구하시오.

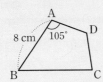 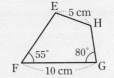

(1) ∠ABC의 크기   (2) $\overline{EF}$의 길이

정답 **1** (1) 55°   (2) 8 cm

간단한 도형의 작도

개념 알아보기

1 작도

눈금 없는 자와 컴퍼스만을 사용하여 도형을 그리는 것을 **작도**라 한다.

(1) **눈금 없는 자**: 두 점을 연결하여 선분을 그리거나 선분을 연장하는 데 사용한다.

(2) **컴퍼스**: 원을 그리거나 주어진 선분의 길이를 옮기는 데 사용한다.

2 길이가 같은 선분의 작도

선분 AB와 길이가 같은 선분은 다음과 같이 작도할 수 있다.

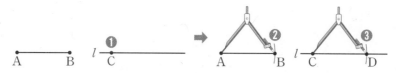

❶ 자를 사용하여 직선 l을 긋고, 그 위에 점 C를 잡는다.

❷ 컴퍼스를 사용하여 $\overline{AB}$의 길이를 잰다.

❸ 점 C를 중심으로 반지름의 길이가 $\overline{AB}$인 원을 그려 직선 l과의 교점을 D라 하면 $\overline{CD}$가 구하는 선분이다. ➡ $\overline{AB}=\overline{CD}$

3 크기가 같은 각의 작도

∠XOY와 크기가 같고 $\overrightarrow{PQ}$를 한 변으로 하는 각은 다음과 같이 작도할 수 있다.

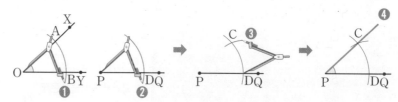

❶ 점 O를 중심으로 적당한 원을 그려 $\overrightarrow{OX}$, $\overrightarrow{OY}$와의 교점을 각각 A, B라 한다.

❷ 점 P를 중심으로 반지름의 길이가 $\overline{OA}$인 원을 그려 $\overrightarrow{PQ}$와의 교점을 D라 한다.
➡ $\overline{OA}=\overline{OB}=\overline{PD}$

❸ 점 D를 중심으로 반지름의 길이가 $\overline{AB}$인 원을 그려 ❷에서 그린 원과의 교점을 C라 한다. ➡ $\overline{AB}=\overline{CD}$

❹ $\overrightarrow{PC}$를 그으면 ∠CPQ가 구하는 각이다. ➡ ∠CPQ=∠XOY

>> 익힘교재 19쪽

⟩ 바른답·알찬풀이 14쪽

개념 확인하기

1 다음 보기 중 작도할 때 사용하는 도구를 모두 고르시오.

| 보기 |

ㄱ. 컴퍼스　　　　ㄴ. 각도기　　　　ㄷ. 삼각자　　　　ㄹ. 눈금 없는 자

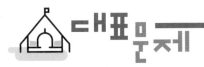
작도의 뜻

01 다음 중 작도에 대한 설명으로 옳은 것은 ○표, 옳지 않은 것은 ×표를 하시오.

(1) 선분의 길이를 잴 때 눈금 없는 자를 사용한다.

(   )

(2) 두 점을 연결하여 선분을 그릴 때 컴퍼스를 사용한다. (   )

(3) 원을 그릴 때 컴퍼스를 사용한다. (   )

길이가 같은 선분의 작도

02 다음 그림은 선분 AB와 길이가 같은 선분 PQ를 작도하는 과정이다. □ 안에 작도 순서를 알맞게 써넣으시오.

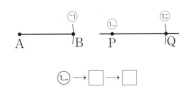

ⓛ → □ → □

03 다음 그림은 $\overline{AB}$를 점 B의 방향으로 연장하여 $\overline{AC} = 2\overline{AB}$인 $\overline{AC}$를 작도하는 과정이다. □ 안에 알맞은 것을 써넣으시오.

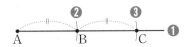

❶ □□□□□를 사용하여 $\overline{AB}$를 점 B의 방향으로 연장한다.

❷ □□□를 사용하여 $\overline{AB}$의 길이를 잰다.

❸ 점 □를 중심으로 반지름의 길이가 □□인 원을 그려 $\overline{AB}$의 연장선과의 교점을 C라 한다.

⇨ $\overline{AC} = \boxed{}\overline{AB}$

크기가 같은 각의 작도

04 다음 그림은 ∠XOY와 크기가 같고 반직선 PQ를 한 변으로 하는 각을 작도하는 과정이다. □ 안에 알맞은 것을 써넣으시오.

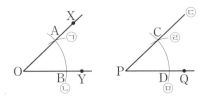

(1) 작도 순서는 ⓛ → □ → □ → □ → ⓒ이다.

(2) $\overline{OA} = \overline{OB} = \boxed{} = \boxed{}$

(3) $\overline{AB} = \boxed{}$

05 오른쪽 그림은 직선 l 위에 있지 않은 한 점 P를 지나고 직선 l에 평행한 직선 m을 작도하는 과정이다. □ 안에 알맞은 것을 써넣으시오.

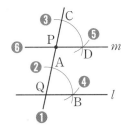

❶ 점 P를 지나는 직선을 그어 직선 l과의 교점을 □라 한다.

❷ 점 Q를 중심으로 적당한 원을 그려 $\overrightarrow{PQ}$, 직선 l과의 교점을 각각 □, □라 한다.

❸ 점 P를 중심으로 반지름의 길이가 $\overline{QA}$인 원을 그려 $\overrightarrow{PQ}$와의 교점을 □라 한다.

❹ 컴퍼스로 □□의 길이를 잰다.

❺ 점 C를 중심으로 반지름의 길이가 □□인 원을 그려 ❸에서 그린 원과의 교점을 □라 한다.

❻ $\overrightarrow{PD}$를 그으면 $\overrightarrow{PD}$가 구하는 직선이다. ⇨ $l /\!/ m$

> **TIP** 위의 평행선의 작도는 '서로 다른 두 직선이 한 직선과 만날 때, 동위각의 크기가 같으면 두 직선은 서로 평행하다.'는 성질을 이용한 것이다.

▶ 익힘교재 20쪽

개념 알아보기 **1 삼각형 ABC**

(1) **삼각형 ABC**: 세 점 A, B, C를 꼭짓점으로 하는 삼각형

➡ **△ABC**

① **대변**: 한 각과 마주 보는 변

  예 ∠A의 대변: $\overline{BC}$

② **대각**: 한 변과 마주 보는 각

  예 변 BC의 대각: ∠A

  참고 일반적으로 △ABC에서 ∠A, ∠B, ∠C의 대변의 길이를 각각 a, b, c로 나타낸다.

(2) **삼각형의 세 변의 길이 사이의 관계**

삼각형에서 한 변의 길이는 나머지 두 변의 길이의 합보다 작다.

➡ $a < b+c, \ b < a+c, \ c < a+b$

  참고 세 변의 길이가 주어질 때, 삼각형을 만들 수 있는 조건
  ➡ (가장 긴 변의 길이) < (나머지 두 변의 길이의 합)

개념 자세히 보기 **세 변의 길이가 주어질 때, 삼각형을 만들 수 있는 조건**

삼각형의 세 변의 길이 중 가장 긴 변의 길이가 a이면 $a < b+c$이다.

이 조건이 성립하면 $b < a+c, \ c < a+b$는 항상 성립한다.

즉, (가장 긴 변의 길이) < (나머지 두 변의 길이의 합)

이 성립하면 삼각형을 만들 수 있다.

세 변의 길이	(가장 긴 변의 길이)와 (나머지 두 변의 길이의 합) 사이의 관계	삼각형의 작도(○/×)
2, 4, 5	5 < 2+4	○
4, 9, 13	13 = 4+9	×
3, 6, 11	11 > 3+6	×

≫ 익힘교재 19쪽

바른답 · 알찬풀이 14쪽

개념 확인하기 **1** 오른쪽 그림과 같은 △ABC에서 다음을 구하시오.

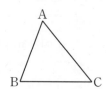

(1) ∠A의 대변 (2) ∠B의 대변

(3) ∠C의 대변 (4) $\overline{AB}$의 대각

(5) $\overline{BC}$의 대각 (6) $\overline{AC}$의 대각

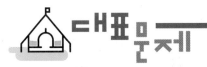
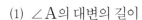 **삼각형의 대변과 대각**

01 오른쪽 그림과 같은 △ABC에서 다음을 구하시오.

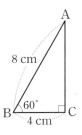

(1) ∠A의 대변의 길이

(2) ∠C의 대변의 길이

(3) $\overline{AB}$의 대각의 크기

(4) $\overline{BC}$의 대각의 크기

삼각형의 세 변의 길이 사이의 관계

02 삼각형의 세 변의 길이가 다음과 같을 때, 삼각형을 만들 수 있는 것은 ○표, 만들 수 없는 것은 ×표를 하시오.

(1) 2 cm, 5 cm, 6 cm　　　　　(　　)

(2) 5 cm, 7 cm, 14 cm　　　　(　　)

(3) 6 cm, 6 cm, 6 cm　　　　　(　　)

(4) 8 cm, 3 cm, 11 cm　　　　(　　)

(5) 4 cm, 4 cm, 8 cm　　　　　(　　)

(6) 5 cm, 5 cm, 9 cm　　　　　(　　)

03 다음 보기 중 삼각형의 세 변의 길이가 될 수 있는 것을 모두 고르시오.

┤ 보기 ├
ㄱ. 3, 4, 5　　　　　ㄴ. 4, 5, 7
ㄷ. 6, 8, 14　　　　ㄹ. 7, 7, 15

04 다음은 삼각형의 세 변의 길이가 6, 7, x일 때, x의 값의 범위를 구하는 과정이다. □ 안에 알맞은 것을 써넣으시오.

(ⅰ) 가장 긴 변의 길이가 x일 때
　　$x < 6 + \square$　　∴ $x < \square$
(ⅱ) 가장 긴 변의 길이가 □일 때
　　$7 \,\square\, x + 6$　　∴ $x > \square$
(ⅰ), (ⅱ)에서 x의 값의 범위는
$\square < x < \square$

> **TIP** 삼각형의 변의 길이가 미지수인 경우
> ⇨ 먼저 가장 긴 변의 길이를 찾는다.

05 삼각형의 세 변의 길이가 8 cm, 12 cm, x cm일 때, 다음 중 x의 값이 될 수 없는 것을 모두 고르면? (정답 2개)

① 4　　　　② 9　　　　③ 12
④ 17　　　⑤ 20

익힘교재 21쪽

삼각형의 작도

 1 삼각형의 작도

다음과 같은 세 가지 경우에 삼각형을 하나로 작도할 수 있다.

(1) 세 변의 길이가 주어질 때

  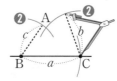

❶ 한 직선을 긋고, 그 위에 길이가 a인 $\overline{BC}$를 작도한다.

❷ 점 B, C를 중심으로 반지름의 길이가 각각 c, b인 원을 그려 그 교점을 A라 한다.

❸ $\overline{AB}$, $\overline{AC}$를 그으면 △ABC가 구하는 삼각형이다.

(2) 두 변의 길이와 그 끼인각의 크기가 주어질 때

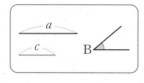

❶ 한 직선을 긋고, 그 위에 길이가 a인 $\overline{BC}$를 작도한다.

❷ $\overrightarrow{BC}$를 한 변으로 하고 ∠B와 크기가 같은 각을 작도한다.

❸ 점 B를 중심으로 반지름의 길이가 c인 원을 그려 그 교점을 A라 한다.

❹ $\overline{AC}$를 그으면 △ABC가 구하는 삼각형이다.

(3) 한 변의 길이와 그 양 끝 각의 크기가 주어질 때

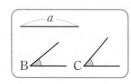

❶ 한 직선을 긋고, 그 위에 길이가 a인 $\overline{BC}$를 작도한다.

❷ $\overrightarrow{BC}$를 한 변으로 하고 ∠B와 크기가 같은 ∠PBC, $\overrightarrow{CB}$를 한 변으로 하고 ∠C와 크기가 같은 ∠QCB를 작도한다.

❸ $\overrightarrow{BP}$, $\overrightarrow{CQ}$의 교점을 A라 하면 △ABC가 구하는 삼각형이다.

개념 **자세히 보기** | **삼각형을 작도할 수 없는 경우**

① 세 변의 길이가 주어질 때 ➡ 두 변의 길이의 합이 나머지 한 변의 길이보다 작거나 같은 경우

② 두 변의 길이와 그 끼인각의 크기가 주어질 때 ➡ 끼인각의 크기가 180°보다 크거나 같은 경우

③ 한 변의 길이와 그 양 끝 각의 크기가 주어질 때 ➡ 두 각의 크기의 합이 180°보다 크거나 같은 경우

» 익힘교재 19쪽

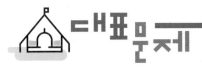

삼각형의 작도

01 변의 길이와 각의 크기가 다음과 같이 주어질 때, 오른쪽 그림과 같은 △ABC를 작도할 수 있는 것은 ○표, 작도할 수 없는 것은 ×표를 하시오.

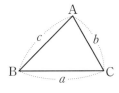

(1) a, b, c (   )

(2) $a, c, \angle$B   (   )

(3) $b, c, \angle$C   (   )

(4) $c, \angle$A, $\angle$B   (   )

02 다음 그림은 세 변의 길이가 주어질 때, △ABC를 작도하는 과정이다. ☐ 안에 알맞은 것을 써넣으시오.

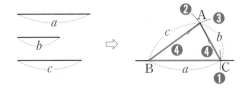

❶ 한 직선을 긋고, 그 위에 길이가 ☐인 $\overline{\text{BC}}$를 작도한다.

❷ 점 ☐를 중심으로 반지름의 길이가 ☐인 원을 그린다.

❸ 점 ☐를 중심으로 반지름의 길이가 ☐인 원을 그려 ❷에서 그린 원과의 교점을 ☐라 한다.

❹ $\overline{\text{AB}}$, $\overline{\text{AC}}$를 그으면 △ABC가 구하는 삼각형이다.

03 다음 그림은 두 변의 길이와 그 끼인각의 크기가 주어질 때, △ABC를 작도하는 과정이다. ☐ 안에 알맞은 것을 써넣으시오.

❶ 한 직선을 긋고, 그 위에 길이가 ☐인 $\overline{\text{BC}}$를 작도한다.

❷ $\overrightarrow{\text{BC}}$를 한 변으로 하고 ∠☐와 크기가 같은 각을 작도한다.

❸ 점 ☐를 중심으로 반지름의 길이가 ☐인 원을 그려 그 교점을 ☐라 한다.

❹ $\overline{\text{AC}}$를 그으면 △ABC가 구하는 삼각형이다.

04 다음 그림은 한 변의 길이와 그 양 끝 각의 크기가 주어질 때, △ABC를 작도하는 과정이다. ☐ 안에 알맞은 것을 써넣으시오.

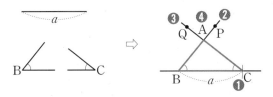

❶ 한 직선을 긋고, 그 위에 길이가 ☐인 $\overline{\text{BC}}$를 작도한다.

❷ $\overrightarrow{\text{BC}}$를 한 변으로 하고 ∠B와 크기가 같은 ∠PBC를 작도한다.

❸ $\overrightarrow{\text{CB}}$를 한 변으로 하고 ∠☐와 크기가 같은 ∠QCB를 작도한다.

❹ $\overrightarrow{\text{BP}}$, $\overrightarrow{\text{CQ}}$의 교점을 ☐라 하면 △ABC가 구하는 삼각형이다.

익힘교재 22쪽

삼각형이 하나로 정해지는 경우

개념 알아보기

1 삼각형이 하나로 정해지는 경우

다음과 같은 세 가지 경우에 삼각형이 하나로 정해진다.

(1) 세 변의 길이가 주어질 때

(2) 두 변의 길이와 그 끼인각의 크기가 주어질 때

(3) 한 변의 길이와 그 양 끝 각의 크기가 주어질 때

참고 한 변의 길이와 그 양 끝 각이 아닌 두 각의 크기가 주어진 경우에는 삼각형의 세 각의 크기의 합이 180°임을 이용하여 나머지 한 각의 크기를 구할 수 있으므로 한 변의 길이와 그 양 끝 각의 크기가 주어진 경우와 같다.

2 삼각형이 하나로 정해지지 않는 경우

(1) 가장 긴 변의 길이가 나머지 두 변의 길이의 합보다 크거나 같을 때

(2) 두 변의 길이와 그 끼인각이 아닌 다른 한 각의 크기가 주어질 때

(3) 세 각의 크기가 주어질 때

개념 자세히 보기

삼각형이 하나로 정해지지 않는 경우

(1) (가장 긴 변의 길이)≥(나머지 두 변의 길이의 합)일 때 ➔ 삼각형이 그려지지 않는다.

예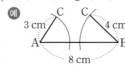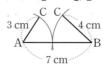

(2) 두 변의 길이와 그 끼인각이 아닌 다른 한 각의 크기가 주어질 때 ➔ 그려지지 않거나 1개 또는 2개로 그려진다.

예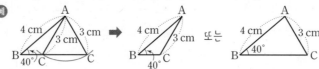

(3) 세 각의 크기가 주어질 때 ➔ 모양은 같고 크기가 다른 삼각형이 무수히 많이 그려진다.

예

➤➤ 익힘교재 19쪽

📖 바른답·알찬풀이 15쪽

개념 확인하기

1 다음과 같은 조건이 주어질 때, △ABC가 하나로 정해지는 것은 ○표, 하나로 정해지지 않는 것은 ×표를 하시오.

(1) $\overline{BC}=5$, $\angle A=40°$, $\angle B=50°$　　　　　　　　　　　　　　　(　)

(2) $\overline{AB}=4$, $\overline{BC}=6$, $\angle C=40°$　　　　　　　　　　　　　　　(　)

(3) $\angle A=45°$, $\angle B=45°$, $\angle C=90°$　　　　　　　　　　　　　　　(　)

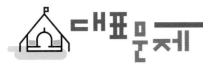

삼각형이 하나로 정해지는 경우

01 다음 **보기** 중 △ABC가 하나로 정해지는 것을 모두 고르시오.

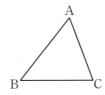

┤보기├

ㄱ. $\angle A = 50°$, $\angle B = 60°$, $\angle C = 70°$
ㄴ. $\overline{AB} = 9$, $\angle A = 120°$, $\angle B = 30°$
ㄷ. $\angle A = 50°$, $\overline{BC} = 8$, $\angle C = 60°$
ㄹ. $\overline{AB} = 5$, $\overline{BC} = 4$, $\angle A = 50°$
ㅁ. $\overline{AB} = 5$, $\overline{BC} = 12$, $\overline{CA} = 6$

TIP △ABC를 임의로 그린 후, 각 조건에 해당하는 부분을 표시하면서 문제를 해결하면 편리하다.

02 다음 중 △ABC가 하나로 정해지지 <u>않는</u> 것은?

① $\overline{AB} = 3$ cm, $\overline{BC} = 4$ cm, $\overline{CA} = 5$ cm
② $\overline{CA} = 3$ cm, $\overline{AB} = 3$ cm, $\angle A = 60°$
③ $\overline{AB} = 4$ cm, $\overline{BC} = 1$ cm, $\overline{CA} = 3$ cm
④ $\overline{BC} = 4$ cm, $\angle A = 50°$, $\angle B = 70°$
⑤ $\overline{CA} = 5$ cm, $\angle C = 30°$, $\angle A = 30°$

삼각형이 하나로 정해지기 위해 필요한 조건

03 오른쪽 그림과 같은 △ABC에서 $\overline{BC}$의 길이가 주어졌을 때, 다음 중 △ABC가 하나로 정해지기 위해 더 필요한 조건인 것은 ○표, 더 필요한 조건이 아닌 것은 ×표를 하시오.

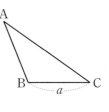

(1) $\overline{AB}$와 $\overline{AC}$　　　　　　　(　　)

(2) $\angle A$와 $\angle B$　　　　　　　(　　)

(3) $\overline{AC}$와 $\angle A$　　　　　　　(　　)

(4) $\overline{AB}$와 $\angle B$　　　　　　　(　　)

04 오른쪽 그림과 같은 △ABC에서 $\angle A$의 크기가 주어졌을 때, 다음 중 △ABC가 하나로 정해지기 위해 더 필요한 조건이 <u>아닌</u> 것은?

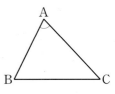

① $\angle B$, $\overline{AB}$　　② $\angle C$, $\overline{BC}$　　③ $\angle C$, $\overline{AC}$
④ $\overline{AB}$, $\overline{AC}$　　⑤ $\overline{AB}$, $\overline{BC}$

05 △ABC에서 $\overline{AB} = 7$ cm, $\overline{BC} = 5$ cm일 때, △ABC가 하나로 정해지기 위해 필요한 나머지 한 조건으로 알맞은 것을 다음 **보기**에서 모두 고르시오.

┤보기├

ㄱ. $\overline{AC} = 9$ cm　　　　ㄴ. $\overline{AC} = 12$ cm
ㄷ. $\angle A = 35°$　　　　ㄹ. $\angle B = 100°$

▶▶ 익힘교재 22쪽

● 개념 REVIEW

01 다음 중 작도에 대한 설명으로 옳지 <u>않은</u> 것은?

① 원을 그릴 때 컴퍼스를 사용한다.

② 선분을 연장할 때 눈금 없는 자를 사용한다.

③ 두 점을 연결하는 선을 그릴 때 눈금 없는 자를 사용한다.

④ 선분의 길이를 옮길 때 눈금 없는 자를 사용한다.

⑤ 눈금 없는 자와 컴퍼스를 사용하여 도형을 그리는 것을 작도라 한다.

▶ 작도

눈금 없는 ❶□와 ❷□□□만을 사용하여 도형을 그리는 것

02 오른쪽 그림은 ∠XOY와 크기가 같고 반직선 PQ를 한 변으로 하는 각을 작도한 것이다. 다음 중 옳지 <u>않은</u> 것은?

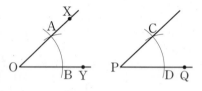

① $\overline{AB}=\overline{CD}$
② $\overline{PC}=\overline{PD}$
③ $\overline{OB}=\overline{PD}$
④ $\overline{OA}=\overline{OB}$
⑤ $\overline{OA}=\overline{AB}$

▶ 크기가 같은 각의 작도

03 오른쪽 그림은 직선 l 위에 있지 않은 한 점 P를 지나고 직선 l에 평행한 직선을 작도하는 과정이다. 다음 중 옳지 <u>않은</u> 것은?

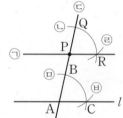

① $\overline{PQ}=\overline{PR}$
② $\overline{BC}=\overline{PQ}$
③ ∠BAC=∠QPR
④ 작도 순서는 ㉢→㉤→㉡→㉥→㉣→㉠이다.
⑤ 동위각의 크기가 같으면 두 직선은 서로 평행하다는 성질을 이용한 것이다.

▶ 평행선의 작도

평행선의 작도는 '서로 다른 두 직선이 한 직선과 만날 때, 동위각 또는 엇각의 크기가 같으면 두 직선은 서로 평행하다.'는 성질을 이용한 것이다.

04 오른쪽 그림과 같이 두 변 AB, BC의 길이와 ∠B의 크기가 주어질 때, 다음 중 △ABC를 작도하는 순서로 옳지 <u>않은</u> 것은?

A●——————●B
B●———●C
B

① ∠B → $\overline{AB}$ → $\overline{BC}$
② ∠B → $\overline{BC}$ → $\overline{AB}$
③ $\overline{AB}$ → ∠B → $\overline{BC}$
④ $\overline{AB}$ → $\overline{BC}$ → ∠B
⑤ $\overline{BC}$ → ∠B → $\overline{AB}$

▶ 삼각형의 작도

답 ❶자 ❷컴퍼스

● 개념 REVIEW

05 다음 중 △ABC가 하나로 정해지지 **않는** 것을 모두 고르면? (정답 2개)

① ∠A=30°, ∠B=50°, ∠C=100°
② $\overline{AC}$=5 cm, ∠B=60°, ∠C=80°
③ $\overline{AB}$=8 cm, $\overline{BC}$=7 cm, ∠A=50°
④ $\overline{AC}$=5 cm, $\overline{BC}$=7 cm, ∠C=75°
⑤ $\overline{AB}$=7 cm, $\overline{BC}$=6 cm, $\overline{CA}$=11 cm

▶ 삼각형이 하나로 정해지는 경우
① 세 변의 길이가 주어질 때
② 두 변의 길이와 그 ❶□□□의 크기가 주어질 때
③ 한 변의 길이와 그 양 ❷□□의 크기가 주어질 때

06 $\overline{AB}$=10 cm, ∠A=45°일 때, △ABC가 하나로 정해지기 위해 필요한 나머지 한 조건으로 알맞은 것을 다음 **보기**에서 모두 고르시오.

┤보기├
ㄱ. ∠B=135°   ㄴ. ∠C=60°
ㄷ. $\overline{BC}$=8 cm   ㄹ. $\overline{CA}$=6 cm

▶ 삼각형이 하나로 정해지기 위해 필요한 조건

UP
07 삼각형의 세 변의 길이가 4 cm, 8 cm, x cm일 때, x의 값이 될 수 있는 자연수의 개수를 구하시오.

▶ 삼각형의 세 변의 길이 사이의 관계
(가장 긴 변의 길이)
<(나머지 두 변의 길이의 합)

07-1 길이가 각각 4 cm, 6 cm, 7 cm, 10 cm인 막대 중 서로 다른 3개의 막대로 만들 수 있는 삼각형의 개수를 구하시오.

≫ 익힘교재 23쪽

답 ❶ 끼인각 ❷ 끝 각

개념 17 도형의 합동

개념 알아보기

1 도형의 합동

(1) **합동**: 모양과 크기가 같아서 포개었을 때 완전히 겹쳐지는 두 도형을 서로 **합동**이라 한다.

△ABC와 △DEF가 서로 합동일 때, 기호로 △ABC≡△DEF와 같이 나타낸다.

(2) 합동인 두 도형에서 포개어지는 꼭짓점과 꼭짓점, 변과 변, 각과 각을 서로 대응한다고 한다.

> (참고) 합동인 두 도형에서 대응하는 점을 대응점, 대응하는 변을 대응변, 대응하는 각을 대응각이라 한다.

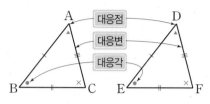

△ABC≡△DEF

두 도형의 합동을 기호로 나타낼 때는 반드시 두 도형의 대응점을 같은 순서대로 쓴다.

2 합동인 도형의 성질

두 도형이 서로 합동이면

(1) 대응변의 길이가 서로 같다.   (2) 대응각의 크기가 서로 같다.

(예) △ABC≡△DEF일 때,

① $\overline{AB}=\overline{DE}$, $\overline{BC}=\overline{EF}$, $\overline{AC}=\overline{DF}$

② ∠A=∠D, ∠B=∠E, ∠C=∠F

개념 자세히 보기

△ABC≡△DEF와 △ABC=△DEF의 비교

△ABC≡△DEF	△ABC=△DEF
△ABC와 △DEF가 서로 합동이다.	△ABC와 △DEF의 넓이가 같다.
➡ 합동인 두 도형의 넓이는 항상 같다.	➡ 넓이가 같은 두 도형은 합동이 아닐 수도 있다.

» 익힘교재 19쪽

≫ 바른답·알찬풀이 17쪽

개념 확인하기

1 오른쪽 그림에서 사각형 ABCD와 사각형 EFGH가 서로 합동일 때, 다음을 구하시오.

(1) 점 A의 대응점   (2) $\overline{EF}$의 대응변

(3) ∠C의 대응각   (4) ∠F의 대응각

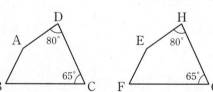

합동인 도형의 성질

01 아래 그림에서 △ABC≡△DEF일 때, 다음을 구하시오.

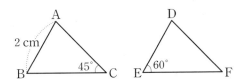

(1) $\overline{DE}$의 길이

(2) ∠B의 크기

(3) ∠A의 크기

02 아래 그림에서 사각형 ABCD와 사각형 EFGH가 서로 합동일 때, 다음을 구하시오.

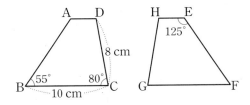

(1) $\overline{HG}$의 길이

(2) ∠A의 크기

(3) ∠H의 크기

> **TIP** 주어진 두 도형의 방향이 다르더라도 하나를 뒤집은 후 포개었을 때 완전히 겹칠 수 있으면 두 도형은 합동이다.

03 다음 그림에서 △ABC≡△DEF일 때, x, y의 값을 각각 구하시오.

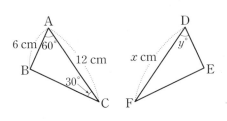

04 아래 그림에서 사각형 ABCD와 사각형 EFGH가 서로 합동일 때, 다음 중 옳지 <u>않은</u> 것은?

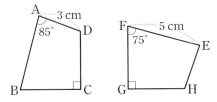

① $\overline{AB}=5$ cm ② $\overline{EH}=3$ cm
③ ∠B=75° ④ ∠D=100°
⑤ ∠E=85°

05 다음 보기 중 합동인 두 도형에 대한 설명으로 옳지 <u>않은</u> 것을 고르시오.

┤보기├

ㄱ. 합동인 두 도형은 서로 완전히 겹쳐진다.
ㄴ. 합동인 두 도형은 대응각의 크기가 서로 같다.
ㄷ. 합동인 두 도형은 넓이가 서로 같다.
ㄹ. 넓이가 같은 두 도형은 서로 합동이다.

익힘교재 24~25쪽

삼각형의 합동 조건

개념 알아보기 **1 삼각형의 합동 조건**

두 삼각형은 다음의 각 경우에 서로 합동이다.

(1) 대응하는 세 변의 길이가 각각 같을 때 (SSS 합동)
➡ $\overline{AB}=\overline{DE}$, $\overline{BC}=\overline{EF}$, $\overline{AC}=\overline{DF}$

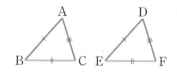

(2) 대응하는 두 변의 길이가 각각 같고, 그 끼인각의 크기가 같을 때 (SAS 합동)
➡ $\overline{AB}=\overline{DE}$, $\overline{BC}=\overline{EF}$, $\angle B=\angle E$

(3) 대응하는 한 변의 길이가 같고, 그 양 끝 각의 크기가 각각 같을 때 (ASA 합동)
➡ $\overline{BC}=\overline{EF}$, $\angle B=\angle E$, $\angle C=\angle F$

참고 삼각형의 합동 조건에서 S는 Side(변), A는 Angle(각)의 첫 글자이다.

개념 자세히 보기 **삼각형의 합동 조건**

(1) 대응하는 세 변의 길이가 각각 같을 때 (SSS 합동)

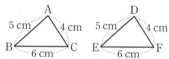

➡ $\overline{AB}=\overline{DE}=5$ cm, $\overline{BC}=\overline{EF}=6$ cm, $\overline{AC}=\overline{DF}=4$ cm
∴ $\triangle ABC \equiv \triangle DEF$

(2) 대응하는 두 변의 길이가 각각 같고, 그 끼인각의 크기가 같을 때 (SAS 합동)

➡ $\overline{AB}=\overline{DE}=6$ cm, $\overline{BC}=\overline{EF}=7$ cm, $\angle B=\angle E=40°$
∴ $\triangle ABC \equiv \triangle DEF$

(3) 대응하는 한 변의 길이가 같고, 그 양 끝 각의 크기가 각각 같을 때 (ASA 합동)

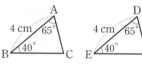

➡ $\overline{AB}=\overline{DE}=4$ cm, $\angle A=\angle D=65°$, $\angle B=\angle E=40°$
∴ $\triangle ABC \equiv \triangle DEF$

➡ 익힘교재 19쪽

바른답 · 알찬풀이 17쪽

개념 확인하기 **1** 다음 조건에서 △ABC와 △DEF가 서로 합동이면 ○표, 합동이 아니면 ×표를 하시오.

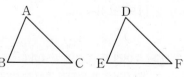

(1) $\overline{AB}=\overline{DE}$, $\overline{BC}=\overline{EF}$, $\overline{AC}=\overline{DF}$ (   )

(2) $\overline{AB}=\overline{DE}$, $\overline{AC}=\overline{DF}$, $\angle B=\angle E$ (   )

(3) $\angle A=\angle D$, $\angle B=\angle E$, $\angle C=\angle F$ (   )

바른답·알찬풀이 17쪽

삼각형의 합동 조건

01 다음 그림과 같은 두 삼각형이 서로 합동일 때, 합동인 두 삼각형을 기호 ≡를 사용하여 나타내고, 합동 조건을 말하시오.

(1)
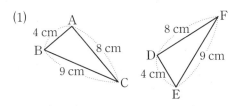

(2)
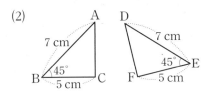

(3)
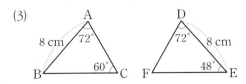

02 다음 보기 중 서로 합동인 삼각형끼리 짝 지어 보고, 각각의 합동 조건을 말하시오.

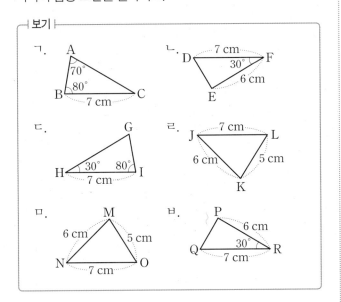

삼각형의 합동 조건의 활용

03 다음은 오른쪽 그림과 같은 사각형 ABCD에서 $\overline{AB}=\overline{DC}$, $\overline{AD}=\overline{BC}$일 때, △ABD≡△CDB임을 설명하는 과정이다. ☐ 안에 알맞은 것을 써넣으시오.

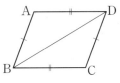

> △ABD와 △CDB에서
> $\overline{AB}=\overline{CD}$, $\overline{AD}=\overline{CB}$, ☐는 공통
> ∴ △ABD≡△CDB (☐ 합동)

04 다음은 오른쪽 그림에서 점 O는 $\overline{AC}$와 $\overline{BD}$의 교점이고 $\overline{AO}=\overline{CO}$, $\overline{BO}=\overline{DO}$일 때, △OAB≡△OCD임을 설명하는 과정이다. ☐ 안에 알맞은 것을 써 넣으시오.

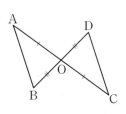

> △OAB와 ☐에서
> $\overline{AO}=\overline{CO}$, $\overline{BO}=\overline{DO}$,
> ∠AOB=☐ (맞꼭지각)
> ∴ △OAB≡☐ (☐ 합동)

05 오른쪽 그림에서 점 O는 $\overline{AC}$와 $\overline{BD}$의 교점이고 $\overline{AD}//\overline{BC}$, $\overline{AD}=\overline{BC}$일 때, △OAD≡△OCB임을 설명하시오.

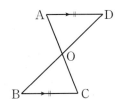

익힘교재 24~25쪽

01 오른쪽 그림에서 사각형 ABCD와 사각형 EFGH가 서로 합동일 때, 다음 중 옳지 <u>않은</u> 것은?

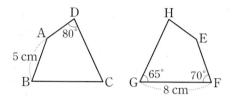

① $\overline{BC}=8$ cm
② $\overline{EF}=5$ cm
③ $\angle B=70°$
④ $\angle E=135°$
⑤ $\angle H=80°$

● 개념 REVIEW

▶ 합동인 도형의 성질
  · 대응변의 ❶□□가 서로 같다.
  · 대응각의 ❷□□가 서로 같다.

02 다음 중 $\triangle ABC \equiv \triangle PQR$라 할 수 <u>없는</u> 것은?

① $\overline{AB}=\overline{PQ}$, $\overline{BC}=\overline{QR}$, $\overline{CA}=\overline{RP}$
② $\overline{AB}=\overline{PQ}$, $\overline{BC}=\overline{QR}$, $\angle C=\angle R$
③ $\overline{AB}=\overline{PQ}$, $\angle A=\angle P$, $\angle B=\angle Q$
④ $\overline{BC}=\overline{QR}$, $\angle A=\angle P$, $\angle B=\angle Q$
⑤ $\overline{BC}=\overline{QR}$, $\overline{CA}=\overline{RP}$, $\angle C=\angle R$

▶ 삼각형의 합동 조건
  (1) 대응하는 세 변의 길이가 각각 같을 때 ➡ ❸□□□ 합동
  (2) 대응하는 두 변의 길이가 각각 같고, 그 끼인각의 크기가 같을 때 ➡ ❹□□□ 합동
  (3) 대응하는 한 변의 길이가 같고, 그 양 끝 각의 크기가 각각 같을 때 ➡ ❺□□□ 합동

UP
03 오른쪽 그림에서 $\overline{AB}=\overline{AD}$, $\angle ABC=\angle ADE$일 때, 다음 **보기** 중 $\triangle ABC \equiv \triangle ADE$임을 설명하기 위해 사용한 조건으로 옳은 것을 고르시오.

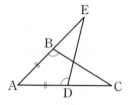

┌ 보기 ┐
ㄱ. $\overline{AB}=\overline{AD}$, $\overline{AC}=\overline{AE}$, $\overline{BC}=\overline{DE}$
ㄴ. $\overline{AB}=\overline{AD}$, $\angle ABC=\angle ADE$, $\angle A$는 공통
ㄷ. $\overline{AB}=\overline{AD}$, $\angle AED=\angle ACB$, $\angle A$는 공통
ㄹ. $\overline{AC}=\overline{AE}$, $\overline{BC}=\overline{DE}$, $\angle A$는 공통

▶ 삼각형의 합동 조건의 활용
  주어진 조건에서 알 수 있는 길이가 같은 변과 크기가 같은 각을 그림에 표시하여 사용된 합동 조건을 찾는다.

03-1 오른쪽 그림의 $\triangle ABC$와 $\triangle DEF$에서 $\overline{AB}=\overline{DE}$, $\angle B=\angle E$일 때, 다음 중 $\triangle ABC \equiv \triangle DEF$이기 위해 필요한 나머지 한 조건으로 옳지 <u>않은</u> 것을 모두 고르면? (정답 2개)

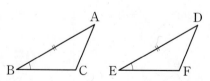

① $\overline{AC}=\overline{DF}$
② $\overline{BC}=\overline{EF}$
③ $\overline{CA}=\overline{EF}$
④ $\angle A=\angle D$
⑤ $\angle C=\angle F$

≫ 익힘교재 26쪽

답 ❶길이 ❷크기 ❸SSS ❹SAS ❺ASA

01 다음 **보기** 중 작도에 대한 설명으로 옳은 것을 모두 고르시오.

┌ 보기 ┐
ㄱ. 주어진 점으로부터 일정한 거리에 있는 점들을 그릴 때는 컴퍼스를 사용한다.
ㄴ. 크기가 60°인 각을 그릴 때는 각도기를 사용한다.
ㄷ. 두 선분의 길이를 비교할 때는 컴퍼스를 사용한다.

02 다음은 길이가 같은 선분의 작도를 이용하여 주어진 선분 AB를 한 변으로 하는 정삼각형을 작도하는 과정이다. (개), (내), (대)에 알맞은 것을 써넣으시오.

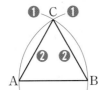

❶ 두 점 A, B를 중심으로 반지름의 길이가 [(개)]인 원을 각각 그려 두 원이 만나는 점을 C라 한다.
❷ $\overline{AC}$와 $\overline{BC}$를 각각 그으면 $\overline{AC} = \overline{BC} = $ [(내)]이므로 △ABC는 [(대)]이다.

03 아래 그림과 같이 ∠XOY와 크기가 같은 각을 작도하였을 때, 다음 중 길이가 나머지 넷과 <u>다른</u> 하나는?

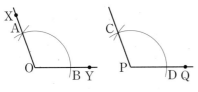

① $\overline{OA}$ ② $\overline{OB}$ ③ $\overline{CD}$
④ $\overline{PC}$ ⑤ $\overline{PD}$

04 오른쪽 그림은 직선 AB 위에 있지 않은 한 점 P를 지나고 직선 AB와 평행한 직선을 작도하는 과정이다. 다음 중 옳지 <u>않은</u> 것은?

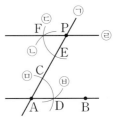

① $\overline{CA} = \overline{PF}$
② $\overline{CD} = \overline{PE}$
③ ∠CAD = ∠EPF
④ 작도 순서는 ㉠→㉢→㉢→㉤→㉡→㉣이다.
⑤ 엇각의 크기가 같으면 두 직선은 서로 평행하다는 성질을 이용한 것이다.

05 다음 중 삼각형의 세 변의 길이가 될 수 <u>없는</u> 것은?

① 2 cm, 2 cm, 2 cm   ② 3 cm, 6 cm, 8 cm
③ 4 cm, 9 cm, 10 cm   ④ 5 cm, 5 cm, 8 cm
⑤ 5 cm, 7 cm, 12 cm

서술형
06 삼각형의 세 변의 길이가 x, $x+2$, $x+5$일 때, 다음 물음에 답하시오.

(1) 가장 긴 변의 길이를 구하시오.

(2) x의 값의 범위를 구하시오.

07 다음 중 △ABC가 하나로 정해지는 것을 모두 고르면? (정답 2개)

① ∠A=50°, ∠B=50°, ∠C=80°

② ∠A=70°, ∠B=40°, $\overline{AB}$=6 cm

③ ∠A=35°, $\overline{BC}$=6 cm, $\overline{CA}$=7 cm

④ $\overline{CA}$=9 cm, ∠A=105°, ∠C=75°

⑤ $\overline{AB}$=5 cm, $\overline{BC}$=7 cm, $\overline{CA}$=10 cm

08 다음 중 두 도형이 항상 합동이라 할 수 <u>없는</u> 것을 모두 고르면? (정답 2개)

① 넓이가 같은 두 원

② 넓이가 같은 두 마름모

③ 넓이가 같은 두 직각삼각형

④ 한 변의 길이가 같은 두 정사각형

⑤ 둘레의 길이가 같은 두 정삼각형

09 아래 그림에서 사각형 ABCD와 사각형 PQRS가 서로 합동일 때, 다음 중 옳지 <u>않은</u> 것은?

① ∠P=70°

② $\overline{CD}$=5 cm

③ ∠R=85°

④ ∠D=75°

⑤ $\overline{PQ}$=3 cm

신유형

10 오른쪽 그림과 같은 타일에서 삼각형 모양의 조각이 떨어져 나갔다. 다음 중 떨어져 나간 부분에 알맞은 조각은?

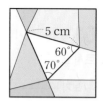

①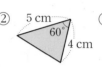

②

③

④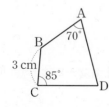

⑤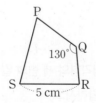

11 △ABC와 △DEF에서 ∠A=∠D, ∠B=∠E일 때, 다음 **보기** 중 △ABC≡△DEF이기 위해 필요한 나머지 한 조건으로 알맞은 것을 모두 고르시오.

┤ 보기 ├

ㄱ. $\overline{AB}$=$\overline{DE}$　　　　ㄴ. $\overline{AC}$=$\overline{DF}$

ㄷ. $\overline{BC}$=$\overline{EF}$　　　　ㄹ. ∠C=∠F

서술형

12 오른쪽 그림에서 $\overline{AB}$=$\overline{AD}$, $\overline{BE}$=$\overline{DC}$이고 ∠BAC=70°, ∠ACB=30°일 때, ∠ADE의 크기를 구하시오

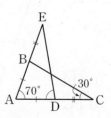

13 다음은 점 P가 $\overline{AB}$의 수직이등분선 l 위의 한 점일 때, $\overline{PA}=\overline{PB}$임을 설명하는 과정이다. (가) ~ (마)에 알맞은 것으로 옳지 <u>않은</u> 것은?

> △PAM과 △PBM에서
> (가) 는(은) 공통
> 점 M은 $\overline{AB}$의 중점이므로
> $\overline{AM}=$ (나)
> $\overline{AB}\perp l$이므로
> $\angle PMA=$ (다) $=90°$
> ∴ △PAM≡ (라) ((마) 합동)
> 따라서 $\overline{PA}=\overline{PB}$이다.

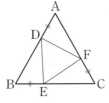

① (가) $\overline{PM}$ ② (나) $\overline{BM}$ ③ (다) $\angle PMB$
④ (라) △PBM ⑤ (마) ASA

14 오른쪽 그림에서 △ABC는 정삼각형이고, $\overline{AD}=\overline{BE}=\overline{CF}$일 때, △DEF는 어떤 삼각형인지 말하시오.

15 오른쪽 그림에서 △ABC와 △ECD가 정삼각형이고, 점 C는 $\overline{BD}$ 위의 점일 때, ∠BPD의 크기를 구하시오.

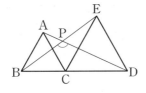

창의·융합 문제

다음 그림과 같이 선호가 서 있는 지점을 A, 섬이 있는 지점을 B, 바다 위에 배가 떠 있는 지점을 C, 등대가 있는 지점을 D라 하고 $\overline{BD}$와 $\overline{AC}$의 교점을 E라 하자. $\overline{DC}=7$ km, $\overline{AE}=\overline{DE}=4$ km, $\angle BAE=\angle CDE=85°$일 때, 선호가 서 있는 지점과 섬이 있는 지점 사이의 거리를 구하시오. (단, 섬과 배의 크기는 무시한다.)

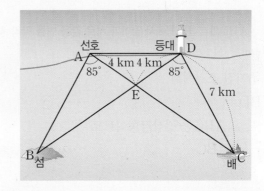

▶ **해결의 길잡이** ◦ ⋯⋯⋯⋯⋯⋯⋯⋯⋯⋯⋯⋯⋯⋯⋯⋯⋯⋯⋯

❶ 삼각형의 합동 조건을 이용하여 합동인 두 삼각형을 찾아 기호 ≡를 사용하여 나타낸다.

❷ ❶에서 찾은 합동인 두 삼각형을 이용하여 $\overline{AB}$의 길이를 구한다.

❸ 선호가 서 있는 지점과 섬이 있는 지점 사이의 거리를 구한다.

교과서 속 서술형 문제

1 오른쪽 그림과 같이 정삼각형 ABC의 두 변 BC, CA 위에 $\overline{BD}=\overline{CE}$가 되도록 두 점 D, E를 잡고 $\overline{AD}$와 $\overline{BE}$의 교점을 P라 하자.
$\angle BAD=15°$일 때, $\angle BPD$의 크기를 구하시오.

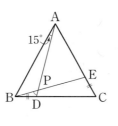

2 오른쪽 그림과 같이 정사각형 ABCD에서 두 변 BC, CD 위에 $\overline{BE}=\overline{CF}$가 되도록 두 점 E, F를 잡고 $\overline{AE}$와 $\overline{BF}$의 교점을 P라 하자. 이때 $\angle BPE$의 크기를 구하시오.

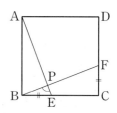

1 △ABD와 △BCE에서 길이가 서로 같은 변을 각각 찾으면?

주어진 조건에서

$\overline{BD}=$ ☐ ······ ㉠

또, △ABC는 정삼각형이므로

☐ $=\overline{BC}$ ······ ㉡ ··· 15 %

1 △ABE와 △BCF에서 길이가 서로 같은 변을 각각 찾으면?

2 △ABD와 △BCE에서 ∠ABD와 ∠BCE의 크기를 각각 구하면?

정삼각형의 한 각의 크기는 ☐이므로

$\angle ABD=\angle BCE=$ ☐ ······ ㉢ ··· 15 %

2 △ABE와 △BCF에서 ∠ABE와 ∠BCF의 크기를 각각 구하면?

3 합동인 두 삼각형을 기호 ≡를 사용하여 나타내면?

㉠, ㉡, ㉢에서 대응하는 ☐ 변의 길이가 각각 같고, 그 ☐의 크기가 같으므로

$\triangle ABD\equiv$ ☐ (☐ 합동) ··· 30 %

3 합동인 두 삼각형을 기호 ≡를 사용하여 나타내면?

4 ∠CBE$=\angle a$, ∠BEC$=\angle b$라 할 때, $\angle a+\angle b$의 크기는?

△BCE에서 ∠BCE$=60°$이고, 삼각형의 세 각의 크기의 합은 ☐이므로

$\angle a+60°+\angle b=$ ☐

∴ $\angle a+\angle b=$ ☐

4 ∠FBC$=\angle a$, ∠BFC$=\angle b$라 할 때, $\angle a+\angle b$의 크기는?

5 ∠BPD의 크기는?

∠ADB$=\angle$BEC$=\angle b$이므로 △BPD에서

$\angle a+\angle b+\angle BPD=180°$

∴ $\angle BPD=$ ☐ ··· 40 %

5 ∠BPE의 크기는?

3 세 변의 길이가 3 cm, 9 cm, x cm인 삼각형을 그릴 때, x의 값이 될 수 있는 자연수를 모두 구하시오.

✏ 풀이 과정

답 _____

5 오른쪽 그림에서 사각형 ABCD는 정사각형이고 △PBC는 정삼각형일 때, △PAB와 합동인 삼각형을 찾고, 합동 조건을 말하시오.

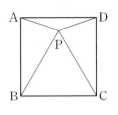

✏ 풀이 과정

답 _____

4 한 변의 길이가 4 cm이고 두 각의 크기가 각각 30°, 50°인 삼각형을 작도하려고 한다. 다음 물음에 답하시오.

(1) 삼각형의 나머지 한 각의 크기를 구하시오.
(2) 삼각형은 모두 몇 개를 작도할 수 있는지 구하시오.

✏ 풀이 과정

답 _____

6 다음 그림에서 사각형 ABCD와 사각형 ECFG가 정사각형일 때, $\overline{DF}$의 길이를 구하시오.

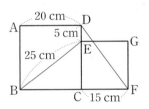

✏ 풀이 과정

답 _____

모든 걸 보는 안경

마음이 보이는 안경이 있다면
세상 모든 정답을 알게 될까?

03

다각형

배운내용 Check

1 다음 ☐ 안에 알맞은 각도를 써넣으시오.

(1)   (2)

정답 **1** (1) 75°   (2) 80°

다각형

개념 알아보기 **1 다각형**

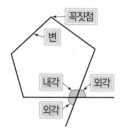

(1) **다각형**: 선분으로만 둘러싸인 평면도형

　① **변**: 다각형을 이루는 선분

　② **꼭짓점**: 변과 변이 만나는 점

　➡ 변이 3개, 4개, …, n개인 다각형을 각각 삼각형, 사각형, 오각

　　형, …, n각형이라 한다.

(2) **내각과 외각**

　① **내각**: 다각형에서 이웃하는 두 변으로 이루어진 내부의 각

　② **외각**: 다각형의 각 꼭짓점에서 한 변과 그 변에 이웃한 변의 연장선으로 이루어진 각

　참고 다각형에서 한 내각에 대한 외각은 두 개이지만 맞꼭지각으로 그 크기가 같으므로 하나만 생각한다.

2 정다각형

모든 변의 길이가 같고, 모든 내각의 크기가 같은 다각형

　➡ 변이 3개, 4개, 5개, …, n개인 정다각형을 각각 정삼각형, 정사각형, 정오각형, …,

　　정n각형이라 한다.

   …

　　정삼각형　　　정사각형　　　정오각형

　주의 ① 모든 변의 길이가 같다고 해서 항상 정다각형인 것은 아니다.

　　　 ② 모든 내각의 크기가 같다고 해서 항상 정다각형인 것은 아니다.

개념 자세히 보기 **다각형의 한 꼭짓점에서 내각과 외각의 크기의 합**

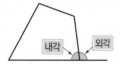

➡ 다각형의 한 꼭짓점에서

　(내각의 크기)+(외각의 크기)=180°

》 익힘교재 27쪽

※ 바른답 · 알찬풀이 22쪽

개념 확인하기 **1** 오른쪽 그림과 같은 사각형 ABCD에서 다음에 해당하는 부분을 모두 구하시오.

(1) 변　　　　　　　　(2) 꼭짓점

(3) 내각　　　　　　　(4) ∠C의 외각

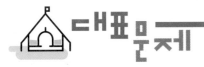

다각형

01 다음 보기 중 다각형인 것을 모두 고르시오.

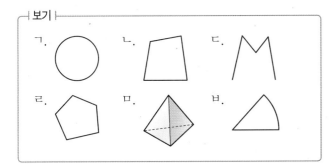

보기
ㄱ.
ㄴ.
ㄷ.
ㄹ.
ㅁ.
ㅂ.

다각형의 내각과 외각의 크기

02 오른쪽 그림과 같은 △ABC에서 ∠B의 외각을 표시하고 그 크기를 구하시오.

03 오른쪽 그림과 같은 사각형 ABCD에서 다음 각의 크기를 구하시오.

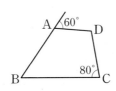

(1) ∠A의 내각

(2) ∠C의 외각

정다각형

04 다음 중 정다각형인 것을 모두 고르면? (정답 2개)

①
②
③
④
⑤

05 다음 중 정다각형에 대한 설명으로 옳지 않은 것은?

① 모든 변의 길이가 같다.
② 모든 내각의 크기가 같다.
③ 모든 외각의 크기가 같다.
④ 세 내각의 크기가 같은 삼각형은 정삼각형이다.
⑤ 한 꼭짓점에서 내각과 외각의 크기의 합은 $360°$이다.

06 다음 조건을 모두 만족하는 다각형의 이름을 말하시오.

(개) 6개의 선분으로 둘러싸여 있다.
(내) 모든 변의 길이가 같다.
(대) 모든 내각의 크기가 같다.

익힘교재 28쪽

20 삼각형의 내각

❶ 다각형(1)

개념 알아보기

1 삼각형의 내각

△ABC에서 ∠A, ∠B, ∠C를 △ABC의 내각이라 한다.

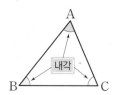

2 삼각형의 세 내각의 크기의 합

삼각형의 세 내각의 크기의 합은 180°이다.

➡ △ABC에서 ∠A+∠B+∠C=180°

참고 ① 삼각형의 세 내각 중 두 내각의 크기가 주어지면 나머지 한 내각의 크기를 구할 수 있다.

② 평행선의 성질을 이용하여 삼각형의 세 내각의 크기의 합 알아보기

오른쪽 그림과 같이 삼각형 ABC에서 변 BC의 연장선을 긋고, 그 위에 한 점 D를 잡는다.

꼭짓점 C에서 $\overline{BA}$에 평행한 반직선 CE를 그으면 $\overline{BA}$ // $\overline{CE}$이므로

∠A=∠ACE (엇각), ∠B=∠ECD (동위각)

∴ ∠A+∠B+∠C=∠ACE+∠ECD+∠C=180°

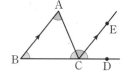

개념 자세히 보기

삼각형의 세 내각의 크기의 합 알아보기

삼각형의 세 내각의 크기의 합이 180°임을 다음과 같은 방법으로 알 수도 있다.

[방법 1] 오려 모으기	[방법 2] 똑같은 삼각형 3개 붙이기	[방법 3] 접어 모으기
×+○+•=180°	•+○+×=180°	×+○+•=180°

>> 익힘교재 27쪽

바른답·알찬풀이 22쪽

개념 확인하기

1 다음 그림에서 ∠x의 크기를 구하시오.

(1) 35°, x, 45°

(2)

(3)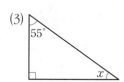

삼각형의 세 내각의 크기의 합

01 다음은 △ABC의 세 내각의 크기의 합이 180°임을 보이는 과정이다. ☐ 안에 알맞은 것을 써넣으시오.

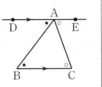

오른쪽 그림과 같이 △ABC의 꼭짓점 A를 지나고 ☐에 평행한 직선 DE를 그으면

∠B=∠DAB (☐),

∠C=∠EAC (엇각)

∴ ∠A+∠B+∠C

= ∠A+∠DAB+☐

= ☐

02 다음 그림에서 ∠x의 크기를 구하시오.

(1)

(2)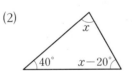

(3)

(4)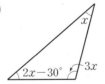

03 오른쪽 그림에서 ∠x의 크기를 구하시오.

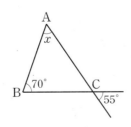

04 오른쪽 그림에서 ∠x의 크기를 구하시오.

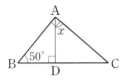

삼각형의 세 내각의 크기의 비

05 오른쪽 그림과 같은 △ABC에서 ∠C=2∠A일 때, ∠A의 크기를 구하시오.

06 삼각형의 세 내각의 크기의 비가 다음과 같을 때, 가장 큰 내각의 크기를 구하시오.

(1) $1 : 2 : 3$

⇨ $\underline{180°} \times \dfrac{\boxed{}}{1+2+3} = \boxed{}$

└─ 가장 큰 각이 차지하는 비율

└─ 삼각형의 세 내각의 크기의 합

(2) $3 : 4 : 5$

> **TIP** 삼각형의 세 내각 ∠A, ∠B, ∠C에 대하여
>
> ∠A : ∠B : ∠C=$a : b : c$일 때,
>
> $∠A=180° \times \dfrac{a}{a+b+c}$
>
> $∠B=180° \times \dfrac{b}{a+b+c}$
>
> $∠C=180° \times \dfrac{c}{a+b+c}$

▶▶ 익힘교재 29쪽

21 삼각형의 내각과 외각 사이의 관계

❶ 다각형(1)

개념 알아보기

1 삼각형의 내각과 외각 사이의 관계

삼각형의 한 외각의 크기는 그와 이웃하지 않는 두 내각의 크기의 합과 같다.

➡ △ABC에서 (∠C의 외각의 크기)＝∠A＋∠B

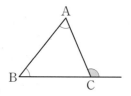

참고 평행선의 성질을 이용하여 삼각형의 내각과 외각 사이의 관계 알아보기
오른쪽 그림과 같이 삼각형 ABC에서 변 BC의 연장선을 긋고, 그 위에 한 점 D를 잡는다.
꼭짓점 C에서 $\overline{BA}$에 평행한 반직선 CE를 그으면 $\overline{BA}$∥$\overline{CE}$이므로
∠A＝∠ACE (엇각), ∠B＝∠ECD (동위각)
∴ ∠ACD＝∠ACE＋∠ECD＝∠A＋∠B
　　└─∠C의 외각　　　　　　└─∠ACD와 이웃하지 않는 두 내각의 크기의 합

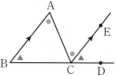

개념 자세히 보기 삼각형의 내각과 외각의 성질

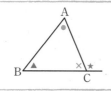	삼각형의 세 내각의 크기의 합	삼각형의 내각과 외각 사이의 관계
	●＋▲＋×＝180°	★＝●＋▲

» 익힘교재 27쪽

바른답 · 알찬풀이 23쪽

개념 확인하기

1 다음 그림에서 ∠x의 크기를 구하시오.

(1)
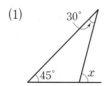

(2)
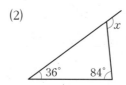

2 다음 그림에서 ∠x의 크기를 구하시오.

(1)
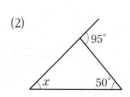

(2)

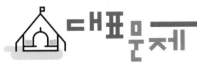

삼각형의 한 외각의 크기

01 다음 그림에서 ∠x의 크기를 구하시오.

(1)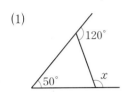

(2)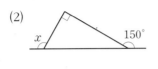

02 다음 그림에서 ∠x의 크기를 구하시오.

(1)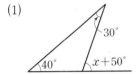

(2)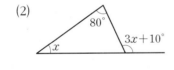

03 다음 그림에서 ∠x의 크기를 구하시오.

(1) (2)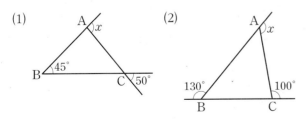

삼각형의 내각과 외각의 크기

04 다음 그림에서 ∠x, ∠y의 크기를 각각 구하시오.

(1)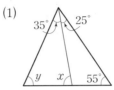

(2)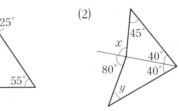

TIP 나누어진 각각의 삼각형에서 내각과 외각 사이의 관계를 이용한다.

05 오른쪽 그림에서 ∠x＋∠y의 크기를 구하시오.

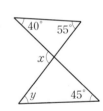

06 오른쪽 그림과 같은 △ABC에서 $\overline{\text{AD}}$가 ∠A의 이등분선일 때, ∠x의 크기를 구하시오.

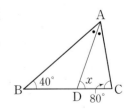

➤➤ 익힘교재 30쪽

● 개념 REVIEW

01 다음 중 다각형에 대한 설명으로 옳은 것을 모두 고르면? (정답 2개)

① 선분으로만 둘러싸인 평면도형을 다각형이라 한다.

② 팔각형은 8개의 변과 9개의 꼭짓점을 가지고 있다.

③ 변의 개수가 가장 적은 다각형은 삼각형이다.

④ 다각형에서 이웃하는 두 변으로 이루어진 내부의 각은 외각이다.

⑤ 네 내각의 크기가 같은 사각형은 정사각형이다.

▶ 다각형
❶ □□으로만 둘러싸인 평면도형

02 삼각형의 세 내각의 크기의 비가 4 : 5 : 9일 때, 가장 작은 내각의 크기를 구하시오.

▶ 삼각형의 세 내각의 크기의 합
삼각형의 세 내각의 크기의 합은 ❷□□□°이다.

03 오른쪽 그림과 같은 △ABC에서 $\overline{BD}$가 ∠B의 이등분선일 때, ∠x의 크기는?

① 100°　　② 105°　　③ 110°

④ 115°　　⑤ 120°

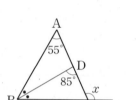

▶ 삼각형의 내각과 외각 사이의 관계
삼각형의 한 외각의 크기는 그와 이웃하지 않는 두 ❸□□의 크기의 합과 같다.

UP
04 오른쪽 그림과 같은 △ABC에서 ∠x의 크기를 구하시오.

▶ 삼각형의 내각의 크기의 합의 활용
△ABC와 △DBC의 세 내각의 크기의 합이 각각 180°임을 이용한다.

04-1 오른쪽 그림과 같은 △ABC에서 ∠x의 크기를 구하시오.

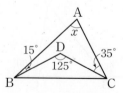

▶▶ 익힘교재 31쪽

답 ❶ 선분 ❷ 180 ❸ 내각

22 다각형의 내각

개념 알아보기

1 다각형의 내각의 크기의 합

(1) n각형의 내부의 한 점 P와 각 꼭짓점을 잇는 선분을 모두 그었을 때
생기는 삼각형의 개수: n개

(2) (n각형의 내각의 크기의 합)

$$= \underbrace{180° \times n}_{\text{삼각형의 세 내각의 크기의 합}} - \underbrace{360°}_{\text{점 P에 모인 } n \text{개의 각의 크기의 합}} = 180° \times n - 180° \times 2 = 180° \times (n-2)$$

다각형	사각형	오각형	육각형	...	n각형
내부의 한 점과 각 꼭짓점을 잇는 선분을 모두 그어 만들어지는 삼각형의 개수	4개	5개	6개	...	n개
내각의 크기의 합	$180° \times 4 - 360°$ $= 360°$	$180° \times 5 - 360°$ $= 540°$	$180° \times 6 - 360°$ $= 720°$	...	$180° \times n - 360°$ $= 180° \times (n-2)$

2 정다각형의 한 내각의 크기

정다각형은 모든 내각의 크기가 같으므로 정n각형의 한 내각의 크기는

$$\frac{(\text{정}n\text{각형의 내각의 크기의 합})}{\underset{\text{꼭짓점의 개수} \rightarrow}{n}} = \frac{180° \times (n-2)}{n}$$

개념 자세히 보기

다각형의 내각의 크기의 합

오각형

내부의 한 점과 각 꼭짓점을 잇는 선분을
모두 그었을 때 생기는 삼각형의 개수: 5개

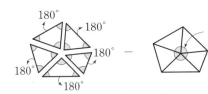

오각형의 내각의 크기의 합:
$180° \times 5 - 360° = 540°$

>> 익힘교재 27쪽

바른답·알찬풀이 24쪽

개념 확인하기

1 오른쪽 그림과 같은 팔각형에 대하여 다음을 구하시오.

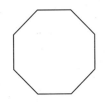

(1) 내부의 한 점과 각 꼭짓점을 잇는 선분을 모두 그었을 때 생기는 삼각형의 개수

(2) 내각의 크기의 합

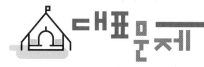
다각형의 내각의 크기의 합

01 다음 다각형의 내각의 크기의 합을 구하시오.

(1) 칠각형 (2) 십각형

(3) 십일각형 (4) 십육각형

02 다음은 내각의 크기의 합이 720°인 다각형을 구하는 과정이다. ☐ 안에 알맞은 것을 써넣으시오.

구하는 다각형을 n각형이라 하면
$180° \times (n - \boxed{}) = 720°$
$\therefore n = \boxed{}$
따라서 구하는 다각형은 $\boxed{}$이다.

03 다음 그림에서 $\angle x$의 크기를 구하시오.

(1) 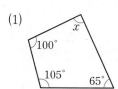 (2)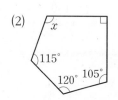

> **TIP** 먼저 주어진 다각형의 내각의 크기의 합부터 구한다.

정다각형의 한 내각의 크기

04 다음 표를 완성하시오.

	정팔각형	정십이각형	정이십각형
내각의 크기의 합	$180° \times (\boxed{} - 2)$ $= \boxed{}$		
한 내각의 크기	$\dfrac{\boxed{}}{8}$ $= \boxed{}$		

05 다음은 한 내각의 크기가 108°인 정다각형을 구하는 과정이다. ☐ 안에 알맞은 것을 써넣으시오.

구하는 정다각형을 정n각형이라 하면
$\dfrac{180° \times (n - \boxed{})}{n} = 108°$
$180° \times (n - \boxed{}) = 108° \times n$
$\therefore n = \boxed{}$
따라서 구하는 정다각형은 $\boxed{}$이다.

06 한 내각의 크기가 156°인 정다각형의 꼭짓점의 개수를 구하시오.

» 익힘교재 32쪽

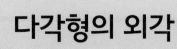

다각형의 외각

개념 알아보기

1 다각형의 외각의 크기의 합

n각형의 외각의 크기의 합은 항상 $360°$이다.

다각형	삼각형	사각형	오각형	⋯	n각형
(내각의 크기의 합) +(외각의 크기의 합)	$180°×3$	$180°×4$	$180°×5$	⋯	$180°×n$
내각의 크기의 합	$180°×(3-2)$	$180°×(4-2)$	$180°×(5-2)$	⋯	$180°×(n-2)$
외각의 크기의 합	$360°$	$360°$	$360°$	⋯	$360°$

$180°×3-180°$

$180°×n-180°×(n-2)$
$=180°×n-180°×n+360°$
$=360°$

2 정다각형의 한 외각의 크기

정다각형은 모든 외각의 크기가 같으므로 정n각형의 한 외각의 크기는

$$\frac{(정n각형의 외각의 크기의 합)}{n} = \frac{360°}{n}$$

꼭짓점의 개수

개념 자세히 보기

다각형의 외각의 크기의 합

칠각형

이와 같이 다각형의 외각의 크기의 합은 카메라의 조리개가 열렸다가 닫히는 과정과 같이 생각해 보면 $360°$임을 쉽게 알 수 있다.

❯❯ 익힘교재 27쪽

⯈ 바른답·알찬풀이 24쪽

개념 확인하기

1 다음 다각형의 외각의 크기의 합을 구하시오.

(1) 팔각형   (2) 십삼각형

2 다음 정다각형의 한 외각의 크기를 구하시오.

(1) 정사각형   (2) 정육각형

다각형의 외각의 크기의 합

01 다음 그림에서 ∠x의 크기를 구하시오.

(1)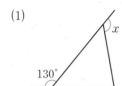

(2)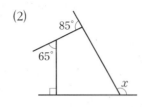

02 다음 그림에서 ∠x의 크기를 구하시오.

(1) (2)

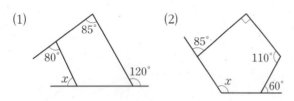

03 오른쪽 그림에서 ∠x의 크기를 구하시오.

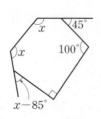

정다각형의 한 외각의 크기

04 다음은 한 외각의 크기가 18°인 정다각형을 구하는 과정이다. ☐ 안에 알맞은 것을 써넣으시오.

구하는 정다각형을 정n각형이라 하면

$\dfrac{\boxed{}}{n}=18°$ ∴ $n=\boxed{}$

따라서 구하는 정다각형은 $\boxed{}$이다.

05 한 외각의 크기가 24°인 정다각형의 이름을 말하시오.

06 다음은 한 내각의 크기와 한 외각의 크기의 비가 3 : 2인 정다각형을 구하는 과정이다. ☐ 안에 알맞은 것을 써넣으시오.

(한 외각의 크기)$=180°×\dfrac{\boxed{}}{3+2}=\boxed{}$

구하는 정다각형을 정n각형이라 하면

$\dfrac{360°}{n}=\boxed{}$이므로 $n=\boxed{}$

따라서 구하는 정다각형은 $\boxed{}$이다.

TIP 정다각형의 한 내각의 크기와 한 외각의 크기의 비가 $m:n$일 때,
(한 내각의 크기)+(한 외각의 크기)$=180°$이므로
• (한 내각의 크기)$=180°×\dfrac{m}{m+n}$
• (한 외각의 크기)$=180°×\dfrac{n}{m+n}$

➤➤ 익힘교재 33쪽

24 다각형의 대각선

개념 알아보기 | 1 다각형의 대각선

(1) **대각선**: 다각형에서 이웃하지 않는 두 꼭짓점을 이은 선분

(2) **대각선의 개수**

　① n각형의 한 꼭짓점에서 그을 수 있는 대각선의 개수: $(n-3)$개

　② n각형의 대각선의 개수: $\dfrac{n(n-3)}{2}$개

자기 자신과 이웃하는
두 꼭짓점을 제외한다.

> 참고 n각형의 한 꼭짓점에서 대각선을 모두 그었을 때 생기는 삼각형의 개수: $(n-2)$개

개념 자세히 보기 | 다각형의 대각선의 개수

자기 자신
이웃하는 꼭짓점
이웃하는 꼭짓점

오각형의 한 꼭짓점에서 그을 수 있는 대각선의 개수:
$5-3=2$(개)

오각형의 대각선의 개수:
$\dfrac{5\times2}{②}=5$(개)

한 대각선을 두 번씩 센 것이므로 2로 나눈다.

▶▶ 익힘교재 27쪽

⁖ 바른답·알찬풀이 25쪽

개념 확인하기 | 1 다음과 같이 주어진 다각형의 표시한 점에서 대각선을 그리고, 표를 완성하시오.

다각형	꼭짓점의 개수	한 꼭짓점에서 그을 수 있는 대각선의 개수	대각선의 개수
사각형			
오각형			
육각형			
⋮	⋮	⋮	⋮
n각형			

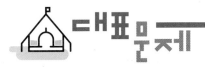
다각형의 한 꼭짓점에서 그을 수 있는 대각선의 개수

01 한 꼭짓점에서 그을 수 있는 대각선의 개수가 다음과 같은 다각형의 이름을 말하시오.

(1) 5개   (2) 7개

(3) 10개   (4) 13개

02 칠각형에 대하여 다음을 구하시오.

(1) 한 꼭짓점에서 그을 수 있는 대각선의 개수

(2) 한 꼭짓점에서 대각선을 모두 그었을 때 생기는 삼각형의 개수

다각형의 대각선의 개수

03 다음 다각형의 대각선의 개수를 구하시오.

(1) 칠각형   (2) 십각형

(3) 십삼각형   (4) 십육각형

04 한 꼭짓점에서 그을 수 있는 대각선의 개수가 11개인 다각형에 대하여 다음 물음에 답하시오.

(1) 이 다각형의 이름을 말하시오.

(2) 이 다각형의 대각선의 개수를 구하시오.

05 대각선의 개수가 다음과 같은 다각형의 이름을 말하시오.

(1) 20개

   ⇨ 구하는 다각형을 n각형이라 하면

      $\dfrac{n(n-3)}{2}=20$에서

      $n(n-3)=40=8\times5$ $\therefore n=\boxed{}$

      따라서 구하는 다각형은 $\boxed{}$이다.

(2) 44개

> **TIP** 대각선의 개수가 주어질 때, 다각형 구하기
>   ⇨ 구하는 다각형을 n각형이라 하고, 식을 세워 n의 값을 구한다.

06 내각의 크기의 합이 $1260°$인 다각형에 대하여 다음 물음에 답하시오.

(1) 이 다각형의 이름을 말하시오.

(2) 이 다각형의 대각선의 개수를 구하시오.

➡ 익힘교재 34쪽

 개념 22~24

● 개념 REVIEW

01 오른쪽 그림에서 ∠x의 크기는?

① $95°$ ② $100°$ ③ $105°$

④ $110°$ ⑤ $115°$

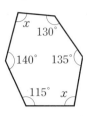

▶ **다각형의 내각의 크기의 합**
n각형의 내각의 크기의 합
⇨ $180° × (n-$❶$\square)$

02 내각의 크기의 합이 $1080°$인 다각형의 이름을 말하시오.

▶ **다각형의 내각의 크기의 합**

03 오른쪽 그림에서 ∠$x + $∠$y$의 크기는?

① $145°$ ② $150°$ ③ $155°$

④ $160°$ ⑤ $165°$

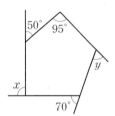

▶ **다각형의 외각의 크기의 합**
n각형의 외각의 크기의 합은 항상 ❷$\square°$이다.

04 십오각형의 내각의 크기의 합을 $a°$, 외각의 크기의 합을 $b°$라 할 때, $a+b$의 값은?

① 1800 ② 1980 ③ 2160

④ 2340 ⑤ 2700

▶ **다각형의 내각과 외각**

05 다음 중 다각형에 대한 설명으로 옳지 <u>않은</u> 것은?

① 육각형의 외각의 크기의 합은 $360°$이다.

② 정팔각형의 한 외각의 크기는 $45°$이다.

③ 십삼각형의 내각의 크기의 합은 $1980°$이다.

④ 정십각형의 한 내각의 크기는 $36°$이다.

⑤ 정사각형의 한 내각의 크기와 한 외각의 크기는 서로 같다.

▶ **정다각형의 한 내각과 한 외각의 크기**
• 정n각형의 한 내각의 크기
⇨ $\dfrac{180° × (n-2)}{n}$
• 정n각형의 한 외각의 크기
⇨ $\dfrac{360°}{❸\square}$

답 ❶ 2 ❷ 360 ❸ n

● 개념 REVIEW

06 한 내각의 크기와 한 외각의 크기의 비가 3 : 1인 정다각형의 이름을 말하시오.

▶ 다각형의 내각과 외각의 크기

다각형의 한 꼭짓점에서 내각과 외각의 크기의 합은 항상 **❶**⬜°이다.

07 내각의 크기의 합이 1620°인 다각형의 한 꼭짓점에서 그을 수 있는 대각선의 개수는?

① 8개 　　② 9개 　　③ 10개

④ 11개 　　⑤ 12개

▶ 다각형의 대각선

n각형에서
(한 꼭짓점에서 그을 수 있는 대각선의 개수)
$=(n-$**❷**⬜$)$개

08 한 꼭짓점에서 대각선을 모두 그었을 때 생기는 삼각형의 개수가 11개인 다각형의 대각선의 개수를 구하시오.

▶ 다각형의 대각선

n각형에서
(대각선의 개수)
$=\dfrac{n(n-3)}{❸⬜}$개

09 다음 조건을 모두 만족하는 다각형의 이름을 말하시오.

> (개) 모든 변의 길이가 같고, 모든 내각의 크기가 같다.
> (내) 한 내각의 크기가 144°이다.

▶ 정다각형의 한 내각의 크기

구하는 정다각형을 정n각형이라 놓고 한 내각의 크기는
$\dfrac{180° \times (n-2)}{n}$임을 이용한다.

09-1 한 내각의 크기가 150°인 정다각형의 대각선의 개수는?

① 54개 　　② 58개 　　③ 60개

④ 62개 　　⑤ 65개

≫ 익힘교재 35쪽

답 ❶ 180 ❷ 3 ❸ 2

중단원 마무리 문제

01 다음 중 다각형의 개수는?

> 마름모,   원기둥,   사다리꼴,   직육면체
> 정육각형,   직각삼각형,   반원,   삼각뿔

① 2개   ② 3개   ③ 4개
④ 5개   ⑤ 6개

02 오른쪽 그림의 오각형
ABCDE에서 $\angle x + \angle y$의 크기
는?

① 132°   ② 134°
③ 136°   ④ 138°
⑤ 140°

03 오른쪽 그림에서
$\overleftrightarrow{AB} /\!/ \overleftrightarrow{CD}$이고,
$\angle BAD = 25°$, $\angle BCD = 50°$
일 때, $\angle x + \angle y$의 크기는?

① 200°   ② 215°   ③ 230°
④ 245°   ⑤ 260°

04 삼각형의 세 내각의 크기의 비가 4 : 5 : 6일 때, 가장
작은 외각의 크기는?

① 105°   ② 108°   ③ 110°
④ 115°   ⑤ 118°

05 오른쪽 그림에서 $\angle x$의 크기
는?

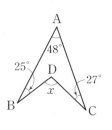

① 95°   ② 100°
③ 105°   ④ 110°
⑤ 115°

06 오른쪽 그림에서
$\overline{AB} = \overline{AC} = \overline{CD}$일 때, $\angle x$의
크기는?

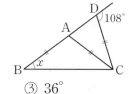

① 32°   ② 34°   ③ 36°
④ 38°   ⑤ 40°

서술형
07 오른쪽 그림과 같은 △ABC
에서 $\overline{AD}$가 $\angle A$의 이등분선일 때,
$\angle x$의 크기를 구하시오.

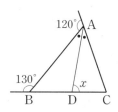

08 내각의 크기의 합이 2160°인 다각형의 꼭짓점의 개수는?

① 12개　　② 13개　　③ 14개

④ 15개　　⑤ 16개

09 오른쪽 그림에서 $\angle x$의 크기를 구하시오.

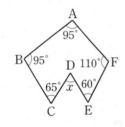

10 오른쪽 그림은 어느 정다각형 모양의 색종이의 일부분을 찢은 것이다. 찢기 전의 색종이의 모양은?

① 정팔각형　　　② 정구각형

③ 정십각형　　　④ 정십일각형

⑤ 정십이각형

11 오른쪽 그림에서 $\angle x$의 크기는?

① 55°　　② 60°

③ 65°　　④ 70°

⑤ 75°

12 내각의 크기의 합과 외각의 크기의 합이 같은 다각형은?

① 칠각형　　② 육각형　　③ 오각형

④ 사각형　　⑤ 삼각형

13 십삼각형의 한 꼭짓점에서 그을 수 있는 대각선의 개수를 a개, 이때 생기는 삼각형의 개수를 b개라 할 때, $a+b$의 값을 구하시오.

14 다음 조건을 모두 만족하는 다각형의 이름을 말하시오.

(개) 모든 변의 길이가 같고, 모든 내각의 크기가 같다.
(내) 대각선의 개수는 135개이다.

바른답·알찬풀이 27쪽

서술형

15 오른쪽 그림과 같이 원 모양의 탁자에 7명의 학생이 앉아 있다. 자신과 이웃하여 앉은 두 학생을 제외한 모든 학생과 서로 한 번씩 악수를 하려고 할 때, 악수는 모두 몇 번 하게 되는지 구하시오.

16 다음 중 정팔각형에 대한 설명으로 옳지 <u>않은</u> 것은?

① 한 꼭짓점에서 그을 수 있는 대각선의 개수는 5개이다.

② 대각선의 개수는 20개이다.

③ 내각의 크기의 합은 $900°$이다.

④ 한 내각의 크기는 $135°$이다.

⑤ 한 외각의 크기는 $45°$이다.

17 한 내각의 크기와 한 외각의 크기의 비가 $4 : 1$인 정다각형의 대각선의 개수를 구하시오.

UP

18 모든 내각과 모든 외각의 크기의 합이 $1620°$인 정다각형의 한 외각의 크기를 구하시오.

창의·융합 문제

어느 공원의 잔디밭에 의자 A, B, C, D, E, F를 놓고 의자를 2개씩 연결하는 곧은 길을 만들려고 한다. 길이에 관계없이 곧은 길을 하나 만드는 데 드는 비용이 10만 원일 때, 길을 모두 만드는 데 드는 비용을 구하시오. (단, 어느 세 의자도 한 직선 위에 있지 않다.)

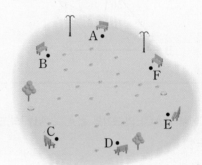

해결의 길잡이

❶ 각 의자를 꼭짓점으로 하여 선분으로 연결할 때, 만들어지는 다각형을 구한다.

❷ ❶에서 만들어진 다각형의 대각선의 개수를 구한다.

❸ ❷에서 구한 대각선의 개수를 이용하여 잔디밭에 만들어야 하는 길의 개수를 구한다.

❹ 길을 모두 만드는 데 드는 비용을 구한다.

교과서 속

1 다음 그림과 같은 △ABC에서 점 D는 ∠B의
이등분선과 ∠C의 외각의 이등분선의 교점이다.
∠A=50°일 때, ∠x의 크기를 구하시오.

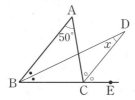

2 다음 그림과 같은 △ABC에서 점 D는 ∠B의
이등분선과 ∠C의 외각의 이등분선의 교점이다.
∠D=30°일 때, ∠x의 크기를 구하시오.

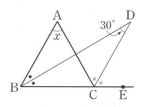

1 △ABC에서 ∠ACE의 크기와 ∠A, ∠ABC의 크기 사이
의 관계는?

△ABC에서 ∠ACE는 ∠ACB의 ☐이므로
∠ACE=∠A+∠ABC

1 △DBC에서 ∠DCE의 크기와 ∠D, ∠DBC의 크기 사이
의 관계는?

2 ∠ABD=∠a라 할 때, ∠ACE의 크기를 ∠a를 사용하여
나타내면?

$\overline{BD}$가 ∠ABC의 이등분선이므로
∠ABC=☐∠ABD=☐∠a
∴ ∠ACE=∠A+∠ABC
     =☐   ⋯⋯ ㉠   ⋯ 30 %

2 ∠DBC=∠a라 할 때, ∠DCE의 크기를 ∠a를 사용하여
나타내면?

3 △DBC에서 ∠DCE의 크기를 ∠a, ∠x를 사용하여 나타
내면?

△DBC에서 ∠DCE는 ∠DCB의 외각이므로
∠DCE=∠D+∠DBC
     =☐   ⋯⋯ ㉡   ⋯ 30 %

3 △ABC에서 ∠ACE의 크기를 ∠a, ∠x를 사용하여 나타
내면?

4 ∠x의 크기는?

∠ACE=2∠DCE이므로 ㉠, ㉡에서
$50°+2∠a=2(∠x+∠a)$, $2∠x=$☐
∴ ∠$x=$☐   ⋯ 40 %

4 ∠x의 크기는?

3 오른쪽 그림과 같은 사각형 ABCD에서 ∠C, ∠D의 이등분선의 교점을 E라 할 때, ∠DEC의 크기를 구하시오.

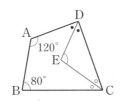

풀이 과정

답 _____

5 내각의 크기의 합이 1260°인 다각형의 대각선의 개수를 구하시오.

풀이 과정

답 _____

4 오른쪽 그림은 변의 길이가 같은 정육각형과 정팔각형의 한 변을 붙여 놓은 것이다. ∠x의 크기를 구하시오.

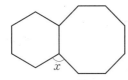

풀이 과정

답 _____

6 오른쪽 그림에서
$$\angle a + \angle b + \angle c + \angle d + \angle e + \angle f$$
의 크기를 구하시오.

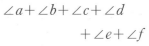
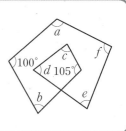

풀이 과정

답 _____

사각사각
네컷만화

글 / 그림 우쿠쥐

04

원과 부채꼴

배운내용 Check

1 오른쪽 그림의 원 O에 대하여 다음 ☐ 안
　에 알맞은 것을 써넣으시오. (단, 원주율은
　3으로 계산한다.)

　(1) 점 O는 원의 ☐ 이다.
　(2) 원의 둘레의 길이는 ☐ cm이고
　　　원의 넓이는 ☐ cm²이다.

정답 **1** (1) 중심　　　　(2) 18, 27

원과 부채꼴

개념 알아보기 **1 원과 부채꼴**

(1) **원**: 평면 위의 한 점 O로부터 일정한 거리에 있는 모든 점으로 이루어진 도형이며, 이것을 원 O로 나타낸다.

(2) **호 AB**: 원 위의 두 점 A, B를 양 끝 점으로 하는 원의 일부분 ➡ $\overset{\frown}{AB}$

(3) **현 CD**: 원 위의 두 점 C, D를 이은 선분 ➡ $\overline{CD}$

(4) **할선**: 원 위의 두 점을 지나는 직선

(5) **부채꼴 AOB**: 원 O에서 두 반지름 OA, OB와 호 AB로 이루어진 도형

(6) **중심각**: 부채꼴 AOB에서 두 반지름 OA, OB가 이루는 각, 즉 ∠AOB를 부채꼴 AOB의 **중심각** 또는 호 AB에 대한 **중심각**이라 한다.

(7) **활꼴**: 원에서 현 CD와 호 CD로 이루어진 도형

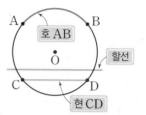

참고 ① 일반적으로 $\overset{\frown}{AB}$는 길이가 짧은 쪽의 호를 나타내고, 길이가 긴 쪽의 호를 나타낼 때는 그 호 위에 한 점 C를 잡아 $\overset{\frown}{ACB}$와 같이 나타낸다.
② 원의 지름은 한 원에서 길이가 가장 긴 현이다.
③ 반원은 활꼴인 동시에 중심각의 크기가 180°인 부채꼴이다.

개념 자세히 보기 **원과 부채꼴**

호 AB	현 AB	부채꼴 AOB	부채꼴 AOB의 중심각	호 AB와 현 AB로 이루어진 활꼴

» 익힘교재 36쪽

개념 확인하기 **1** 오른쪽 그림의 원 O 위에 다음을 나타내시오.

(1) 호 AD
(2) 현 BC
(3) 부채꼴 AOD
(4) 호 AD에 대한 중심각
(5) 호 BC와 현 BC로 이루어진 활꼴

바른답 · 알찬풀이 30쪽

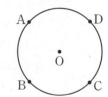

대표문제

원과 부채꼴(1)

01 다음 보기 중 오른쪽 그림의 원 O 에서 A~E에 해당하는 용어를 고르시오.

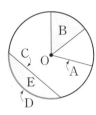

┌ 보기 ├
호,   부채꼴,   활꼴,   현,
중심,   지름,   반지름,   중심각

(1) A   (2) B

(3) C   (4) D

(5) E

02 오른쪽 그림과 같이 $\overline{AC}$를 지름 으로 하는 원 O에서 다음을 기호로 나 타내시오.

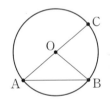

(1) $\overparen{BC}$에 대한 중심각

(2) ∠AOB에 대한 호

(3) ∠AOB에 대한 현

03 오른쪽 그림의 원 O에서 현 AB 의 길이와 반지름의 길이가 같을 때, 다 음 물음에 답하시오.

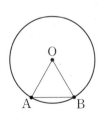

(1) △OAB는 어떤 삼각형인지 말하 시오.

(2) $\overparen{AB}$에 대한 중심각의 크기를 구하시오.

원과 부채꼴(2)

04 다음 중 옳은 것은 ○표, 옳지 않은 것은 ×표를 하시 오.

(1) 현은 원 위의 두 점을 이은 선분이다.   (   )

(2) 부채꼴은 원에서 지름과 호로 이루어진 도형이다.
        (   )

(3) 활꼴은 원에서 두 반지름과 호로 이루어진 도형이 다.   (   )

(4) 한 원에서 부채꼴과 활꼴이 같아질 때, 중심각의 크 기는 180°이다.   (   )

05 다음 보기 중 옳은 것을 모두 고르시오.

┌ 보기 ├
ㄱ. 원에서 길이가 가장 긴 현은 지름이다.
ㄴ. 반원은 활꼴인 동시에 부채꼴이다.
ㄷ. 원의 중심을 지나는 현은 반지름이다.
ㄹ. 중심각의 크기가 180°인 부채꼴은 반원이다.

06 반지름의 길이가 4 cm인 원에서 가장 긴 현의 길이 는?

① $\dfrac{13}{2}$ cm   ② 7 cm   ③ $\dfrac{15}{2}$ cm

④ 8 cm   ⑤ $\dfrac{17}{2}$ cm

익힘교재 37쪽

부채꼴의 성질

개념 알아보기

1 중심각의 크기와 호의 길이, 부채꼴의 넓이 사이의 관계

한 원에서

(1) 중심각의 크기가 같은 두 부채꼴의 호의 길이와 넓이는 각각 같다.

(2) 부채꼴의 호의 길이와 넓이는 각각 중심각의 크기에 정비례한다.

→ ∠COE=2∠AOB이므로
$\overparen{CE}=2\overparen{AB}$, (부채꼴 COE의 넓이)=2×(부채꼴 AOB의 넓이)

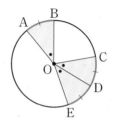

2 중심각의 크기와 현의 길이 사이의 관계

한 원에서

(1) 중심각의 크기가 같은 두 현의 길이는 같다.

(2) 현의 길이는 중심각의 크기에 정비례하지 않는다.

→ ∠AOC=2∠AOB이지만 $\overline{AC}<2\overline{AB}$, 즉 $\overline{AC}\neq2\overline{AB}$

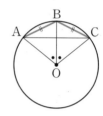

개념 자세히 보기

중심각의 크기와 호의 길이, 부채꼴의 넓이

다음 그림과 같이 중심각의 크기가 2배, 3배, ···가 되면 호의 길이와 부채꼴의 넓이도 2배, 3배, ···가 된다.

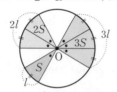

➡ (중심각의 크기의 비)=(호의 길이의 비)
=(부채꼴의 넓이의 비)

중심각의 크기와 현의 길이

다음 그림과 같이 중심각의 크기가 2배, 3배, ···가 되어도 현의 길이는 2배, 3배, ···가 되지 않는다.

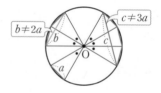

➡ (중심각의 크기의 비)≠(현의 길이의 비)

≫ 익힘교재 36쪽

개념 확인하기

※ 바른답·알찬풀이 31쪽

1 오른쪽 그림의 원 O에서 ∠AOB=∠BOC일 때, 다음 □ 안에 알맞은 것을 써넣으시오.

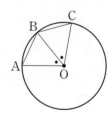

(1) $\overparen{AB}=$ □

(2) $\overparen{AC}=$ □ $\overparen{BC}$

(3) (부채꼴 □의 넓이)
=2×(부채꼴 AOB의 넓이)

(4) $\overline{AB}=$ □

중심각의 크기와 호의 길이, 부채꼴의 넓이

01 다음 그림의 원 O에서 x의 값을 구하시오.

(1)
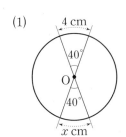

(2)
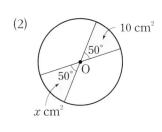

02 다음 그림의 원 O에서 x의 값을 구하시오.

(1)
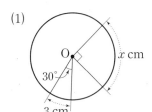

(2)
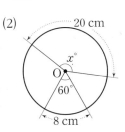

03 다음 그림의 원 O에서 x의 값을 구하시오.

(1)
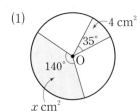

(2)
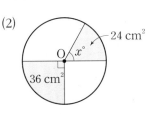

04 오른쪽 그림의 원 O에서 x, y의 값을 각각 구하시오.

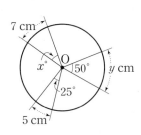

05 오른쪽 그림의 원 O에서 $\overset{\frown}{AB} : \overset{\frown}{BC} : \overset{\frown}{CA} = 2 : 3 : 4$일 때, ☐ 안에 알맞은 수를 써넣으시오.

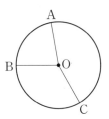

(1) $\angle AOB = 360° \times \dfrac{\boxed{}}{2+3+4} = \boxed{}°$

(2) $\angle BOC = 360° \times \dfrac{\boxed{}}{2+3+4} = \boxed{}°$

(3) $\angle COA = 360° \times \dfrac{\boxed{}}{2+3+4} = \boxed{}°$

TIP $\overset{\frown}{AB} : \overset{\frown}{BC} : \overset{\frown}{CA} = a : b : c$이면
$\angle AOB : \angle BOC : \angle COA = a : b : c$

중심각의 크기와 현의 길이

06 다음 그림의 원 O에서 x의 값을 구하시오.

(1)
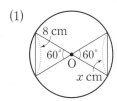

(2)
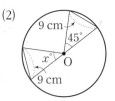

07 오른쪽 그림의 원 O에서 $\angle AOB = \angle COD$일 때, x의 값을 구하시오.

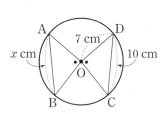

➡ 익힘교재 37쪽

01 오른쪽 그림과 같이 $\overline{AB}$를 지름으로 하는 원 O에 대한 설명으로 옳지 <u>않은</u> 것은?

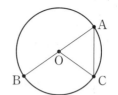

① $\overline{OA}=\overline{OB}=\overline{OC}$
② $\overline{AB}$는 현이다.
③ 호 BC에 대한 중심각은 ∠AOB이다.
④ 두 반지름 OA, OC와 호 AC로 이루어진 도형은 부채꼴이다.
⑤ 호 AC와 현 AC로 이루어진 도형은 활꼴이다.

02 오른쪽 그림의 원 O에서 ∠x의 크기를 구하시오.

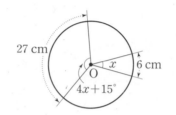

03 오른쪽 그림과 같이 $\overline{AC}$를 지름으로 하는 원 O에서 $\overset{\frown}{AB} : \overset{\frown}{AC}=3 : 5$일 때, ∠BOC의 크기를 구하시오.

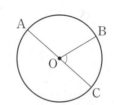

04 오른쪽 그림의 원 O에서 중심각의 크기가 40°인 부채꼴의 넓이가 10 cm²일 때, 원 O의 넓이를 구하시오.

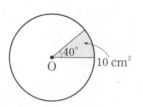

05 오른쪽 그림의 원 O에서 $\overset{\frown}{AB}=8$ cm, $\overset{\frown}{CD}=3$ cm이고 부채꼴 AOB의 넓이가 40 cm²일 때, 부채꼴 COD의 넓이를 구하시오.

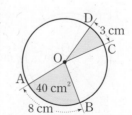

● 개념 REVIEW

06 오른쪽 그림의 원 O에서 $\overline{AB}=\overline{CD}=\overline{DE}$이고
∠COE=130°일 때, ∠AOB의 크기를 구하시오.

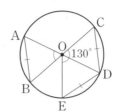

> 중심각의 크기와 현의 길이
> 한 원에서 중심각의 크기가 같
> 은 두 현의 ❶□□는 같다.

07 오른쪽 그림의 원 O에서 ∠AOB=∠BOC일 때, 다음 중
옳지 <u>않은</u> 것을 모두 고르면? (정답 2개)

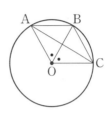

① $\overset{\frown}{AC}=2\overset{\frown}{AB}$

② $\overline{AB}=\overline{BC}$

③ $\overline{AC}=2\overline{AB}$

④ (△AOC의 넓이)=2×(△AOB의 넓이)

⑤ (부채꼴 AOC의 넓이)=2×(부채꼴 AOB의 넓이)

> 중심각의 크기에 정비례하는 것
> 과 정비례하지 않는 것
> 한 원에서 중심각의 크기에
> • 정비례하는 것: 호의 ❷□□,
>   부채꼴의 ❸□□
> • 정비례하지 않는 것: 현의 길
>   이, 삼각형의 넓이

08 오른쪽 그림의 원 O에서 $\overline{AB}\,/\!/\,\overline{OC}$이고
∠AOB=100°, $\overset{\frown}{AB}$=10 cm일 때, x의 값은?

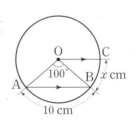

① 3　　　　② $\dfrac{7}{2}$　　　　③ 4

④ $\dfrac{9}{2}$　　　　⑤ 5

> 호의 길이의 응용
> 다음을 이용하여 호의 길이를
> 구한다.
> • 이등변삼각형의 두 밑각의 크
>   기는 같다.
> • 평행한 두 직선이 한 직선과
>   만날 때 생기는 동위각과 엇각
>   의 크기는 각각 같다.

08-1 오른쪽 그림의 반원 O에서 $\overline{AD}\,/\!/\,\overline{OC}$이고
∠COB=20°, $\overset{\frown}{BC}$=3 cm일 때, x의 값을 구하
시오.

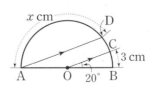

▶▶ 익힘교재 38쪽

답 ❶길이 ❷길이 ❸넓이

원의 둘레의 길이와 넓이

❷ 부채꼴의 호의 길이와 넓이

개념 알아보기

1 원주율

원의 지름의 길이에 대한 <u>원의 둘레의 길이</u>의 비율을 **원주율**이라 하고, 기호로 π와 같이 나

원주

타내며 '파이'라 읽는다.

➡ (원주율)$=\dfrac{(원의\ 둘레의\ 길이)}{(원의\ 지름의\ 길이)}$

참고 원주율은 원의 크기에 상관없이 항상 일정하고, 그 값은 실제로 3.141592…로 소수점 아래의 숫자가 불규칙하
게 한없이 계속되는 소수이다.

2 원의 둘레의 길이와 넓이

반지름의 길이가 r인 원의 둘레의 길이를 l, 넓이를 S라 하면

(1) $l=2\pi r$ ← (원의 둘레의 길이)=(지름의 길이)$\times \pi$

(2) $S=\pi r^2$ ← (원의 넓이)=(반지름의 길이)$^2 \times \pi$

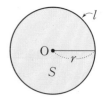

예 반지름의 길이가 2 cm인 원에 대하여

① (원의 둘레의 길이)$=2\pi \times 2 = 4\pi$ (cm)

② (원의 넓이)$=\pi \times 2^2 = 4\pi$ (cm^2)

개념 자세히 보기

원의 넓이

오른쪽 그림과 같이 원을 한없이 잘게 잘라 붙이면 원의 넓이는
직사각형의 넓이와 같아진다.

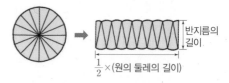

∴ (원의 넓이)=(직사각형의 넓이)

$\qquad = \dfrac{1}{2} \times (원의\ 둘레의\ 길이) \times (반지름의\ 길이)$

$\qquad = \dfrac{1}{2} \times 2\pi r \times r = \pi r^2$

≫ 익힘교재 36쪽

바른답·알찬풀이 32쪽

개념 확인하기

1 다음 그림과 같은 원의 둘레의 길이와 넓이를 차례대로 구하시오.

(1)

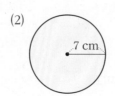

3 cm

(2)

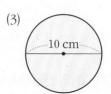

7 cm

(3)

10 cm

원의 둘레의 길이와 넓이

01 원의 둘레의 길이가 다음과 같을 때, 원의 반지름의 길이를 구하시오.

(1) 12π cm   (2) 20π cm

02 원의 넓이가 다음과 같을 때, 원의 반지름의 길이를 구하시오.

(1) 81π cm^2 (2) 121π cm^2

03 다음 그림과 같은 반원의 둘레의 길이와 넓이를 차례대로 구하시오.

(1)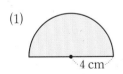
4 cm

(2)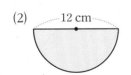
12 cm

 • (반원의 둘레의 길이)
    $=$ (원의 둘레의 길이) $\times \dfrac{1}{2} +$ (원의 지름의 길이)
  • (반원의 넓이) $=$ (원의 넓이) $\times \dfrac{1}{2}$

색칠한 부분의 둘레의 길이와 넓이

04 다음 그림과 같은 원에서 색칠한 부분의 둘레의 길이와 넓이를 차례대로 구하시오.

(1)   (2)

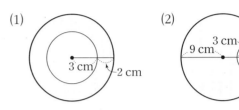

05 오른쪽 그림과 같이 반지름의 길이가 8 cm인 원에서 색칠한 부분의 둘레의 길이와 넓이를 차례대로 구하시오.

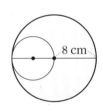

06 오른쪽 그림에서 색칠한 부분의 둘레의 길이와 넓이를 차례대로 구하시오.

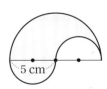

 도형의 일부를 이용하여 넓이 구하기

▶▶ 익힘교재 39~40쪽

개념 알아보기

1 부채꼴의 호의 길이와 넓이

반지름의 길이가 r, 중심각의 크기가 $x°$인 부채꼴의 호의 길이를 l, 넓이를 S라 하면

(1) $l = 2\pi r \times \dfrac{x}{360}$

(2) $S = \pi r^2 \times \dfrac{x}{360}$

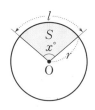

2 부채꼴의 호의 길이와 넓이 사이의 관계

반지름의 길이가 r, 호의 길이가 l인 부채꼴의 넓이를 S라 하면

$S = \dfrac{1}{2}rl$ ← 중심각의 크기가 주어지지 않은 부채꼴의 넓이를 구할 때 사용한다.

개념 자세히 보기

• **부채꼴의 호의 길이와 넓이**

부채꼴의 호의 길이와 넓이는 각각 중심각의 크기에 정비례하므로

(1) $360 : x = 2\pi r : l$에서 $360 \times l = x \times 2\pi r$ $\therefore l = 2\pi r \times \dfrac{x}{360}$

(2) $360 : x = \pi r^2 : S$에서 $360 \times S = x \times \pi r^2$ $\therefore S = \pi r^2 \times \dfrac{x}{360}$

• **부채꼴의 호의 길이와 넓이 사이의 관계**

부채꼴의 중심각의 크기를 $x°$라 하면 $l = 2\pi r \times \dfrac{x}{360}$에서 $\dfrac{x}{360} = \dfrac{l}{2\pi r}$이므로

$$S = \pi r^2 \times \dfrac{x}{360} = \pi r^2 \times \dfrac{l}{2\pi r} = \dfrac{1}{2}rl$$

》 익힘교재 36쪽

🔎 바른답·알찬풀이 33쪽

개념 확인하기

1 다음 그림과 같은 부채꼴의 호의 길이와 넓이를 차례대로 구하시오.

(1)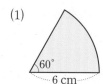

(2)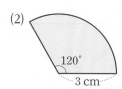

2 반지름의 길이가 8 cm이고, 호의 길이가 2π cm인 부채꼴의 넓이를 구하시오.

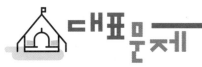
부채꼴의 호의 길이와 넓이

01 반지름의 길이와 호의 길이가 다음과 같은 부채꼴의 중심각의 크기를 $x°$라 할 때, x의 값을 구하시오.

(1)
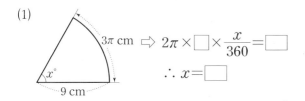

$\Rightarrow 2\pi \times \boxed{} \times \dfrac{x}{360} = \boxed{}$

$\therefore x = \boxed{}$

(2) 반지름의 길이가 4 cm, 호의 길이가 6π cm

02 중심각의 크기와 호의 길이가 다음과 같은 부채꼴의 반지름의 길이를 r cm라 할 때, r의 값을 구하시오.

(1)
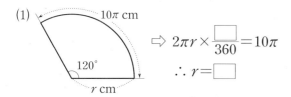

$\Rightarrow 2\pi r \times \dfrac{\boxed{}}{360} = 10\pi$

$\therefore r = \boxed{}$

(2) 중심각의 크기가 60°, 호의 길이가 2π cm

03 반지름의 길이와 넓이가 다음과 같은 부채꼴의 중심각의 크기를 $x°$라 할 때, x의 값을 구하시오.

(1)
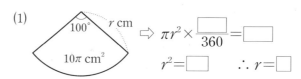

$\Rightarrow \pi \times \boxed{}^2 \times \dfrac{x}{360} = \boxed{}$

$\therefore x = \boxed{}$

(2) 반지름의 길이가 8 cm, 넓이가 24π cm²

04 중심각의 크기와 넓이가 다음과 같은 부채꼴의 반지름의 길이를 r cm라 할 때, r의 값을 구하시오.

(1)
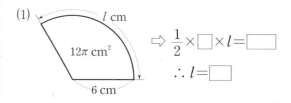

$\Rightarrow \pi r^2 \times \dfrac{\boxed{}}{360} = \boxed{}$

$r^2 = \boxed{} \qquad \therefore r = \boxed{}$

(2) 중심각의 크기가 90°, 넓이가 π cm²

부채꼴의 호의 길이와 넓이 사이의 관계

05 반지름의 길이와 넓이가 다음과 같은 부채꼴의 호의 길이를 l cm라 할 때, l의 값을 구하시오.

(1)
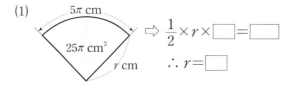

$\Rightarrow \dfrac{1}{2} \times \boxed{} \times l = \boxed{}$

$\therefore l = \boxed{}$

(2) 반지름의 길이가 12 cm, 넓이가 18π cm²

> **TIP** 부채꼴의 반지름의 길이, 호의 길이, 넓이 중 두 가지를 알면 $S = \dfrac{1}{2}rl$을 이용하여 나머지 한 가지를 구할 수 있다.

06 호의 길이와 넓이가 다음과 같은 부채꼴의 반지름의 길이를 r cm라 할 때, r의 값을 구하시오.

(1)

$\Rightarrow \dfrac{1}{2} \times r \times \boxed{} = \boxed{}$

$\therefore r = \boxed{}$

(2) 호의 길이가 3π cm, 넓이가 3π cm²

색칠한 부분의 둘레의 길이와 넓이

07 다음은 오른쪽 그림에서 색칠한 부분의 둘레의 길이와 넓이를 각각 구하는 과정이다. ☐ 안에 알맞은 것을 써넣으시오.

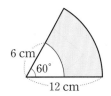

(1) 색칠한 부분의 둘레의 길이

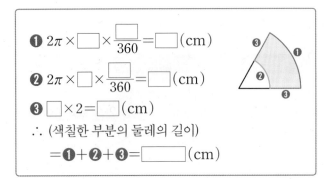

❶ $2\pi \times \square \times \dfrac{\square}{360} = \square$ (cm)

❷ $2\pi \times \square \times \dfrac{\square}{360} = \square$ (cm)

❸ $\square \times 2 = \square$ (cm)

∴ (색칠한 부분의 둘레의 길이)
　　$= ❶ + ❷ + ❸ = \square$ (cm)

(2) 색칠한 부분의 넓이

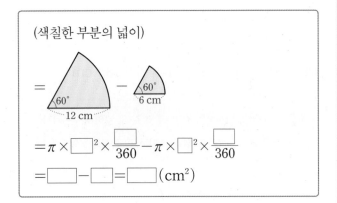

(색칠한 부분의 넓이)

$= \pi \times \square^2 \times \dfrac{\square}{360} - \pi \times \square^2 \times \dfrac{\square}{360}$

$= \square - \square = \square$ (cm²)

08 오른쪽 그림에서 색칠한 부분의 둘레의 길이와 넓이를 차례대로 구하시오.

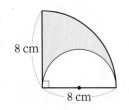

09 다음은 오른쪽 그림에서 색칠한 부분의 둘레의 길이와 넓이를 각각 구하는 과정이다. ☐ 안에 알맞은 것을 써넣으시오.

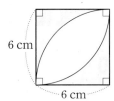

(1) 색칠한 부분의 둘레의 길이

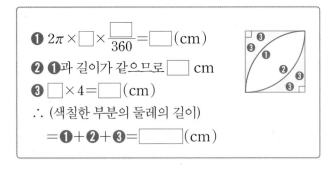

❶ $2\pi \times \square \times \dfrac{\square}{360} = \square$ (cm)

❷ ❶과 길이가 같으므로 $\square$ cm

❸ $\square \times 4 = \square$ (cm)

∴ (색칠한 부분의 둘레의 길이)
　　$= ❶ + ❷ + ❸ = \square$ (cm)

(2) 색칠한 부분의 넓이

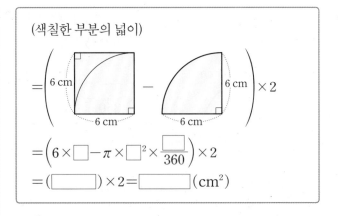

(색칠한 부분의 넓이)

$= \left(6 \times \square - \pi \times \square^2 \times \dfrac{\square}{360} \right) \times 2$

$= (\square) \times 2 = \square$ (cm²)

10 오른쪽 그림에서 색칠한 부분의 둘레의 길이와 넓이를 차례대로 구하시오.

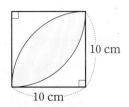

TIP 보조선을 그어서 생각한다.

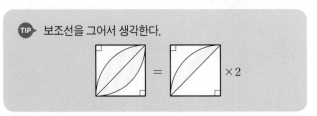

익힘교재 39~40쪽

01 오른쪽 그림에서 원 O의 둘레의 길이가 10π cm일 때, 원 O의 넓이는?

① 5π cm² ② 10π cm² ③ 15π cm²

④ 20π cm² ⑤ 25π cm²

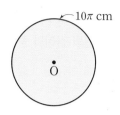

● 개념 REVIEW

▶ 원의 둘레의 길이와 넓이

반지름의 길이가 r인 원의 둘레의 길이를 l, 넓이를 S라 하면

• $l=$❶ ⬚

• $S=$❷ ⬚

02 다음 그림과 같은 원에서 색칠한 부분의 둘레의 길이와 넓이를 차례대로 구하시오.

(1)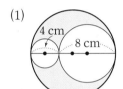

(2)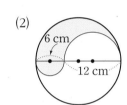

▶ 색칠한 부분의 둘레의 길이와 넓이

03 오른쪽 그림과 같이 반지름의 길이가 9 cm이고 호의 길이가 10π cm인 부채꼴의 중심각의 크기를 구하시오.

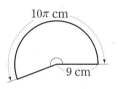

▶ 부채꼴의 호의 길이

반지름의 길이가 r, 중심각의 크기가 $x°$인 부채꼴의 호의 길이를 l이라 하면

$l=2\pi r\times$❸ $\dfrac{x}{⬚}$

04 오른쪽 그림과 같이 한 변의 길이가 5 cm인 정오각형에서 색칠한 부채꼴의 넓이는?

① $\dfrac{13}{2}\pi$ cm² ② 7π cm² ③ $\dfrac{15}{2}\pi$ cm²

④ 8π cm² ⑤ $\dfrac{17}{2}\pi$ cm²

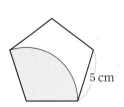

▶ 부채꼴의 넓이

반지름의 길이가 r, 중심각의 크기가 $x°$인 부채꼴의 넓이를 S라 하면

$S=\pi r^2\times$❹ $\dfrac{x}{⬚}$

답 ❶ $2\pi r$ ❷ πr^2 ❸ 360 ❹ 360

05 오른쪽 그림과 같이 호의 길이가 4π cm이고, 넓이가 12π cm²인 부채꼴의 반지름의 길이와 중심각의 크기를 차례대로 구하시오.

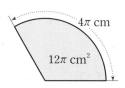

● **개념 REVIEW**

부채꼴의 호의 길이와 넓이 사이의 관계

반지름의 길이가 r, 호의 길이가 l인 부채꼴의 넓이를 S라 하면 $S=\dfrac{1}{2}r$❶□

06 오른쪽 그림에서 색칠한 부분의 둘레의 길이와 넓이를 차례대로 구하시오.

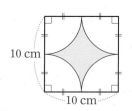

색칠한 부분의 둘레의 길이와 넓이
· 색칠한 부분의 둘레의 길이
 ⇨ 주어진 도형을 길이를 구할 수 있는 부분으로 나누어 각각의 길이를 구한 후 더한다.
· 색칠한 부분의 넓이
 ⇨ 전체 넓이에서 색칠하지 않은 부분의 넓이를 빼서 구한다.

07 오른쪽 그림에서 색칠한 부분의 넓이는?

① 32 cm²　　② 40 cm²　　③ 48 cm²
④ 56 cm²　　⑤ 64 cm²

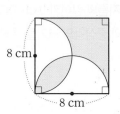

색칠한 부분의 넓이
주어진 도형의 일부분을 적당히 이동하여 색칠한 부분이 간단한 모양이 되도록 한 후 넓이를 구한다.

07-1 오른쪽 그림에서 색칠한 부분의 넓이를 구하시오.

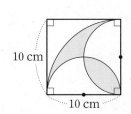

▶▶ 익힘교재 41쪽

답 ❶ l

01 한 원에서 부채꼴과 활꼴이 같아질 때의 중심각의 크기는?

① 45°　　② 60°　　③ 90°

④ 120°　　⑤ 180°

02 다음 그림의 원 O에서 x의 값을 구하시오.

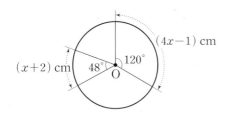

03 오른쪽 그림의 반원 O에서 $\overarc{AC}=10$ cm, $\overarc{BC}=2$ cm일 때, ∠COB의 크기는?

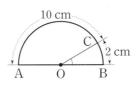

① 20°　　② 25°

③ 30°　　④ 35°　　⑤ 40°

04 오른쪽 그림의 원 O에서 부채꼴 COD의 넓이가 부채꼴 AOB의 넓이의 2배일 때, x의 값을 구하시오.

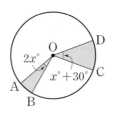

05 오른쪽 그림의 원 O에서
∠AOB : ∠BOC : ∠COA
=3 : 5 : 4
이다. 원 O의 넓이가 96π cm²일 때, 부채꼴 AOB의 넓이는?

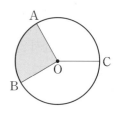

① 20π cm²　　② 22π cm²　　③ 24π cm²

④ 26π cm²　　⑤ 28π cm²

06 오른쪽 그림의 원 O에서 $\overarc{AB}=\overarc{BC}$이고 $\overline{AB}=4$ cm, $\overline{OA}=5$ cm일 때, 색칠한 부분의 둘레의 길이를 구하시오.

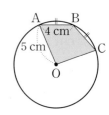

서술형
07 오른쪽 그림의 원 O에서 지름 AD의 연장선과 현 BC의 연장선의 교점을 E라 하자. $\overline{OC}=\overline{CE}$, $\overarc{CD}=5$ cm, ∠CED=25°일 때, $\overarc{AB}$의 길이를 구하시오.

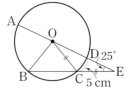

08 오른쪽 그림의 원 O에서
∠AOB=∠BOC=∠DOE일
때, 다음 중 옳지 않은 것은?

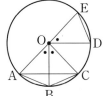

① $\overarc{AB}=\overarc{DE}$
② $\overarc{AB}=\overarc{BC}$
③ $\overarc{AB}=\dfrac{1}{2}\overarc{AC}$
④ (부채꼴 AOC의 넓이)=2×(부채꼴 DOE의 넓이)
⑤ (△AOC의 넓이)=2×(△DOE의 넓이)

서술형
09 오른쪽 그림에서 원 O의 넓이가
144π cm²일 때, 원 O의 둘레의 길이를
구하시오.

144π cm²
O

UP
10 오른쪽 그림은 지름의 길이가
12 cm인 반원을 점 A를 중심으로
45°만큼 회전 시킨 것이다. 색칠한
부분의 둘레의 길이는?

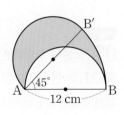

① 12π cm   ② 13π cm   ③ 14π cm
④ 15π cm   ⑤ 16π cm

11 오른쪽 그림에서
$\overline{AB}=\overline{BC}=\overline{CD}=5$ cm이고,
$\overline{AD}$가 가장 큰 원의 지름일 때,
색칠한 부분의 둘레의 길이는?

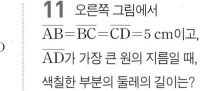
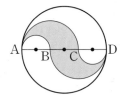

① 15π cm   ② 16π cm   ③ 17π cm
④ 18π cm   ⑤ 19π cm

12 오른쪽 그림에서 색칠한 부분
의 넓이를 구하시오.

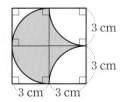
3 cm
3 cm
3 cm   3 cm

13 오른쪽 그림과 같이 중심각의 크
기가 72°, 호의 길이가 4π cm인 부채
꼴의 넓이를 구하시오.

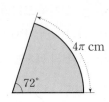
4π cm
72°

14 오른쪽 그림과 같이 반지름의 길
이가 9 cm이고, 넓이가 54π cm²인 부
채꼴의 호의 길이는?

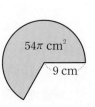
54π cm²
9 cm

① 8π cm   ② 9π cm
③ 10π cm   ④ 12π cm   ⑤ 13π cm

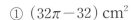 **15** 오른쪽 그림에서 색칠한 부분의 넓이는?

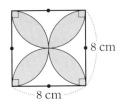

① $(32\pi - 32)\,\text{cm}^2$
② $(32\pi - 64)\,\text{cm}^2$
③ $(64\pi - 32)\,\text{cm}^2$
④ $(64\pi - 64)\,\text{cm}^2$
⑤ $(96\pi - 64)\,\text{cm}^2$

16 오른쪽 그림과 같이 반원과 부채꼴이 겹쳐져 있을 때, 색칠한 부분의 넓이를 구하시오.

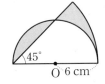

17 오른쪽 그림과 같이 가로, 세로의 길이가 각각 3 m, 4 m인 직사각형 모양의 울타리의 A 지점에 길이 5 m인 끈으로 말이 묶여 있다. 이 말이 움직일 수 있는 영역의 최대 넓이를 구하시오. (단, 말은 울타리를 넘어갈 수 없고, 말의 크기와 매듭의 길이는 무시한다.)

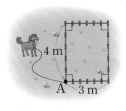

창의·융합 문제

어느 마트에서 밑면의 반지름의 길이가 5 cm인 원기둥 모양의 통조림 캔 3개를 다음 그림과 같이 A, B 두 가지 방법을 이용하여 끈으로 묶으려고 한다.

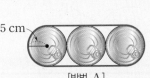

[방법 A]   [방법 B]

끈의 길이를 최소로 하려고 할 때, 방법 A, B 중 어느 것이 끈을 몇 cm 더 적게 사용할 수 있는지 구하시오. (단, 끈의 두께와 매듭의 길이는 무시한다.)

해결의 길잡이

❶ 방법 A를 이용하여 통조림 캔을 묶을 때, 필요한 끈의 최소 길이를 구한다.

❷ 방법 B를 이용하여 통조림 캔을 묶을 때, 필요한 끈의 최소 길이를 구한다.

❸ 방법 A, B 중 어느 것이 끈을 몇 cm 더 적게 사용할 수 있는지 구한다.

교과서 속

서술형 문제

① 다음 그림과 같은 부채꼴에서 색칠한 부분의 둘레의 길이와 넓이를 각각 구하시오.

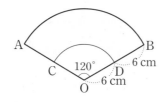

② 다음 그림과 같은 부채꼴에서 색칠한 부분의 둘레의 길이와 넓이를 각각 구하시오.

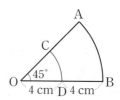

---

❶ 색칠한 부분의 둘레의 길이를 구하는 식은?

(둘레의 길이)

$=\widehat{AB}+$ ☐ $+\overline{AC}+$ ☐   … 10 %

❶ 색칠한 부분의 둘레의 길이를 구하는 식은?

---

❷ ❶의 식을 이용하여 색칠한 부분의 둘레의 길이를 구하면?

(둘레의 길이)

$=2\pi \times$ ☐ $\times \dfrac{\boxed{}}{360} + 2\pi \times$ ☐ $\times \dfrac{\boxed{}}{360}$

$\qquad\qquad\qquad\qquad +6+$ ☐

$=$ ☐ (cm) … 40 %

❷ ❶의 식을 이용하여 색칠한 부분의 둘레의 길이를 구하면?

---

❸ 색칠한 부분의 넓이를 구하는 식은?

(넓이)

$=$ (부채꼴 ☐ 의 넓이)

$\qquad\qquad -$ (부채꼴 ☐ 의 넓이)

… 10 %

❸ 색칠한 부분의 넓이를 구하는 식은?

---

❹ ❸의 식을 이용하여 색칠한 부분의 넓이를 구하면?

(넓이)

$=\pi \times$ ☐$^2 \times \dfrac{\boxed{}}{360} - \pi \times$ ☐$^2 \times \dfrac{\boxed{}}{360}$

$=$ ☐ (cm^2) … 40 %

❹ ❸의 식을 이용하여 색칠한 부분의 넓이를 구하면?

3 오른쪽 그림과 같이 $\overline{AB}$를 지름으로 하는 원 O에서 $\angle OBC=15°$일 때, $\overset{\frown}{AC} : \overset{\frown}{BC}$를 가장 간단한 자연수의 비로 나타내시오.

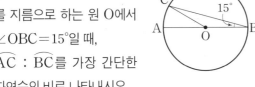

✏️ 풀이 과정

📝 답 _____

4 오른쪽 그림과 같이 $\overline{AC}$를 지름으로 하는 원 O에서 $\overset{\frown}{AB}=9\pi$ cm이고, $\angle AOB : \angle BOC=3 : 1$일 때, 부채꼴 AOB의 넓이를 구하시오.

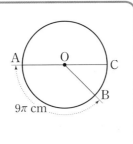

✏️ 풀이 과정

📝 답 _____

5 오른쪽 그림과 같이 한 변의 길이가 4 cm인 정사각형 ABCD에서 색칠한 부분의 넓이를 구하시오.

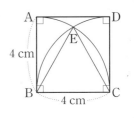

✏️ 풀이 과정

📝 답 _____

6 오른쪽 그림은 직사각형 ABCD와 반지름의 길이가 12 cm인 부채꼴을 겹쳐놓은 것이다. ㉠, ㉡의 넓이가 같을 때, $\overline{BC}$의 길이를 구하시오.

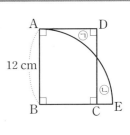

✏️ 풀이 과정

📝 답 _____

무재칠시

어떤 사람이 성인(聖人)을 찾아가 하는 일마다 제대로 되는 일이 없다며 말했습니다. 성인은 그 이유를 다음과 같이 들었습니다.

"그것은 자네가 남에게 베풀지 않았기 때문이네."

그 사람은 자신이 남에게 베풀 것이 없다고 말했습니다. 그러자 성인은 다음과 같이 덧붙였습니다.

"아무 재산이 없더라도 줄 수 있는 일곱 가지가 있네."

성인은 그 사람에게 재산이 없더라도 베풀 수 있는 일곱 가지, 즉 무재칠시(無財七施)를 설명하며 그 습관이 몸에 배면 행운이 따른다고 일러 주었습니다.

성인이 말한 무재칠시는 다음과 같습니다.

1. 화안시(和顔施): 얼굴에 화색을 띠고 부드럽고 정다운 얼굴로 남을 대하는 것
2. 언시(言施): 사랑의 말, 칭찬의 말, 위로의 말, 격려의 말 등 부드러운 말을 전하는 것
3. 심시(心施): 마음의 문을 열고 따뜻한 마음을 주는 것
4. 안시(眼施): 호의를 담은 눈으로 베푸는 것
5. 신시(身施): 남의 짐을 들어 주는 것과 같은 상대의 육체적인 수고로움을 덜어 주는 것
6. 좌시(座施): 때와 장소에 맞게 자리를 내주어 양보하는 것
7. 찰시(察施): 굳이 묻지 않고 상대의 마음을 헤아려서 도와주는 것

무재칠시, 행운을 부르는 습관입니다.

05

입체도형

배운내용 Check

1 아래 **보기** 중 다음 도형에 해당하는 것을 고르시오.

┌ 보기 ┐

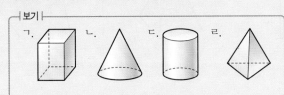

ㄱ.   ㄴ.   ㄷ.   ㄹ.

(1) 각기둥   (2) 각뿔

(3) 원기둥   (4) 원뿔

정답 **1** (1) ㄱ   (2) ㄹ   (3) ㄷ   (4) ㄴ

다면체

개념 알아보기 1 다면체

다각형인 면으로만 둘러싸인 입체도형을 **다면체**라 하고 둘러싸인
면의 개수에 따라 사면체, 오면체, 육면체, …라 한다.

(1) **면**: 다면체를 둘러싸고 있는 다각형

(2) **모서리**: 다면체를 이루는 다각형의 변

(3) **꼭짓점**: 다면체를 이루는 다각형의 꼭짓점

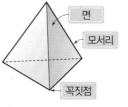

참고 면이 4개 이상 있어야 입체도형이 되므로 면의 개수가 가장 적은 다면체는 사면체이다.

주의 원기둥, 원뿔 등과 같이 다각형이 아닌 원이나 곡면으로 둘러싸인 입체도형은 다면체
가 아니다.

개념 자세히 보기 여러 가지 다면체

입체도형			
면의 개수	4개	6개	7개
이름	사면체	육면체	칠면체

» 익힘교재 42~43쪽

바른답·알찬풀이 38쪽

개념 확인하기 1 다음 표를 완성하시오.

입체도형			
꼭짓점의 개수			
모서리의 개수			
면의 개수			
몇 면체인가?			

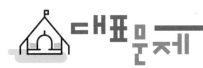

다면체

01 다음 중 다면체가 <u>아닌</u> 것을 모두 고르면? (정답 2개)

①

②

③

④

⑤

02 다음 **보기** 중 다면체의 개수를 구하시오.

┌ 보기 ├─────────────────────
ㄱ. 오각뿔   ㄴ. 직육면체   ㄷ. 사각기둥
ㄹ. 구   ㅁ. 원뿔   ㅂ. 사면체
─────────────────────────

다면체의 면, 모서리, 꼭짓점의 개수

03 다음 입체도형은 몇 면체인지 말하시오.

(1) 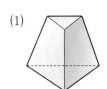   (2)

04 다음 다면체 중 면의 개수가 가장 많은 것은?

① 삼각뿔   ② 정육면체   ③ 육각뿔

④ 오각기둥   ⑤ 육각기둥

05 오른쪽 그림과 같은 다면체에서 꼭짓점의 개수를 a개, 모서리의 개수를 b개, 면의 개수를 c개라 할 때, $a-b+c$의 값을 구하시오.

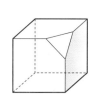

06 다음 중 오른쪽 그림과 같은 다면체에 대한 설명으로 옳지 <u>않은</u> 것은?

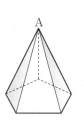

① 꼭짓점의 개수는 6개이다.

② 모서리의 개수는 10개이다.

③ 면의 개수는 6개이다.

④ 점 A에 모인 면의 개수는 6개이다.

⑤ 육면체이다.

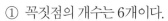

➤➤ 익힘교재 44쪽

개념 알아보기 **1** 다면체의 종류

(1) **각기둥**: 두 밑면은 서로 평행하면서 합동인 다각형이고 옆면은 모두 직사각형인 다면체

(2) **각뿔**: 밑면이 다각형이고 옆면은 모두 삼각형
　　인 다면체

(3) **각뿔대**: 각뿔을 밑면에 평행한 평면으로 자를
　　때 생기는 두 입체도형 중에서 각뿔이 아닌 쪽
　　의 입체도형

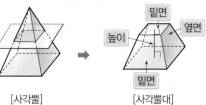

[사각뿔]　　　　[사각뿔대]

> 참고 ① 각뿔대의 밑면은 다각형이고 옆면은 모두 사다리꼴이다.
> 　　② 각뿔대는 밑면의 모양에 따라 삼각뿔대, 사각뿔대, 오각뿔대, …라 한다.

다면체	n각기둥	n각뿔	n각뿔대
겨냥도	삼각기둥　사각기둥…	삼각뿔　사각뿔 …	삼각뿔대　사각뿔대 …
밑면의 개수	2개	1개	2개
옆면의 모양	직사각형	삼각형	사다리꼴

개념 자세히 보기 다면체의 면, 모서리, 꼭짓점의 개수

다면체	n각기둥	n각뿔	n각뿔대
면의 개수	$(n+2)$개	$(n+1)$개	$(n+2)$개
모서리의 개수	$3n$개	$2n$개	$3n$개
꼭짓점의 개수	$2n$개	$(n+1)$개	$2n$개

》 익힘교재 42~43쪽

바른답 · 알찬풀이 38쪽

개념 확인하기 **1** 다음 표를 완성하시오.

다면체	오각기둥	오각뿔	오각뿔대
겨냥도			
밑면의 모양			
옆면의 모양			
면의 개수			

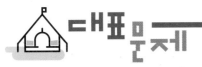

다면체의 종류

01 아래 **보기** 중 다음 도형에 해당하는 것을 모두 고르시오.

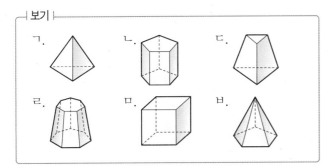

ㅣ보기ㅣ
ㄱ. ㄴ. ㄷ. ㄹ. ㅁ. ㅂ.

(1) 밑면이 2개인 도형 (2) 각기둥

(3) 각뿔 (4) 각뿔대

02 다음 중 다면체가 <u>아닌</u> 것은?

① 삼각기둥 ② 칠각뿔대
③ 원기둥 ④ 정육면체
⑤ 사각뿔

03 다음 다면체와 그 옆면의 모양을 바르게 연결하시오.

(1) 칠각기둥 • • ㉠ 사다리꼴
(2) 사각뿔 • • ㉡ 직사각형
(3) 육각뿔대 • • ㉢ 삼각형

다면체의 면, 모서리, 꼭짓점의 개수

04 다음 **보기** 중 팔면체가 <u>아닌</u> 것을 모두 고르시오.

ㅣ보기ㅣ
ㄱ. 육각기둥 ㄴ. 칠각뿔
ㄷ. 육각뿔대 ㄹ. 팔각기둥
ㅁ. 팔각뿔

05 다음 다면체 중 꼭짓점의 개수가 나머지 넷과 <u>다른</u> 하나는?

① 사각기둥 ② 사각뿔대
③ 직육면체 ④ 칠각뿔
⑤ 칠각뿔대

06 다음 조건을 모두 만족하는 입체도형의 이름을 말하시오.

(가) 십면체이다.
(나) 두 밑면이 서로 평행하지만 합동은 아니다.
(다) 옆면의 모양은 모두 사다리꼴이다.

> **TIP** 조건을 만족하는 다면체를 찾을 때, 옆면의 모양이
> ① 직사각형이면 ⇨ 각기둥
> ② 삼각형이면 ⇨ 각뿔
> ③ 사다리꼴이면 ⇨ 각뿔대

⟫ 익힘교재 45쪽

정다면체

개념 알아보기 **1** 정다면체

(1) 다음 조건을 모두 만족하는 다면체를 **정다면체**라 한다.

　① 모든 면이 합동인 정다각형이다.

　② 각 꼭짓점에 모인 면의 개수가 같다. ┐→ 두 조건 중 어느 한 가지만을 만족하는 것은 정다면체가 아니다.

(2) **정다면체의 종류**: 정다면체는 **정사면체, 정육면체, 정팔면체, 정십이면체, 정이십면체**의 5가지뿐이다.

정다면체	정사면체	정육면체	정팔면체	정십이면체	정이십면체
겨냥도					
면의 모양	정삼각형	정사각형	정삼각형	정오각형	정삼각형
한 꼭짓점에 모인 면의 개수	3개	3개	4개	3개	5개
면의 개수	4개	6개	8개	12개	20개
꼭짓점의 개수	4개	8개	6개	20개	12개
모서리의 개수	6개	12개	12개	30개	30개
전개도					

개념 자세히 보기 | 정다면체가 5가지뿐인 이유

정다면체는 입체도형이므로 ➡ ① 한 꼭짓점에 모인 면의 개수가 3개 이상이어야 한다.

　　　　　　　　　　　　　② 한 꼭짓점에 모인 각의 크기의 합이 360°보다 작아야 한다.

따라서 정다면체의 면이 될 수 있는 것은 정삼각형, 정사각형, 정오각형뿐이고 만들 수 있는 정다면체는 다음과 같다.

(1) 면의 모양이 정삼각형인 경우

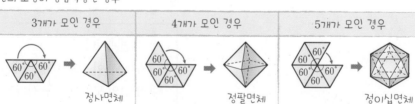

3개가 모인 경우	4개가 모인 경우	5개가 모인 경우
정사면체	정팔면체	정이십면체

한 꼭짓점에 6개 이상의 정삼각형이 모이면 그 꼭짓점에 모인 각의 크기의 합이 360°보다 크거나 같게 되어 정다면체를 만들 수 없다.

(2) 면의 모양이 정사각형인 경우

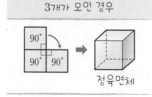

3개가 모인 경우
정육면체

한 꼭짓점에 4개 이상의 정사각형이 모이면 그 꼭짓점에 모인 각의 크기의 합이 360°보다 크거나 같게 되어 정다면체를 만들 수 없다.

(3) 면의 모양이 정오각형인 경우

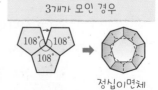

3개가 모인 경우
정십이면체

한 꼭짓점에 4개 이상의 정오각형이 모이면 그 꼭짓점에 모인 각의 크기의 합이 360°보다 크게 되어 정다면체를 만들 수 없다.

≫ 익힘교재 42~43쪽

정다면체의 성질

01 다음 정다면체에 대한 설명으로 옳은 것은 ○표, 옳지 않은 것은 ×표를 하시오.

(1) 모든 면이 합동인 정다각형으로 이루어져 있다.
( )

(2) 각 꼭짓점에 모인 면의 개수가 같다. ( )

(3) 정다면체의 종류는 무수히 많다. ( )

02 아래 **보기** 중 다음 도형에 해당하는 것을 모두 고르시오.

보기
ㄱ. 정사면체   ㄴ. 정육면체   ㄷ. 정팔면체
ㄹ. 정십이면체   ㅁ. 정이십면체

(1) 면의 모양이 정삼각형인 정다면체

(2) 한 꼭짓점에 모인 면의 개수가 3개인 정다면체

03 다음 조건을 모두 만족하는 정다면체의 이름을 말하시오.

(개) 모든 면이 합동인 정삼각형이다.
(내) 모서리의 개수가 12개이다.

정다면체의 전개도

04 아래 그림과 같은 전개도로 만들어지는 정다면체에 대하여 □ 안에 알맞은 것을 써넣고, 다음을 구하시오.

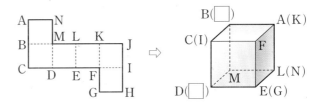

(1) 정다면체의 이름

(2) 점 B와 겹치는 점

(3) $\overline{GH}$와 겹치는 모서리

05 아래 그림과 같은 전개도로 만들어지는 정다면체에 대하여 □ 안에 알맞은 것을 써넣고, 다음을 구하시오.

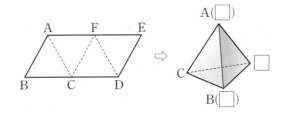

(1) 점 A와 겹치는 점

(2) $\overline{CD}$와 겹치는 모서리

(3) $\overline{CD}$와 꼬인 위치에 있는 모서리

01 다음 중 다면체와 그 면의 개수가 바르게 짝 지어진 것은?

① 삼각기둥 - 4개 ② 사각기둥 - 5개 ③ 오각뿔 - 5개

④ 육각뿔 - 6개 ⑤ 육각뿔대 - 8개

개념 REVIEW

다면체의 면의 개수
· 다면체: 다각형인 면으로만 둘러싸인 입체도형
· ❶□: 다면체를 둘러싸고 있는 다각형

02 다음 중 다면체와 그 옆면의 모양이 바르게 짝 지어지지 <u>않은</u> 것은?

① 삼각기둥 - 직사각형 ② 오각뿔 - 삼각형

③ 사각기둥 - 직사각형 ④ 사각뿔대 - 사다리꼴

⑤ 육각뿔 - 육각형

다면체의 옆면의 모양
· 각기둥: 직사각형
· 각뿔: 삼각형
· 각뿔대: ❷□□□□

03 꼭짓점의 개수가 14개인 각뿔의 면의 개수를 a개, 모서리의 개수를 b개라 할 때, $a+b$의 값은?

① 36 ② 38 ③ 40

④ 42 ⑤ 44

다면체의 종류
각뿔: 밑면이 다각형이고 옆면은 모두 ❸□□□인 다면체

04 다음 중 각뿔대에 대한 설명으로 옳지 <u>않은</u> 것을 모두 고르면? (정답 2개)

① 두 밑면은 서로 평행하다.
② 두 밑면은 서로 합동이다.
③ 옆면의 모양은 모두 사다리꼴이다.
④ 삼각뿔대의 모서리의 개수는 9개이다.
⑤ n각뿔대의 꼭짓점의 개수는 $3n$개이다.

다면체의 종류
각뿔대: 각뿔을 ❹□□에 평행한 평면으로 자를 때 생기는 두 입체도형 중에서 각뿔이 아닌 쪽의 입체도형

답 ❶면 ❷사다리꼴 ❸삼각형 ❹밑면

05 다음 조건을 모두 만족하는 입체도형의 이름을 말하시오.

> (가) 두 밑면은 서로 평행하다.
> (나) 옆면의 모양은 모두 직사각형이다.
> (다) 모서리의 개수가 24개이다.

▷ 다면체의 종류

06 다음 중 오른쪽 그림과 같은 전개도로 만들어지는 정다면체에 대한 설명으로 옳지 <u>않은</u> 것은?

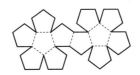

① 정십이면체이다.
② 한 꼭짓점에 모인 면의 개수는 3개이다.
③ 꼭짓점의 개수는 12개이다.
④ 평행한 면이 존재한다.
⑤ 모서리의 개수는 30개이다.

▷ 정다면체
모든 면이 ❶□□인 정다각형이고, 각 꼭짓점에 모인 ❷□의 개수가 같은 다면체

UP
07 다음 중 정다면체에 대한 설명으로 옳지 <u>않은</u> 것은?

① 정다면체는 모두 5가지뿐이다.
② 정다면체의 면의 모양은 정삼각형, 정사각형, 정오각형, 정육각형 중 하나이다.
③ 한 꼭짓점에 모인 면의 개수가 3개인 정다면체는 정사면체, 정육면체, 정십이면체이다.
④ 정팔면체의 모서리의 개수는 12개이다.
⑤ 면의 개수가 가장 적은 정다면체의 모서리의 개수는 6개이다.

▷ 정다면체
다면체 중에서
• 모든 면이 합동인 정다각형이라고 해서 항상 정다면체인 것은 아니다.
• 각 꼭짓점에 모인 면의 개수가 같다고 해서 항상 정다면체인 것은 아니다.

07-1 오른쪽 그림은 모든 면이 합동인 정삼각형으로 이루어진 입체도형이다. 이 입체도형이 정다면체가 <u>아닌</u> 이유를 말하시오.

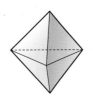

》 익힘교재 47~48쪽

답 ❶ 합동 ❷ 면

1 회전체

(1) **회전체**: 평면도형을 한 직선을 축으로 하여 1회전 시킬 때 생기는 입체도형
　　① **회전축**: 회전 시킬 때 축으로 사용한 직선
　　② **모선**: 밑면이 있는 회전체에서 옆면을 만드는 선분

(2) **원뿔대**: 원뿔을 밑면에 평행한 평면으로 자를 때 생기는 두 입체도형 중에서 원뿔이 아닌 쪽의 입체도형

(3) **회전체의 종류**: 원기둥, 원뿔, 원뿔대, 구 등이 있다.　구는 옆면을 구분할 수 없고, 곡선을 회전 시킨 것이므로 모선을 갖지 않는다.

다면체	원기둥	원뿔	원뿔대	구
겨냥도				
회전 시키기 전의 평면도형	직사각형	직각삼각형	두 각이 직각인 사다리꼴	반원

참고 한 평면도형을 어떤 직선으로 접어서 완전히 겹쳐지는 도형을 선대칭도형이라 하고, 이때 그 직선을 대칭축이라 한다.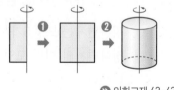

개념 **자세히 보기** **회전체 그리는 방법**
❶ 회전축을 대칭축으로 하는 선대칭도형을 그린다.
❷ 회전축을 포함한 단면의 모양이 ❶에서 그린 도형이 되도록 겨냥도를 그린다.

》 익힘교재 42~43쪽

↳ 바른답·알찬풀이 39쪽

개념 **확인하기** **1** 다음 보기 중 회전체를 모두 고르시오.

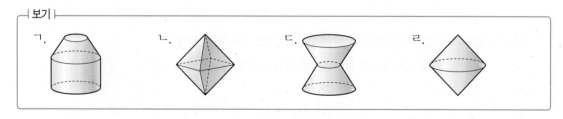

회전체

01 아래 **보기** 중 다음 도형에 해당하는 것을 모두 고르시오.

┌ 보기 ┐
ㄱ. 정사면체　　ㄴ. 원뿔　　ㄷ. 육각기둥
ㄹ. 사각뿔　　ㅁ. 오각뿔대　　ㅂ. 구
ㅅ. 원뿔대　　ㅇ. 정팔면체　　ㅈ. 원기둥

(1) 다면체　　　　(2) 회전체

평면도형과 회전체

02 다음 그림과 같은 평면도형을 직선 *l*을 회전축으로 하여 1회전 시킬 때 생기는 회전체를 그리시오.

(1) ⇨

(2) ⇨

(3) ⇨

(4) ⇨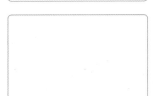

03 다음 그림과 같은 평면도형을 직선 *l*을 회전축으로 하여 1회전 시킬 때 생기는 회전체를 그리시오.

(1) ⇨

(2) ⇨

(3) ⇨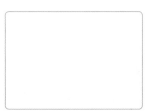

04 직선 *l*을 회전축으로 하여 1회전 시킬 때 다음 그림과 같은 회전체를 만들 수 있는 평면도형을 그리시오.

(1) ⇨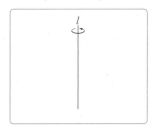

(2) ⇨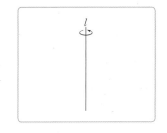

익힘교재 49쪽

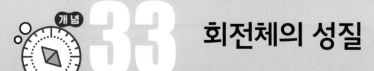

회전체의 성질

개념 알아보기   1 회전체의 성질

(1) 회전체를 회전축에 수직인 평면으로 자를 때 생기는 단면은 항상 원이다.

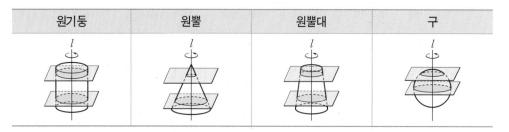

원기둥	원뿔	원뿔대	구

(2) 회전체를 회전축을 포함하는 평면으로 자를 때 생기는 단면은 회전축을 대칭축으로 하는 선대칭도형이고, 모두 합동이다.

원기둥	원뿔	원뿔대	구
직사각형	이등변삼각형	사다리꼴	원

참고 구의 단면
① 구는 어느 방향으로 자르더라도 단면이 항상 원이다.
② 구를 자른 단면이 가장 큰 경우는 구의 중심을 지나는 평면으로 자를 때이다.

개념 자세히 보기   회전체의 전개도

회전체	원기둥	원뿔	원뿔대
겨냥도	모선 →	모선	모선 →
전개도	모선 / (밑면인 원의 둘레의 길이) =(옆면인 직사각형의 가로의 길이)	모선 / (밑면인 원의 둘레의 길이) =(옆면인 부채꼴의 호의 길이)	모선 / (밑면인 두 원의 둘레의 길이) =(옆면에서 곡선으로 된 두 부분의 길이)

»익힘교재 42~43쪽

회전체의 성질

01 다음 그림의 회전체를 회전축에 수직인 평면으로 자를 때 생기는 단면의 모양과 회전축을 포함하는 평면으로 자를 때 생기는 단면의 모양을 그리시오.

회전체	회전축에 수직인 평면으로 자를 때 생기는 단면	회전축을 포함하는 평면으로 자를 때 생기는 단면

02 다음 그림과 같은 평면도형을 직선 l을 회전축으로 하여 1회전 시킬 때 생기는 회전체를 회전축을 포함하는 평면으로 잘랐다. 이때 생기는 단면의 모양을 그리고, 그 넓이를 구하시오.

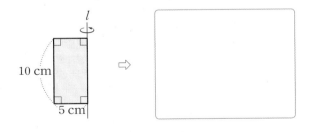

(단면의 넓이) =

03 오른쪽 그림의 회전체를 회전축을 포함하는 평면으로 자를 때 생기는 단면의 넓이를 구하시오.

> TIP 회전체의 단면의 넓이
> ① (회전축에 수직인 평면으로 자를 때 생기는 단면의 넓이)
>   = (원의 넓이)
> ② (회전축을 포함하는 평면으로 자를 때 생기는 단면의 넓이)
>   = (회전 시키기 전의 평면도형의 넓이) × 2

회전체의 전개도

04 다음 회전체와 그 전개도를 보고 a, b, c의 값을 각각 구하시오.

(1)

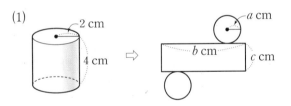

(2)

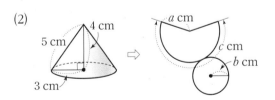

(3)

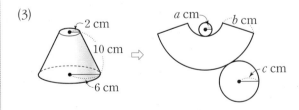

▶▶ 익힘교재 50쪽

● 개념 REVIEW

01 다음 중 회전체가 <u>아닌</u> 것을 모두 고르면? (정답 2개)

① 원뿔대   ② 삼각뿔   ③ 구

④ 오각기둥   ⑤ 원기둥

▶ 회전체
평면도형을 한 직선을 축으로 하여 ❶□회전 시킬 때 생기는 입체도형

02 다음 중 오른쪽 그림과 같은 평면도형을 직선 l을 회전축으로 하여 1회전 시킬 때 생기는 회전체는?

▶ 평면도형과 회전체

①   ②

③   ④

⑤

03 다음 중 어떤 평면으로 잘라도 단면이 항상 원이 되는 회전체는?

① 원뿔   ② 원기둥   ③ 원뿔대
④ 반구   ⑤ 구

▶ 회전체의 성질
• 회전체를 회전축에 수직인 평면으로 자를 때 생기는 단면은 항상 ❷□이다.
• 회전체를 회전축을 포함하는 평면으로 자를 때 생기는 단면은 회전축을 대칭축으로 하는 ❸□□□도형이고, 모두 합동이다.

04 오른쪽 그림은 원뿔대와 그 전개도이다. 색칠한 밑면의 둘레의 길이와 길이가 같은 것을 원뿔대의 전개도에서 찾으면?

 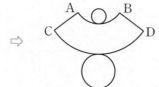

① $\overline{AB}$ ② $\overparen{AB}$ ③ $\overline{BD}$
④ $\overline{CD}$ ⑤ $\overparen{CD}$

▶ 회전체의 전개도
원뿔대의 전개도에서
(밑면인 두 원의 둘레의 길이)
＝(옆면에서 곡선으로 된 두 부분의 길이)

답 ❶1 ❷원 ❸선대칭

● 개념 REVIEW

05 오른쪽 그림과 같은 평면도형을 직선 l을 회전축으로 하여 1회전 시킬 때 생기는 회전체의 전개도에서 옆면이 되는 직사각형의 가로의 길이는?

① 3π cm   ② 6π cm   ③ 8π cm
④ 9π cm   ⑤ 10π cm

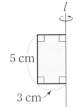

회전체의 전개도
원기둥의 전개도에서
(옆면인 직사각형의 가로의 길이)
=(밑면인 원의 ❶□□의 길이)

06 다음 **보기** 중 회전체에 대한 설명으로 옳은 것을 모두 고르시오.

┤보기├

ㄱ. 원기둥, 원뿔대, 구는 모두 회전체이다.
ㄴ. 회전축은 평면도형을 회전 시킬 때 축으로 사용한 직선이다.
ㄷ. 높이는 밑면이 있는 회전체에서 옆면을 만드는 선분이다.
ㄹ. 모든 회전체의 전개도를 그릴 수 있다.

회전체의 이해

⑰ 07 오른쪽 그림과 같은 원뿔을 ㈎, ㈏, ㈐, ㈑의 평면으로 자를 때 생기는 단면의 모양을 다음 **보기**에서 각각 고르시오.

┤보기├

ㄱ. 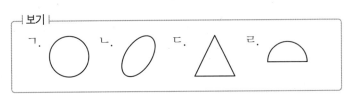   ㄴ.   ㄷ.   ㄹ.

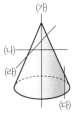

회전체의 성질
㈎ 회전축을 포함하는 평면으로 자를 때 생기는 단면
㈏ 회전축에 수직인 평면으로 자를 때 생기는 단면
㈐ 회전축에 평행한 평면으로 자를 때 생기는 단면

07-1 오른쪽 그림과 같은 평면도형을 직선 l을 회전축으로 하여 1회전 시킬 때 생기는 회전체를 회전축을 포함하는 평면으로 잘랐다. 이때 생기는 단면의 넓이를 구하시오.

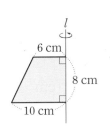

▶ 익힘교재 51쪽

답 ❶ 둘레

개념 알아보기 **1** 각기둥의 부피

밑넓이가 S, 높이가 h인 각기둥의 부피를 V라 하면

기둥이나 뿔에서 ── 한 밑면의 넓이 $V = (밑넓이) \times (높이)$

$\quad = Sh$

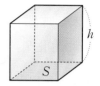

2 원기둥의 부피

밑면의 반지름의 길이가 r, 높이가 h인 원기둥의 부피를 V라 하면

$V = (밑넓이) \times (높이) = \pi r^2 \times h$

$\quad = \pi r^2 h$

주의 부피를 구할 때, 단위를 혼동하지 않도록 주의한다.

① 길이: cm, m ② 넓이: cm^2, m^2 ③ 부피: cm^3, m^3

개념 자세히 보기 기둥의 부피

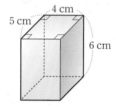

❶ $(밑넓이) = 5 \times 4 = 20 (cm^2)$

❷ $(높이) = 6 \text{ cm}$

❸ $(부피) = (밑넓이) \times (높이)$

$\quad = 20 \times 6 = 120 (cm^3)$

» 익힘교재 42~43쪽

📖 바른답 · 알찬풀이 41쪽

개념 확인하기 **1** 다음 그림과 같은 기둥에서 ☐ 안에 알맞은 수를 써넣으시오.

(1)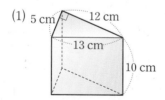

① $(밑넓이) = \dfrac{1}{2} \times 5 \times \boxed{} = \boxed{} (cm^2)$

② $(높이) = \boxed{} \text{ cm}$

③ $(부피) = \boxed{} \times \boxed{} = \boxed{} (cm^3)$

(2)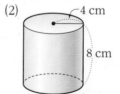

① $(밑넓이) = \pi \times \boxed{}^2 = \boxed{} (cm^2)$

② $(높이) = \boxed{} \text{ cm}$

③ $(부피) = \boxed{} \times \boxed{} = \boxed{} (cm^3)$

각기둥의 부피

01 아래 그림과 같은 각기둥에서 다음을 구하시오.

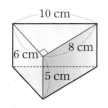

(1) 밑넓이

(2) 높이

(3) 부피

02 오른쪽 그림과 같은 각기둥의 부피를 구하시오.

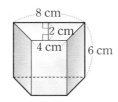

03 오른쪽 그림과 같은 각기둥의 부피를 구하시오.

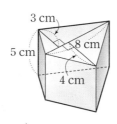

원기둥의 부피

04 아래 그림과 같은 원기둥에서 다음을 구하시오.

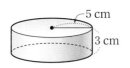

(1) 밑넓이

(2) 높이

(3) 부피

05 오른쪽 그림과 같은 원기둥의 부피를 구하시오.

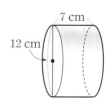

06 오른쪽 그림과 같은 입체도형의 부피를 구하시오.

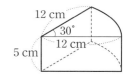

> **TIP** (밑면이 부채꼴인 기둥의 부피)
> = (밑넓이) × (높이)
> = (부채꼴의 넓이) × (높이)

구멍이 뚫린 기둥의 부피

07 오른쪽 그림과 같이 가운데에 구멍이 뚫린 입체도형에서 다음을 구하시오.

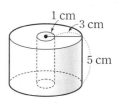

(1) 큰 기둥의 부피

(2) 작은 기둥의 부피

(3) 입체도형의 부피

> **TIP** (가운데에 구멍이 뚫린 입체도형의 부피)
> = (큰 기둥의 부피) − (작은 기둥의 부피)

▶▶ 익힘교재 52쪽

개념 알아보기   기둥의 겉넓이를 구할 때는 전개도를 이용하여 다음과 같이 구한다.

1 각기둥의 겉넓이

(각기둥의 겉넓이) = (밑넓이) × 2 + (옆넓이) ← 밑면이 2개

         = (밑넓이) × 2 ← 옆면 전체의 넓이

           + (밑면의 둘레의 길이) × (높이)

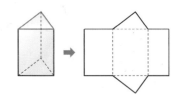

2 원기둥의 겉넓이

밑면의 반지름의 길이가 r, 높이가 h인 원기둥의 겉넓이를 S라 하면

S = (밑넓이) × 2 + (옆넓이)

   = $\pi r^2 × 2 + 2\pi r × h$ ← (밑면의 둘레의 길이) × (기둥의 높이)

   = $2\pi r^2 + 2\pi r h$

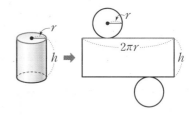

참고   기둥의 전개도에서

① (직사각형의 가로의 길이) = (밑면의 둘레의 길이)

② (직사각형의 세로의 길이) = (기둥의 높이)

개념 자세히 보기   기둥의 겉넓이

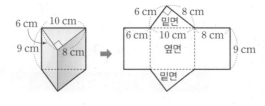

❶ (밑넓이) = $\dfrac{1}{2} × 6 × 8 = 24 (\text{cm}^2)$

❷ (옆넓이) = $(6 + 10 + 8) × 9 = 216 (\text{cm}^2)$

❸ (겉넓이) = (밑넓이) × 2 + (옆넓이)

         = $24 × 2 + 216 = 264 (\text{cm}^2)$

» 익힘교재 42~43쪽

☞ 바른답 · 알찬풀이 42쪽

개념 확인하기   **1** 다음 그림과 같은 원기둥과 그 전개도에서 ☐ 안에 알맞은 수를 써넣으시오.

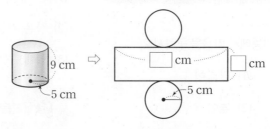

(1) (밑넓이) = $\pi × \boxed{}^2 = \boxed{} (\text{cm}^2)$ (2) (옆넓이) = $\boxed{} × 9 = \boxed{} (\text{cm}^2)$

(3) (겉넓이) = $\boxed{} × 2 + \boxed{} = \boxed{} (\text{cm}^2)$

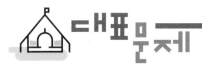

바른답·알찬풀이 42쪽

각기둥의 겉넓이

01 아래 그림과 같은 각기둥에서 다음을 구하시오.

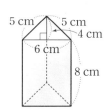

(1) 밑넓이

(2) 옆넓이

(3) 겉넓이

02 다음 그림과 같은 각기둥의 겉넓이를 구하시오.

(1)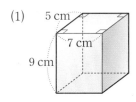

(2)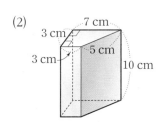

원기둥의 겉넓이

03 아래 그림과 같은 원기둥에서 다음을 구하시오.

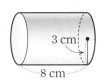

(1) 밑넓이

(2) 옆넓이

(3) 겉넓이

04 오른쪽 그림과 같은 원기둥의 겉넓이를 구하시오.

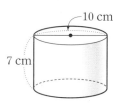

05 오른쪽 그림과 같은 입체도형의 겉넓이를 구하시오.

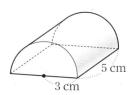

TIP (밑면이 부채꼴인 기둥의 겉넓이)
= (밑넓이) × 2 + (옆넓이)
= (부채꼴의 넓이) × 2
+ (부채꼴의 둘레의 길이) × (높이)
(호의 길이) + (반지름의 길이) × 2

구멍이 뚫린 기둥의 겉넓이

06 오른쪽 그림과 같이 가운데에 구멍이 뚫린 입체도형에서 다음을 구하시오.

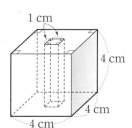

(1) 밑넓이

(2) 옆넓이

(3) 겉넓이

TIP 구멍이 뚫린 입체도형의 겉넓이를 구할 때는 안쪽 부분의 겉넓이도 더해 주어야 한다.

익힘교재 53쪽

01 밑면의 반지름의 길이가 5 cm인 원기둥의 부피가 200π cm³ 일 때, 이 원기둥의 높이를 구하시오.

● 개념 REVIEW

▶ 기둥의 부피
(기둥의 부피)
$=$(밑넓이)$\times$(❶□□)

02 다음 그림과 같은 기둥의 겉넓이를 구하시오.

(1)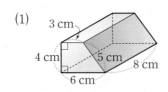

(2)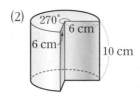

▶ 기둥의 겉넓이
(기둥의 겉넓이)
$=$(밑넓이)$\times$❷□$+$(옆넓이)

03 오른쪽 그림과 같은 전개도로 만들어지는 각기둥의 부피와 겉넓이를 차례대로 구하시오.

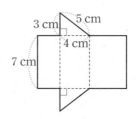

▶ 전개도를 이용한 각기둥의 부피와 겉넓이

04 오른쪽 그림은 큰 직육면체에서 작은 직육면체를 잘라 낸 입체도형이다. 이 입체도형의 부피와 겉넓이를 차례대로 구하시오.

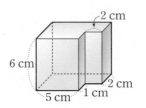

▶ 일부분을 잘라 낸 기둥의 부피와 겉넓이
• (일부분을 잘라 낸 기둥의 부피)
$=$(자르기 전 기둥의 부피)
$-$(잘라 낸 기둥의 부피)
• (일부분을 잘라 낸 기둥의 겉넓이)
$=$(두 밑넓이의 합)
$+$(옆넓이)

UP
05 오른쪽 그림과 같은 직사각형을 직선 l을 회전축으로 하여 1회전 시킬 때 생기는 회전체의 부피를 구하시오.

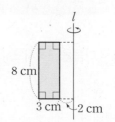

▶ 회전체의 부피와 겉넓이
회전 시키기 전의 평면도형이 주어졌을 때 먼저 회전체의 겨냥도를 그려 모양을 파악한다.

05-1 05번 문제에서 생기는 회전체의 겉넓이를 구하시오.

≫ 익힘교재 54쪽

답 ❶ 높이 ❷ 2

개념 36 뿔의 부피

개념 알아보기

1 각뿔의 부피

밑넓이가 S, 높이가 h인 각뿔의 부피를 V라 하면

$$V = \frac{1}{3} \times (\text{각기둥의 부피})$$

$$= \frac{1}{3} \times (\text{밑넓이}) \times (\text{높이}) = \frac{1}{3}Sh$$

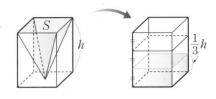

2 원뿔의 부피

밑면의 반지름의 길이가 r, 높이가 h인 원뿔의 부피를 V라 하면

$$V = \frac{1}{3} \times (\text{원기둥의 부피})$$

$$= \frac{1}{3} \times \underset{\pi r^2}{(\text{밑넓이})} \times \underset{h}{(\text{높이})} = \frac{1}{3}\pi r^2 h$$

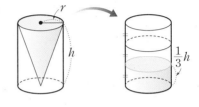

참고 밑면이 합동이고 높이가 같은 기둥과 뿔 모양의 그릇이 있을 때, 뿔 모양의 그릇에 물을 가득 채워 기둥 모양의 그릇에 부으면 물의 높이는 기둥의 높이의 $\frac{1}{3}$만큼 채워진다.

➡ $(\text{뿔의 부피}) = \frac{1}{3} \times (\text{기둥의 부피})$

개념 자세히 보기

뿔의 부피

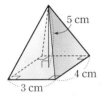

❶ $(\text{밑넓이}) = 3 \times 4 = 12 (\text{cm}^2)$

❷ $(\text{높이}) = 5 \text{ cm}$

❸ $(\text{부피}) = \frac{1}{3} \times (\text{밑넓이}) \times (\text{높이})$
$$= \frac{1}{3} \times 12 \times 5 = 20 (\text{cm}^3)$$

》 익힘교재 42~43쪽

｛｝ 바른답·알찬풀이 43쪽

개념 확인하기

1 오른쪽 그림과 같은 원뿔에서 □ 안에 알맞은 수를 써넣으시오.

(1) $(\text{밑넓이}) = \pi \times \square^2 = \square (\text{cm}^2)$

(2) $(\text{높이}) = \square \text{ cm}$

(3) $(\text{부피}) = \frac{1}{3} \times \square \times \square = \square (\text{cm}^3)$

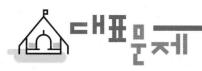

각뿔의 부피

01 아래 그림과 같은 각뿔에서 다음을 구하시오.

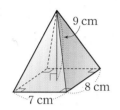

(1) 밑넓이

(2) 높이

(3) 부피

02 오른쪽 그림과 같은 각뿔의 부피를 구하시오.

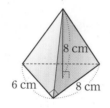

03 아래 그림과 같이 밑면이 합동이고 높이가 같은 각기둥과 각뿔이 주어졌을 때, 다음 물음에 답하시오.

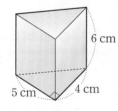 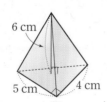

(1) 각기둥의 부피를 구하시오.

(2) 각뿔의 부피를 구하시오.

(3) 각기둥과 각뿔의 부피의 비를 가장 간단한 자연수의 비로 나타내시오.

원뿔의 부피

04 아래 그림과 같은 원뿔에서 다음을 구하시오.

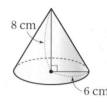

(1) 밑넓이

(2) 높이

(3) 부피

05 오른쪽 그림과 같은 원뿔의 부피를 구하시오.

뿔대의 부피

06 오른쪽 그림과 같은 원뿔대에서 다음을 구하시오.

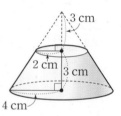

(1) 큰 원뿔의 부피

(2) 잘라 낸 작은 원뿔의 부피

(3) 원뿔대의 부피

> **TIP** (뿔대의 부피)
> = (자르기 전의 큰 뿔의 부피) − (잘라 낸 작은 뿔의 부피)

07 오른쪽 그림과 같은 사각뿔대의 부피를 구하시오.

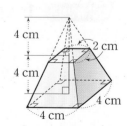

>> 익힘교재 55쪽

뿔의 겉넓이

개념 알아보기   뿔의 겉넓이를 구할 때는 전개도를 이용하여 다음과 같이 구한다.

1 각뿔의 겉넓이

(각뿔의 겉넓이)＝(밑넓이)＋(옆넓이)

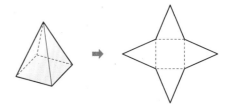

2 원뿔의 겉넓이

밑면의 반지름의 길이가 r, 모선의 길이가 l인 원뿔의 겉넓이를 S라 하면

S＝(밑넓이)＋(옆넓이)

$\quad =\pi r^2+\dfrac{1}{2}\times l\times 2\pi r$

$\quad =\pi r^2+\pi rl$ ── (부채꼴의 넓이)＝$\dfrac{1}{2}\times$(반지름의 길이)×(호의 길이)

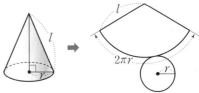

개념 자세히 보기   뿔의 겉넓이

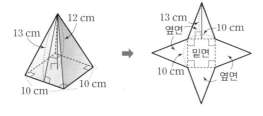

❶ (밑넓이)＝$10\times10＝100\,(\text{cm}^2)$

❷ (옆넓이)＝$\left(\dfrac{1}{2}\times10\times13\right)\times4＝260\,(\text{cm}^2)$

❸ (겉넓이)＝(밑넓이)＋(옆넓이)
$\qquad\quad ＝100+260＝360\,(\text{cm}^2)$

》 익힘교재 42~43쪽

⟫ 바른답·알찬풀이 44쪽

개념 확인하기   **1** 다음 그림과 같은 원뿔과 그 전개도에서 □ 안에 알맞은 수를 써넣으시오.

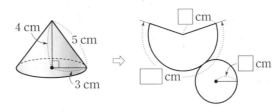

(1) (밑넓이)＝$\pi\times\boxed{}^{2}＝\boxed{}\,(\text{cm}^2)$

(2) (옆넓이)＝$\dfrac{1}{2}\times5\times\boxed{}＝\boxed{}\,(\text{cm}^2)$

(3) (겉넓이)＝$\boxed{}+\boxed{}＝\boxed{}\,(\text{cm}^2)$

바른답·알찬풀이 44쪽

각뿔의 겉넓이

01 아래 그림과 같은 사각뿔에서 다음을 구하시오.

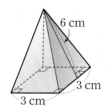

(1) 밑넓이

(2) 옆넓이

(3) 겉넓이

02 오른쪽 그림과 같은 사각뿔의 겉넓이를 구하시오.

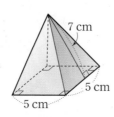

원뿔의 겉넓이

03 아래 그림과 같은 원뿔에서 다음을 구하시오.

(1) 밑넓이

(2) 옆넓이

(3) 겉넓이

04 오른쪽 그림과 같은 원뿔의 겉넓이를 구하시오.

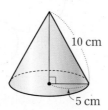

05 오른쪽 그림과 같은 원뿔의 전개도에서 다음을 구하시오.

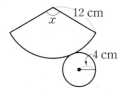

(1) 밑면인 원의 둘레의 길이

(2) ∠x의 크기

(3) 원뿔의 겉넓이

뿔대의 겉넓이

06 아래 그림과 같은 원뿔대와 그 전개도에서 ☐ 안에 알맞은 수를 써넣고, 다음을 구하시오.

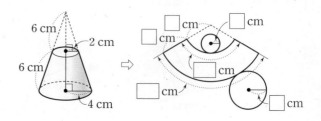

(1) 작은 밑면의 넓이　　(2) 큰 밑면의 넓이

(3) 옆넓이　　　　　　　(4) 겉넓이

07 오른쪽 그림과 같은 사각뿔대의 겉넓이를 구하시오.

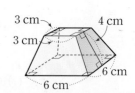

익힘교재 56쪽

01 밑면이 한 변의 길이가 9 cm인 정사각형인 사각뿔의 부피가 189 cm³일 때, 이 사각뿔의 높이를 구하시오.

02 오른쪽 그림과 같은 전개도로 만들어지는 각뿔의 겉넓이는?

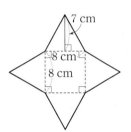

① 168 cm²   ② 176 cm²

③ 184 cm²   ④ 192 cm²

⑤ 200 cm²

03 오른쪽 그림과 같은 사다리꼴을 직선 *l*을 회전축으로 하여 1회전 시킬 때 생기는 회전체의 부피와 겉넓이를 차례대로 구하시오.

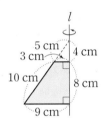

04 오른쪽 그림과 같이 한 모서리의 길이가 6 cm인 정육면체를 세 꼭짓점 B, G, D를 지나는 평면으로 자르려고 한다. 다음을 구하시오.

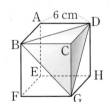

(1) △BCD의 넓이
(2) $\overline{CG}$의 길이
(3) 삼각뿔 C-BGD의 부피

04-1 오른쪽 그림은 한 모서리의 길이가 3 cm인 정육면체의 일부를 잘라 낸 것이다. 이 입체도형의 부피를 구하시오.

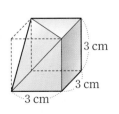

>> 익힘교재 57쪽

● 개념 REVIEW

▶ 뿔의 부피
(뿔의 부피)
=❶□×(밑넓이)×(높이)

▶ 뿔의 겉넓이
(뿔의 겉넓이)
=(밑넓이)+(❷□넓이)

▶ 회전체의 부피와 겉넓이

▶ 직육면체에서 잘라 낸 삼각뿔의 부피
밑면이 직각삼각형인 삼각뿔로 생각하여 밑넓이와 높이를 구해 부피를 구한다.

답 ❶ $\frac{1}{3}$ ❷ 옆

38 구의 부피와 겉넓이

개념 알아보기

1 구의 부피

반지름의 길이가 r인 구의 부피를 V라 하면

$$V = \frac{2}{3} \times (원기둥의 부피)$$
$$\underset{(밑넓이) \times (높이)}{}$$

$$= \frac{2}{3} \times \pi r^2 \times 2r$$

$$= \frac{4}{3}\pi r^3$$

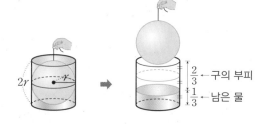

참고 구가 꼭 맞게 들어가는 원기둥 모양의 그릇에 물을 가득 채우고 구를 물 속에 완전히 잠기도록 넣었다가 빼면

남아 있는 물의 높이는 원기둥의 높이의 $\frac{1}{3}$이다.

➡ (구의 부피) $= \frac{2}{3} \times ($원기둥의 부피$)$

2 구의 겉넓이

반지름의 길이가 r인 구의 겉넓이를 S라 하면

$$S = (반지름의 길이가 2r인 원의 넓이)$$

$$= \pi \times (2r)^2 = 4\pi r^2$$

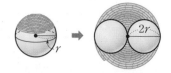

개념 자세히 보기

원기둥에 꼭 맞게 들어가는 원뿔과 구의 부피

오른쪽 그림과 같이 원기둥에 꼭 맞게 들어가는 원뿔과 구에 대하여

(원뿔의 부피) $= \frac{1}{3} \times ($원기둥의 부피$)$

(구의 부피) $= \frac{2}{3} \times ($원기둥의 부피$)$

➡ (원뿔의 부피) : (구의 부피) : (원기둥의 부피) $= \frac{1}{3} : \frac{2}{3} : 1 = 1 : 2 : 3$

》 익힘교재 42~43쪽

✏ 바른답 · 알찬풀이 45쪽

개념 확인하기

1 다음 그림과 같은 구에서 ☐ 안에 알맞은 수를 써넣으시오.

(1)

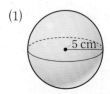

① (부피) $= \frac{4}{3}\pi \times \boxed{}^3 = \boxed{}$ (cm³)

② (겉넓이) $= 4\pi \times \boxed{}^2 = \boxed{}$ (cm²)

(2)

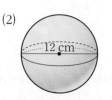

① (부피) $= \frac{4}{3}\pi \times \boxed{}^3 = \boxed{}$ (cm³)

② (겉넓이) $= 4\pi \times \boxed{}^2 = \boxed{}$ (cm²)

구의 부피와 겉넓이

01 부피가 36π cm³인 구의 반지름의 길이는?

① 2 cm ② 3 cm

③ 4 cm ④ 5 cm

⑤ 6 cm

02 겉넓이가 다음과 같은 구의 반지름의 길이를 구하시오.

(1) 64π cm²

(2) 196π cm²

반구의 부피와 겉넓이

03 오른쪽 그림과 같은 반구의 부피를 구하시오.

> TIP 반지름의 길이가 r인 구에 대하여
> (반구의 부피)=(구의 부피)$\times\dfrac{1}{2}$
> $=\dfrac{4}{3}\pi r^3\times\dfrac{1}{2}$

04 오른쪽 그림과 같은 반구의 겉넓이를 구하시오.

> TIP 반지름의 길이가 r인 구에 대하여
> (반구의 겉넓이)
> $=$(원의 넓이)$+$(구의 겉넓이)$\times\dfrac{1}{2}$
> $=\pi r^2+4\pi r^2\times\dfrac{1}{2}$

05 오른쪽 그림과 같이 반구와 원기둥을 붙인 입체도형의 부피와 겉넓이를 차례대로 구하시오.

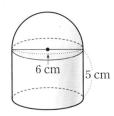

원뿔, 구, 원기둥의 부피의 비

06 오른쪽 그림과 같이 밑면의 반지름의 길이가 3 cm인 원기둥에 꼭 맞게 들어가는 원뿔과 구가 있다. 다음 물음에 답하시오.

(1) 원뿔, 구, 원기둥의 부피를 차례대로 구하시오.

(2) 원뿔, 구, 원기둥의 부피의 비를 가장 간단한 자연수의 비로 나타내시오.

익힘교재 58쪽

소단원 핵심문제 개념 **38**

● 개념 REVIEW

01 겉넓이가 324π cm²인 구의 반지름의 길이를 구하시오.

▶ **구의 겉넓이**
반지름의 길이가 r인 구에서
$(구의 겉넓이)={❶}\square\pi r^2$

02 오른쪽 그림은 반지름의 길이가 8 cm인 구의 $\frac{1}{4}$을 잘라 낸 것이다. 이 입체도형의 부피와 겉넓이를 차례대로 구하시오.

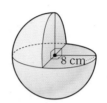

8 cm

▶ **구의 부피**
반지름의 길이가 r인 구에서
$(구의 부피)={❷}\square\pi r^3$

03 오른쪽 그림과 같이 반구와 원뿔을 붙인 입체도형의 부피와 겉넓이를 차례대로 구하시오.

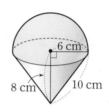

6 cm
8 cm   10 cm

▶ **반구의 부피와 겉넓이**
반지름의 길이가 r인 구에서
• $(반구의 부피)=\frac{4}{3}\pi r^3\times{❸}\square$
• $(반구의 겉넓이)$
$=\pi r^2+4\pi r^2\times\frac{1}{2}$

04 오른쪽 그림과 같이 중심각의 크기가 90°인 부채꼴을 직선 l을 회전축으로 하여 1회전 시킬 때 생기는 회전체의 겉넓이를 구하시오.

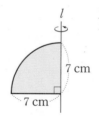

l
7 cm
7 cm

▶ **회전체의 겉넓이**

UP
05 오른쪽 그림과 같이 원기둥 모양의 통에 지름의 길이가 6 cm인 공 2개가 꼭 맞게 들어 있을 때, 이 통의 부피를 구하시오.
(단, 통의 두께는 무시한다.)

6 cm

▶ **원기둥에 꼭 맞게 들어가는 구**
• $(원기둥 모양의 통의 높이)$
$=(공의 지름의 길이)\times2$
• $(원기둥 모양의 통의 밑면의 반지름의 길이)$
$=(공의 반지름의 길이)$

05-1 05번 문제에서 통에 물을 가득 채운 후 공 2개를 모두 꺼냈을 때, 이 통에 남아 있는 물의 부피를 구하시오.

≫ 익힘교재 59쪽

답 ❶4 ❷$\frac{4}{3}$ ❸$\frac{1}{2}$

01 다음 중 꼭짓점의 개수가 가장 많은 다면체는?

① 정사면체　　② 삼각기둥　　③ 사각뿔대
④ 정오각뿔　　⑤ 오각기둥

서술형
02 삼각기둥의 면의 개수를 a개, 오각뿔대의 모서리의 개수를 b개라 할 때, $a+b$의 값을 구하시오.

03 다음 조건을 모두 만족하는 다면체의 이름을 말하시오.

> (개) 각 꼭짓점에 모인 면의 개수가 같다.
> (내) 모든 면이 합동인 정삼각형이다.
> (대) 모서리의 개수가 30개이다.

04 다음 중 정다면체에 대한 설명으로 옳지 <u>않은</u> 것은?

① 정다면체의 면의 모양은 정삼각형, 정사각형, 정오각형뿐이다.
② 꼭짓점의 개수가 가장 많은 정다면체는 정십이면체이다.
③ 한 꼭짓점에 모인 면의 개수가 3개인 정다면체는 2개이다.
④ 면의 모양이 정오각형인 정다면체는 정십이면체이다.
⑤ 정팔면체는 마주 보는 면끼리 모두 평행하다.

05 다음 중 오른쪽 그림과 같은 전개도로 만들어지는 정다면체에 대한 설명으로 옳지 <u>않은</u> 것은?

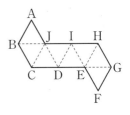

① $\overline{EF}$와 평행한 모서리는 $\overline{BJ}$이다.
② 점 F와 겹치는 점은 점 D이다.
③ $\overline{DE}$와 겹치는 모서리는 $\overline{EF}$이다.
④ 삼각형 BCJ와 삼각형 DEI는 평행하다.
⑤ $\overline{AJ}$와 $\overline{EG}$는 꼬인 위치에 있다.

06 오른쪽 그림과 같은 회전체는 다음 중 어느 평면도형을 직선 l을 회전축으로 하여 1회전 시킨 것인가?

① 　　②

③ 　　④ 　　⑤

07 다음 중 회전체와 그 회전체를 회전축을 포함하는 평면으로 자를 때 생기는 단면의 모양이 바르게 짝 지어지지 <u>않은</u> 것은?

① 구 - 원　　　　　　② 반구 - 반원
③ 원기둥 - 직사각형　④ 원뿔 - 이등변삼각형
⑤ 원뿔대 - 직사각형

08 오른쪽 그림과 같은 평면도형을 직선 *l*을 회전축으로 하여 1회전 시킬 때 생기는 회전체를 회전축에 수직인 평면으로 잘랐다. 이때 생기는 단면의 넓이를 구하시오.

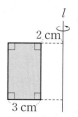

09 다음 중 회전체에 대한 설명으로 옳지 <u>않은</u> 것을 모두 고르면? (정답 2개)

① 평면도형을 한 직선을 회전축으로 하여 1회전 시킬 때 생기는 입체도형을 회전체라 한다.
② 회전체를 회전축에 수직인 평면으로 자를 때 생기는 단면은 항상 원이다.
③ 회전체를 회전축을 포함하는 평면으로 자를 때 생기는 단면은 회전축에 대하여 선대칭도형이다.
④ 구를 회전축에 수직인 평면으로 자를 때 생기는 단면은 모두 합동인 원이다.
⑤ 원뿔대를 회전축에 수직인 평면으로 자를 때 생기는 단면은 사다리꼴이다.

10 오른쪽 그림과 같이 사각기둥의 가운데에 원기둥 모양으로 구멍이 뚫려 있다. 이 입체도형의 부피를 구하시오.

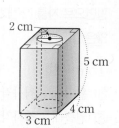

11 오른쪽 그림과 같은 각기둥의 겉넓이가 240 cm²일 때, *h*의 값은?

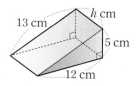

① 4   ② 5
③ 6   ④ 7
⑤ 8

12 오른쪽 그림과 같은 원뿔의 겉넓이가 27π cm²일 때, 이 원뿔의 모선의 길이는?

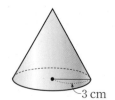

① 6 cm   ② 7 cm
③ 8 cm   ④ 9 cm
⑤ 10 cm

13 오른쪽 그림과 같은 사각뿔대의 겉넓이를 구하시오.

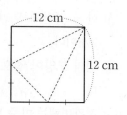

서술형
14 오른쪽 그림과 같이 한 변의 길이가 12 cm인 정사각형 모양의 색종이를 점선을 따라 접었을 때 만들어지는 삼각뿔의 부피를 구하시오.

UP

15 오른쪽 그림과 같이 밑면의 반지름의 길이가 8 cm, 높이가 12 cm인 원뿔 모양의 그릇에 1분에 4π cm³씩 일정하게 물을 담을 때, 빈 그릇에 물을 가득 채우려면 몇 분이 걸리겠는가? (단, 그릇의 두께는 무시한다.)

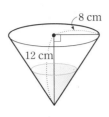

① 24분   ② 48분   ③ 52분
④ 64분   ⑤ 72분

16 오른쪽 그림은 원기둥의 위와 아래에 같은 모양의 반구를 붙여 만든 입체도형이다. 이 입체도형의 부피는?

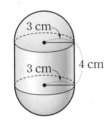

① 56π cm³   ② 60π cm³
③ 64π cm³   ④ 68π cm³
⑤ 72π cm³

17 다음 그림과 같은 반지름의 길이가 15 cm인 구 모양의 쇠구슬 한 개를 녹여서 반지름의 길이가 3 cm인 구 모양의 쇠구슬을 몇 개 만들 수 있는지 구하시오.

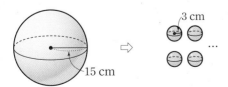

창의·융합 문제

다음 그림과 같이 직육면체와 삼각기둥을 붙인 모양의 종이팩이 있다. 이 종이팩에 높이가 12 cm가 되도록 음료를 담은 후, 음료의 표면이 종이팩의 밑면과 평행하도록 종이팩을 거꾸로 세웠더니 음료가 들어 있지 않은 부분의 높이가 3 cm가 되었다. 이 종이팩의 부피를 구하시오.
(단, 종이팩의 두께는 무시한다.)

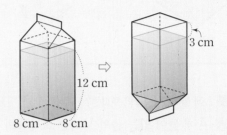

해결의 길잡이

1 종이팩에 들어 있는 음료의 부피를 구한다.

2 종이팩을 거꾸로 세웠을 때, 음료가 들어 있지 않은 부분의 부피를 구한다.

3 종이팩의 부피는 음료의 부피와 음료가 들어 있지 않은 부분의 부피의 합과 같음을 이용하여 종이팩의 부피를 구한다.

교과서 속 서술형 문제

1 다음 그림과 같은 직육면체 모양의 그릇 A, B에 같은 양의 물이 들어 있을 때, x의 값을 구하시오. (단, 그릇의 두께는 무시한다.)

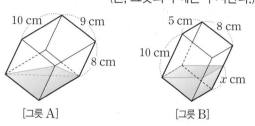

[그릇 A]　　　　　　　[그릇 B]

2 원뿔 모양의 그릇 A에 가득 채운 물을 원기둥 모양의 그릇 B에 옮겨 담았더니 다음 그림과 같았다. x의 값을 구하시오. (단, 그릇의 두께는 무시한다.)

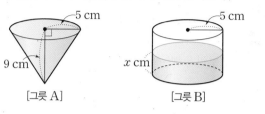

[그릇 A]　　　　　　　[그릇 B]

1 그릇 A에 들어 있는 물의 부피는?

그릇 A에 들어 있는 물의 부피는 삼각뿔의 부피와 같다.

$$\therefore (부피)=\frac{1}{3}\times\left(\frac{1}{2}\times 9\times 8\right)\times\boxed{}$$
$$=\boxed{}(cm^3) \quad\cdots\cdots\; \bigcirc \quad\cdots 40\,\%$$

1 그릇 A에 들어 있는 물의 부피는?

2 그릇 B에 들어 있는 물의 부피를 x에 대한 식으로 나타내면?

그릇 B에 들어 있는 물의 부피는 삼각기둥의 부피와 같다.

$$(밑넓이)=\frac{1}{2}\times x\times\boxed{}=\boxed{}(cm^2)$$

$$(높이)=5\;cm$$

이므로 구하는 물의 부피를 x에 대한 식으로 나타내면

$$\boxed{}\times 5=\boxed{}(cm^3) \quad\cdots\cdots\; \bigcirc \quad\cdots 40\,\%$$

2 그릇 B에 들어 있는 물의 부피를 x에 대한 식으로 나타내면?

3 x의 값은?

두 그릇에 들어 있는 물의 부피가 같으므로
$\bigcirc$, $\bigcirc$에서

$$x=\boxed{} \qquad\qquad\cdots 20\,\%$$

3 x의 값은?

3 다음 조건을 모두 만족하는 입체도형의 면의 개수를 a개, 꼭짓점의 개수를 b개라 할 때, $a+b$의 값을 구하시오.

> (개) 밑면의 개수는 1개이다.
> (내) 옆면의 모양은 모두 삼각형이다.
> (대) 모서리의 개수가 18개이다.

✍ **풀이 과정**

답 _____

5 오른쪽 그림과 같은 전개도로 만들어지는 원뿔의 겉넓이를 구하시오.

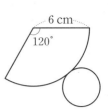

✍ **풀이 과정**

답 _____

4 오른쪽 그림과 같은 삼각형 ABC를 $\overline{AC}$를 회전축으로 하여 1회전 시킬 때 생기는 회전체가 있다. 이 회전체를 회전축에 수직인 평면으로 자를 때 생기는 단면 중 넓이가 가장 큰 단면의 넓이를 구하시오.

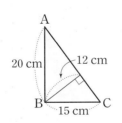

✍ **풀이 과정**

답 _____

6 오른쪽 그림과 같은 평면도형을 직선 l을 회전축으로 하여 1회전 시킬 때 생기는 회전체의 부피와 겉넓이를 차례대로 구하시오.

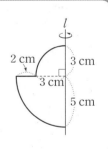

✍ **풀이 과정**

답 _____

고대 페르시아 제국의 수도 **페르세폴리스**

페르시아는 지금으로부터 약 2500년 전, 서아시아와 중앙아시아를 다스리던 대제국입니다. 페르시아의 수많은 도시 중 대표적인 도시가 페르세폴리스입니다. 페르세폴리스는 현재 이란의 수도 테헤란에서 남쪽으로 650 km가량 떨어진 곳에 있습니다.

페르세폴리스의 입구에는 신화 속의 동물 라마수(사람 얼굴에 날개를 단 황소)가 조각된 거대한 출입문을 통과해야 합니다. 이 문은 '만국의 문', 혹은 '크세르크세의 문'이라고 불리는데, 웅장하고 세련된 조각들이 기둥을 받치고 있습니다.

라마수를 지나 도시 안쪽으로 들어가면 아파다나 궁전이 나옵니다. 아파다나 궁전의 벽에는 세계 각지에서 찾아온 사절단 일행이 페르시아 황제에게 물건을 진상하는 모습이 새겨져 있습니다. 그만큼 페르시아는 매우 강한 나라였으며, 페르세폴리스는 세계의 진귀한 문물이 드나드는 화려한 도시였습니다.

기원전 330년 알렉산드로스 대왕이 페르세폴리스를 점령하면서 도시는 급속도로 쇠락해져 갔으며, 1979년 유네스코 세계 문화유산으로 지정되었습니다.

06

자료의 정리와 해석

배운내용 Check

1 서울 여행 중 인상 깊은 방문지를 조사하여 나타낸 띠그래프이
   다. 명동이라고 말한 여행객이 60명이라면 남산이라고 말한 여
   행객은 몇 명인지 구하시오.

인상 깊은 서울 방문지

| 0 | 10 | 20 | 30 | 40 | 50 | 60 | 70 | 80 | 90 | 100(%) |

| 명동
(30 %) | 고궁
(20 %) | 시장
(15 %) | 남산
(15 %) | 기타
(20 %) |

정답 **1** 30명

줄기와 잎 그림

① 줄기와 잎 그림, 도수분포표

개념 알아보기

1 줄기와 잎 그림

(1) **변량**: 키, 성적 등과 같이 자료를 수량으로 나타낸 것

(2) **줄기와 잎 그림**: 자료를 줄기와 잎을 이용하여 나타낸 그림

　① 줄기: 세로선의 왼쪽에 있는 숫자

　② 잎: 세로선의 오른쪽에 있는 숫자

〈 줄기와 잎 그림 〉

(0 | 5는 5분)

줄기	잎		
0	5	8	
1	0	5	5
2	2	4	9

2 줄기와 잎 그림을 그리는 방법

❶ 변량을 줄기와 잎으로 구분한다. ← 변량이 두 자리 수일 때, 줄기는 십의 자리의 숫자, 잎은 일의 자리의 숫자로 한다.

❷ 세로선을 긋고, 세로선의 왼쪽에 줄기를 크기가 작은 값부터 차례대로 세로로 쓴다.

❸ 줄기의 오른쪽에 잎을 크기가 작은 값부터 차례대로 가로로 쓴다.

❹ 줄기 a와 잎 b를 그림 위에 $a \mid b$로 나타내고 그 뜻을 설명한다.

참고 ① 줄기에는 중복되는 수를 한 번씩만 쓰고, 잎에는 중복되는 수를 모두 쓴다.

　　② (잎의 총개수)=(변량의 개수)

개념 자세히 보기
줄기와 잎 그림 그리기

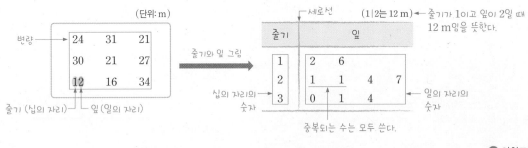

>> 익힘교재 60~61쪽

바른답·알찬풀이 50쪽

개념 확인하기
1 다음은 어느 반 학생들의 1분 동안의 줄넘기 기록을 조사하여 나타낸 것이다. 이 자료에 대한 줄기와 잎 그림을 완성하고 물음에 답하시오.

줄넘기 기록 (단위: 회)

19	24	20	35	25
28	16	31	36	27

⇨

줄넘기 기록 (1 | 6은 16회)

줄기	잎
1	6

(1) 줄기가 2인 잎을 모두 구하시오.

(2) 잎이 가장 적은 줄기를 구하시오.

줄기와 잎 그림의 이해

01 다음은 중학교 1학년 학생들의 일주일 동안의 인터넷 사용 시간을 조사하여 나타낸 것이다. 물음에 답하시오.

인터넷 사용 시간 (단위: 시간)

16	10	13	8	23	35	2	12	38
12	21	4	25	19	24	35	27	30

(1) 줄기와 잎 그림을 완성하시오.

인터넷 사용 시간 (0│2는 2시간)

줄기	잎
0	2

(2) 줄기가 3인 잎을 모두 구하시오.

(3) 잎이 가장 많은 줄기를 구하시오.

(4) 잎의 개수를 구하시오.

02 아래 줄기와 잎 그림은 어느 산악회 회원들의 나이를 조사하여 나타낸 것이다. 다음을 구하시오.

회원들의 나이 (2│2는 22세)

줄기	잎					
2	2	3	5	5	5	7	9
3	1	3	4			
4	0	1	3	4	7	

(1) 전체 회원 수

(2) 나이가 33세 미만인 회원 수

(3) 나이가 가장 많은 회원의 나이

(4) 나이가 6번째로 적은 회원의 나이

03 아래 줄기와 잎 그림은 승우네 반 학생들의 수학 성적을 조사하여 나타낸 것이다. 다음 물음에 답하시오.

수학 성적 (7│5는 75점)

줄기	잎						
7	5	6	7	8	8		
8	0	3	5	6	7	8	9	9
9	1	3	5	6	7	9	

(1) 전체 학생 수를 구하시오.

(2) 수학 성적이 88점 이상인 학생 수를 구하시오.

(3) 수학 성적이 88점 이상인 학생은 전체의 몇 %인지 구하시오.

$$\Rightarrow \frac{(88점\ 이상인\ 학생\ 수)}{(전체\ 학생\ 수)} \times 100$$

$$= \frac{\Box}{\Box} \times 100 = \Box\ (\%)$$

04 아래 줄기와 잎 그림은 명수네 반 학생들의 키를 조사하여 나타낸 것이다. 다음 **보기** 중 옳은 것을 모두 고르시오.

학생들의 키 (13│3은 133 cm)

줄기	잎						
13	3	4	4	5	8	9	
14	0	2	4	5	7		
15	1	3	3	5	6	6	8	9
16	0	1	1	2	4	6	

┤ 보기 ├

ㄱ. 잎이 가장 적은 줄기는 14이다.

ㄴ. 키가 145 cm 이상 155 cm 미만인 학생 수는 5명이다.

ㄷ. 키가 140 cm 미만인 학생은 전체의 30 %이다.

TIP 변량이 세 자리 수일 때,
• 줄기: 백의 자리의 숫자와 십의 자리의 숫자
• 잎: 일의 자리의 숫자

» 익힘교재 62쪽

개념 알아보기 1 도수분포표

(1) **계급**: 변량을 일정한 간격으로 나눈 구간

    ① **계급의 크기**: 구간의 너비 ← 계급의 양 끝 값의 차

    ② **계급의 개수**: 변량을 나눈 구간의 수

(2) **도수**: 각 계급에 속하는 변량의 개수

(3) **도수분포표**: 주어진 자료를 몇 개의 계급으로 나누고, 각

    계급에 속하는 도수를 조사하여 나타낸 표

  (참고) 계급을 대표하는 값으로 그 계급의 가운데 값을 계급값이라 한다.

$$\Rightarrow (계급값) = \frac{(계급의\ 양\ 끝\ 값의\ 합)}{2}$$

  (주의) 계급, 계급의 크기, 계급값, 도수는 단위를 포함하여 쓴다.

〈도수분포표〉

몸무게(kg)	학생 수(명)
$40^{이상} \sim 45^{미만}$	6
$45 \sim 50$	7
$50 \sim 55$	8
$55 \sim 60$	5
$60 \sim 65$	1
합계	27

2 도수분포표를 만드는 방법

❶ 주어진 자료에서 가장 작은 변량과 가장 큰 변량을 각각 찾는다.

❷ 계급의 개수가 5~15개 정도가 되도록 계급의 크기를 정한다.

❸ 각 계급에 속하는 변량의 개수를 세어 계급의 도수를 구한다. ← 변량의 개수를 셀 때, /, //, ///, ////, ////. 또는 一, 丅, 下, 正, 正을 사용하면 편리하다.

개념 자세히 보기 도수분포표 만들기

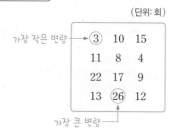

» 익힘교재 60~61쪽

✎ 바른답·알찬풀이 50쪽

개념 확인하기 1

다음은 모형 항공기 대회에 참가한 희망 중학교 학생들의 비행 시간을 조사하여 나타낸 것이다. 이 자료를 보고, 도수분포표를 완성하시오.

비행 시간 (단위: 초)

12	24	9	3
5	14	7	11
8	15	19	17
16	6	19	17
13	18	22	9

⇒

비행 시간(초)	도수(명)
$0^{이상} \sim 5^{미만}$ /	1
합계	

▶ 바른답·알찬풀이 51쪽

도수분포표의 이해

01 오른쪽 도수분포표는 선희네 반 학생 25명의 멀리뛰기 기록을 조사하여 나타낸 것이다. 다음을 구하시오.

멀리뛰기 기록(cm)	도수(명)
$170^{이상} \sim 180^{미만}$	1
180 $\sim$ 190	4
190 $\sim$ 200	12
200 $\sim$ 210	5
210 $\sim$ 220	3
합계	25

(1) 계급의 크기

(2) 계급의 개수

(3) 기록이 192 cm인 학생이 속하는 계급

(4) 기록이 200 cm 이상인 학생 수

02 오른쪽 도수분포표는 미래네 반 학생들의 통학 시간을 조사하여 나타낸 것이다. 다음을 구하시오.

통학 시간(분)	도수(명)
$0^{이상} \sim 10^{미만}$	5
10 $\sim$ 20	7
20 $\sim$ 30	13
30 $\sim$ 40	A
합계	30

(1) A의 값

(2) 10분 이상 20분 미만인 계급의 도수

(3) 도수가 가장 큰 계급

(4) 통학 시간이 7번째로 긴 학생이 속하는 계급

03 오른쪽 도수분포표는 세영이네 반 학생들의 키를 조사하여 나타낸 것이다. 다음 물음에 답하시오.

키(cm)	도수(명)
$145^{이상} \sim 150^{미만}$	4
150 $\sim$ 155	A
155 $\sim$ 160	11
160 $\sim$ 165	6
165 $\sim$ 170	3
합계	30

(1) A의 값을 구하시오.

(2) 키가 150 cm 이상 155 cm 미만인 학생은 전체의 몇 %인지 구하시오.

> **TIP** $(백분율) = \dfrac{(그 계급의 도수)}{(도수의 총합)} \times 100\,(\%)$

04 아래 도수분포표는 혜진이네 반 학생들의 국어 성적을 조사하여 나타낸 것이다. 다음 중 옳지 않은 것은?

국어 성적(점)	도수(명)
$50^{이상} \sim 60^{미만}$	A
60 $\sim$ 70	6
70 $\sim$ 80	10
80 $\sim$ 90	4
90 $\sim$ 100	2
합계	25

① 계급의 크기는 10점이다.
② 계급의 개수는 5개이다.
③ A의 값은 3이다.
④ 성적이 71점인 학생이 속하는 계급의 도수는 10명이다.
⑤ 성적이 80점 이상인 학생은 전체의 20 %이다.

▶▶ 익힘교재 63쪽

● 개념 REVIEW

01 오른쪽 줄기와 잎 그림은 어느 야구 동아리에서 1년 동안 타자들이 친 홈런의 개수를 조사하여 나타낸 것이다. 홈런을 5번째로 적게 친 타자의 홈런의 개수를 구하시오.

홈런의 개수 (0 | 1은 1개)

줄기	잎
0	1 3 4 7
1	2 4 5 5 5 9
2	0 3 6
3	5 7

▶ 줄기와 잎 그림
자료를 줄기와 잎을 이용하여 나타낸 그림으로 변량의 개수는 ❶□의 총개수와 같다.

02 오른쪽 줄기와 잎 그림은 A반과 B반의 과학 수행평가 성적을 조사하여 나타낸 것이다. 수행평가 성적이 8점 이상 17점 미만인 학생 수는 어느 반이 더 많은지 구하시오.

과학 수행평가 성적 (0 | 2는 2점)

잎(A반)	줄기	잎(B반)
8 3 2	0	4 9
9 6 5 2	1	5 5 7 9
7 5 4	2	3 4 6 8

▶ 줄기와 잎 그림

03 오른쪽 도수분포표는 민준이네 반 학생들이 1년 동안 관람한 영화의 수를 조사하여 나타낸 것이다. 다음 중 옳지 <u>않은</u> 것을 모두 고르면? (정답 2개)

영화의 수(편)	도수(명)
0이상 ~ 2미만	3
2 ~ 4	A
4 ~ 6	12
6 ~ 8	9
8 ~ 10	7
합계	35

① A의 값은 4이다.
② 계급의 크기는 5편이다.
③ 도수가 가장 큰 계급의 도수는 12명이다.
④ 영화를 10번째로 많이 관람한 학생이 속하는 계급은 4편 이상 6편 미만이다.
⑤ 관람한 영화가 4편 미만인 학생은 전체의 20 %이다.

▶ 도수분포표의 이해
• 계급 a 이상 b 미만에서 계급의 크기 ⇨ $b-a$
• (계급의 백분율)
= (그 계급의 ❷□□) / (❸□□의 총합) ×100(%)

04 오른쪽 도수분포표는 은수네 반 학생들의 하루 동안의 운동 시간을 조사하여 나타낸 것이다. 운동 시간이 40분 이상인 학생이 전체의 24 %일 때, 운동 시간이 40분 이상 50분 미만인 학생 수를 구하시오.

운동 시간(분)	도수(명)
0이상 ~ 10미만	4
10 ~ 20	
20 ~ 30	5
30 ~ 40	3
40 ~ 50	
50 ~ 60	2
합계	25

▶ 도수분포표의 이해
• 운동 시간이 40분 이상 50분 미만인 학생 수를 A명이라 하여 식을 세운다.
• 어느 한 계급의 도수가 주어지지 않는 경우
⇨ (도수의 총합) − (나머지 계급의 도수의 합)

04-1 04번 문제에서 운동 시간이 10분 이상 20분 미만인 학생은 전체의 몇 %인지 구하시오.

▶ 익힘교재 64쪽

답 ❶잎 ❷도수 ❸도수

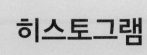
개념 알아보기

1 히스토그램

다음과 같은 방법으로 나타낸 그래프를 **히스토그램**이라 한다.

❶ 가로축에 각 계급의 양 끝 값을 적는다.

❷ 세로축에 도수를 적는다.

❸ 각 계급에서 계급의 크기를 가로로, 도수를 세로로 하는 직사각형을 그린다.

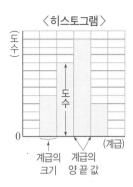

2 히스토그램의 특징

(1) 자료의 분포 상태를 한눈에 알아볼 수 있다.

(2) 각 **직사각형의 넓이**는 각 계급의 **도수**에 **정비례**한다.

(3) (직사각형의 넓이의 합) = { (각 계급의 크기) × (그 계급의 도수) }의 합
= (계급의 크기) × (도수의 총합) └─ 각 직사각형의 넓이

참고 히스토그램에서
(직사각형의 가로의 길이) = (계급의 크기), (직사각형의 세로의 길이) = (도수),
(직사각형의 개수) = (계급의 개수)

개념 자세히 보기

히스토그램 그리기

몸무게(kg)	도수(명)
30^{이상} ~ 40^{미만}	4
40 ~ 50	8
50 ~ 60	6
60 ~ 70	2
합계	20

히스토그램 →

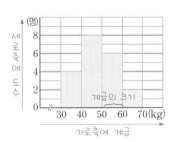

>> 익힘교재 60~61쪽

🔆 바른답 · 알찬풀이 52쪽

개념 확인하기

1 다음 도수분포표는 민호네 반 학생들의 턱걸이 횟수를 조사하여 나타낸 것이다. 이 도수분포표를 히스토그램으로 나타내시오.

턱걸이 횟수(회)	도수(명)
5^{이상} ~ 10^{미만}	5
10 ~ 15	10
15 ~ 20	7
20 ~ 25	4
합계	26

 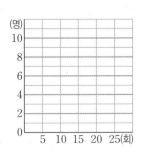

히스토그램의 이해

01 오른쪽 히스토그램은 어느 마을의 각 가정에서 하루 동안 사용한 수돗물의 양을 조사하여 나타낸 것이다. 다음을 구하시오.

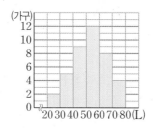

(1) 계급의 크기

(2) 전체 가구 수

(3) 도수가 가장 큰 계급

02 오른쪽 히스토그램은 제호네 반 학생들의 1년 동안의 도서관 이용 횟수를 조사하여 나타낸 것이다. 다음을 구하시오.

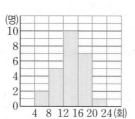

(1) 계급의 개수

(2) 전체 학생 수

(3) 이용 횟수가 12회 이상 20회 미만인 학생 수

(4) 모든 직사각형의 넓이의 합

03 오른쪽 히스토그램은 지영이네 반 학생들이 모형 만들기를 하는 데 걸린 시간을 조사하여 나타낸 것이다. 다음 물음에 답하시오.

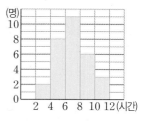

(1) 전체 학생 수를 구하시오.

(2) 걸린 시간이 10번째로 많은 학생이 속하는 계급의 도수를 구하시오.

(3) 걸린 시간이 8시간 이상인 학생은 전체의 몇 %인지 구하시오.

04 오른쪽 히스토그램은 세윤이네 반 학생들의 하루 동안의 스마트폰 사용 시간을 조사하여 나타낸 것이다. 다음 **보기** 중 옳지 <u>않은</u> 것을 모두 고르시오.

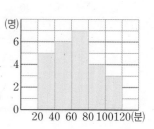

┤ **보기** ├
ㄱ. 계급의 개수는 5개이다.
ㄴ. 사용 시간이 60분 미만인 학생은 전체의 40 % 이다.
ㄷ. 사용 시간이 가장 많은 학생의 사용 시간은 120분 이다.
ㄹ. 직사각형의 넓이의 합은 500이다.

▶ 익힘교재 65쪽

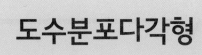

도수분포다각형

개념 알아보기

1 도수분포다각형

다음과 같은 방법으로 나타낸 그래프를 **도수분포다각형**이라 한다.

❶ 히스토그램의 각 직사각형에서 윗변의 중앙에 점을 찍는다.

❷ 히스토그램의 양 끝에 도수가 0인 계급이 하나씩 더 있는 것으로 생각하여 그 중앙에 점을 찍는다.

❸ 위에서 찍은 점들을 선분으로 연결한다.

참고 도수분포다각형에서 계급의 개수를 셀 때, 양 끝에 도수가 0인 계급은 세지 않는다.

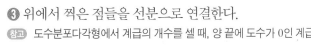

〈도수분포다각형〉

2 도수분포다각형의 특징

(1) 자료의 분포 상태를 연속적으로 관찰할 수 있다.

(2) 두 개 이상의 자료의 분포 상태를 동시에 나타내어 비교하는 데 편리하다.

(3) (도수분포다각형과 가로축으로 둘러싸인 부분의 넓이)
= (히스토그램의 직사각형의 넓이의 합)

개념 자세히 보기

(도수분포다각형과 가로축으로 둘러싸인 부분의 넓이) = (히스토그램의 직사각형의 넓이의 합)

오른쪽 그림에서 두 삼각형 ㉠과 ㉡은 밑변의 길이와 높이가 각각 같은 직각삼각형이므로 넓이가 같다.

즉, 도수분포다각형과 가로축으로 둘러싸인 부분의 넓이는 히스토그램의 직사각형의 넓이의 합과 같다.

➤➤ 익힘교재 60~61쪽

바른답 · 알찬풀이 52쪽

개념 확인하기

1 다음 도수분포표는 민석이네 반 학생 25명이 가지고 있는 필기구의 수를 조사하여 나타낸 것이다. 이 도수분포표를 히스토그램과 도수분포다각형으로 각각 나타내시오.

필기구의 수(개)	도수(명)
5이상 ~ 10미만	3
10 ~ 15	5
15 ~ 20	11
20 ~ 25	6
합계	25

 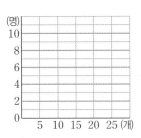

도수분포다각형의 이해

01 오른쪽 도수분포다각형은 민영이네 반 학생들의 국어 성적을 조사하여 나타낸 것이다. 다음을 구하시오.

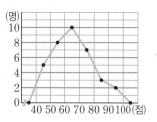

(1) 계급의 크기

(2) 전체 학생 수

(3) 도수가 가장 작은 계급

(4) 국어 성적이 60점 이상 80점 미만인 학생 수

02 오른쪽 도수분포다각형은 서현이네 반 학생들이 일주일 동안 TV를 시청하는 시간을 조사하여 나타낸 것이다. 다음을 구하시오.

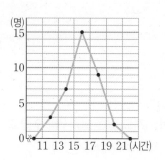

(1) 계급의 개수

(2) 전체 학생 수

(3) 시청 시간이 17시간 이상인 학생 수

(4) 도수분포다각형과 가로축으로 둘러싸인 부분의 넓이

03 오른쪽 도수분포다각형은 수호네 반 학생들이 점심 식사를 하는 데 걸리는 시간을 조사하여 나타낸 것이다. 다음 물음에 답하시오.

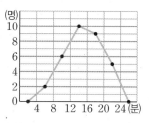

(1) 전체 학생 수를 구하시오.

(2) 식사 시간이 12분 미만인 학생은 전체의 몇 %인지 구하시오.

(3) 식사 시간이 5번째로 짧은 학생이 속하는 계급의 도수를 구하시오.

04 오른쪽 도수분포다각형은 예진이네 반 학생들이 방학 동안 봉사 활동을 한 횟수를 조사하여 나타낸 것이다. 다음 **보기** 중 옳지 <u>않은</u> 것을 모두 고르시오.

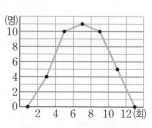

┤ 보기 ├

ㄱ. 봉사 활동 횟수가 6회 미만인 학생 수는 10명이다.

ㄴ. 봉사 활동 횟수가 7번째로 많은 학생이 속하는 계급은 8회 이상 10회 미만이다.

ㄷ. 도수분포다각형과 가로축으로 둘러싸인 부분의 넓이는 100이다.

▶▶ 익힘교재 66쪽

● 개념 REVIEW

01 아래 도수분포표와 히스토그램은 민선이네 반 학생들이 한 달 동안 마시는 물의 양을 조사하여 나타낸 것이다. 다음 중 옳지 <u>않은</u> 것은?

물의 양(L)	도수(명)
20^{이상} ~ 30^{미만}	3
30 ~ 40	5
40 ~ 50	A
50 ~ 60	11
60 ~ 70	8
70 ~ 80	B
합계	

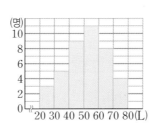

① $A+B=13$이다.

② 전체 학생 수는 40명이다.

③ 마시는 물의 양이 48 L인 학생이 속하는 계급은 40 L 이상 50 L 미만이다.

④ 마시는 물의 양이 60 L 이상인 학생 수는 12명이다.

⑤ 마시는 물의 양이 4번째로 적은 학생이 속하는 계급의 도수는 4명이다.

> 히스토그램의 이해
> 히스토그램에서
> · (직사각형의 개수)
>   = (계급의 개수)
> · (직사각형의 가로의 길이)
>   = (계급의 ❶□□)
> · (직사각형의 세로의 길이)
>   = (❷□□)

02 오른쪽 히스토그램은 성훈이네 반 학생들의 앉은키를 조사하여 나타낸 것이다. 도수가 가장 큰 계급의 직사각형의 넓이는 도수가 가장 작은 계급의 직사각형의 넓이의 몇 배인지 구하시오.

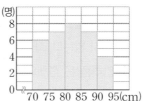

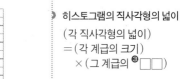

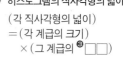

> 히스토그램의 직사각형의 넓이
> (각 직사각형의 넓이)
>   = (각 계급의 크기)
>   × (그 계급의 ❸□□)

03 오른쪽 도수분포다각형은 민주네 반 학생들의 게임 점수를 조사하여 나타낸 것이다. 다음 물음에 답하시오.

(1) 전체 학생 수를 구하시오.

(2) 도수분포다각형과 가로축으로 둘러싸인 부분의 넓이를 구하시오.

(3) 게임 점수가 8번째로 낮은 학생이 속하는 계급의 도수를 구하시오.

(4) 게임 점수가 11점 이상인 학생은 전체의 몇 %인지 구하시오.

> 도수분포다각형의 이해
> (도수분포다각형과 가로축으로 둘러싸인 부분의 넓이)
>   = (계급의 ❹□□)
>   × (도수의 총합)

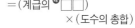

바른답·알찬풀이 54쪽

● 개념 REVIEW

04 오른쪽 도수분포다각형은 미래 중학교 남학생과 여학생의 키를 조사하여 나타낸 것이다. 다음 **보기** 중 옳은 것을 모두 고르시오.

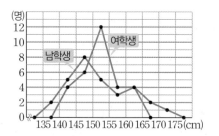

┤보기├

ㄱ. 남학생 수와 여학생 수는 같다.

ㄴ. 키가 가장 작은 학생은 여학생 중에 있다.

ㄷ. 키가 160 cm 이상인 학생은 남학생이 더 많다.

ㄹ. 각각의 그래프와 가로축으로 둘러싸인 부분의 넓이는 서로 같다.

▶ 두 도수분포다각형의 비교

• 두 도수분포다각형이 함께 주어지고 각 집단의 도수의 총합이 같을 때 자료의 분포 상태를 비교할 수 있다.

• 도수분포다각형이 오른쪽으로 치우쳐 있을수록 변량이 큰 자료가 많다.

UP
05 오른쪽 히스토그램은 지민이네 반 학생 30명이 한 달 동안 도서관에서 대여한 책의 수를 조사하여 나타낸 것인데 일부가 찢어져 보이지 않는다. 대여한 책의 수가 4권 이상 8권 미만인 학생은 전체의 몇 %인지 구하시오.

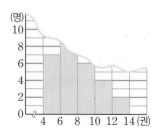

▶ 찢어진 히스토그램과 도수분포다각형

도수의 총합을 이용하여 찢어진 부분의 도수를 구한다.

05-1 오른쪽 도수분포다각형은 유리네 반 학생 30명의 하루 동안의 수면 시간을 조사하여 나타낸 것인데 일부가 찢어져 보이지 않는다. 수면 시간이 9시간 이상인 학생이 전체의 10 %일 때, 수면 시간이 8시간 이상 9시간 미만인 학생 수를 구하시오.

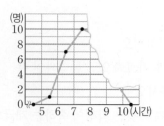

▶ 익힘교재 67쪽

상대도수

개념 알아보기 **1 상대도수**

(1) **상대도수**: 전체 도수에 대한 각 계급의 도수의 비율

$$\text{(계급의 상대도수)} = \frac{\text{(계급의 도수)}}{\text{(도수의 총합)}}$$

참고 · (계급의 도수) = (도수의 총합) × (계급의 상대도수)

· $\text{(도수의 총합)} = \dfrac{\text{(계급의 도수)}}{\text{(계급의 상대도수)}}$

(2) **상대도수의 분포표**: 각 계급의 상대도수를 나타낸 표

(3) **상대도수의 특징**

① 각 계급의 상대도수의 합은 1이고, 상대도수는 0 이상 1 이하의 수이다.

② 각 계급의 상대도수는 그 계급의 도수에 정비례한다. ◀ (도수가 가장 큰 계급) = (상대도수가 가장 큰 계급)

③ 도수의 총합이 다른 두 집단의 자료의 분포 상태를 비교할 때, 상대도수를 이용하면 편리하다.

개념 자세히 보기 **상대도수의 분포표**

수학 성적(점)	도수(명)	상대도수
60^{이상} ~ 70^{미만}	4	$\frac{4}{20} = 0.2$
70 ~ 80	2	$\frac{2}{20} = 0.1$
80 ~ 90	9	$\frac{9}{20} = 0.45$
90 ~ 100	5	$\frac{5}{20} = 0.25$
합계	20	1

상대도수는 일반적으로 각 계급에 해당하는 도수의 비율을 쉽게 비교하기 위하여 소수로 나타낸다.

◀ 각 계급의 상대도수의 합은 1이다.

➤➤ 익힘교재 60~61쪽

☞ 바른답 · 알찬풀이 54쪽

개념 확인하기 **1** 오른쪽 상대도수의 분포표는 소라네 학교 학생들의 일주일 동안의 독서 시간을 조사하여 나타낸 것이다. 다음 물음에 답하시오.

(1) 표를 완성하시오.

(2) 도수가 가장 큰 계급의 상대도수를 구하시오.

(3) 상대도수가 가장 작은 계급을 구하시오.

독서 시간(시간)	도수(명)	상대도수
4^{이상} ~ 5^{미만}	4	$\frac{4}{40} = 0.1$
5 ~ 6	12	$\frac{\square}{40} = \square$
6 ~ 7	16	$\square$
7 ~ 8	8	$\square$
합계	40	$\square$

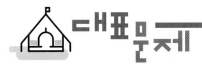

상대도수

01 다음 히스토그램은 승기네 반 학생들의 고리 던지기 게임의 성공 횟수를 조사하여 나타낸 것이다. 성공 횟수가 33회 인 학생이 속하는 계급의 상대도수를 구하시오.

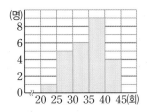

상대도수의 분포표의 이해

02 아래 상대도수의 분포표는 형우네 반 학생들이 일주일 동안 받은 이메일 수를 조사하여 나타낸 것이다. 다음 물음에 답하시오.

이메일 수(통)	도수(명)	상대도수
$0^{이상}$ ~ $10^{미만}$		0.1
10 ~ 20	8	A
20 ~ 30	B	0.4
30 ~ 40	12	
합계	40	1

(1) A의 값을 구하시오.

$\Rightarrow A = \dfrac{(계급의 \ 도수)}{(도수의 \ 총합)} = \dfrac{\square}{40} = \square$

(2) B의 값을 구하시오.

$\Rightarrow B = (도수의 \ 총합) \times (계급의 \ 상대도수)$
$= 40 \times \square = \square$

03 오른쪽 상대도수의 분 포표는 종현이네 학교 학생 40명이 하루 동안 수업 시간 에 질문한 횟수를 조사하여 나타낸 것이다. 다음 물음에 답하시오.

질문 횟수(회)	상대도수
$1^{이상}$ ~ $3^{미만}$	A
3 ~ 5	0.1
5 ~ 7	0.25
7 ~ 9	0.4
9 ~ 11	0.05
합계	

(1) A의 값을 구하시오.

(2) 질문 횟수가 5회 미만인 학생 수를 구하시오.

04 아래 상대도수의 분포표는 슬비네 반 학생 20명의 키 를 조사하여 나타낸 것이다. 다음 물음에 답하시오.

키(cm)	도수(명)	상대도수
$140^{이상}$ ~ $145^{미만}$	5	A
145 ~ 150	6	0.3
150 ~ 155	B	C
155 ~ 160	3	D
160 ~ 165	E	0.1
합계	20	1

(1) $A \sim E$의 값을 각각 구하시오.

(2) 키가 5번째로 큰 학생이 속하는 계급의 상대도수를 구하시오.

(3) 키가 155 cm 이상인 학생은 전체의 몇 %인지 구 하시오.

> **TIP** 상대도수의 분포표에서 특정 계급의 백분율 구하기
> $\Rightarrow \dfrac{(계급의 \ 도수)}{(도수의 \ 총합)} \times 100(\%)$
> $= (상대도수) \times 100(\%)$

익힘교재 68쪽

상대도수의 분포를 나타낸 그래프

❸ 상대도수와 그 그래프

1 상대도수의 분포를 나타낸 그래프

(1) **상대도수의 분포를 나타낸 그래프**: 상대도수의 분포표를 히스토 그램이나 도수분포다각형 모양으로 나타낸 그래프

(2) **상대도수의 분포를 나타낸 그래프를 그리는 방법**

❶ 가로축에 각 계급의 양 끝 값을 적는다.

❷ 세로축에 상대도수를 적는다.

❸ 히스토그램 또는 도수분포다각형과 같은 방법으로 그린다.

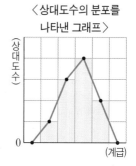

〈상대도수의 분포를
나타낸 그래프〉

참고 각 계급의 상대도수의 합은 1이므로 상대도수의 분포를 나타낸 그래프와 가로 축으로 둘러싸인 부분의 넓이는 계급의 크기와 같다.

➡ (계급의 크기)×(상대도수의 총합)=(계급의 크기)×1=(계급의 크기)

2 도수의 총합이 다른 두 집단의 분포 비교

도수의 총합이 다른 두 자료의 그래프를 함께 나타내어 비교하면 두 자료의 분포 상태를 한 눈에 알 수 있다.

개념 자세히 보기

상대도수의 분포를 나타낸 그래프 그리기

책의 수(권)	상대도수
1이상 ~ 3미만	0.1
3 ~ 5	0.2
5 ~ 7	0.4
7 ~ 9	0.3
합계	1

상대도수의 분포를
나타낸 그래프

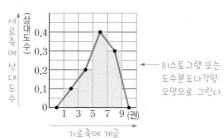

← 히스토그램 또는
도수분포다각형
모양으로 그린다.

》 익힘교재 60~61쪽

✤ 바른답·알찬풀이 55쪽

개념 확인하기

1 다음 상대도수의 분포표는 태풍 20개의 최대 풍속을 조사하여 나타낸 것이다. 이 표를 히스토그램과 도수분포다각형 모양의 그래프로 각각 나타내시오.

최대 풍속(m/s)	도수(개)	상대도수
17이상 ~ 25미만	2	0.1
25 ~ 33	4	0.2
33 ~ 41	8	0.4
41 ~ 49	5	0.25
49 ~ 57	1	0.05
합계	20	1

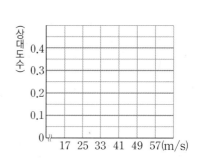

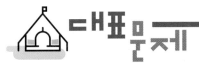

상대도수의 분포를 나타낸 그래프의 이해

01 아래 그림은 지온이네 반 학생 20명의 줄넘기 횟수를 조사하여 상대도수의 분포를 그래프로 나타낸 것이다. 다음 물음에 답하시오.

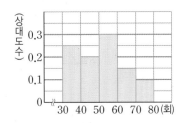

(1) 상대도수가 가장 큰 계급을 구하시오.

(2) 줄넘기 횟수가 40회 미만인 학생 수를 구하시오.

(3) 줄넘기 횟수가 60회 이상 70회 미만인 학생은 전체의 몇 %인지 구하시오.

02 아래 그림은 찬우네 반 학생 40명의 멀리뛰기 기록을 조사하여 상대도수의 분포를 그래프로 나타낸 것이다. 다음 물음에 답하시오.

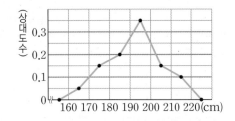

(1) 상대도수가 가장 작은 계급의 도수를 구하시오.

(2) 기록이 193 cm인 학생이 속하는 계급의 학생 수를 구하시오.

(3) 기록이 200 cm 이상인 학생은 전체의 몇 %인지 구하시오.

찢어진 상대도수의 분포를 나타낸 그래프

03 아래 그림은 어느 학교 선생님 40명의 나이를 조사하여 상대도수의 분포를 그래프로 나타낸 것인데 일부가 찢어져 보이지 않는다. 다음을 구하시오.

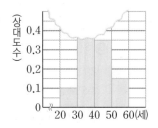

(1) 30세 이상 40세 미만인 계급의 상대도수

(2) 나이가 40세 미만인 선생님 수

> **TIP** 상대도수의 총합이 1임을 이용하면 찢어진 부분의 상대도수를 구할 수 있다.

04 아래 그림은 한자 경시 대회에 참가한 학생 60명의 성적을 조사하여 상대도수의 분포를 그래프로 나타낸 것인데 일부가 찢어져 보이지 않는다. 다음을 구하시오.

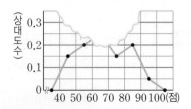

(1) 60점 이상 70점 미만인 계급의 상대도수

(2) 한자 경시 대회 성적이 60점 이상 80점 미만인 학생 수

도수의 총합이 다른 두 집단의 상대도수

05 아래 상대도수의 분포표는 어느 중학교 1학년과 2학년 학생들의 미술 성적을 조사하여 나타낸 것이다. 다음 물음에 답하시오.

미술 성적(점)	1학년		2학년	
	도수(명)	상대도수	도수(명)	상대도수
$50^{이상}$ ~ $60^{미만}$	1		2	C
60 ~ 70	A	0.2		0.2
70 ~ 80	5		12	D
80 ~ 90	B			E
90 ~ 100		0.15		0.1
합계	20	1	40	1

(1) $A \sim E$의 값을 각각 구하시오.

(2) 미술 성적이 80점 이상인 학생의 비율은 어느 학년이 더 높은지 구하시오.

도수의 총합이 다른 두 집단의 분포 비교

06 아래 그림은 어느 중학교 1학년과 2학년 학생들의 일주일 동안의 TV 시청 시간을 조사하여 상대도수의 분포를 그래프로 나타낸 것이다. 다음 물음에 답하시오.

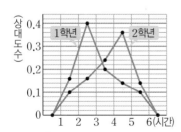

(1) TV 시청 시간이 1시간 이상 2시간 미만인 학생의 비율은 어느 학년이 더 높은지 구하시오.

(2) 1학년과 2학년에서 도수가 가장 큰 계급의 상대도수를 각각 구하시오.

(3) 어느 학년이 TV를 더 오래 시청하는 편인지 구하시오.

> **TIP** 상대도수의 분포를 나타낸 두 그래프의 비교
> ⇨ 오른쪽으로 치우칠수록 변량이 큰 자료가 많다.
> ⇨ 오른쪽으로 치우칠수록 상대적으로 '높다, 길다, 많다, 크다, 무겁다, …'는 것을 의미한다.

07 아래 그림은 어느 중학교 남학생과 여학생의 50 m 달리기 기록을 조사하여 상대도수의 분포를 그래프로 나타낸 것이다. 다음 중 옳은 것을 모두 고르면? (정답 2개)

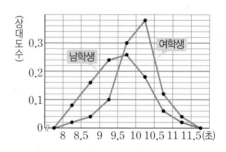

① 남학생과 여학생의 전체 학생 수는 같다.

② 여학생들이 남학생들보다 빠른 편이다.

③ 달리기 기록이 9.5초 미만인 여학생은 여학생 전체의 16 %이다.

④ 여학생 중 달리기 기록이 9.5초 이상 10초 미만인 학생 수가 15명일 때, 여학생의 전체 학생 수는 40명이다.

⑤ 각각의 그래프와 가로축으로 둘러싸인 부분의 넓이는 서로 같다.

▶▶ 익힘교재 69쪽

● 개념 REVIEW

01 수아네 반 학생들의 시력을 조사하여 나타낸 도수분포표에서 도수가 8명인 계급의 상대도수가 0.25일 때, 수아네 반 전체 학생 수를 구하시오.

▶ 상대도수
(계급의 상대도수)
$= \dfrac{(①\square\square의\ 도수)}{(도수의\ 총합)}$

02 오른쪽 상대도수의 분포표는 어느 중학교 학생 50명의 일주일 동안의 인터넷 강의 수강 시간을 조사하여 나타낸 것이다. 다음 중 $A \sim E$의 값으로 옳지 <u>않은</u> 것은?

① $A=5$ ② $B=0.16$
③ $C=15$ ④ $D=0.23$
⑤ $E=1$

수강 시간(시간)	도수(명)	상대도수
$0^{이상} \sim 2^{미만}$	A	0.1
$2 \sim 4$	8	B
$4 \sim 6$	C	0.3
$6 \sim 8$	13	D
$8 \sim 10$	9	0.18
합계	50	E

▶ 상대도수의 분포표의 이해
(계급의 도수)
= (도수의 총합)
　× (계급의 ②$\square\square\square\square$)

03 오른쪽 상대도수의 분포표는 학생들의 100 m 달리기 기록을 조사하여 나타낸 것인데 일부가 찢어져 보이지 않는다. 14초 이상 16초 미만인 계급의 상대도수를 구하시오.

달리기 기록(초)	도수(명)	상대도수
$12^{이상} \sim 14^{미만}$	2	0.08
$14 \sim 16$	5	
$16 \sim 18$		

▶ 찢어진 상대도수의 분포표
(도수의 ③$\square\square$)
$= \dfrac{(계급의\ 도수)}{(계급의\ 상대도수)}$
임을 이용하여 먼저 도수의 ③$\square\square$을 구한다.

04 오른쪽 그림은 은주네 학교 학생들의 가족 간의 대화 시간을 조사하여 상대도수의 분포를 그래프로 나타낸 것이다. 대화 시간이 40분 이상 50분 미만인 학생이 20명일 때, 다음 물음에 답하시오.

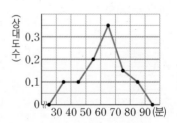

(1) 전체 학생 수를 구하시오.
(2) 도수가 가장 큰 계급의 학생 수를 구하시오.
(3) 대화 시간이 50분 이상 70분 미만인 학생은 전체의 몇 %인지 구하시오.

▶ 상대도수의 분포를 나타낸 그래프의 이해
· 각 계급의 상대도수는 그 계급의 도수에 ④$\square$비례한다.
· (백분율)
　= (상대도수) × 100(%)

답 ❶계급 ❷상대도수 ❸총합 ❹정

● 개념 REVIEW

05 오른쪽 그림은 승혜네 학교 학생들의 몸무게를 조사하여 상대도수의 분포를 그래프로 나타낸 것인데 일부가 찢어져 보이지 않는다. 몸무게가 55 kg 이상 60 kg 미만인 학생이 8명일 때, 다음을 구하시오.

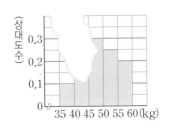

(1) 전체 학생 수

(2) 몸무게가 40 kg 이상 45 kg 미만인 계급의 학생 수

› 찢어진 상대도수의 분포를 나타낸 그래프
각 계급의 상대도수의 합은
❶ □임을 이용한다.

06 오른쪽 그림은 A 중학교와 B 중학교 학생들의 1년 동안의 영화 관람 횟수를 조사하여 상대도수의 분포를 그래프로 나타낸 것이다. 다음 보기 중 옳은 것을 모두 고르시오.

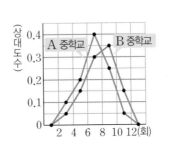

┤ 보기 ├

ㄱ. B 중학교에서 도수가 가장 큰 계급은 8회 이상 10회 미만이다.

ㄴ. A 중학교의 학생 수가 200명일 때, 영화 관람 횟수가 4회 이상 6회 미만인 학생 수는 40명이다.

ㄷ. 영화 관람 횟수가 2회 이상 6회 미만인 학생의 전체에 대한 비율은 B 중학교가 더 높다.

ㄹ. B 중학교 학생들의 영화 관람 횟수가 A 중학교 학생들의 영화 관람 횟수보다 많은 편이다.

› 도수의 총합이 다른 두 집단의 분포 비교
그래프가 오른쪽으로 치우칠수록 변량이 큰 자료가 많다.

06-1 A반과 B반의 전체 학생 수의 비가 3 : 2이고, 어떤 계급에 속하는 학생 수의 비가 4 : 5일 때, 이 계급의 상대도수의 비는?

① 4 : 5
② 8 : 15
③ 8 : 17
④ 15 : 7
⑤ 15 : 8

› 도수의 총합이 다른 두 집단의 상대도수의 비
❶ 도수의 총합과 그 계급의 도수를 각각 한 문자를 사용하여 나타낸다.
❷ 두 집단의 상대도수의 비를 구한다.

›› 익힘교재 70쪽

답 ❶ 1

[01~02] 아래 줄기와 잎 그림은 어느 반 학생들의 통학 시간을 조사하여 나타낸 것이다. 다음 물음에 답하시오.

통학 시간   (0|6은 6분)

줄기	잎							
0	6	8	9					
1	0	1	1	3	5	6	8	9
2	0	2	4	6	6	7		
3	0	2	4					

01 다음 중 옳지 <u>않은</u> 것은?

① 줄기가 2인 잎의 개수는 6개이다.
② 잎이 가장 많은 줄기는 1이다.
③ 통학 시간이 11분인 학생 수는 2명이다.
④ 통학 시간이 15분 미만인 학생 수는 6명이다.
⑤ 통학 시간이 4번째로 긴 학생의 통학 시간은 27분이다.

02 통학 시간이 20분 이상인 학생은 전체의 몇 %인지 구하시오.

03 다음 **보기** 중 도수분포표에 대한 설명으로 옳은 것을 모두 고르시오.

┤보기├
ㄱ. 자료를 수량으로 나타낸 것을 변량이라 한다.
ㄴ. 변량을 일정한 간격으로 나눈 구간을 계급이라 한다.
ㄷ. 변량을 나눈 구간의 너비를 계급의 개수라 한다.
ㄹ. 각 계급에 속하는 변량의 개수를 도수라 한다.

04 오른쪽 도수분포표는 정민이네 반 학생들이 하루 동안 보낸 문자 메시지의 개수를 조사하여 나타낸 것이다. 다음 중 옳지 <u>않은</u> 것을 모두 고르면? (정답 2개)

문자 메시지(개)	도수(명)
$0^{이상}$ ~ $5^{미만}$	2
5 ~ 10	8
10 ~ 15	A
15 ~ 20	6
20 ~ 25	3
합계	30

① 계급의 개수는 5개이다.
② A의 값은 11이다.
③ 도수가 가장 큰 계급은 5개 이상 10개 미만이다.
④ 문자 메시지를 15개 이상 보낸 학생은 전체의 25 %이다.
⑤ 문자 메시지를 5번째로 많이 보낸 학생이 속하는 계급은 15개 이상 20개 미만이다.

[05~06] 오른쪽 도수분포표는 나래네 반 학생들의 사회 성적을 조사하여 나타낸 것이다. 사회 성적이 70점 미만인 학생이 전체의 20 %일 때, 다음 물음에 답하시오.

사회 성적(점)	도수(명)
$50^{이상}$ ~ $60^{미만}$	2
60 ~ 70	A
70 ~ 80	8
80 ~ 90	9
90 ~ 100	B
합계	30

05 A, B의 값을 각각 구하시오.

06 계급의 개수를 a개, 계급의 크기를 b점, 사회 성적이 81점인 학생이 속하는 계급의 도수를 c명이라 할 때, $a+b+c$의 값을 구하시오.

07 오른쪽 히스토그램은 형준이네 반 학생들의 미술 성적을 조사하여 나타낸 것이다. 다음 중 옳지 **않은** 것은?

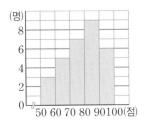

① 계급의 크기는 10점이다.
② 전체 학생 수는 30명이다.
③ 도수가 6명 이하인 계급의 개수는 3개이다.
④ 성적이 가장 낮은 학생이 속하는 계급의 도수는 3명이다.
⑤ 모든 직사각형의 넓이의 합은 50이다.

08 오른쪽 히스토그램은 우빈이네 반 학생들의 100 m 달리기 기록을 조사하여 나타낸 것이다. 모든 직사각형의 넓이의 합이 56일 때, a의 값을 구하시오.

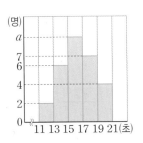

09 오른쪽 도수분포다각형은 효준이네 반 학생들의 던지기 기록을 조사하여 나타낸 것이다. 다음 **보기** 중 옳은 것을 모두 고르시오.

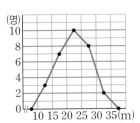

┤ 보기 ├
ㄱ. 계급의 개수는 7개이다.
ㄴ. 던지기 기록이 10 m 이상 15 m 미만인 학생은 전체의 10 %이다.
ㄷ. 던지기 기록이 9번째로 좋은 학생이 속하는 계급은 25 m 이상 30 m 미만이다.

10 오른쪽 도수분포다각형은 승호네 반 학생들의 영어 단어 시험 성적을 조사하여 나타낸 것인데 일부가 찢어져 보이지 않는다. 성적이 80점 이상인 학생이 전체의 35 %일 때, 성적이 70점 이상 80점 미만인 학생 수를 구하시오.

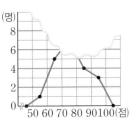

[11~12] 오른쪽 상대도수의 분포표는 찬호네 반 학생 40명이 1학기 동안 학교 도서관에서 대여한 책의 수를 조사하여 나타낸 것이다. 다음 물음에 답하시오.

책의 수(권)		상대도수
2^{이상} ~ 4^{미만}		0.1
4 ~ 6		
6 ~ 8		0.4
8 ~ 10		0.25
10 ~ 12		0.05
합계		1

11 대여한 책의 수가 8권 이상인 학생은 전체의 몇 %인가?

① 30 %   ② 35 %   ③ 38 %
④ 41 %   ⑤ 55 %

12 대여한 책의 수가 4권 이상 6권 미만인 학생 수는?

① 2명   ② 4명   ③ 6명
④ 8명   ⑤ 10명

13 다음 상대도수의 분포표는 어느 학교 학생들의 줄넘기 횟수를 조사하여 나타낸 것인데 일부가 찢어져 보이지 않는다. 줄넘기 횟수가 30회 이상 40회 미만인 계급의 상대도수는?

줄넘기 횟수(회)	도수(명)	상대도수
$10^{이상} \sim 20^{미만}$	3	0.05
20 ~ 30	5	
30 ~ 40	9	

① 0.05 ② 0.1 ③ 0.15
④ 0.2 ⑤ 0.25

UP
14 아래 그림은 어느 중학교 1학년 학생 180명과 2학년 학생 200명의 과학 성적을 조사하여 상대도수의 분포를 그래프로 나타낸 것이다. 다음 **보기** 중 옳은 것을 모두 고르시오.

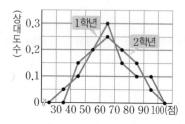

┤ 보기 ├
ㄱ. 1학년 학생 중 성적이 40점 미만인 학생 수는 9명이다.
ㄴ. 2학년 학생 중 성적이 80점 이상인 학생 수는 40명이다.
ㄷ. 2학년 학생 중 성적이 가장 낮은 학생의 점수는 40점이다.
ㄹ. 1학년 학생 중 성적이 90점 이상인 학생은 전체의 10 %이다.

창의·융합 문제

어느 농장에서는 아래 표와 같이 귤의 당도를 측정하여 상품의 등급을 정한다고 한다.

하	중	상	최상
$10^{이상} \sim 12^{미만}$	12~14	14~16	16~

(단위: 도)

오른쪽 히스토그램은 이 농장에서 재배한 귤의 당도를 조사하여 나타낸 것인데 일부가 찢어져 보이지 않는다. 두 직사각형 A, B의 넓이의 비가 1 : 2일 때, 다음 물음에 답하시오.

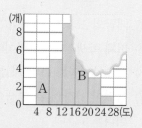

(1) 16도 이상 20도 미만인 계급의 도수를 구하시오.
(2) 전체 귤의 개수를 구하시오.
(3) 등급이 '최상'인 귤은 전체의 몇 %인지 구하시오.

해결의 길잡이

❶ 두 직사각형 A, B의 넓이의 비를 이용하여 16도 이상 20도 미만인 계급의 도수를 구한다.

❷ 각 계급의 도수를 더하여 전체 귤의 개수를 구한다.

❸ 등급이 최상일 때의 당도를 만족하는 귤의 개수를 이용하여 전체의 몇 %인지 구한다.

교과서 속

서술형 문제

1 다음 그림은 어느 동호회 회원들의 나이를 조사하여 상대도수의 분포를 그래프로 나타낸 것이다. 나이가 20세 이상 40세 미만인 회원이 16명일 때, 나이가 40세 이상 60세 미만인 회원 수를 구하시오.

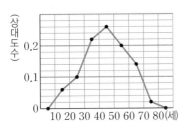

2 다음 그림은 어느 반 학생들의 라디오 청취 시간을 조사하여 상대도수의 분포를 그래프로 나타낸 것이다. 청취 시간이 12시간 이상인 학생이 18명일 때, 3시간 이상 6시간 미만인 학생 수를 구하시오.

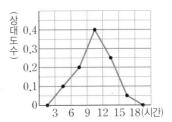

❶ 20세 이상 30세 미만, 30세 이상 40세 미만인 계급의 상대도수의 합은?

20세 이상 30세 미만, 30세 이상 40세 미만인 계급의 상대도수는 각각 ☐, ☐이므로 상대도수의 합은 ☐+☐=☐ … 30 %

❶ 12시간 이상 15시간 미만, 15시간 이상 18시간 미만인 계급의 상대도수의 합은?

❷ 어떤 계급의 상대도수와 도수가 주어질 때, 도수의 총합을 구하는 식은?

$$(\text{도수의 총합}) = \frac{(\text{계급의 } \boxed{})}{(\text{계급의 } \boxed{})}$$

❷ 어떤 계급의 상대도수와 도수가 주어질 때, 도수의 총합을 구하는 식은?

❸ 전체 회원 수는?

$$(\text{전체 회원 수}) = \frac{\boxed{}}{\boxed{}} = \boxed{}(\text{명})$$ … 40 %

❸ 전체 학생 수는?

❹ 나이가 40세 이상 60세 미만인 회원 수는?

40세 이상 50세 미만, 50세 이상 60세 미만인 계급의 상대도수의 합은

☐+☐=☐

따라서 나이가 40세 이상 60세 미만인 회원 수는

☐×☐=☐(명) … 30 %

❹ 청취 시간이 3시간 이상 6시간 미만인 학생 수는?

3 오른쪽 도수분포표는 어느 학교 학생들의 멀리뛰기 기록을 조사하여 나타낸 것이다. 멀리뛰기 기록이 200 cm 미만인 학생이 전체의 30 %일 때, $B-A$의 값을 구하시오.

멀리뛰기 기록 (cm)	도수(명)
$180^{이상} \sim 190^{미만}$	4
190 $\sim$ 200	A
200 $\sim$ 210	10
210 $\sim$ 220	B
220 $\sim$ 230	8
합계	40

✎ 풀이 과정

답 _____

4 다음 히스토그램은 어느 농구팀이 참여한 50경기의 경기별 득점을 조사하여 나타낸 것인데 일부가 찢어져 보이지 않는다. 100점 이상 110점 미만을 득점한 경기가 전체의 32 %일 때, 110점 이상 120점 미만을 득점한 경기 수를 구하시오.

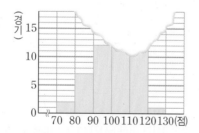

✎ 풀이 과정

답 _____

5 오른쪽 도수분포다각형은 예원이네 반 학생들의 하루 동안의 운동 시간을 조사하여 나타낸 것이다. 도수분포다각형과 가로축으로 둘러싸인 부분의 넓이가 160일 때, $a+b+c+d+e$의 값을 구하시오.

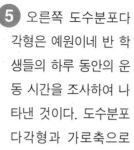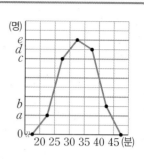

✎ 풀이 과정

답 _____

6 다음 상대도수의 분포표는 어느 야구팀의 선수들이 한 시즌 동안 친 홈런의 개수를 조사하여 나타낸 것이다. A, B, C의 값을 각각 구하시오.

홈런의 개수(개)	도수(명)	상대도수
$0^{이상} \sim 10^{미만}$	7	
10 $\sim$ 20	A	0.3
20 $\sim$ 30	4	0.2
30 $\sim$ 40		0.1
40 $\sim$ 50	1	B
합계		C

✎ 풀이 과정

답 _____

수능 국어에서 자신감을 갖는 방법?
깨독으로 시작하자!

고등 내신과 수능 국어에서 1등급이 되는 비결 –
중등에서 미리 깨운 독해력, 어휘력으로 승부하자!

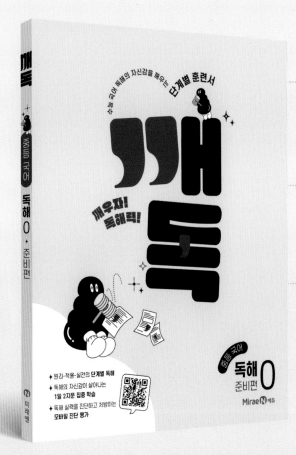

단계별 훈련
독해 원리 → 적용 문제 → 실전 문제로
단계별 독해 훈련

교과·수능 연계
중학교 교과서와 수능 연계 지문으로
수준별 독해 훈련

독해력 진단
모바일 진단 평가를 통한
개인별 독해 전략 처방

| 추천 대상 |
- 중등 학습의 기본이 되는 문해력을 기르고 싶은 초등 5~6학년
- 중등 전 교과 연계 지문을 바탕으로 독해의 기본기를 습득하고 싶은 중학생
- 고등 국어의 내신과 수능에서 1등급을 목표로 훈련하고 싶은 중학생

수능 국어 독해의 자신감을 깨우는
단계별 독해 훈련서

깨독 시리즈 (전6책)

[독해] 0_준비편, 1_기본편, 2_실력편, 3_수능편
[어휘] 1_종합편, 2_수능편

중등 국어 교과 필수 개념 및 어휘를 '종합편'으로,
수능 국어 기초 어휘를 '수능편'으로 대비하자.

독해의 시작은
어휘력에서!

중등 도서안내

개념 잡고 성적 올리는 필수 개념서

올리드

익힘교재편 중등 **수학 1**(하)

올리드 100점 전략

개념을 꽉 잡아라! + 문제를 싹 잡아라! + 시험을 확 잡아라! + 오답을 꼭 잡아라!

Mirae N 에듀

올리드 100점 전략

익힘 교재편

중등 **수학 1**(하)

01 기본 도형

❶ 점, 선, 면

01 점, 선, 면

(1) 도형의 기본 요소: 점, , 면

(2) 평면도형과 입체도형

 ① 평면도형: 한 평면 위에 있는 도형

 ② 입체도형: 한 평면 위에 있지 않은 도형

(3) 교점과 교선

 ① 교점: 선과 선 또는 선과 면이 만나서 생기는 점

 ② : 면과 면이 만나서 생기는 선

02 직선, 반직선, 선분

(1) 직선의 결정 조건: 한 점을 지나는 직선
은 무수히 많지만 서로 다른 두 점을
지나는 직선은 오직 하나뿐이다.

(2) 직선, 반직선, 선분

 ① 직선 AB: 서로 다른 두 점 A, B를 지나 양쪽으로 한없이
곧게 뻗은 선 ➡ $\overleftrightarrow{AB}$

 ② 반직선 AB: 직선 AB 위의 점 A에서 시작하여 점 B의
방향으로 한없이 곧게 뻗은 선 ➡ $\overrightarrow{AB}$

 ③ 선분 AB: 직선 AB 위의 점 A에서 점 B까지의 부분
➡ $\overline{AB}$

03 두 점 사이의 거리

(1) 두 점 A, B 사이의 거리: 두 점 A, B를 잇는 무수히 많은 선
중에서 길이가 가장 짧은 선인 선분 AB의 길이 ➡ $\overline{AB}$

(2) 선분 AB의 중점: 선분 AB 위의
점 M에 대하여 $\overline{AM}=\overline{MB}$일
때의 점 M
➡ $\overline{AM}=\overline{MB}=$ $\overline{AB}$ →점 M은 $\overline{AB}$를 이등분한다.

❷ 각

01 각

(1) 각 AOB: 한 점 O에서 시작하는
두 반직선 OA와 OB로 이루어
진 도형 ➡ ∠AOB, ∠BOA,
∠O, ∠a

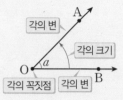

(2) 각 AOB의 크기: ∠AOB에서
꼭짓점 O를 중심으로 변 OB가 변 OA까지 회전한 양

(3) 각의 분류

 ① 평각 (180°): 각의 두 변이 한 직선을 이루는 각

 ② 직각 ( ): 평각의 크기의 $\frac{1}{2}$인 각

 ③ 예각: 크기가 0°보다 크고 90°보다 작은 각

 ④ 둔각: 크기가 90°보다 크고 180°보다 작은 각

02 맞꼭지각

(1) 맞꼭지각: 두 직선이 한 점에서 만날 때
생기는 교각 중에서 서로 마주 보는 각

(2) 맞꼭지각의 성질: 맞꼭지각의 크기는 서로 같다.
➡ ∠a= , ∠b=

03 직교와 수선

(1) 직교: 두 직선 AB와 CD의 교각이
직각일 때, 두 직선은 직교한다고 한
다. ➡ $\overleftrightarrow{AB}\perp\overleftrightarrow{CD}$

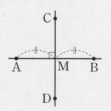

(2) 두 직선이 직교할 때, 두 직선은 서로
수직이고, 한 직선을 다른 직선의 수
선이라 한다.

(3) 수직이등분선: 선분 AB의 중점 M을 지나고 선분 AB에 수
직인 직선 CD를 선분 AB의 수직이등분선이라 한다.

(4) 수선의 발: 직선 l 위에 있지 않은
점 P에서 직선 l에 내린 수선과 직
선 l의 교점 H를 점 P에서 직선 l
에 내린 수선의 발이라 한다.

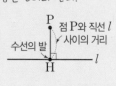

(5) 점과 직선 사이의 거리: 직선 l 위에 있지 않은 점 P에서 직선
l에 내린 수선의 발 H까지의 거리 ➡ 의 길이

❸ 위치 관계

01 점과 직선, 점과 평면의 위치 관계

(1) 점과 직선의 위치 관계

  ① 점 A는 직선 l 위에 있다.

  ② 점 B는 직선 l 위에 있지 않다.

(2) 점과 평면의 위치 관계

  ① 점 A는 평면 P 위에 있다.

  ② 점 B는 평면 P 위에 있지 않다.

02 두 직선의 위치 관계

(1) 두 직선의 평행: 한 평면 위에서 두 직선 l, m이 만나지 않을 때, 두 직선 l, m은 평행하다고 한다. ➡ $l /\!/ m$

(2) 꼬인 위치: 공간에서 두 직선이 서로 만나지도 않고 평행하지도 않을 때, 두 직선은 꼬인 위치에 있다고 한다.

(3) 두 직선의 위치 관계

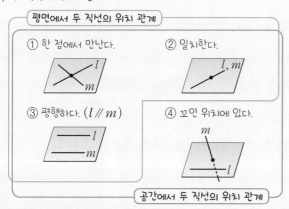

03 직선과 평면의 위치 관계

(1) 공간에서 직선과 평면의 위치 관계

  ① 한 점에서   ② 포함된다.   ③ 평행하다.
    만난다. $(l /\!/ P)$

(2) 직선과 평면의 수직: 직선 l이 평면 P와 한 점 H에서 만나고, 점 H를 지나는 평면 P 위의 모든 직선과 수직일 때, 직선 l과 평면 P는 수직이다 또는 직교한다고 한다. ➡ $l \perp P$

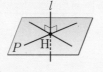

04 두 평면의 위치 관계

(1) 공간에서 두 평면의 위치 관계

  ① 한 직선에서   ② 일치한다.   ③ 평행하다.
    만난다. $(P /\!/ Q)$

(2) 두 평면의 수직: 평면 Q가 평면 P에 수직인 직선 l을 포함할 때, 평면 P와 평면 Q는 수직이다 또는 직교한다고 한다. ➡ $P \perp Q$

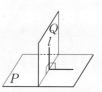

❹ 평행선의 성질

01 동위각과 엇각

한 평면 위의 서로 다른 두 직선 l, m이 다른 한 직선 n과 만나서 생기는 8개의 각 중에서

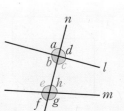

(1) ⬛⬛⬛ : 서로 같은 위치에 있는 각

  ➡ $\angle a$와 $\angle e$, $\angle b$와 $\angle f$,
     $\angle c$와 $\angle g$, $\angle d$와 $\angle h$

(2) 엇각: 서로 엇갈린 위치에 있는 각

  ➡ $\angle b$와 $\angle h$, $\angle c$와 ⬛⬛⬛

02 평행선의 성질

(1) 평행선의 성질

한 평면 위에서 평행한 두 직선이 다른 한 직선과 만날 때,

  ① 동위각의 크기는 서로 같다.   ② 엇각의 크기는 서로 같다.

(2) 평행선이 되기 위한 조건: 한 평면 위에서 서로 다른 두 직선 l, m이 한 직선 n과 만날 때,

  ① 동위각의 크기가 같으면 두 직선 l, m은 평행하다.

  ② ⬛⬛⬛의 크기가 같으면 두 직선 l, m은 평행하다.

  $\llcorner \angle a = \angle b$이면 $l /\!/ m$ $\llcorner \angle c = \angle d$이면 $l /\!/ m$

01 다음 도형을 평면도형과 입체도형으로 구분하시오.

(1)

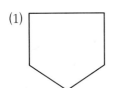

답 _____

(2)

답 _____

02 다음 도형에서 교점과 교선의 개수를 각각 구하시오.

(1)

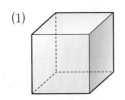

답 교점: _____ 개
교선: _____ 개

(2)

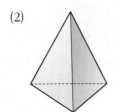

답 교점: _____ 개
교선: _____ 개

03 다음 기호를 주어진 그림 위에 나타내시오.

(1) $\overleftrightarrow{AC}$

　　　　A　B　C　D

(2) $\overrightarrow{CB}$

　　　　A　　B　　C

(3) $\overline{BD}$

　　　　A　B　C　D

04 오른쪽 그림과 같이 직선 l 위에 세 점 A, B, C가 있을 때, ☐ 안에 = 또는 ≠ 중 알맞은 것을 써넣으시오.

(1) $\overleftrightarrow{AB}$ ☐ $\overleftrightarrow{AC}$

(2) $\overrightarrow{AB}$ ☐ $\overrightarrow{AC}$

(3) $\overrightarrow{BA}$ ☐ $\overrightarrow{BC}$

(4) $\overline{AC}$ ☐ $\overline{CA}$

05 오른쪽 그림과 같이 원 위에 세 점 A, B, C가 있다. 다음을 구하시오.

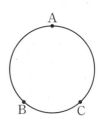

(1) 두 점을 지나는 서로 다른 직선의 개수

답 _____

(2) 두 점을 지나는 서로 다른 반직선의 개수

답 _____

(3) 두 점을 지나는 서로 다른 선분의 개수

답 _____

06 다음 보기 중 옳은 것을 모두 고르시오.

┌ 보기 ┐

ㄱ. 점이 움직인 자리는 선이 된다.

ㄴ. 교점은 선과 선이 만날 때에만 생긴다.

ㄷ. 양 끝 점이 같은 두 선분은 서로 같다.

ㄹ. 시작점이 같은 두 반직선은 서로 같다.

답 _____

01 아래 그림에서 다음을 구하시오.

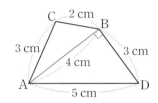

(1) 두 점 A, B 사이의 거리   답 _____

(2) 두 점 B, C 사이의 거리   답 _____

(3) 두 점 B, D 사이의 거리   답 _____

02 다음 그림에서 점 M은 $\overline{AB}$의 중점이고 $\overline{AB}=10\,cm$일 때, ☐ 안에 알맞은 수를 써넣으시오.

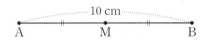

(1) $\overline{AB}=\square\overline{AM}=\square\overline{MB}$

(2) $\overline{AM}=\overline{MB}=\dfrac{\square}{\square}\overline{AB}=\square\,(cm)$

03 다음 그림에서 $\overline{AB}=\overline{BC}=\overline{CD}$이고 $\overline{AD}=15\,cm$일 때, ☐ 안에 알맞은 수를 써넣으시오.

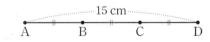

(1) $\overline{AB}=\overline{BC}=\overline{CD}=\dfrac{\square}{\square}\overline{AD}=\square\,(cm)$

(2) $\overline{AC}=\overline{BD}=\square\overline{AB}=\dfrac{\square}{\square}\overline{AD}=\square\,(cm)$

04 아래 그림에서 점 M은 $\overline{AB}$의 중점이고 점 N은 $\overline{AM}$의 중점이다. $\overline{AB}=8\,cm$일 때, 다음을 구하시오.

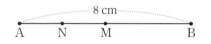

(1) $\overline{NM}$의 길이   답 _____

(2) $\overline{NB}$의 길이   답 _____

05 아래 그림에서 세 점 L, M, N은 각각 $\overline{AB}$, $\overline{AL}$, $\overline{BL}$의 중점이고 $\overline{AB}=16\,cm$일 때, 다음을 구하시오.

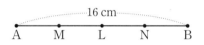

(1) $\overline{AL}$의 길이   답 _____

(2) $\overline{BN}$의 길이   답 _____

(3) $\overline{MN}$의 길이   답 _____

(4) $\overline{AN}$의 길이   답 _____

06 다음 그림에서 두 점 M, N은 각각 $\overline{AB}$, $\overline{BC}$의 중점이다. $\overline{MN}=12\,cm$일 때, $\overline{AC}$의 길이를 구하시오.

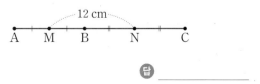

답 _____

01 오른쪽 그림과 같은 삼각기둥에서 교점의 개수를 a개, 교선의 개수를 b개라 할 때, $a+b$의 값을 구하시오.

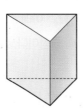

02 오른쪽 그림과 같이 직육면체의 일부를 잘라 내고 남은 입체도형에 대하여 다음 중 옳지 않은 것을 모두 고르면? (정답 2개)

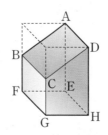

① 교점의 개수는 8개이다.

② 교선의 개수는 10개이다.

③ 면의 개수는 6개이다.

④ 모서리 AB와 모서리 BF가 만나서 생기는 교점은 점 B이다.

⑤ 면 ABCD와 면 CGHD가 만나서 생기는 교선은 2개이다.

03 아래 그림과 같이 네 점 A, B, C, D가 한 직선 위에 있을 때, 다음 **보기** 중 $\overrightarrow{AD}$와 같은 것을 모두 고르시오.

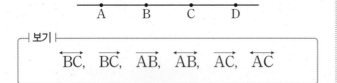

┤ 보기 ├

$\overrightarrow{BC}, \quad \overleftarrow{BC}, \quad \overrightarrow{AB}, \quad \overleftrightarrow{AB}, \quad \overrightarrow{AC}, \quad \overleftrightarrow{AC}$

04 오른쪽 그림과 같이 어느 세 점도 한 직선 위에 있지 않은 다섯 개의 점 A, B, C, D, E가 있다. 이 중 두 점을 지나는 서로 다른 직선의 개수를 구하시오.

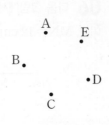

05 아래 그림에서 두 점 M, N은 $\overline{AB}$를 삼등분하는 점이고, 점 P는 $\overline{MN}$의 중점이다. 다음 **보기** 중 옳은 것을 모두 고른 것은?

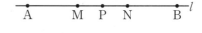

┤ 보기 ├

ㄱ. $\overline{AB}=6\overline{PM}$ ㄴ. $\overline{AN}=3\overline{PM}$

ㄷ. $\overline{MB}=\dfrac{2}{3}\overline{AB}$ ㄹ. $\overline{PN}=\dfrac{1}{2}\overline{NB}$

① ㄱ, ㄴ   ② ㄴ, ㄷ   ③ ㄷ, ㄹ

④ ㄱ, ㄷ, ㄹ   ⑤ ㄴ, ㄷ, ㄹ

06 다음 그림에서 두 점 M, N은 각각 $\overline{AB}$, $\overline{BC}$의 중점이고 $\overline{AC}=8$ cm일 때, $\overline{MN}$의 길이를 구하시오.

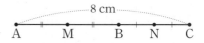

07 다음 그림에서 두 점 M, N은 각각 $\overline{AB}$, $\overline{BC}$의 중점이다. $\overline{AM}=12$ cm, $\overline{AB}=3\overline{BC}$일 때, $\overline{MN}$의 길이를 구하시오.

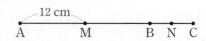

01 오른쪽 그림에서 $\angle x$, $\angle y$를 A, B, C를 사용하여 기호로 나타내시오.

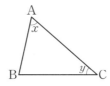

(1) $\angle x$ ㉮ _____

(2) $\angle y$ ㉮ _____

02 다음 각을 평각, 직각, 예각, 둔각으로 분류하시오.

(1) $60°$ ㉮ _____ (2) $179°$ ㉮ _____

(3) $90°$ ㉮ _____ (4) $35°$ ㉮ _____

(5) $180°$ ㉮ _____ (6) $93°$ ㉮ _____

03 오른쪽 그림에서 다음 각을 평각, 직각, 예각, 둔각으로 분류하시오.

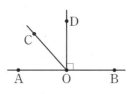

(1) $\angle AOB$ ㉮ _____

(2) $\angle DOB$ ㉮ _____

(3) $\angle AOC$ ㉮ _____

(4) $\angle COB$ ㉮ _____

04 다음 그림에서 $\angle x$의 크기를 구하시오.

(1)

㉮ _____

(2)

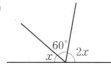

㉮ _____

(3)

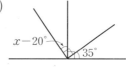

㉮ _____

05 오른쪽 그림에서 $\angle AOB = 3\angle BOC$, $\angle COD = \dfrac{1}{3}\angle DOE$일 때, $\angle BOD$의 크기를 구하시오.

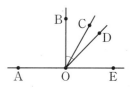

㉮ _____

06 오른쪽 그림에서 $\angle x : \angle y : \angle z = 5 : 3 : 4$일 때, $\angle x$, $\angle y$, $\angle z$의 크기를 각각 구하시오.

㉮ $\angle x=$ _____ , $\angle y=$ _____ , $\angle z=$ _____

01 오른쪽 그림에서 다음 각의 맞꼭지각을 구하시오.

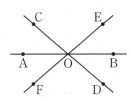

(1) ∠AOF 답 _____

(2) ∠BOD 답 _____

(3) ∠BOF 답 _____

02 다음 그림에서 ∠x의 크기를 구하시오.

(1)

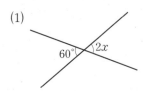

답 _____

(2)

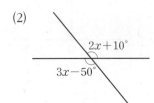

답 _____

(3)

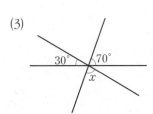

답 _____

(4)

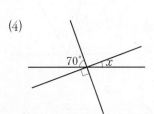

답 _____

03 다음 그림에서 ∠x, ∠y의 크기를 각각 구하시오.

(1)

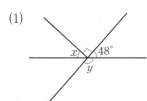

답 ∠$x=$ _____
   ∠$y=$ _____

(2)

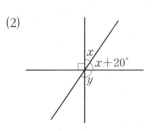

답 ∠$x=$ _____
   ∠$y=$ _____

(3)

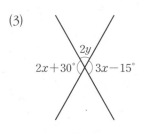

답 ∠$x=$ _____
   ∠$y=$ _____

04 오른쪽 그림과 같이 네 직선이 한 점 O에서 만날 때 생기는 맞꼭지각은 모두 몇 쌍인지 구하시오.

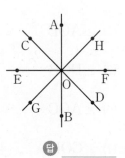

답 _____

바른답·알찬풀이 62쪽

01 오른쪽 그림에서 직선 AB와 직선 CD가 서로 수직일 때, ☐ 안에 알맞은 것을 써넣으시오.

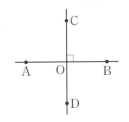

(1) 두 직선 AB, CD는 ☐한다.

(2) ∠BOD = ☐°

(3) $\overleftrightarrow{CD}$는 $\overleftrightarrow{AB}$의 ☐이다.

(4) 점 O는 점 C에서 $\overleftrightarrow{AB}$에 내린 ☐이다.

02 오른쪽 그림에서 직선 PQ가 $\overline{AB}$의 수직이등분선이고 그 교점을 H라 하자. $\overline{AH}=7$ cm, ∠PAH=60°일 때, 다음을 구하시오.

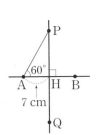

(1) 선분 BH의 길이 답 _____

(2) ∠APH의 크기 답 _____

03 오른쪽 그림과 같이 한 눈금의 길이가 1인 모눈종이 위에 직선 *l*과 네 점 A, B, C, D가 있다. 다음 점과 직선 *l*까지의 거리를 구하시오.

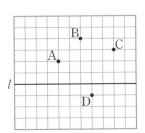

(1) 점 A 답 _____ (2) 점 B 답 _____

(3) 점 C 답 _____ (4) 점 D 답 _____

04 다음을 구하시오.

(1)

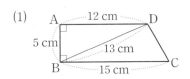

① 점 D에서 $\overline{AB}$에 내린 수선의 발 답 _____

② 점 D와 $\overline{AB}$ 사이의 거리 답 _____

(2)

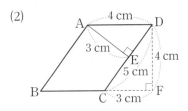

① 점 A에서 $\overline{CD}$에 내린 수선의 발 답 _____

② 점 A와 $\overline{CD}$ 사이의 거리 답 _____

05 오른쪽 그림과 같은 직육면체에 대하여 다음 **보기** 중 옳은 것을 모두 고르시오.

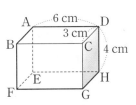

┤ 보기 ├

ㄱ. $\overline{AB}$와 $\overline{AE}$는 직교한다.

ㄴ. 점 E에서 $\overline{AD}$에 내린 수선의 발은 점 D이다.

ㄷ. 점 A와 $\overline{CD}$ 사이의 거리는 3 cm이다.

ㄹ. 점 B와 $\overline{FG}$ 사이의 거리는 4 cm이다.

답 _____

01 오른쪽 그림에서 ∠x의 크기
는?

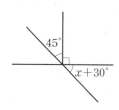

① 10° ② 12°

③ 15° ④ 17°

⑤ 19°

05 오른쪽 그림에서
∠COE=2∠AOC,
∠EOF=2∠BOF
일 때, ∠GOD의 크기는?

① 100° ② 105° ③ 110°

④ 115° ⑤ 120°

02 오른쪽 그림에서
$\overline{CO} \perp \overline{DO}$이고
∠DOB=2∠AOC일 때,
∠AOC의 크기를 구하시오.

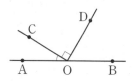

06 오른쪽 그림과 같이 세 직선과
하나의 반직선이 한 점 O에서 만날
때, 맞꼭지각은 모두 몇 쌍인지 구하
시오.

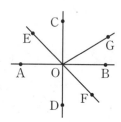

03 오른쪽 그림에서
∠a : ∠b=4 : 3일 때, ∠a의
크기를 구하시오.

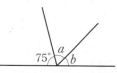

04 오른쪽 그림에서 ∠y − ∠x
의 크기는?

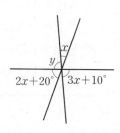

① 45° ② 50°

③ 55° ④ 60°

⑤ 65

07 오른쪽 그림과 같은 사각
형 ABCD에 대하여 다음 중
옳은 것을 모두 고르면?

(정답 2개)

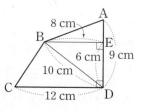

① 점 A와 $\overline{CD}$ 사이의 거리는 9 cm이다.
② 점 B에서 $\overline{AD}$에 내린 수선의 발은 점 D이다.
③ 점 D와 $\overline{BE}$ 사이의 거리는 10 cm이다.
④ $\overline{AD}$와 수직으로 만나는 선분은 2개이다.
⑤ $\overline{BC}$와 $\overline{CD}$는 직교한다.

01 오른쪽 그림에서 다음을 구하시오.

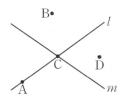

(1) 직선 l 위에 있는 점 답 _____

(2) 직선 l 위에 있지 않은 점 답 _____

(3) 직선 m 위에 있는 점 답 _____

(4) 직선 m 위에 있지 않은 점 답 _____

02 오른쪽 그림과 같은 삼각기둥에서 다음을 구하시오.

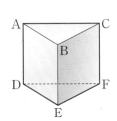

(1) 면 ABC 위에 있는 꼭짓점

답 _____

(2) 면 BEFC 위에 있지 않은 꼭짓점

답 _____

03 오른쪽 그림과 같은 직사각형 ABCD에서 다음을 구하시오.

(1) 변 AB와 평행한 변 답 _____

(2) 변 BC와 한 점에서 만나는 변 답 _____

04 오른쪽 그림과 같이 한 평면 P 위에 서로 다른 세 직선 l, m, n이 있다. 다음 두 직선의 위치 관계를 말하시오.

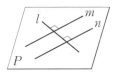

(1) 두 직선 l과 m 답 _____

(2) 두 직선 m과 n 답 _____

(3) 두 직선 l과 n 답 _____

05 다음 중 오른쪽 그림과 같은 사각형에 대한 설명으로 옳은 것은 ○표, 옳지 않은 것은 ×표를 하시오.

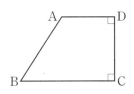

(1) $\overline{CD}$와 $\overline{BC}$는 한 점에서 만난다. ( )

(2) $\overline{AB}$와 수직으로 만나는 변은 1개이다. ( )

(3) $\overline{AD}$와 $\overline{BC}$는 평행하다. ( )

06 오른쪽 그림과 같은 정팔각형에서 각 변을 연장한 직선 중 직선 AB와 한 점에서 만나는 직선의 개수를 구하시오.

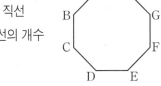
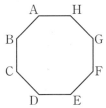

답 _____

바른답·알찬풀이 63쪽

07 오른쪽 그림과 같은 직육면체에서 다음 두 모서리의 위치 관계를 말하시오.

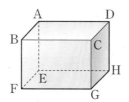

(1) 모서리 AB와 모서리 GH

답 _____

(2) 모서리 BC와 모서리 CD

답 _____

(3) 모서리 EH와 모서리 CG

답 _____

09 오른쪽 그림과 같은 직육면체에서 다음을 구하시오.

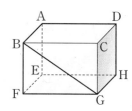

(1) $\overline{BG}$와 수직으로 만나는 모서리의 개수

답 _____

(2) $\overline{BG}$와 꼬인 위치에 있는 모서리의 개수

답 _____

08 오른쪽 그림과 같은 삼각기둥에서 다음을 구하시오.

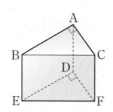

(1) 모서리 AC와 평행한 모서리

답 _____

(2) 모서리 AC와 수직으로 만나는 모서리

답 _____

(3) 모서리 EF와 꼬인 위치에 있는 모서리

답 _____

10 오른쪽 그림과 같은 직육면체에 대하여 다음 **보기** 중 옳은 것을 모두 고르시오.

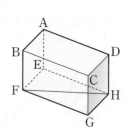

┤ 보기 ├

ㄱ. $\overline{AB}$와 한 점에서 만나는 모서리는 5개이다.
ㄴ. $\overline{AB}$와 $\overline{FG}$는 꼬인 위치에 있다.
ㄷ. $\overline{BC}$와 수직인 모서리는 4개이다.
ㄹ. $\overline{AD}$와 $\overline{FH}$는 평행하다.

답 _____

01 오른쪽 그림과 같은 삼각기둥에서 다음을 구하시오.

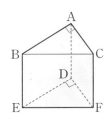

(1) 면 ABC에 포함되는 모서리

답 _____

(2) 면 ABC와 한 점에서 만나는 모서리

답 _____

(3) 면 DEF와 평행한 모서리

답 _____

(4) 면 ADFC와 수직인 모서리

답 _____

02 오른쪽 그림과 같은 직육면체에서 다음을 구하시오.

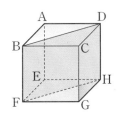

(1) $\overline{FH}$와 한 점에서 만나는 면

답 _____

(2) $\overline{BD}$와 평행한 면

답 _____

03 아래 그림과 같이 직육면체의 일부를 잘라 낸 입체도형에서 다음을 구하시오.

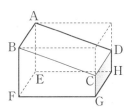

(1) 모서리 BC를 포함하는 면

답 _____

(2) 모서리 BC와 평행한 면

답 _____

(3) 면 BFGC와 한 점에서 만나는 모서리

답 _____

(4) 면 BFGC와 수직인 모서리

답 _____

04 오른쪽 그림과 같은 삼각기둥에서 점 C와 면 ABED 사이의 거리가 x cm, 점 D와 면 BCFE 사이의 거리가 y cm일 때, $x+y$의 값을 구하시오.

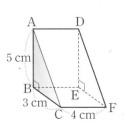

답 _____

01 오른쪽 그림과 같은 직육면체에서 다음을 구하시오.

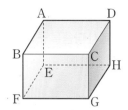

(1) 면 ABCD와 한 모서리에서 만나는 면

답 _____

(2) 면 ABFE와 평행한 면

답 _____

(3) 면 AEHD와 수직인 면

답 _____

(4) 면 BFGC와 면 CGHD의 교선

답 _____

02 오른쪽 그림과 같은 정육면체에서 다음을 구하시오.

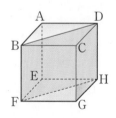

(1) 면 ABCD와 평행한 면

답 _____

(2) 면 ABCD와 만나는 면

답 _____

(3) 면 BFHD와 수직인 면

답 _____

03 오른쪽 그림과 같은 직육면체에서 다음을 구하시오.

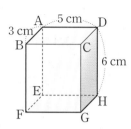

(1) 면 ABFE와 면 CGHD 사이의 거리

답 _____

(2) 면 ABCD와 면 EFGH 사이의 거리

답 _____

04 다음 중 서로 다른 세 평면 P, Q, R에 대한 설명으로 옳은 것은 ○표, 옳지 않은 것은 ×표를 하시오.

(1) $P /\!/ Q$, $P /\!/ R$이면 $Q /\!/ R$이다. ( )

(2) $P \perp Q$, $Q /\!/ R$이면 $P \perp R$이다. ( )

(3) $P /\!/ Q$, $P \perp R$이면 $Q /\!/ R$이다. ( )

05 오른쪽 그림은 직육면체의 일부를 잘라 낸 입체도형이다. 면 ABCD와 한 모서리에서 만나는 면의 개수를 a개, 면 ABCD와 수직인 면의 개수를 b개라 할 때, $a+b$의 값을 구하시오.

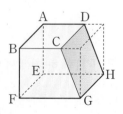

답 _____

01 다음 중 오른쪽 그림에 대한 설명으로 옳지 않은 것은?

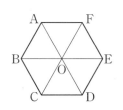

① 점 A는 직선 l 위에 있다.

② 직선 l은 점 B를 지나지 않는다.

③ 점 C는 직선 m 밖에 있다.

④ 점 D는 직선 m 위에 있다.

⑤ 점 E는 두 직선 l, m의 교점이다.

02 오른쪽 그림과 같은 정육각형 ABCDEF에서 다음 중 위치 관계가 나머지 넷과 다른 하나는? (단, 점 O는 $\overline{AD}$, $\overline{BE}$, $\overline{CF}$의 교점이다.)

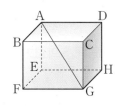

① $\overleftrightarrow{AB}$와 $\overleftrightarrow{EF}$

② $\overleftrightarrow{AB}$와 $\overleftrightarrow{DO}$

③ $\overleftrightarrow{AD}$와 $\overleftrightarrow{BE}$

④ $\overleftrightarrow{BC}$와 $\overleftrightarrow{EF}$

⑤ $\overleftrightarrow{CF}$와 $\overleftrightarrow{AO}$

03 다음 중 오른쪽 그림과 같은 직육면체에서 대각선 AG, 모서리 CD와 동시에 꼬인 위치에 있는 모서리는?

① $\overline{BF}$

② $\overline{BC}$

③ $\overline{DH}$

④ $\overline{EF}$

⑤ $\overline{FG}$

04 오른쪽 그림과 같은 전개도로 만들어지는 삼각기둥에서 모서리 ID와 꼬인 위치에 있는 모서리를 모두 구하시오.

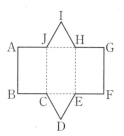

05 오른쪽 그림은 정육면체의 일부를 잘라 낸 입체도형이다. 면 ACD와 수직인 모서리의 개수를 a개, 면 AEHD와 수직인 면의 개수를 b개, 면 CFG와 평행한 면의 개수를 c개라 할 때, $a+b+c$의 값을 구하시오.

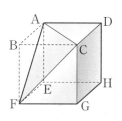

06 다음 중 오른쪽 그림과 같은 직육면체에 대한 설명으로 옳은 것은?

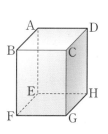

① 면 ABCD에 포함된 모서리는 2개이다.

② 면 ABFE와 평행한 모서리는 2개이다.

③ 면 BFGC와 수직인 모서리는 3개이다.

④ 면 EFGH와 한 점에서 만나는 모서리는 4개이다.

⑤ 점 A와 모서리 AD를 포함하는 면은 1개이다.

01 오른쪽 그림과 같이 두 직선 l, m이 다른 한 직선 n과 만날 때, 다음을 구하시오.

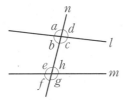

(1) $\angle a$의 동위각　　　답 _____

(2) $\angle g$의 동위각　　　답 _____

(3) $\angle c$의 엇각　　　답 _____

(4) $\angle h$의 엇각　　　답 _____

02 오른쪽 그림과 같이 두 직선 l, m이 다른 한 직선 n과 만날 때, 다음 각의 크기를 구하시오.

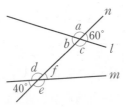

(1) $\angle a$의 동위각　　　답 _____

(2) $\angle c$의 동위각　　　답 _____

(3) $\angle b$의 엇각　　　답 _____

(4) $\angle d$의 엇각　　　답 _____

03 오른쪽 그림에서 $l /\!/ m$일 때, $\angle a$와 크기가 같은 각을 모두 찾으시오.

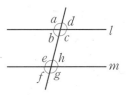

답 _____

04 다음 그림에서 $l /\!/ m$일 때, $\angle x$의 크기를 구하시오.

(1)

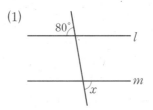

답 _____

(2)

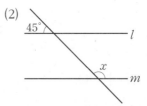

답 _____

(3)

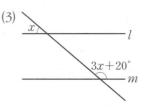

답 _____

05 오른쪽 그림에서 $l /\!/ m$일 때, $\angle x + \angle y$의 크기를 구하시오.

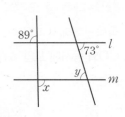

답 _____

06 다음 그림에서 $l /\!/ m$일 때, $\angle x$, $\angle y$의 크기를 각각 구하시오.

(1)
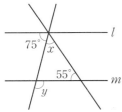

답 $\angle x=$
 $\angle y=$

(2)
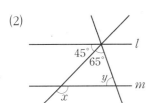

답 $\angle x=$
 $\angle y=$

07 다음 그림에서 $l /\!/ m$일 때, $\angle x$의 크기를 구하시오.

(1)
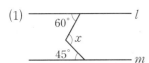

답

(2)
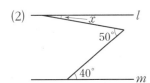

답

(3)
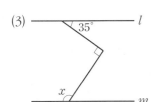

답

08 오른쪽 그림에서 $l /\!/ m$일 때, $\angle x$의 크기를 구하시오.

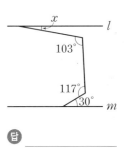

답

09 다음 그림에서 두 직선 l, m이 평행하면 ○표, 평행하지 않으면 ×표를 하시오.

(1)
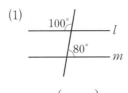
( )

(2)
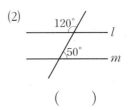
( )

(3)
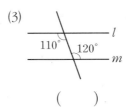
( )

(4)
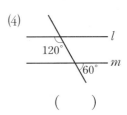
( )

10 오른쪽 그림과 같이 직사각형 모양의 종이를 접었을 때, $\angle x$의 크기를 구하시오.

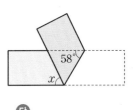

답

01 오른쪽 그림과 같이 두 직선이 한 직선과 만날 때, 다음 중 옳지 않은 것을 모두 고르면? (정답 2개)

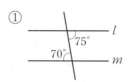

① ∠a의 동위각의 크기는 60° 이다.

② ∠b의 엇각의 크기는 120°이다.

③ ∠c의 동위각의 크기는 75°이다.

④ ∠d의 엇각의 크기는 105°이다.

⑤ ∠f의 엇각의 크기는 60°이다.

02 오른쪽 그림에서 $l /\!/ m$일 때, ∠x, ∠y, ∠z의 크기를 각각 구하시오.

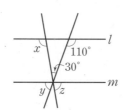

03 오른쪽 그림에서 $l /\!/ m$일 때, ∠x의 크기를 구하시오.

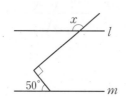

04 오른쪽 그림에서 $l /\!/ m$일 때, ∠x+∠y+∠z의 크기는?

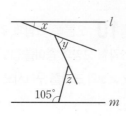

① 75°　　② 95°

③ 100°　　④ 105°

⑤ 180°

05 다음 중 두 직선 l, m이 평행하지 않은 것은?

①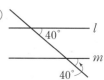

②

③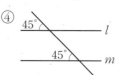

④

⑤

06 오른쪽 그림과 같이 직사각형 모양의 종이를 접었을 때, ∠x의 크기를 구하시오.

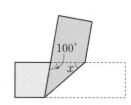

07 다음 보기 중 오른쪽 그림에 대한 설명으로 옳은 것을 모두 고른 것은?

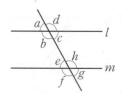

┤ 보기 ├

ㄱ. ∠a=∠e이면 $l /\!/ m$이다.

ㄴ. ∠b=∠d이면 $l /\!/ m$이다.

ㄷ. ∠d=∠f이면 $l /\!/ m$이다.

ㄹ. ∠c+∠h=180°이면 $l /\!/ m$이다.

① ㄱ, ㄴ　　② ㄱ, ㄷ　　③ ㄷ, ㄹ

④ ㄱ, ㄴ, ㄷ　　⑤ ㄱ, ㄷ, ㄹ

02 작도와 합동

바른답·알찬풀이 66쪽

❶ 삼각형의 작도

01 작도

눈금 없는 자와 컴퍼스만을 사용하여 도형을 그리는 것을

라 한다.

(1) 눈금 없는 자: 두 점을 연결하여 선분을 그리거나 선분을 연장하는 데 사용한다.

(2) ❷ [   ]: 원을 그리거나 주어진 선분의 길이를 옮기는 데 사용한다.

02 삼각형 ABC

(1) 삼각형 ABC

① 삼각형 ABC: 세 점 A, B, C를 꼭짓점으로 하는 삼각형

➡ △ABC

② 대변: 한 각과 마주 보는 변

③ 대각: 한 변과 마주 보는 각

$\overline{BC}$의 ❸ [   ]

❹ [   ]의 대변

(2) 삼각형의 세 변의 길이 사이의 관계: 삼각형에서 한 변의 길이는 나머지 두 변의 길이의 합보다 ❺ [   ]

(가장 긴 변의 길이) < (나머지 두 변의 길이의 합)

03 삼각형의 작도

(1) 세 변의 길이가 주어질 때

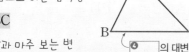

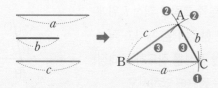

(2) 두 변의 길이와 그 끼인각의 크기가 주어질 때

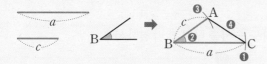

(3) 한 변의 길이와 그 양 ❻ [   ]의 크기가 주어질 때

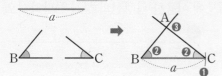

04 삼각형이 하나로 정해지는 경우

(1) 삼각형이 하나로 정해지는 경우

다음과 같은 세 가지 경우에 삼각형이 하나로 정해진다.

① 세 ❼ [   ]의 길이가 주어질 때

② 두 변의 길이와 그 끼인각의 크기가 주어질 때

③ 한 변의 길이와 그 양 끝 각의 크기가 주어질 때

(2) 삼각형이 하나로 정해지지 않는 경우

① 가장 긴 변의 길이가 나머지 두 변의 길이의 합보다 크거나 같을 때

② 두 변의 길이와 그 끼인각이 아닌 다른 한 각의 크기가 주어질 때

③ 세 각의 크기가 주어질 때

❷ 삼각형의 합동

01 도형의 합동

(1) 도형의 합동

모양과 크기가 같아서 완전히 겹쳐지는 두 도형을 서로 합동이라 한다. △ABC와 △DEF가 서로 합동일 때, 기호로 △ABC≡△DEF와 같이 나타낸다.

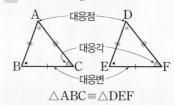

대응점

대응각

대응변

△ABC≡△DEF

(2) 합동인 도형의 성질: 두 도형이 서로 합동이면

① 대응변의 길이가 서로 같다.

② ❽ [   ]의 크기가 서로 같다.

02 삼각형의 합동 조건

두 삼각형은 다음의 각 경우에 서로 합동이다.

(1) 대응하는 세 변의 길이가 각각 같을 때 (SSS 합동)

(2) 대응하는 두 변의 길이가 각각 같고, 그 끼인각의 크기가 같을 때 (SAS 합동)

(3) 대응하는 한 변의 길이가 같고, 그 양 끝 각의 크기가 각각 같을 때 (ASA 합동)

01 다음 □ 안에 알맞은 말을 써넣으시오.

(1) 작도에서 두 점을 연결하여 선분을 그리거나 선분을 연장하는 데 □□□를 사용한다.

(2) 작도에서 원을 그리거나 주어진 선분의 길이를 옮기는 데 □□□를 사용한다.

02 아래 그림은 $\overline{AB}$와 길이가 같은 $\overline{PQ}$를 작도하는 과정이다. 다음 □ 안에 알맞은 것을 써넣으시오.

❶ 자를 사용하여 직선을 긋고, 그 위에 점 □를 잡는다.

❷ 컴퍼스를 사용하여 □□의 길이를 잰다.

❸ 점 P를 중심으로 반지름의 길이가 □□인 원을 그려 직선과의 교점을 □라 하면 $\overline{PQ}$가 구하는 선분이다.

03 아래 그림은 직선 l 위에 $\overline{CD}=2\overline{AB}$인 $\overline{CD}$를 작도하는 과정이다. 다음 물음에 답하시오.

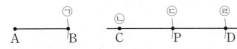

(1) 필요한 작도 도구를 말하시오.

답 _____

(2) 작도 순서를 바르게 나열하시오.

답 _____

04 아래 그림은 ∠XOY와 크기가 같고 반직선 PQ를 한 변으로 하는 각을 작도한 것이다. 다음 중 옳은 것은 ○표, 옳지 않은 것은 ×표를 하시오.

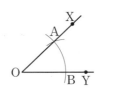

(1) $\overline{PC}=\overline{PD}$ ( )

(2) $\overline{PC}=\overline{CD}$ ( )

(3) $\overline{OB}=\overline{PD}$ ( )

(4) $\overline{AB}=\overline{CD}$ ( )

(5) ∠AOB=∠CPD ( )

05 오른쪽 그림은 직선 l 위에 있지 않은 한 점 P를 지나고 직선 l에 평행한 직선을 작도하는 과정이다. 다음 물음에 답하시오.

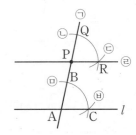

(1) 작도 순서를 바르게 나열하시오.

답 _____

(2) 이 작도에 이용한 평행선의 성질을 말하시오.

답 _____

01 다음 중 오른쪽 그림과 같은 삼각형 ABC에 대한 설명으로 옳은 것은 ○표, 옳지 않은 것은 ×표를 하시오.

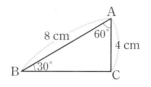

(1) ∠A의 대변은 $\overline{BC}$이다.　　　　　(　　)

(2) $\overline{AB}$의 대각은 ∠C이다.　　　　　(　　)

(3) ∠B의 대변의 길이는 8 cm이다.　　(　　)

(4) $\overline{BC}$의 대각의 크기는 60°이다.　　(　　)

(5) $\overline{AB}$의 대각의 크기는 80°이다.　　(　　)

(6) $\overline{BC}+\overline{AC}<\overline{AB}$　　　　　　　　(　　)

02 오른쪽 그림과 같은 삼각형 ABC를 보고, 다음 □ 안에 알맞은 것을 써넣으시오.

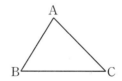

삼각형 ABC에서 두 점 B, C를 잇는 선 중에서 길이가 가장 짧은 것은 선분 BC이므로

$\overline{BC}\,\square\,\overline{AB}+\overline{AC}$

마찬가지로

$\overline{AB}<\overline{AC}+\square$,　$\overline{AC}<\square+\overline{BC}$

즉, 삼각형에서 한 변의 길이는 나머지 두 변의 길이의 합보다 □.

03 다음 중 삼각형의 세 변의 길이가 될 수 있는 것은 ○표, 될 수 없는 것은 ×표를 하시오.

(1) 2 cm, 4 cm, 7 cm　　　　　　（　　）

(2) 3 cm, 3 cm, 6 cm　　　　　　（　　）

(3) 4 cm, 7 cm, 8 cm　　　　　　（　　）

(4) 5 cm, 5 cm, 5 cm　　　　　　（　　）

04 다음과 같이 삼각형의 세 변의 길이가 주어질 때, x의 값의 범위를 구하시오.

(1) 3 cm, 6 cm, x cm　　답 _____

(2) 8 cm, 12 cm, x cm　답 _____

(3) 7 cm, x cm, 10 cm　답 _____

(4) 5 cm, x cm, 9 cm　　답 _____

05 삼각형의 세 변의 길이가 각각 x, $x+1$, $x+6$일 때, 한 자리 자연수 x의 값을 모두 구하시오.

답 _____

02 작도와 합동

01 다음 그림은 △ABC의 세 변의 길이가 주어졌을 때, 직선 l 위에 변 BC가 오도록 하여 △ABC를 작도하는 과정이다. 작도 순서를 바르게 나열하시오.

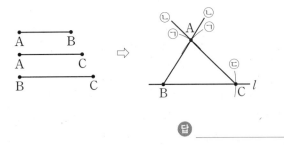

답 _____

02 $\overline{AB}$, $\overline{BC}$의 길이와 ∠B의 크기가 주어질 때, 다음 중 △ABC의 작도 순서가 될 수 <u>없는</u> 것은?

① $\overline{AB} \to \angle B \to \overline{BC}$　② $\overline{BC} \to \angle B \to \overline{AB}$
③ $\angle B \to \overline{AB} \to \overline{BC}$　④ $\angle B \to \overline{BC} \to \overline{AB}$
⑤ $\overline{AB} \to \overline{BC} \to \angle B$

03 다음 그림은 한 변의 길이와 그 양 끝 각의 크기가 주어질 때 △ABC를 작도하는 과정이다. 작도 순서를 바르게 나열하시오.

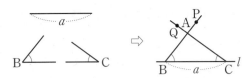

┌ ⊙ $\overrightarrow{BP}$와 $\overrightarrow{CQ}$의 교점을 A라 한다.
│ ⓒ ∠B와 크기가 같은 ∠PBC를 작도한다.
│ ⓒ ∠C와 크기가 같은 ∠QCB를 작도한다.
└ ② 한 직선 l을 긋고, 그 위에 길이가 a인 선분 BC를 작도한다.

답 _____

04 다음 중 △ABC가 하나로 정해지는 것은 ○표, 하나로 정해지지 않는 것은 ×표를 하시오.

(1) ∠A=80°, ∠B=40°, ∠C=60°　(　)
(2) $\overline{AB}$=5 cm, ∠A=40°, ∠B=50°　(　)
(3) $\overline{AB}$=8 cm, $\overline{BC}$=7 cm, ∠B=120°　(　)
(4) $\overline{AB}$=3 cm, $\overline{AC}$=4 cm, ∠C=45°　(　)
(5) $\overline{AB}$=12 cm, $\overline{BC}$=13 cm, $\overline{CA}$=14 cm

(　)

05 $\overline{BC}$의 길이와 $\overline{CA}$의 길이가 주어졌을 때, 다음 **보기** 중 △ABC가 하나로 정해지기 위해 더 필요한 나머지 한 조건을 모두 고르시오.

┌ 보기 ├
│ ㄱ. ∠A　　　　ㄴ. ∠B
│ ㄷ. ∠C　　　　ㄹ. $\overline{AB}$

답 _____

06 $\overline{AB}$의 길이와 ∠A의 크기가 주어졌을 때, 다음 **보기** 중 △ABC가 하나로 정해지기 위해 더 필요한 나머지 한 조건을 모두 고르시오.

┌ 보기 ├
│ ㄱ. ∠C　　　　ㄴ. ∠B
│ ㄷ. $\overline{BC}$　　　ㄹ. $\overline{CA}$

답 _____

01 다음 그림은 ∠XOY와 크기가 같고 반직선 PQ를 한 변으로 하는 각을 작도하는 과정이다. ㉠~㉤을 작도 순서대로 나열할 때, ㉤ 다음에 오는 과정을 말하시오.

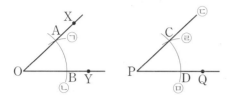

02 오른쪽 그림은 직선 l 위에 있지 않은 한 점 P를 지나고 직선 l에 평행한 직선을 작도하는 과정이다. 다음 중 옳은 것은?

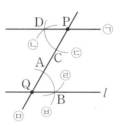

① $\overline{AB}=\overline{AQ}$

② $\overline{AC}=\overline{PC}$

③ 크기가 같은 각의 작도를 이용하였다.

④ 작도 순서는 ㉤ → ㉡ → ㉣ → ㉢ → ㉥ → ㉠이다.

⑤ 동위각의 크기가 같으면 두 직선은 서로 평행하다는 성질을 이용하였다.

03 삼각형의 세 변의 길이가 다음과 같을 때, 삼각형을 작도할 수 있는 것을 모두 고르면? (정답 2개)

① 1, 2, 3   ② 2, 3, 4   ③ 3, 3, 6

④ 4, 5, 10   ⑤ 6, 6, 6

04 다음과 같은 길이의 선분이 각각 하나씩 주어질 때, 서로 다른 3개의 선분으로 만들 수 있는 삼각형의 개수를 구하시오.

| 3 cm, | 6 cm, | 8 cm, | 10 cm |

05 다음 중 △ABC가 하나로 정해지는 것은?

① $\overline{AB}=5\,cm$, $\overline{BC}=3\,cm$, $\overline{CA}=8\,cm$

② $\overline{AB}=6\,cm$, $\overline{AC}=5\,cm$, ∠B=50°

③ $\overline{AB}=4\,cm$, ∠A=70°, ∠B=110°

④ $\overline{AB}=5\,cm$, ∠A=30°, ∠B=50°

⑤ ∠A=45°, ∠B=45°, ∠C=90°

06 ∠A=90°, $\overline{AB}=7\,cm$일 때, 다음 중 △ABC가 하나로 정해지기 위해 더 필요한 나머지 한 조건으로 적당하지 <u>않은</u> 것을 모두 고르면? (정답 2개)

① ∠B=70°   ② ∠B=90°

③ ∠C=40°   ④ $\overline{BC}=5\,cm$

⑤ $\overline{CA}=8\,cm$

07 $\overline{AB}=6\,cm$, $\overline{AC}=4\,cm$, ∠B=30°일 때, 만들 수 있는 삼각형 ABC의 개수는?

① 1개   ② 2개   ③ 3개

④ 6개   ⑤ 무수히 많다.

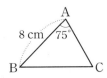
01 아래 그림에서 △ABC≡△DFE일 때, 다음을 구하시오.

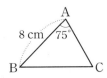

(1) $\overline{DF}$의 길이 ⓐ _____

(2) ∠D의 크기 ⓐ _____

(3) ∠B의 크기 ⓐ _____

02 아래 그림에서 사각형 ABCD와 사각형 EFGH가 서로 합동일 때, 다음을 구하시오.

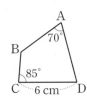

(1) ∠E의 크기 ⓐ _____

(2) ∠H의 크기 ⓐ _____

(3) $\overline{BC}$의 길이 ⓐ _____

(4) $\overline{GH}$의 길이 ⓐ _____

03 다음 중 아래 그림의 △ABC와 △DEF가 서로 합동이면 ○표, 합동이 아니면 ×표를 하시오.

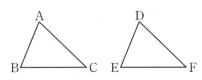

(1) $\overline{AB}=\overline{DE}$, $\overline{BC}=\overline{EF}$, $\overline{CA}=\overline{FD}$ (   )

(2) $\overline{AB}=\overline{DE}$, $\overline{BC}=\overline{EF}$, ∠C=∠F (   )

(3) $\overline{AB}=\overline{DE}$, ∠A=∠D, ∠B=∠E (   )

(4) $\overline{BC}=\overline{EF}$, $\overline{CA}=\overline{FD}$, ∠C=∠F (   )

(5) ∠A=∠D, ∠B=∠E, ∠C=∠F (   )

04 다음 보기의 삼각형 중에서 서로 합동인 것을 찾아 기호 ≡를 사용하여 나타내고, 이때 사용된 합동 조건을 말하시오.

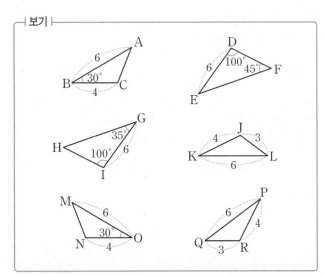

(1) △ABC≡ [   ] , [   ] 합동

(2) △DEF≡ [   ] , [   ] 합동

(3) △JKL≡ [   ] , [   ] 합동

05 다음은 ∠XOY와 크기가 같고 반직선 PQ를 한 변으로 하는 각을 작도할 때, ∠AOB＝∠CPD임을 설명하는 과정이다. ⑺～⑽에 알맞은 것을 써넣으시오.

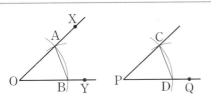

△AOB와 △CPD에서

$\overline{OA}$＝ ⑺ , $\overline{OB}$＝ ⑼ , $\overline{AB}$＝ ⑽

이므로 △AOB≡△CPD(⑾ 합동)

∴ ⑿ ＝∠CPD

답 ⑺   , ⑼   , ⑽   , ⑾   , ⑿

06 다음은 오른쪽 그림에서 $\overline{AB}$＝$\overline{AC}$, $\overline{BM}$＝$\overline{CM}$일 때, △ABM≡△ACM임을 설명하는 과정이다. ☐ 안에 알맞은 것을 써넣으시오.

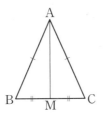

△ABM과 ☐에서

$\overline{AB}$＝$\overline{AC}$, $\overline{BM}$＝$\overline{CM}$, ☐은 공통

∴ △ABM≡☐ (☐ 합동)

07 오른쪽 그림에서 △ABD와 합동인 삼각형을 찾아 기호 ≡를 사용하여 나타내고, 이때 사용된 합동 조건을 말하시오.

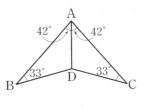

답

08 오른쪽 그림에서 ∠B＝∠E일 때, 다음 **보기** 중 △ABC≡△DEF이기 위해 더 필요한 나머지 두 조건이 될 수 있는 것을 모두 고르시오.

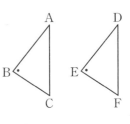

┤보기├

ㄱ. $\overline{AB}$＝$\overline{DE}$, $\overline{AC}$＝$\overline{DF}$

ㄴ. $\overline{AB}$＝$\overline{DE}$, $\overline{BC}$＝$\overline{EF}$

ㄷ. $\overline{BC}$＝$\overline{EF}$, ∠C＝∠F

ㄹ. $\overline{AB}$＝$\overline{DE}$, ∠C＝∠F

답

09 다음은 오른쪽 그림에서 △ABC와 △BDE가 정삼각형일 때, △ABE≡△CBD임을 설명하는 과정이다. ①～⑤에 들어갈 것으로 알맞지 <u>않은</u> 것은?

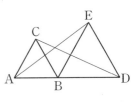

△ABE와 △CBD에서

$\overline{AB}$＝ ① , ② ＝$\overline{BD}$,

∠ABE＝ ③ ＝ ④

∴ △ABE≡△CBD (⑤ 합동)

① $\overline{CB}$ ② $\overline{BE}$ ③ ∠CBD

④ 60°   ⑤ SAS

01 다음 중 합동인 두 도형에 대한 설명으로 옳지 <u>않은</u> 것을 모두 고르면? (정답 2개)

① 넓이가 같다.

② 모양이 같다.

③ 대응각의 크기가 같다.

④ 대응변의 길이가 다른 경우도 있다.

⑤ 모양은 같으나 크기가 다를 수 있다.

02 다음 그림에서 사각형 ABCD와 사각형 EFCG가 서로 합동일 때, $x+y$의 값을 구하시오.

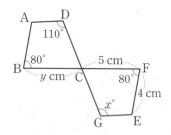

03 다음 중 오른쪽 **보기**의 삼각형과 합동인 것은?

보기
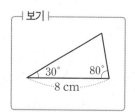

①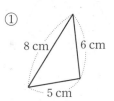

②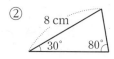

③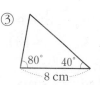

④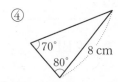

⑤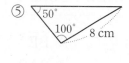

04 △ABC와 △DEF에서 $\overline{AB}=\overline{DE}$, $\overline{BC}=\overline{EF}$일 때, △ABC≡△DEF이기 위해 더 필요한 나머지 한 조건이 될 수 있는 것을 보기에서 모두 고르시오.

보기

ㄱ. ∠A=∠D   ㄴ. ∠B=∠E

ㄷ. ∠C=∠F   ㄹ. $\overline{AC}=\overline{DF}$

ㅁ. ∠A=∠F

05 오른쪽 그림과 같은 정사각형 ABCD에서 $\overline{EC}=\overline{FD}$이고 ∠DAF=25°일 때, ∠DEC의 크기를 구하시오.

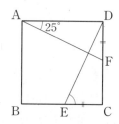

06 오른쪽 그림과 같이 직사각형 ABCD의 변 BC를 한 변으로 하는 정삼각형 EBC를 그렸을 때, 다음 중 옳은 것을 모두 고르면? (정답 2개)

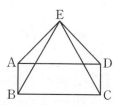

① ∠EAD=60°

② ∠ECD=45°

③ $\overline{AB}=\overline{AE}$

④ ∠EAD=∠EDA

⑤ △EAB≡△EDC

03 다각형

❶ 다각형(1)

01 다각형

(1) 다각형: 선분으로만 둘러싸인 평면도형

(2) 내각과 외각

① **①[   ]**: 다각형에서 이웃하는 두 변으로 이루어진 내부의 각

② 외각: 다각형의 각 꼭짓점에서 한 변과 그 변에 이웃한 변의 연장선으로 이루어진 각

(3) 정다각형: 모든 변의 길이가 같고, 모든 **②[   ]** 의 크기가 같은 다각형

02 삼각형의 내각

삼각형의 세 내각의 크기의 합은 $180°$이다.

➡ $\angle A + \angle B + \angle C = $ **③[   ]**

03 삼각형의 내각과 외각 사이의 관계

삼각형의 한 외각의 크기는 그와 이웃하지 않는 두 내각의 크기의 합과 같다.

➡ $\angle ACD = \angle A + $ **④[   ]**

└→ ∠C의 외각

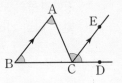

❷ 다각형(2)

01 다각형의 내각

(1) 다각형의 내각의 크기의 합: n각형의 내각의 크기의 합은 $180° \times ($ **⑤[   ]** $)$이다.

다각형	사각형	오각형	육각형	⋯	n각형
내부의 한 점과 각 꼭짓점을 잇는 선분을 모두 그어 만들어지는 삼각형의 개수	4개	5개	6개	⋯	n개
내각의 크기의 합	$180° \times 4$ $-360°$ $=360°$	$180° \times 5$ $-360°$ $=540°$	$180° \times 6$ $-360°$ $=720°$	⋯	$180° \times n$ $-360°$ $=180°$ $\times(n-2)$

(2) 정다각형의 한 내각의 크기: 정다각형은 모든 내각의 크기가 같으므로 정n각형의 한 내각의 크기는

➡ $\dfrac{(정 n각형의 내각의 크기의 합)}{n}$

$= \dfrac{180° \times (n-2)}{n}$

02 다각형의 외각

(1) 다각형의 외각의 크기의 합: n각형의 외각의 크기의 합은 항상 **⑥[   ]** 이다.

다각형	삼각형	사각형	오각형	⋯	n각형
(내각의 크기의 합) +(외각의 크기의 합)	$180° \times 3$	$180° \times 4$	$180° \times 5$	⋯	$180° \times n$
외각의 크기의 합	$360°$	$360°$	$360°$	⋯	$360°$

(2) 정다각형의 한 외각의 크기: 정다각형은 모든 외각의 크기가 같으므로 정n각형의 한 외각의 크기는

➡ $\dfrac{(정 n각형의 외각의 크기의 합)}{n}$

$=$ **⑦[   ]**

03 다각형의 대각선

(1) 대각선: 다각형에서 이웃하지 않는 두 꼭짓점을 이은 선분

(2) 다각형의 대각선의 개수

① n각형의 한 꼭짓점에서 그을 수 있는 대각선의 개수: $(n-3)$개

② n각형의 대각선의 개수: $\dfrac{n(n-3)}{2}$개

(3) n각형의 한 꼭짓점에서 대각선을 그었을 때 생기는 삼각형의 개수: $($ **⑧[   ]** $)$개

01 다음 **보기** 중 다각형을 모두 고르시오.

┤보기├

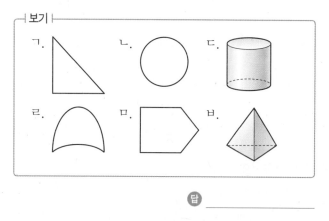

ㄱ. ㄴ. ㄷ.

ㄹ. ㅁ. ㅂ.

답 _____

02 다음 ☐ 안에 알맞은 것을 써넣으시오.

(1) 변이 5개인 다각형을 ☐☐☐ 이라 한다.

(2) 팔각형의 꼭짓점의 개수는 ☐개이다.

03 오른쪽 그림과 같은 사각형 ABCD에서 다음 각의 크기를 구하시오.

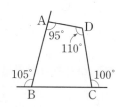

(1) ∠A의 내각 답 _____

(2) ∠B의 외각 답 _____

(3) ∠C의 내각 답 _____

(4) ∠D의 외각 답 _____

04 오른쪽 그림과 같은 △ABC에서 ∠x+∠y의 크기를 구하시오.

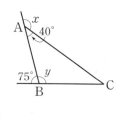

답 _____

05 다음 **보기** 중 옳은 것을 모두 고르시오.

┤보기├

ㄱ. 네 내각의 크기가 같은 사각형은 정사각형이다.

ㄴ. 세 변의 길이가 같은 삼각형은 정삼각형이다.

ㄷ. 정다각형의 모든 외각의 크기는 같다.

ㄹ. 모든 변의 길이가 같은 다각형은 정다각형이다.

답 _____

06 다음 조건을 모두 만족하는 다각형의 이름을 말하시오.

(개) 9개의 내각을 가지고 있다.

(내) 모든 변의 길이가 같고 모든 내각의 크기가 같다.

답 _____

01 다음은 △ABC의 세 내각의 크기의 합이 180°임을 설명하는 과정이다. ☐ 안에 알맞은 것을 써넣으시오.

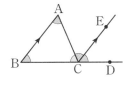

오른쪽 그림과 같이 △ABC에서 변 BC의 연장선을 긋고, 그 위에 한 점 D를 잡는다.
꼭짓점 C에서 $\overline{BA}$에 평행한 반직선 CE를 그으면 $\overline{BA}$ // ☐ 이므로
∠A= ☐ (엇각), ∠B= ☐ (동위각)
∴ ∠A+∠B+∠C
= ∠ACE+∠ECD+∠C
= ☐

02 다음 그림에서 ∠x의 크기를 구하시오.

(1)

답 _____

(2)

답 _____

(3)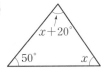

답 _____

(4)

답 _____

03 삼각형의 세 내각의 크기의 비가 다음과 같을 때, 가장 작은 내각의 크기를 구하시오.

(1) 1 : 4 : 7   답 _____

(2) 2 : 3 : 5   답 _____

04 다음 그림에서 ∠x, ∠y의 크기를 각각 구하시오.

(1)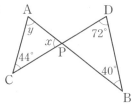

답 ∠x=
∠y=

(2)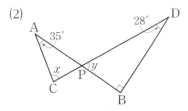

답 ∠x=
∠y=

05 다음 그림에서 ∠x의 크기를 구하시오.

(1)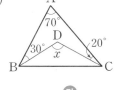

답 _____

(2)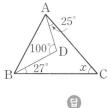

답 _____

06 오른쪽 그림과 같은 △ABC에서 점 I는 두 내각 ∠B, ∠C의 이등분선의 교점이다. ∠A=78°일 때, ∠x의 크기를 구하시오.

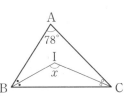

답 _____

바른답·알찬풀이 70쪽

01 다음 그림에서 ∠x의 크기를 구하시오.

(1)

답 _____

(2)

답 _____

(3)

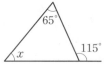

답 _____

(4)

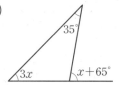

답 _____

02 다음 그림에서 ∠x, ∠y의 크기를 각각 구하시오.

(1)

답 ∠$x=$
∠$y=$

(2)

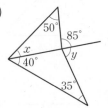

답 ∠$x=$
∠$y=$

03 다음 그림에서 ∠x의 크기를 구하시오.

(1)

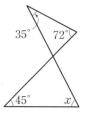

답 _____

(2)

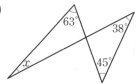

답 _____

04 오른쪽 그림과 같은 △ABC에서 ∠B의 이등분선과 ∠C의 외각의 이등분선의 교점을 D라 하자. ∠A=70°일 때, 다음은 ∠x의 크기를 구하는 과정이다. □ 안에 알맞은 것을 써넣으시오.

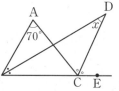

△ABC에서 2∠DCE=□+2∠DBC

∴ ∠DCE=□+∠DBC ······ ㉠

△DBC에서 ∠DCE=∠x+∠DBC ······ ㉡

㉠, ㉡에서 ∠$x=$□

05 오른쪽 그림과 같은 △BCD에서 $\overline{AB}=\overline{AC}=\overline{CD}$ 이고 ∠B=29°일 때, ∠x, ∠y 의 크기를 각각 구하시오.

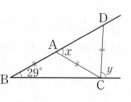

답 ∠$x=$ _____ , ∠$y=$

01 다음 중 다각형이 <u>아닌</u> 것을 모두 고르면? (정답 2개)

① 정삼각형　② 사다리꼴　③ 원
④ 육각형　⑤ 원기둥

02 다음 중 옳은 것은?

① 다각형은 2개 이상의 선분으로 둘러싸인 평면도형이다.
② 다각형을 이루는 선분을 대각선이라 한다.
③ 오각형의 변은 5개, 꼭짓점은 10개이다.
④ 다각형에서 이웃하는 두 변으로 이루어진 내부의 각을 내각이라 한다.
⑤ 모든 내각의 크기가 같은 다각형을 정다각형이라 한다.

03 오른쪽 그림에서 꼭짓점 A에서의 내각의 크기와 꼭짓점 E에서의 외각의 크기의 합을 구하시오.

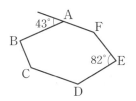

04 오른쪽 그림과 같은 △ABC에서 ∠B의 크기는 ∠A의 크기보다 20° 만큼 크고 ∠C의 크기는 ∠A의 크기의 2배이다. 이때 ∠A, ∠B, ∠C의 크기를 각각 구하시오.

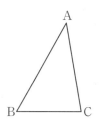

05 오른쪽 그림과 같이 $\overline{AE}$와 $\overline{BD}$의 교점을 C라 할 때, ∠x의 크기를 구하시오.

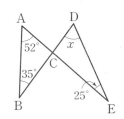

06 오른쪽 그림과 같은 △ABC에서 $\overline{AD}$가 ∠A의 이등분선일 때, ∠x의 크기를 구하시오.

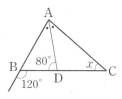

07 오른쪽 그림에서 ∠x의 크기는?

① 100°　② 110°
③ 122°　④ 150°
⑤ 158°

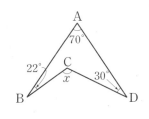

03 다각형

01 다음은 구각형의 내각의 크기의 합을 구하는 과정이다. ☐ 안에 알맞은 것을 써넣으시오.

오른쪽 그림과 같이 구각형의 내부의 한 점과 각 꼭짓점을 잇는 선분을 모두 그으면 ☐개의 삼각형이 생긴다.
이때 내부의 한 점에 모인 각의 크기의 합은 ☐이므로
(구각형의 내각의 크기의 합)=180°×☐−☐
　　　　　　　　　　　　　　=☐

02 다음 다각형의 내각의 크기의 합을 구하시오.

(1) 사각형　　　　　　답 _____

(2) 육각형　　　　　　답 _____

(3) 십일각형　　　　　답 _____

(4) 십삼각형　　　　　답 _____

03 내각의 크기의 합이 다음과 같은 다각형의 이름을 말하시오.

(1) 540°　　　　　　답 _____

(2) 900°　　　　　　답 _____

04 다음 그림에서 ∠x의 크기를 구하시오.

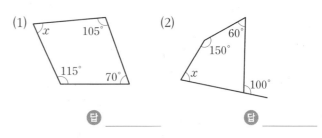

(1) 답 _____　　(2) 답 _____

(3) 답 _____　　(4) 답 _____

05 다음 정다각형의 한 내각의 크기를 구하시오.

(1) 정오각형　　　　　답 _____

(2) 정팔각형　　　　　답 _____

(3) 정십이각형　　　　답 _____

06 한 내각의 크기가 다음과 같은 정다각형의 이름을 말하시오.

(1) 60°　　　　　　답 _____

(2) 120°　　　　　　답 _____

(3) 144°　　　　　　답 _____

01 다음 그림에서 ∠x의 크기를 구하시오.

(1)

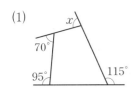

답 _____

(2)

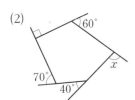

답 _____

(3)

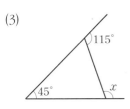

답 _____

(4)

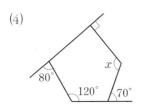

답 _____

02 다음 정다각형의 한 외각의 크기를 구하시오.

(1) 정오각형 답 _____

(2) 정팔각형 답 _____

(3) 정십각형 답 _____

03 한 외각의 크기가 다음과 같은 정다각형의 이름을 말하시오.

(1) 20° 답 _____

(2) 40° 답 _____

(3) 15° 답 _____

04 한 내각의 크기와 한 외각의 크기의 비가 다음과 같은 정다각형의 이름을 말하시오.

(1) 4 : 1 답 _____

(2) 3 : 2 답 _____

(3) 8 : 1 답 _____

05 내각과 외각의 크기의 합이 2160°인 정다각형에 대하여 다음을 구하시오.

(1) 다각형의 이름 답 _____

(2) 한 외각의 크기 답 _____

바른답·알찬풀이 72쪽

01 다음 다각형의 한 꼭짓점에서 그을 수 있는 대각선의 개수와 이때 생기는 삼각형의 개수를 차례대로 구하시오.

(1) 육각형 답 ______

(2) 십각형 답 ______

(3) 십오각형 답 ______

02 한 꼭짓점에서 그을 수 있는 대각선의 개수가 다음과 같은 다각형의 이름을 말하시오.

(1) 6개 답 ______

(2) 8개 답 ______

(3) 11개 답 ______

03 다음 다각형의 대각선의 개수를 구하시오.

(1) 칠각형 답 ______

(2) 구각형 답 ______

(3) 십일각형 답 ______

04 대각선의 개수가 다음과 같은 다각형의 이름을 말하시오.

(1) 9개 답 ______

(2) 35개 답 ______

(3) 90개 답 ______

05 다음 조건을 모두 만족하는 다각형의 이름을 말하시오.

(가) 한 꼭짓점에서 그을 수 있는 대각선의 개수가 9개이다.
(나) 모든 변의 길이가 같고 모든 내각의 크기가 같다.

답 ______

06 다음 조건을 모두 만족하는 다각형의 이름을 말하시오.

(가) 모든 변의 길이가 같다.
(나) 모든 내각의 크기가 같다.
(다) 대각선의 개수가 20개이다.

답 ______

01 오른쪽 그림에서 ∠x의 크기를 구하시오.

02 오른쪽 그림에서 ∠x의 크기를 구하시오.

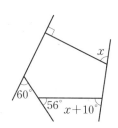

03 다음 조건을 모두 만족하는 다각형의 내각의 크기의 합을 구하시오.

> (개) 모든 변의 길이가 같고 모든 내각의 크기가 같다.
> (내) 한 내각의 크기와 한 외각의 크기의 비가 7 : 2이다.

04 오른쪽 그림과 같은 다각형의 한 꼭짓점에서 그을 수 있는 대각선의 개수를 a개, 이때 생기는 삼각형의 개수를 b개라 할 때, $a+b$의 값을 구하시오.

05 어떤 다각형의 내부의 한 점에서 각 꼭짓점에 선분을 모두 그었더니 12개의 삼각형이 생겼다. 이 다각형의 대각선의 개수를 구하시오.

06 한 꼭짓점에서 11개의 대각선을 그을 수 있는 다각형이 있다. 이 다각형의 변의 개수를 a개, 대각선의 개수를 b개라 할 때, $a+b$의 값을 구하시오.

07 한 외각의 크기가 45°인 정다각형의 내부의 한 점에서 각 꼭짓점에 선분을 모두 그었을 때 생기는 삼각형의 개수를 a개, 대각선의 개수를 b개라 할 때, $b-a$의 값을 구하시오.

08 오른쪽 그림과 같이 위치한 7개의 마을이 있다. 두 마을 사이를 연결하는 도로를 모두 만들려면 몇 개의 도로가 필요한가?

A
B• •G
C• •F
D• •E

① 7개　　　　② 14개
③ 19개　　　　④ 21개
⑤ 22개

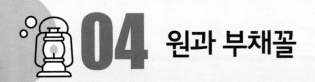

04 원과 부채꼴

바른답·알찬풀이 74쪽

① 부채꼴의 뜻과 성질

01 원과 부채꼴

(1) 원: 평면 위의 한 점 O로부터 일정한 거리에 있는 모든 점으로 이루어진 도형이며, 원 O로 나타낸다. → 원의 중심

(2) 호 AB: 원 위의 두 점 A, B를 양 끝 점으로 하는 원의 일부분 ➡ $\overarc{AB}$

(3) 현 AB: 원 위의 두 점 A, B를 이은 선분 ➡ $\overline{AB}$

(4) 할선: 원 위의 두 점을 지나는 직선

(5) **❶** AOB: 원 O에서 두 반지름 OA, OB와 호 AB로 이루어진 도형

(6) 중심각: 부채꼴 AOB에서 두 반지름 OA, OB가 이루는 각, ∠AOB를 부채꼴 AOB의 중심각 또는 호 AB에 대한 **❷** 이라 한다.

(7) 활꼴: 원에서 현 CD와 **❸** CD로 이루어진 도형

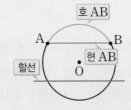 

02 부채꼴의 성질

(1) 중심각의 크기와 호의 길이, 부채꼴의 넓이 사이의 관계

한 원에서

① 중심각의 크기가 같은 두 부채꼴의 호의 길이와 **❹** 는 각각 같다.

② 부채꼴의 호의 길이와 넓이는 각각 중심각의 크기에 정비례한다. → 중심각의 크기가 2배, 3배, 4배, …가 되면 호의 길이와 부채꼴의 넓이도 2배, 3배, 4배, …가 된다.

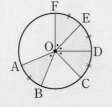

(2) 중심각의 크기와 현의 길이 사이의 관계

한 원에서

① 중심각의 크기가 같은 두 현의 길이는 같다.

② 현의 길이는 중심각의 크기에 정비례하지 않는다.

② 부채꼴의 호의 길이와 넓이

01 원의 둘레의 길이와 넓이

(1) 원주율: 원의 지름의 길이에 대한 원의 둘레의 길이의 비율을 원주율이라 하고, 기호로 π와 같이 나타내며 '파이'라 읽는다. → 원주

➡ (원주율) = $\dfrac{(\,\boxed{❺}\,)}{(원의 지름의 길이)}$

(2) 반지름의 길이가 r인 원의 둘레의 길이를 l, 넓이를 S라 하면

① $l = 2\pi r$

② $S = \pi r^2$

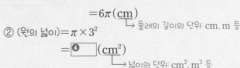

에 반지름의 길이가 3 cm인 원에 대하여

① (원의 둘레의 길이) $= 2\pi \times 3$
$= 6\pi \,(\text{cm})$ → 둘레의 길이의 단위: cm, m 등

② (원의 넓이) $= \pi \times 3^2$
$= \boxed{❻} \,(\text{cm}^2)$ → 넓이의 단위: cm^2, m^2 등

02 부채꼴의 호의 길이와 넓이

(1) 부채꼴의 호의 길이와 넓이

반지름의 길이가 r, 중심각의 크기가 $x°$인 부채꼴의 호의 길이를 l, 넓이를 S라 하면

① $l = 2\pi r \times \dfrac{x}{360}$ → 반지름의 길이가 r인 원의 둘레의 길이

② $S = \pi r^2 \times \dfrac{x}{360}$ → 반지름의 길이가 r인 원의 넓이

에 반지름의 길이가 6 cm이고 중심각의 크기가 60°인 부채꼴에 대하여

① (부채꼴의 호의 길이) $= 2\pi \times 6 \times \dfrac{60}{360}$
$= 2\pi \,(\text{cm})$

② (부채꼴의 넓이) $= \pi \times 6^2 \times \dfrac{60}{360}$
$= \boxed{❼} \,(\text{cm}^2)$

(2) 부채꼴의 호의 길이와 넓이 사이의 관계

반지름의 길이가 r, 호의 길이가 l인 부채꼴의 넓이를 S라 하면

$S = \dfrac{1}{2}rl$

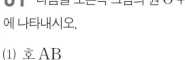
01 다음을 오른쪽 그림의 원 O 위에 나타내시오.

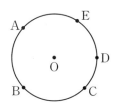

(1) 호 AB

(2) 현 CD

(3) 부채꼴 BOC

(4) 부채꼴 AOE의 중심각

(5) 호 DE와 현 DE로 이루어진 활꼴

02 오른쪽 그림에서 ∠AOB= ∠BOC일 때, 다음 **보기** 중 옳지 _않은_ 것을 모두 고르시오.

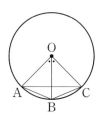

┤ 보기 ├
ㄱ. $\overline{AB}=\overline{BC}$ ㄴ. $\overparen{AB}=\overparen{BC}$
ㄷ. $\overparen{AC}<2\overparen{AB}$ ㄹ. $\overline{AC}=2\overline{AB}$
ㅁ. △AOB≡△BOC

답 _____

03 다음 ☐ 안에 알맞은 것을 써넣으시오.

(1) 한 원에서 길이가 가장 긴 현은 ☐ 이다.

(2) 한 원에서 부채꼴과 활꼴이 같아질 때의 중심각의 크기는 ☐ 이다.

04 다음 그림의 원 O에서 x의 값을 구하시오.

(1)
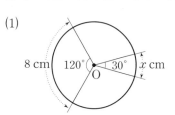

답 _____

(2)
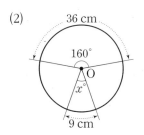

답 _____

05 다음 그림의 원 O에서 x의 값을 구하시오.

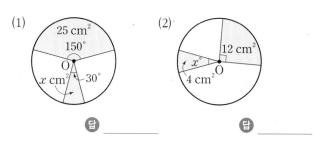

(1)   (2)

답 _____   답 _____

06 다음 그림의 원 O에서 x의 값을 구하시오.

(1)
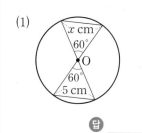

(2)
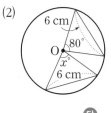

답 _____   답 _____

01 다음 중 옳은 것을 모두 고르면? (정답 2개)

① 호는 원 위의 두 점을 이은 선분이다.
② 현은 원 위의 두 점을 양 끝 점으로 하는 원의 일부분이다.
③ 원의 현 중에서 길이가 가장 긴 것은 반지름이다.
④ 중심각의 크기가 180°인 부채꼴은 반원이다.
⑤ 활꼴은 호와 현으로 이루어진 도형이다.

02 오른쪽 그림의 원 O에서 ∠x의 크기는?

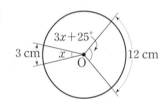

① 15° ② 20°
③ 25° ④ 30°
⑤ 35°

03 오른쪽 그림의 원 O에서 $\overarc{AB} : \overarc{BC} : \overarc{CA} = 2 : 3 : 4$일 때, ∠ABC의 크기는?

① 65° ② 70°
③ 75° ④ 80°
⑤ 85°

04 오른쪽 그림의 원 O에서 $\overline{AB} \parallel \overline{CD}$이고, $\overarc{AC} = 4$ cm, ∠AOB=140°일 때, 원 O의 둘레의 길이를 구하시오.

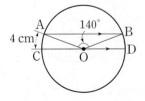

05 오른쪽 그림의 원 O에서 지름 AB의 연장선과 현 CD의 연장선의 교점을 P라 하자. $\overline{CP} = \overline{CO}$, ∠P=30°, $\overarc{AD} = 12$ cm일 때, $\overarc{BC}$의 길이를 구하시오.

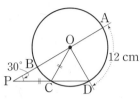

06 오른쪽 그림과 같이 $\overline{AB}$를 지름으로 하는 원 O에서 ∠AOC=5∠COB이고 부채꼴 COB의 넓이가 5 cm²일 때, 원 O의 넓이를 구하시오.

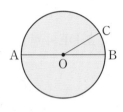

07 오른쪽 그림의 반원 O에서 $\overline{AC} \parallel \overline{OD}$이고 ∠AOC=150°이다. 부채꼴 AOC의 넓이는 70 cm²일 때, 부채꼴 BOD의 넓이는?

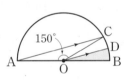

① 5 cm² ② 7 cm² ③ 9 cm²
④ 11 cm² ⑤ 15 cm²

08 오른쪽 그림의 원 O에서 ∠AOB=∠BOC=∠COD일 때, 다음 중 옳지 않은 것은?

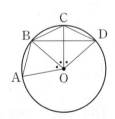

① $\overarc{AB} = \overarc{CD}$
② $\overline{AB} = \overline{CD}$
③ $2\overline{AB} = \overline{BD}$
④ $\overarc{AD} = 3\overarc{AB}$
⑤ △OAB ≡ △OCD

01 다음과 같은 원의 둘레의 길이 l과 넓이 S를 각각 구하시오.

(1) 반지름의 길이가 2 cm인 원

답 $l=$＿＿＿＿ , $S=$＿＿＿＿

(2) 지름의 길이가 8 cm인 원

답 $l=$＿＿＿＿ , $S=$＿＿＿＿

02 다음 그림과 같은 원의 둘레의 길이 l과 넓이 S를 각각 구하시오.

(1)

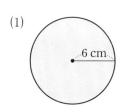

답 $l=$＿＿＿＿ , $S=$＿＿＿＿

(2)

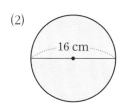

답 $l=$＿＿＿＿ , $S=$＿＿＿＿

03 원의 둘레의 길이 l 또는 넓이 S가 다음과 같을 때, 원의 반지름의 길이를 구하시오.

(1) $l=12\pi$ cm

답 ＿＿＿＿＿

(2) $S=25\pi$ cm^2

답 ＿＿＿＿＿

04 다음과 같은 부채꼴의 호의 길이 l과 넓이 S를 각각 구하시오.

(1) 반지름의 길이가 6 cm이고 중심각의 크기가 30°인 부채꼴

답 $l=$＿＿＿＿ , $S=$＿＿＿＿

(2) 반지름의 길이가 4 cm이고 중심각의 크기가 135°인 부채꼴

답 $l=$＿＿＿＿ , $S=$＿＿＿＿

05 다음 그림과 같은 부채꼴의 호의 길이 l과 넓이 S를 각각 구하시오.

(1)

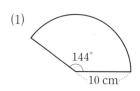

답 $l=$＿＿＿＿ , $S=$＿＿＿＿

(2)

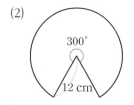

답 $l=$＿＿＿＿ , $S=$＿＿＿＿

06 반지름의 길이가 12 cm이고 중심각의 크기가 30°인 부채꼴의 둘레의 길이를 구하시오.

답 ＿＿＿＿＿

07 다음 부채꼴의 중심각의 크기를 구하시오.

(1) 반지름의 길이가 12 cm이고 호의 길이가 9π cm인 부채꼴　답 ＿＿＿＿＿

(2) 반지름의 길이가 8 cm이고 넓이가 16π cm²인 부채꼴　답 ＿＿＿＿＿

08 다음 그림과 같은 부채꼴의 넓이를 구하시오.

(1)
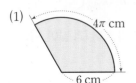
4π cm
6 cm
답 ＿＿＿＿＿

(2)
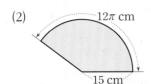
12π cm
15 cm
답 ＿＿＿＿＿

09 다음을 구하시오.

(1) 중심각의 크기가 30°이고 넓이가 3π cm²인 부채꼴의 반지름의 길이　답 ＿＿＿＿＿

(2) 반지름의 길이가 6 cm이고 넓이가 6π cm²인 부채꼴의 호의 길이　답 ＿＿＿＿＿

10 호의 길이가 4π cm이고 넓이가 8π cm²인 부채꼴에 대하여 다음을 구하시오.

(1) 반지름의 길이　답 ＿＿＿＿＿

(2) 중심각의 크기　답 ＿＿＿＿＿

11 다음 그림에서 색칠한 부분의 둘레의 길이를 구하시오.

(1)
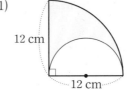
12 cm
12 cm
답 ＿＿＿＿＿

(2)
6 cm　120°
9 cm
답 ＿＿＿＿＿

12 오른쪽 그림에서 색칠한 부분의 넓이를 구하시오.
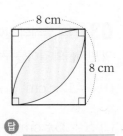
8 cm
8 cm
답 ＿＿＿＿＿

필수문제 개념 **27**~개념 **28**

01 오른쪽 그림과 같은 원에서 색칠한 부분의 둘레의 길이를 구하시오.

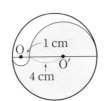

02 오른쪽 그림과 같은 원에서 색칠한 부분의 넓이는?

① 20π cm² ② 22π cm²
③ 24π cm² ④ 26π cm²
⑤ 28π cm²

03 오른쪽 그림과 같이 반지름의 길이가 8 cm인 원에서 색칠한 부분의 둘레의 길이와 넓이를 차례대로 구하면?

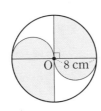

① 16π cm, 24π cm²
② 16π cm, 48π cm²
③ $(16\pi+16)$ cm, 24π cm²
④ $(16\pi+16)$ cm, 48π cm²
⑤ $(20\pi+16)$ cm, 48π cm²

04 오른쪽 그림과 같은 부채꼴의 반지름의 길이는?

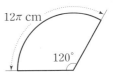

① 14 cm ② 16 cm
③ 18 cm ④ 20 cm ⑤ 22 cm

05 오른쪽 그림과 같이 한 변의 길이가 9 cm인 정육각형에서 색칠한 부분의 둘레의 길이를 구하시오.

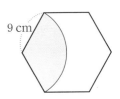

06 오른쪽 그림의 부채꼴과 직사각형에서 색칠한 두 부분의 넓이가 같을 때, x의 값은?

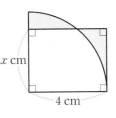

① $\dfrac{\pi}{3}$ ② $\dfrac{3}{4}\pi$
③ π ④ $\dfrac{5}{4}\pi$ ⑤ $\dfrac{3}{2}\pi$

07 오른쪽 그림에서 색칠한 부분의 둘레의 길이와 넓이를 차례대로 구하시오.

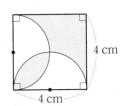

05 입체도형

① 다면체

01 다면체

(1) 다면체: 다각형인 면으로만 둘러싸인 입체도형

① 면: 다면체를 둘러싸고 있는 다각형

② 모서리: 다면체를 이루는 다각형의 변

③ 꼭짓점: 다면체를 이루는 다각형의 꼭짓점

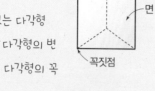

모서리
면
꼭짓점

(2) 다면체는 둘러싸인 ❶ [　] 의 개수에 따라 사면체, 오면체, 육면체, …라 한다.

02 다면체의 종류

(1) 각기둥: 두 밑면은 서로 평행하면서 합동인 다각형이고 옆면은 모두 직사각형인 다면체

(2) 각뿔: 밑면이 다각형이고 옆면은 모두 삼각형인 다면체

(3) 각뿔대: 각뿔을 밑면에 평행한 평면으로 자를 때 생기는 두 입체도형 중에서 각뿔이 아닌 쪽의 입체도형

다면체	n각기둥	n각뿔	n각뿔대
겨냥도	삼각기둥	삼각뿔	삼각뿔대
밑면의 모양	n각형	n각형	n각형
옆면의 모양	직사각형	삼각형	❷ [　]
밑면의 개수	2개	1개	2개
면의 개수	$(n+2)$개	$(n+1)$개	$(n+2)$개
모서리의 개수	$3n$개	$2n$개	$3n$개
꼭짓점의 개수	$2n$개	(❸ [　])개	$2n$개

03 정다면체

(1) 정다면체: 모든 면이 합동인 ❹ [　] 이고, 각 꼭짓점에 모인 면의 개수가 같은 다면체

(2) 정다면체의 종류: 정사면체, 정육면체, 정팔면체, 정십이면체, 정이십면체의 5가지뿐이다.

정다면체	겨냥도	면의 모양	한 꼭짓점에 모인 면의 개수	면의 개수
정사면체		정삼각형	3개	4개
정육면체		정사각형	3개	6개
정팔면체		정삼각형	4개	8개
정십이면체		정오각형	3개	12개
정이십면체		정삼각형	5개	20개

② 회전체

01 회전체

(1) 회전체: 평면도형을 한 직선을 축으로 하여 1회전 시킬 때 생기는 입체도형

① 회전축: 회전 시킬 때 축으로 사용한 직선

② 모선: 밑면이 있는 회전체에서 옆면을 만드는 선분

l
회전축
모선
옆면
밑면

(2) 원뿔대: 원뿔을 밑면에 평행한 평면으로 자를 때 생기는 두 입체도형 중 원뿔이 아닌 쪽의 입체도형

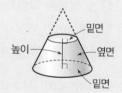

밑면
높이
옆면
밑면

(3) 회전체의 종류: 원기둥, 원뿔, 원뿔대, 구, 반구 등

02 회전체의 성질

(1) 회전체의 성질

① 회전체를 회전축에 수직인 평면으로 자를 때 생기는 단면은 항상 원이다.

② 회전체를 회전축을 포함하는 평면으로 자를 때 생기는 단면은 ⑤ [　　] 을 대칭축으로 하는 선대칭도형이고, 모두 합동이다.

(2) 회전체의 전개도 → 구는 전개도를 그릴 수 없다.

원기둥	원뿔	원뿔대
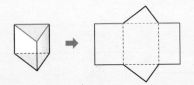		

❸ 기둥의 부피와 겉넓이

01 기둥의 부피

(1) 각기둥의 부피: 밑넓이가 S, 높이가 h인 각기둥의 부피를 V라 하면
$$V = (밑넓이) \times (높이) = Sh$$

(2) 원기둥의 부피: 밑면의 반지름의 길이가 r, 높이가 h인 원기둥의 부피를 V라 하면
$$V = (밑넓이) \times (높이) = \pi r^2 \times h = \pi r^2 h$$

02 기둥의 겉넓이

기둥의 밑면은 2개

(1) 각기둥의 겉넓이: (각기둥의 겉넓이) = (밑넓이) × 2 + (옆넓이)

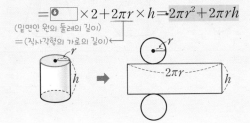

(2) 원기둥의 겉넓이: 밑면의 반지름의 길이가 r, 높이가 h인 원기둥의 겉넓이를 S라 하면
$$S = (밑넓이) \times 2 + (옆넓이)$$
$$= ⑥ [　] \times 2 + 2\pi r \times h = 2\pi r^2 + 2\pi r h$$

(밑면인 원의 둘레의 길이)
= (직사각형의 가로의 길이)

❹ 뿔의 부피와 겉넓이

01 뿔의 부피

(1) 각뿔의 부피: 밑넓이가 S, 높이가 h인 각뿔의 부피를 V라 하면
$$V = \frac{1}{3} \times (밑넓이) \times (높이) = \frac{1}{3}Sh$$

(2) 원뿔의 부피: 밑면의 반지름의 길이가 r, 높이가 h인 원뿔의 부피를 V라 하면
$$V = \frac{1}{3} \times (밑넓이) \times (높이)$$
$$= \frac{1}{3} \times \pi r^2 \times h = \frac{1}{3}\pi r^2 h$$

02 뿔의 겉넓이

(1) 각뿔의 겉넓이
$$(각뿔의 겉넓이) = (밑넓이) + (⑦ [　　])$$

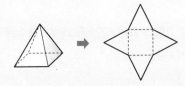

(2) 원뿔의 겉넓이: 밑면의 반지름의 길이가 r, 모선의 길이가 l인 원뿔의 겉넓이를 S라 하면
$$S = (밑넓이) + (옆넓이) = \pi r^2 + \frac{1}{2} \times l \times 2\pi r$$
$$= \pi r^2 + ⑧ [　]$$

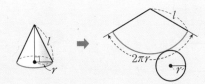

❺ 구의 부피와 겉넓이

01 구의 부피와 겉넓이

(1) 구의 부피: 반지름의 길이가 r인 구의 부피를 V라 하면
$$V = \frac{2}{3} \times (원기둥의 부피) = \frac{4}{3}\pi r^3$$

(2) 구의 겉넓이: 반지름의 길이가 r인 구의 겉넓이를 S라 하면
$$S = (반지름의 길이가 2r인 원의 넓이) = 4\pi r^2$$

01 다음 **보기**의 입체도형 중 다면체를 모두 고르시오.

| 보기 |

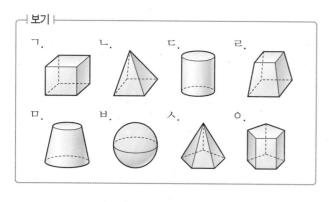

답 _____

02 다음 그림과 같은 다면체의 면의 개수를 구하고, 몇 면체인지 말하시오.

(1)

답 _____

(2)

답 _____

(3)

답 _____

(4)
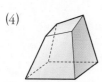
답 _____

03 아래 **보기**의 입체도형 중 다음을 만족하는 것을 고르시오.

| 보기 |

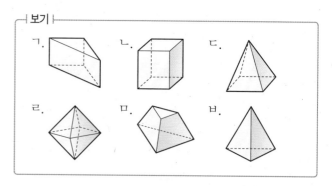

(1) 면의 개수가 가장 많은 다면체
답 _____

(2) 면의 개수가 가장 적은 다면체
답 _____

(3) 꼭짓점의 개수가 가장 많은 다면체
답 _____

04 다음 **보기**의 입체도형 중 오른쪽 그림의 다면체와 면의 개수가 같은 다면체를 모두 고르시오.

| 보기 |

ㄱ.   ㄴ.   ㄷ.

ㄹ.   ㅁ.   ㅂ.

답 _____

01 아래 **보기**의 입체도형 중 다음 도형에 해당하는 것을 모두 고르시오.

보기

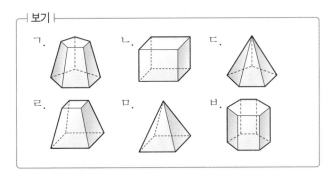

ㄱ. ㄴ. ㄷ. ㄹ. ㅁ. ㅂ.

(1) 각기둥 답 _____

(2) 각뿔 답 _____

(3) 각뿔대 답 _____

02 다음 **보기** 중 다면체와 그 다면체의 옆면의 모양을 짝 지은 것으로 옳은 것을 모두 고르시오.

보기

ㄱ. 삼각기둥 – 삼각형
ㄴ. 사각기둥 – 직사각형
ㄷ. 사각뿔 – 직사각형
ㄹ. 삼각뿔대 – 사다리꼴

답 _____

03 오른쪽 그림의 입체도형에서 다음 을 구하시오.

(1) 밑면의 모양 답 _____

(2) 옆면의 모양 답 _____

(3) 면의 개수 답 _____

(4) 꼭짓점의 개수 답 _____

(5) 모서리의 개수 답 _____

(6) 다면체의 이름 답 _____

04 오른쪽 그림의 입체도형에서 다음 을 구하시오.

(1) 밑면의 모양 답 _____

(2) 옆면의 모양 답 _____

(3) 면의 개수 답 _____

(4) 꼭짓점의 개수 답 _____

(5) 모서리의 개수 답 _____

(6) 다면체의 이름 답 _____

05 다음 조건을 모두 만족하는 입체도형의 이름을 말하시 오.

⑺ 십면체이다.
⑻ 옆면의 모양은 모두 직사각형이다.
⑼ 두 밑면은 서로 평행하고 합동이다.

답 _____

05 입체도형

01 다음 중 정다면체에 대한 설명으로 옳은 것은 ○표, 옳지 않은 것은 ×표를 하시오.

(1) 정다면체는 무수히 많다. ( )

(2) 각 꼭짓점에 모인 면의 개수가 같다. ( )

(3) 면의 모양이 정삼각형인 정다면체는 정사면체와 정 팔면체뿐이다. ( )

(4) 정다면체의 면의 모양이 될 수 있는 정다각형은 정 삼각형과 정오각형뿐이다. ( )

02 다음 표를 완성하시오.

정다면체	정사면체	정육면체	정팔면체	정십이면체	정이십면체
겨냥도					
면의 개수					
꼭짓점의 개수					
모서리의 개수	6개	12개			

03 다음 조건을 만족하는 정다면체를 모두 구하시오.

(1) 각 면이 합동인 정삼각형이다.

답 _____

(2) 한 꼭짓점에 모인 면의 개수는 3개이다.

답 _____

04 오른쪽 그림과 같은 전개도로 만들어지는 정다면체에 대하여 다음 물음에 답하시오.

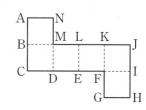

(1) 이 정다면체의 이름을 말하시오.

답 _____

(2) 점 D와 겹치는 꼭짓점을 구하시오.

답 _____

(3) 모서리 BC와 겹치는 모서리를 구하시오.

답 _____

(4) 면 MDEL과 평행한 면을 구하시오.

답 _____

(5) 이 정다면체에서 평행한 면은 모두 몇 쌍인지 구하시오.

답 _____

05 다음 보기 중 정다면체에 대한 설명으로 옳지 <u>않은</u> 것을 모두 고르시오.

| 보기 |

ㄱ. 한 꼭짓점에 모인 면의 개수가 5개인 정다면체는 3가지이다.

ㄴ. 각 면이 정사각형인 정다면체의 한 꼭짓점에 모인 면의 개수는 3개이다.

ㄷ. 정이십면체의 꼭짓점의 개수는 정십이면체의 꼭짓점의 개수보다 많다.

답 _____

01 다음 보기 중 다면체의 개수를 구하시오.

┤ 보기 ├

ㄱ. 오각뿔   ㄴ. 육각기둥   ㄷ. 구

ㄹ. 사각기둥   ㅁ. 원뿔   ㅂ. 사면체

02 다음 중 입체도형과 그 다면체의 이름을 짝 지은 것으로 옳은 것을 모두 고르면? (정답 2개)

① 오각기둥 – 십면체   ② 칠각뿔 – 칠면체

③ 팔각뿔대 – 구면체   ④ 구각기둥 – 십일면체

⑤ 십일각뿔 – 십이면체

03 다음 입체도형 중 꼭짓점의 개수와 면의 개수가 같은 것은?

① 삼각뿔대   ② 직육면체   ③ 오각기둥

④ 사각뿔   ⑤ 정이십면체

04 오른쪽 그림과 같은 다면체에서 꼭짓점의 개수를 a개, 모서리의 개수를 b개, 면의 개수를 c개라 할 때, $a+b-c$의 값을 구하시오.

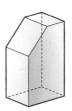

05 모서리의 개수가 21개인 각뿔대의 밑면의 모양은?

① 사각형   ② 육각형   ③ 칠각형

④ 십각형   ⑤ 십이각형

06 다음 중 옆면의 모양이 모두 직사각형인 입체도형의 개수를 구하시오.

삼각뿔,	육각기둥,	사각뿔대
오각뿔대,	오각기둥,	육각뿔대
육각뿔,	팔각뿔대,	칠각기둥

07 다음 조건을 모두 만족하는 입체도형의 이름을 말하시오.

(개) 밑면이 1개이다.

(내) 옆면의 모양은 모두 삼각형이다.

(대) 구면체이다.

08 오른쪽 그림과 같은 전개도로 만들어지는 입체도형의 이름을 말하시오.

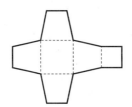

09 다음 중 한 꼭짓점에 모인 면의 개수가 가장 많은 정다면체는?

① 정사면체   ② 정육면체   ③ 정팔면체
④ 정십이면체   ⑤ 정이십면체

10 다음 중 정다면체에 대한 설명으로 옳지 <u>않은</u> 것은?

① 정다면체는 5가지뿐이다.
② 정십이면체와 정이십면체의 모서리의 개수는 같다.
③ 면의 모양이 정육각형인 정다면체는 존재하지 않는다.
④ 정다면체의 각 면의 모양은 정삼각형, 정사각형, 정오각형, 정육각형 중 하나이다.
⑤ 정육면체의 꼭짓점의 개수와 정팔면체의 면의 개수는 같다.

11 다음의 값을 가장 큰 것부터 차례대로 나열하시오.

> ㄱ. 정사면체의 꼭짓점의 개수
> ㄴ. 정육면체의 모서리의 개수
> ㄷ. 정팔면체의 면의 개수
> ㄹ. 정십이면체의 한 꼭짓점에 모인 면의 개수

12 다음 **보기** 중 오른쪽 그림과 같은 전개도로 만들어지는 정다면체에 대한 설명으로 옳은 것을 모두 고른 것은?

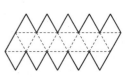

┌ 보기 ┐
> ㄱ. 꼭짓점의 개수는 12개이다.
> ㄴ. 모서리의 개수는 12개이다.
> ㄷ. 한 꼭짓점에 모인 면의 개수는 5개이다.

① ㄷ   ② ㄱ, ㄴ   ③ ㄱ, ㄷ
④ ㄴ, ㄷ   ⑤ ㄱ, ㄴ, ㄷ

13 오른쪽 그림과 같은 전개도로 만들어지는 정다면체에서 $\overline{BC}$와 겹치는 모서리를 구하시오.

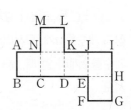

01 다음 ☐ 안에 알맞은 말을 써넣으시오.

(1) 평면도형을 한 직선을 축으로 하여 1회전 시킬 때 생기는 입체도형을 ☐ 라 한다.

(2) 원뿔을 밑면에 평행한 평면으로 자를 때 생기는 두 입체도형 중 원뿔이 아닌 쪽의 입체도형을 ☐ 라 한다.

02 다음 중 회전체인 것은 ○표, 회전체가 아닌 것은 ×표를 하시오.

(1)
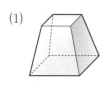
(   )

(2)

(   )

(3)
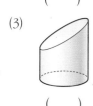
(   )

(4)
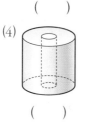
(   )

03 다음 보기 중 회전체를 모두 고르시오.

┤보기├

ㄱ. 정육면체   ㄴ. 원기둥   ㄷ. 사각기둥
ㄹ. 오각뿔   ㅁ. 육각뿔대   ㅂ. 구
ㅅ. 원뿔   ㅇ. 정십이면체   ㅈ. 원뿔대

답 _____

04 다음 그림과 같은 평면도형을 직선 l을 회전축으로 하여 1회전 시킬 때 생기는 회전체를 그리시오.

(1)
 ⇨

(2)
 ⇨

(3)
 ⇨

05 오른쪽 그림과 같은 회전체는 다음 보기 중 어느 평면도형을 직선 l을 회전축으로 하여 1회전 시킨 것인지 고르시오.

┤보기├

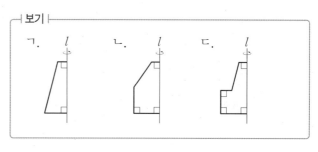

답 _____

01 다음 그림의 회전체를 회전축에 수직인 평면으로 자를 때 생기는 단면의 모양과 회전축을 포함하는 평면으로 자를 때 생기는 단면의 모양을 그리시오.

회전체	회전축에 수직인 평면으로 자를 때 생기는 단면	회전축을 포함하는 평면으로 자를 때 생기는 단면
(1) l		
(2) l		
(3) l		
(4) l		

02 다음 그림의 회전체를 회전축을 포함하는 평면으로 자를 때 생기는 단면의 넓이를 구하시오.

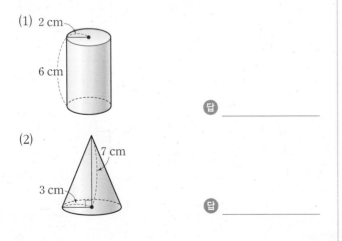

(1) 2 cm, 6 cm

답 _____

(2) 7 cm, 3 cm

답 _____

03 다음 보기 중 옳은 것을 모두 고르시오.

┤보기├

ㄱ. 원기둥을 회전축에 수직인 평면으로 자를 때 생기는 단면은 직사각형이다.

ㄴ. 원뿔을 회전축을 포함하는 평면으로 자를 때 생기는 단면은 이등변삼각형이다.

ㄷ. 회전체를 회전축을 포함하는 평면으로 자를 때 생기는 단면은 항상 원이다.

ㄹ. 구는 어느 평면으로 잘라도 그 단면이 항상 원이다.

답 _____

04 다음 회전체와 그 전개도를 보고 a, b의 값을 각각 구하시오.

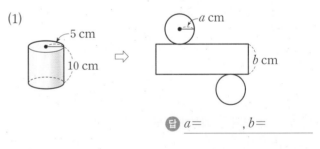

(1) 5 cm, 10 cm ⇨ a cm, b cm

답 $a=$ _____ , $b=$ _____

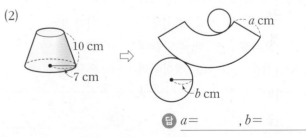

(2) 10 cm, 7 cm ⇨ a cm, b cm

답 $a=$ _____ , $b=$ _____

01 다음 입체도형 중 회전체의 개수를 구하시오.

> 원기둥, 사각뿔대, 구, 육각기둥, 삼각뿔,
> 정사면체, 원뿔, 원뿔대, 정이십면체, 반구

02 다음 중 평면도형을 직선 l을 회전축으로 하여 1회전 시킬 때 생기는 입체도형으로 옳지 <u>않은</u> 것은?

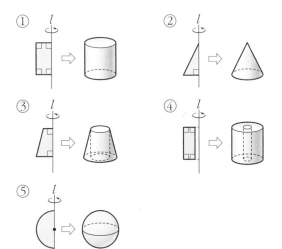

03 다음 중 회전체와 그 회전체를 회전축을 포함하는 평면으로 자를 때 생기는 단면의 모양을 짝 지은 것으로 옳지 <u>않은</u> 것은?

① 원기둥 - 직사각형   ② 구 - 원
③ 원뿔 - 직각삼각형   ④ 반구 - 반원
⑤ 원뿔대 - 사다리꼴

04 오른쪽 그림과 같은 원기둥을 회전축을 포함한 평면으로 자를 때 생기는 단면의 넓이가 A cm², 회전축에 수직인 평면으로 자를 때 생기는 단면의 넓이가 $B\pi$ cm²일 때, 자연수 A, B에 대하여 $A+B$의 값을 구하시오.

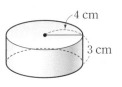

05 오른쪽 그림의 전개도로 만든 입체도형은 회전체이다. 이 회전체의 이름과 이 회전체를 회전축을 포함하는 평면으로 자를 때 생기는 단면의 모양을 차례대로 구하면?

① 원기둥, 원   ② 원기둥, 직사각형
③ 원뿔대, 원   ④ 원뿔대, 사다리꼴
⑤ 원뿔, 원

06 오른쪽 그림과 같은 원기둥의 전개도에서 옆면이 되는 직사각형의 넓이는?

① 110π cm²   ② 120π cm²
③ 130π cm²   ④ 140π cm²
⑤ 150π cm²

01 다음 입체도형의 부피를 구하시오.

(1) 밑넓이가 $30 \, \text{cm}^2$이고 높이가 $9 \, \text{cm}$인 삼각기둥

답 _____

(2) 밑넓이가 $24 \, \text{cm}^2$이고 높이가 $5 \, \text{cm}$인 오각기둥

답 _____

(3) 밑넓이가 $36\pi \, \text{cm}^2$이고 높이가 $5 \, \text{cm}$인 원기둥

답 _____

02 다음 입체도형의 높이를 구하시오.

(1) 부피가 $60 \, \text{cm}^3$이고 밑넓이가 $12 \, \text{cm}^2$인 사각기둥

답 _____

(2) 부피가 $72 \, \text{cm}^3$이고 밑넓이가 $18 \, \text{cm}^2$인 오각기둥

답 _____

(3) 부피가 $640\pi \, \text{cm}^3$이고 밑넓이가 $64\pi \, \text{cm}^2$인 원기둥

답 _____

03 오른쪽 그림과 같은 사각기둥에 대하여 다음을 구하시오.

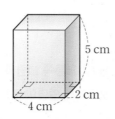

(1) 밑넓이

답 _____

(2) 부피

답 _____

04 다음 그림과 같은 각기둥의 부피를 구하시오.

(1)

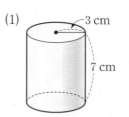

답 _____

(2)

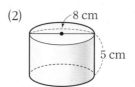

답 _____

05 다음 그림과 같은 원기둥의 부피를 구하시오.

(1)

답 _____

(2)

답 _____

06 오른쪽 그림과 같은 입체도형의 부피를 구하시오.

답 _____

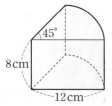

01 아래 그림과 같은 사각기둥과 그 전개도에서 ☐ 안에 알맞은 수를 써넣고, 다음을 구하시오.

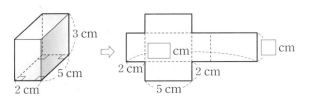

(1) 밑넓이　　　　　답 ＿＿＿＿＿＿＿

(2) 옆넓이　　　　　답 ＿＿＿＿＿＿＿

(3) 겉넓이　　　　　답 ＿＿＿＿＿＿＿

02 다음 그림과 같은 각기둥의 겉넓이를 구하시오.

(1)

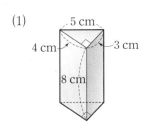

답 ＿＿＿＿＿＿＿

(2)

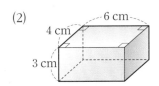

답 ＿＿＿＿＿＿＿

(3)

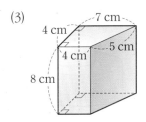

답 ＿＿＿＿＿＿＿

03 다음 그림과 같은 전개도로 만들어지는 원기둥의 겉넓이를 구하시오.

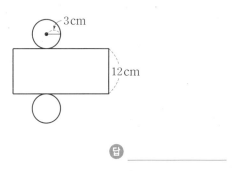

답 ＿＿＿＿＿＿＿

04 다음 그림과 같은 원기둥의 겉넓이를 구하시오.

(1)

답 ＿＿＿＿＿＿＿

(2)

답 ＿＿＿＿＿＿＿

05 오른쪽 그림과 같은 입체도형의 겉넓이를 구하시오.

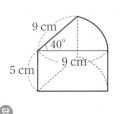

답 ＿＿＿＿＿＿＿

01 오른쪽 그림과 같은 전개도로 만들어지는 원기둥의 부피를 구하시오.

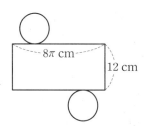

02 오른쪽 그림과 같이 사각기둥의 가운데에 원기둥 모양으로 구멍이 뚫려 있을 때, 이 입체도형의 부피는?

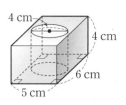

① $(120-20\pi)\,\text{cm}^3$
② $(120-16\pi)\,\text{cm}^3$
③ $(120-4\pi)\,\text{cm}^3$
④ $(120+4\pi)\,\text{cm}^3$
⑤ $(120+16\pi)\,\text{cm}^3$

03 오른쪽 그림과 같은 입체도형의 부피를 구하시오.

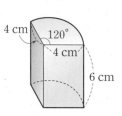

04 오른쪽 그림과 같은 직사각형 ABCD를 $\overleftrightarrow{\text{AD}}$를 회전축으로 하여 1회전 시킬 때 생기는 회전체의 부피와 $\overleftrightarrow{\text{AB}}$를 회전축으로 하여 1회전 시킬 때 생기는 회전체의 부피의 비는?

① 2 : 1 ② 2 : 3 ③ 3 : 2
④ 4 : 9 ⑤ 9 : 4

05 오른쪽 그림과 같은 각기둥의 겉넓이가 $248\,\text{cm}^2$일 때, h의 값을 구하시오.

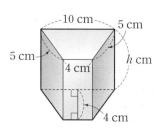

06 오른쪽 그림은 큰 직육면체에서 작은 직육면체를 잘라 낸 입체도형이다. 이 입체도형의 겉넓이를 구하시오.

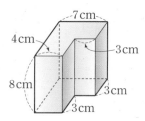

07 오른쪽 그림과 같은 직사각형을 직선 l을 회전축으로 하여 1회전 시킬 때 생기는 입체도형의 겉넓이를 구하시오.

08 오른쪽 그림과 같은 입체도형의 겉넓이를 구하시오.

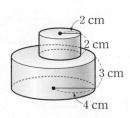

01 다음 입체도형의 부피를 구하시오.

(1) 밑넓이가 25 cm²이고 높이가 9 cm인 사각뿔

답 _____

(2) 밑넓이가 39π cm²이고 높이가 6 cm인 원뿔

답 _____

02 다음 입체도형의 높이를 구하시오.

(1) 부피가 180 cm³이고 밑넓이가 36 cm²인 삼각뿔

답 _____

(2) 부피가 324 cm³이고 밑면이 한 변의 길이가 9 cm 인 정사각형인 사각뿔

답 _____

03 다음 그림과 같은 각뿔의 부피를 구하시오.

(1)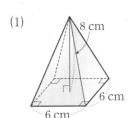

답 _____

(2)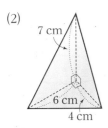

답 _____

04 다음 그림과 같은 원뿔의 부피를 구하시오.

(1)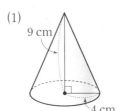

답 _____

(2)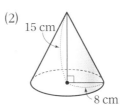

답 _____

05 오른쪽 그림과 같은 사각뿔대 의 부피를 구하시오.

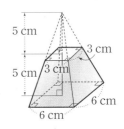

답 _____

06 오른쪽 그림과 같은 원뿔대의 부피를 구하시오.

답 _____

01 아래 그림과 같은 사각뿔과 그 전개도에서 □ 안에 알맞은 수를 써넣고, 다음을 구하시오.

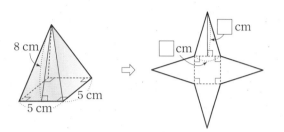

(1) 밑넓이 　답 _____

(2) 옆넓이 　답 _____

(3) 겉넓이 　답 _____

02 다음 그림과 같은 사각뿔의 겉넓이를 구하시오.

(1)

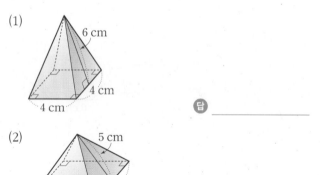

답 _____

(2)

답 _____

03 오른쪽 그림과 같이 옆면이 모두 합동인 사각뿔의 겉넓이가 189 cm²일 때, x의 값을 구하시오.

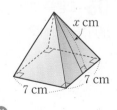

답 _____

04 다음 그림과 같은 원뿔의 겉넓이를 구하시오.

(1)

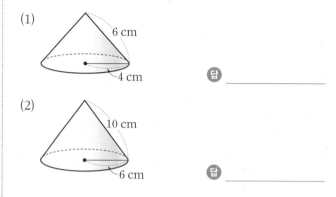

답 _____

(2)

답 _____

05 오른쪽 그림과 같은 사각뿔대의 겉넓이를 구하시오.

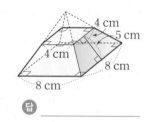

답 _____

06 오른쪽 그림과 같은 원뿔대의 겉넓이를 구하시오.

답 _____

01 오른쪽 그림과 같이 밑면이 직각삼각형인 삼각뿔의 부피가 40 cm³일 때 삼각뿔의 높이를 구하시오.

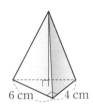

6 cm 4 cm

02 오른쪽 그림과 같이 밑면이 합동인 원뿔과 원기둥을 붙여 놓았다. 이 입체도형의 부피를 구하시오.

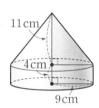

11 cm
4 cm
9 cm

03 오른쪽 그림은 한 모서리의 길이가 10 cm인 정육면체의 일부를 잘라 낸 것이다. 이 입체도형의 부피를 구하시오.

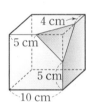

4 cm
5 cm
5 cm
10 cm

04 오른쪽 그림과 같은 전개도로 만들어지는 입체도형의 겉넓이를 구하시오.

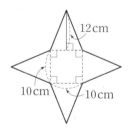

12 cm
10 cm 10 cm

05 오른쪽 그림과 같은 입체도형의 겉넓이를 구하시오.

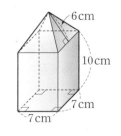

6 cm
10 cm
7 cm
7 cm

06 오른쪽 그림과 같은 평면도형을 직선 *l*을 회전축으로 하여 1회전 시킬 때 생기는 회전체의 겉넓이는?

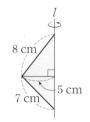

8 cm
5 cm
7 cm

① $70\pi \text{ cm}^2$ ② $75\pi \text{ cm}^2$
③ $80\pi \text{ cm}^2$ ④ $85\pi \text{ cm}^2$
⑤ $90\pi \text{ cm}^2$

07 다음 그림과 같은 원뿔 모양의 그릇에 물을 가득 부어 원기둥 모양의 그릇에 물을 가득 채우려고 한다. 원기둥 모양의 그릇에 물을 가득 채우려면 원뿔 모양의 그릇으로 몇 번을 부어야 하는가? (단, 그릇의 두께는 무시한다.)

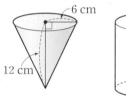 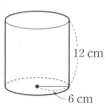

6 cm
12 cm
12 cm
6 cm

① 1번 ② 2번 ③ 3번
④ 4번 ⑤ 5번

08 오른쪽 그림과 같이 밑면의 반지름의 길이가 4 cm인 원뿔을 꼭짓점 O를 중심으로 굴렸더니 2바퀴 돌고 원래의 자리로 돌아왔다. 이 원뿔의 겉넓이는?

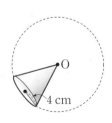

O
4 cm

① $30\pi \text{ cm}^2$ ② $34\pi \text{ cm}^2$ ③ $40\pi \text{ cm}^2$
④ $44\pi \text{ cm}^2$ ⑤ $48\pi \text{ cm}^2$

05 입체도형

01 다음 그림과 같은 구의 부피와 겉넓이를 차례대로 구하시오.

(1)

답 _____ , _____

(2)

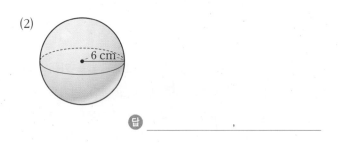

답 _____ , _____

(3)

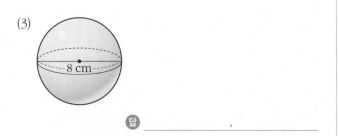

답 _____ , _____

03 다음 그림과 같은 반구의 부피와 겉넓이를 차례대로 구하시오.

(1)

답 _____

(2)

답 _____

(3)

답 _____

02 다음 그림에서 구 (개)의 겉넓이와 원 (내)의 넓이가 같을 때, 구 (개)의 반지름의 길이를 구하시오.

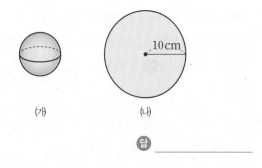

(개)   (내)

답 _____

04 오른쪽 그림과 같이 원기둥 모양의 통에 꼭 맞게 들어 가는 공이 있다. 통의 부피가 69π cm³일 때, 공의 부피를 구하시오. (단, 통의 두께는 무시한다.)

답 _____

01 구를 중심을 지나는 평면으로 자른 단면의 넓이가 25π cm²일 때, 이 구의 부피는?

① 100π cm³   ② $\dfrac{400}{3}\pi$ cm³   ③ 150π cm³

④ $\dfrac{500}{3}\pi$ cm³   ⑤ 200π cm³

02 오른쪽 그림은 반지름의 길이가 6 cm인 구의 $\dfrac{1}{8}$을 잘라 낸 것이다. 이 입체도형의 부피를 구하시오.

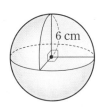

03 오른쪽 그림과 같은 반원을 직선 l을 회전축으로 하여 1회전 시킬 때 생기는 회전체의 겉넓이를 구하시오.

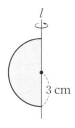

04 오른쪽 그림과 같은 입체도형의 부피를 구하시오.

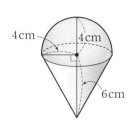

05 겉넓이가 144π cm²인 구의 부피는?

① 270π cm³   ② 276π cm³   ③ 282π cm³
④ 288π cm³   ⑤ 294π cm³

06 오른쪽 그림과 같이 두 반구를 붙여서 만든 입체도형의 겉넓이는?

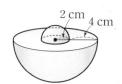

① 110π cm²   ② 112π cm²
③ 114π cm²   ④ 116π cm²
⑤ 118π cm²

07 오른쪽 그림과 같은 평면도형을 직선 l을 회전축으로 하여 1회전 시킬 때 생기는 회전체의 부피를 구하시오.

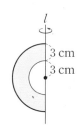

08 반지름의 길이가 6 cm인 플라스틱 공 안에 물이 가득 채워져 있다. 공에 구멍을 내어 밑면인 원의 반지름의 길이가 4 cm인 원기둥 모양의 그릇에 물을 모두 부었을 때, 원기둥 모양의 그릇에 채워진 물의 높이는? (단, 플라스틱 공과 그릇의 두께는 무시한다.)

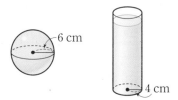

① 10 cm   ② 12 cm   ③ 15 cm
④ 16 cm   ⑤ 18 cm

06 자료의 정리와 해석

1 줄기와 잎 그림, 도수분포표

01 줄기와 잎 그림

(1) 변량: 자료를 수량으로 나타낸 것

(2) 줄기와 잎 그림: 자료를 줄기와 잎을 이용하여 나타낸 그림

  ① 줄기: 세로선의 왼쪽에 있는 숫자

  ② ❶ : 세로선의 오른쪽에 있는 숫자

(3) 줄기와 잎 그림을 그리는 방법

  ❶ 변량을 줄기와 잎으로 구분한다.

  ❷ 세로선을 긋고, 세로선의 왼쪽에 줄기를 크기가 작은 값부터 차례대로 세로로 쓴다.

  ❸ 줄기의 오른쪽에 잎을 크기가 작은 값부터 차례대로 가로로 쓴다.

  ❹ 줄기 a와 잎 b를 그림 위에 $a|b$로 나타내고 그 뜻을 설명한다.

  참고 ① 줄기에는 중복되는 수를 한 번씩만 쓰고, 잎에는 중복되는 수를 모두 쓴다.

  ② (잎의 총개수)=(변량의 개수)

〈자료〉
(단위: 점)

| 75 | 81 | 90 | 85 | 88 |
| 86 | 72 | 98 | 84 | 79 |

➡

〈줄기와 잎 그림〉
(7|2는 72점)

줄기	잎
7	2 5 9
8	1 4 5 6 8
9	0 8

02 도수분포표

(1) 계급: 변량을 일정한 간격으로 나눈 구간

  ① 계급의 ❷ : 구간의 너비 → 계급의 양 끝 값의 차

  ② 계급의 개수: 변량을 나눈 구간의 개수

(2) 도수: 각 계급에 속하는 변량의 개수

(3) 도수분포표: 주어진 자료를 몇 개의 계급으로 나누고, 각 계급에 속하는 도수를 조사하여 나타낸 표

  참고 계급을 대표하는 값으로 그 계급의 가운데 값을 계급값이라 한다.

  ➡ (계급값)=$\dfrac{(계급의 양 끝 값의 합)}{2}$

---

(4) 도수분포표를 만드는 방법

  ❶ 주어진 자료에서 가장 작은 변량과 가장 큰 변량을 각각 찾는다.

  ❷ 계급의 개수가 $5 \sim 15$개 정도가 되도록 계급의 크기를 정한다. ← 계급의 크기는 모두 같다.

  ❸ 각 계급에 속하는 변량의 개수를 세어 계급의 도수를 구한다.

〈자료〉
(단위: 점)

| 62 | 73 | 87 | 75 | 91 |
| 97 | 83 | 69 | 85 | 80 |

➡

〈도수분포표〉

계급(점)	도수(명)
60^{이상} ~ 70^{미만}	2
70 ~ 80	2
80 ~ 90	4
90 ~ 100	2
합계	10

참고 변량의 개수를 셀 때, 卌 또는 正을 사용하면 편리하다.

2 히스토그램과 도수분포다각형

01 히스토그램

(1) 히스토그램: 다음과 같은 방법으로 나타낸 그래프를 히스토그램이라 한다.

  ❶ 가로축에 각 계급의 양 끝 값을 적는다.

  ❷ 세로축에 도수를 적는다.

  ❸ 각 계급에서 계급의 크기를 가로로, 도수를 세로로 하는 직사각형을 그린다. (직사각형의 개수)=(계급의 개수)

〈도수분포표〉

계급(점)	도수(명)
60^{이상} ~ 70^{미만}	6
70 ~ 80	9
80 ~ 90	7
90 ~ 100	3
합계	25

➡

〈히스토그램〉

(2) 히스토그램의 특징

① 각 직사각형의 넓이는 각 계급의 도수에 정비례한다.

② (직사각형의 넓이의 합)

= {(각 계급의 크기)×(그 계급의 ❸)}의 합

= (계급의 크기)×(도수의 총합)

02 도수분포다각형

(1) 도수분포다각형: 다음과 같은 방법으로 나타낸 그래프를 도수분포다각형이라 한다.

❶ 히스토그램의 각 직사각형에서 윗변의 중앙에 점을 찍는다.

❷ 히스토그램의 양 끝에 도수가 ❹ 인 계급이 하나씩 더 있는 것으로 생각하여 그 중앙에 점을 찍는다.

❸ 위에서 찍은 점들을 선분으로 연결한다.

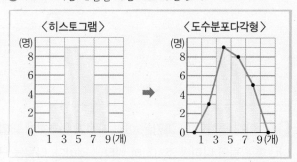

(2) 도수분포다각형의 특징

① 두 개 이상의 자료의 분포 상태를 동시에 나타내어 비교하는 데 편리하다.

② (도수분포다각형과 ❺ 으로 둘러싸인 부분의 넓이) = (히스토그램의 각 직사각형의 넓이의 합)

❸ 상대도수와 그 그래프

01 상대도수

(1) 상대도수: 전체 도수에 대한 각 계급의 도수의 비율

➡ (계급의 상대도수) = (계급의 도수)/(도수의 총합)

(2) 상대도수의 분포표: 각 계급의 상대도수를 나타낸 표

〈상대도수의 분포표〉

횟수(회)	도수(명)	상대도수
10이상 ~ 12미만	1	$\frac{1}{20}$=0.05
12 ~ 14	3	$\frac{3}{20}$=0.15
14 ~ 16	6	$\frac{6}{20}$=0.3
16 ~ 18	10	$\frac{10}{20}$=0.5
합계	20	1

(3) 상대도수의 특징

① 각 계급의 상대도수의 합은 ❻ 이고, 상대도수는 0 이상 1 이하의 수이다.

② 각 계급의 상대도수는 그 계급의 도수에 정비례한다.

③ 도수의 총합이 다른 두 집단의 자료의 분포 상태를 비교할 때 편리하다.

02 상대도수의 분포를 나타낸 그래프

(1) 상대도수의 분포를 나타낸 그래프: 상대도수의 분포표를 히스토그램이나 도수분포다각형 모양으로 나타낸 그래프

(2) 상대도수의 분포를 나타낸 그래프를 그리는 방법

❶ 가로축에 각 계급의 양 끝 값을 적는다.

❷ 세로축에 상대도수를 적는다.

❸ 히스토그램 또는 도수분포다각형과 같은 방법으로 그린다.

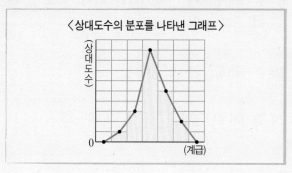

01 다음 줄기와 잎 그림에 대한 설명으로 옳은 것은 ○표, 옳지 않은 것은 ×표를 하시오.

(1) 자료를 수량으로 나타낸 것을 변량이라 한다.

( )

(2) 세로선의 오른쪽에 줄기를 크기가 작은 값부터 차례대로 가로로 쓴다. ( )

(3) 변량의 개수와 잎의 총개수는 같다. ( )

(4) (3|5는 35회)는 잎이 3이고 줄기가 5일 때, 35회임을 뜻한다. ( )

02 아래 자료는 시윤이네 반 학생들의 체육 성적을 조사하여 나타낸 것이다. 이 자료에 대한 줄기와 잎 그림을 완성하고, 다음 ☐ 안에 알맞은 것을 써넣으시오.

(단위: 점)

72	92	64	79	96	76
80	70	84	68	74	86

체육 성적 (6|4는 64점)

줄기	잎
6	4

(1) 줄기에 점수의 ☐의 자리의 숫자를 쓰고, 잎에 점수의 ☐의 자리의 숫자를 쓴다.

(2) 줄기는 6, ☐, ☐, ☐이다.

(3) 줄기가 8인 잎은 ☐, ☐, ☐이다.

03 아래 줄기와 잎 그림은 태환이네 반 학생들이 1년 동안 읽은 책의 수를 조사하여 나타낸 것이다. 다음을 구하시오.

책의 수 (0|2는 2권)

줄기			잎			
0	2	4	6	7	9	
1	0	1	7			
2	0	5	6	6	7	8	9

(1) 전체 학생 수 답 _____

(2) 잎이 가장 적은 줄기 답 _____

(3) 책을 가장 많이 읽은 학생이 읽은 책의 수와 가장 적게 읽은 학생이 읽은 책의 수의 차 답 _____

(4) 책을 7번째로 많이 읽은 학생이 읽은 책의 수 답 _____

04 아래 줄기와 잎 그림은 어느 자전거 동호회에 가입한 남녀 회원들의 나이를 조사하여 나타낸 것이다. 다음을 구하시오.

회원들의 나이 (2|2는 22세)

	잎(남자)		줄기	잎(여자)			
	6	3	0	2	2	3	5	8
8	5	5	4	3	0	2	3
	2	1	0	4	1	2	4
		3	2	5	3	5
		5	2	6	1

(1) 나이가 50세 이상인 회원 수 답 _____

(2) 나이가 가장 많은 남자 회원의 나이와 나이가 가장 적은 여자 회원의 나이의 차 답 _____

01 아래 자료는 유빈이네 반 학생들이 집에서 학교까지 등교하는 데 걸리는 시간을 조사하여 나타낸 것이다. 이 자료에 대한 도수분포표를 완성하고, 다음을 구하시오.

(단위: 분)

12	34	15	20
5	27	25	18
32	9	17	22
13	30	35	45
26	19	29	40

⇨

시간(분)	도수(명)
$5^{이상} \sim 15^{미만}$	
	7
35 ~ 45	
	1
합계	

(1) 계급의 크기 답 _____

(2) 계급의 개수 답 _____

(3) 도수가 가장 큰 계급 답 _____

02 오른쪽 도수분포표는 정석이네 반 학생들의 제기차기 횟수를 조사하여 나타낸 것이다. 다음을 구하시오.

제기차기 횟수(회)	도수(명)
$2^{이상} \sim 6^{미만}$	3
6 ~ 10	7
10 ~ 14	8
14 ~ 18	10
18 ~ 22	2
합계	

(1) 전체 학생 수 답 _____

(2) 제기차기 횟수가 10회인 학생이 속하는 계급 답 _____

(3) 제기차기 횟수가 14회 이상인 학생 수 답 _____

03 오른쪽 도수분포표는 하린이네 반 학생 25명의 몸무게를 조사하여 나타낸 것이다. 다음을 구하시오.

몸무게(kg)	도수(명)
$25^{이상} \sim 30^{미만}$	3
30 ~ 35	5
35 ~ 40	A
40 ~ 45	7
45 ~ 50	4
합계	25

(1) 계급의 크기 답 _____

(2) 계급의 개수 답 _____

(3) 몸무게가 41 kg인 학생이 속하는 계급 답 _____

(4) A의 값 답 _____

(5) 도수가 가장 작은 계급 답 _____

04 오른쪽 도수분포표는 어느 야구팀 선수들의 홈런의 개수를 조사하여 나타낸 것이다. 홈런의 개수가 0개 이상 5개 미만인 선수가 전체의 10 %일 때, 다음 물음에 답하시오.

홈런의 개수(개)	도수(명)
$0^{이상} \sim 5^{미만}$	4
5 ~ 10	6
10 ~ 15	12
15 ~ 20	10
20 ~ 25	A
25 ~ 30	1
합계	

(1) A의 값을 구하시오. 답 _____

(2) 홈런의 개수가 많은 쪽에서 13번째인 선수가 속하는 계급을 구하시오. 답 _____

(3) 홈런의 개수가 20개 이상인 선수는 전체의 몇 %인지 구하시오. 답 _____

[01~02] 아래 줄기와 잎 그림은 창민이네 반 남학생과 여학생의 하루 동안의 운동 시간을 조사하여 나타낸 것이다. 다음 물음에 답하시오.

운동 시간   (2|5는 25분)

잎(남학생)				줄기	잎(여학생)			
			8	2	5	7	9	
	9	4	2	3	0	3	5	7
6	5	5	0	4	2	5	8	
8	7	5	1	5	1	4	7	
	9	7	4	6	0	5		

01 남학생과 여학생 중 어느 쪽이 운동을 더 많이 한 편인지 구하시오.

02 남학생과 여학생 중 운동 시간이 50분 이상인 학생 수는 어느 쪽이 몇 명 더 많은지 구하시오.

03 오른쪽 도수분포표는 희선이네 반 학생들의 영어 성적을 조사하여 나타낸 것이다. 다음 중 옳지 않은 것은?

영어 성적(점)	도수(명)
$50^{이상} \sim 60^{미만}$	3
60 ~ 70	5
70 ~ 80	13
80 ~ 90	9
90 ~ 100	5
합계	35

① 계급의 크기는 10점이다.
② 계급의 개수는 5개이다.
③ 영어 성적이 70점 미만인 학생 수는 8명이다.
④ 도수가 가장 큰 계급의 도수는 13명이다.
⑤ 영어 성적이 가장 낮은 학생의 점수는 50점이다.

[04~05] 오른쪽 도수분포표는 예찬이네 반 학생들이 한 달 동안 받은 용돈을 조사하여 나타낸 것이다. 1만 원 이상 2만 원 미만인 계급의 도수가 4만 원 이상 5만 원 미만인 계급의 도수보다 6만큼 클 때, 다음 물음에 답하시오.

용돈(만 원)	도수(명)
$0^{이상} \sim 1^{미만}$	2
1 ~ 2	A
2 ~ 3	6
3 ~ 4	5
4 ~ 5	B
합계	25

04 $A-2B$의 값을 구하시오.

05 용돈이 8번째로 많은 학생이 속하는 계급의 도수를 구하시오.

[06~07] 오른쪽 도수분포표는 건우네 반 학생들의 키를 조사하여 나타낸 것이다. 키가 160 cm 이상 165 cm 미만인 학생이 전체의 30 %일 때, 다음 물음에 답하시오.

키(cm)	도수(명)
$140^{이상} \sim 145^{미만}$	1
145 ~ 150	2
150 ~ 155	8
155 ~ 160	11
160 ~ 165	A
165 ~ 170	B
합계	40

06 $A-B$의 값을 구하시오.

07 키가 155 cm 이상인 학생 수를 구하시오.

01 다음 도수분포표는 현수네 반 학생들의 일주일 동안의 TV 시청 시간을 조사하여 나타낸 것이다. 이 도수분포표를 히스토그램으로 나타내시오.

TV 시청 시간(시간)	도수(명)
$2^{이상} \sim 4^{미만}$	4
4 ~ 6	7
6 ~ 8	10
8 ~ 10	8
10 ~ 12	6
합계	35

⇩

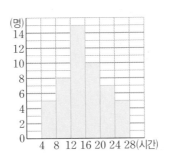

02 오른쪽 히스토그램은 정호네 마을 주민들의 일주일 동안의 인터넷 접속 시간을 조사하여 나타낸 것이다. 다음을 구하시오.

(1) 계급의 크기 답 _____

(2) 계급의 개수 답 _____

(3) 전체 주민 수 답 _____

(4) 도수가 가장 큰 계급 답 _____

(5) 인터넷 접속 시간이 20시간 이상인 주민 수
답 _____

03 오른쪽 히스토그램은 가연이네 반 학생들이 하루 동안 마신 물의 양을 조사하여 나타낸 것이다. 다음 물음에 답하시오.

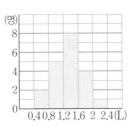

(1) 계급의 크기를 구하시오. 답 _____

(2) 전체 학생 수를 구하시오. 답 _____

(3) 도수가 가장 작은 계급의 직사각형의 넓이를 구하시오. 답 _____

(4) 모든 직사각형의 넓이의 합을 구하시오.
답 _____

(5) 마신 물의 양이 1.6 L 이상인 학생은 전체의 몇 % 인지 구하시오. 답 _____

04 오른쪽 히스토그램은 윤아네 반 학생들의 1분 동안 윗몸 일으키기 횟수를 조사하여 나타낸 것이다. 윗몸 일으키기 횟수가 4번째로 적은 학생이 속하는 계급의 도수를 구하시오.

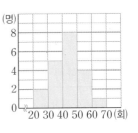

답 _____

01 다음 도수분포표는 어느 해 9월의 일교차를 조사하여 나타낸 것이다. 이 도수분포표를 히스토그램과 도수분포다각형으로 각각 나타내시오.

일교차($^\circ$C)	도수(일)
4^{이상} ~ 6^{미만}	6
6 ~ 8	11
8 ~ 10	9
10 ~ 12	3
12 ~ 14	1
합계	30

⇩

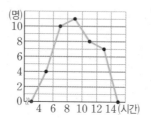

02 오른쪽 도수분포다각형은 태영이네 반 학생들의 일주일 동안의 독서 시간을 조사하여 나타낸 것이다. 다음을 구하시오.

(1) 계급의 크기 답 _____

(2) 계급의 개수 답 _____

(3) 전체 학생 수 답 _____

(4) 도수가 10명인 계급 답 _____

(5) 도수가 가장 작은 계급의 도수

답 _____

03 오른쪽 도수분포다각형은 산이네 반 학생들의 100 m 달리기 기록을 조사하여 나타낸 것이다. 다음 물음에 답하시오.

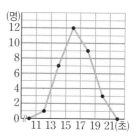

(1) 계급의 크기를 구하시오. 답 _____

(2) 전체 학생 수를 구하시오. 답 _____

(3) 달리기 기록이 10번째로 좋은 학생이 속하는 계급을 구하시오. 답 _____

(4) 달리기 기록이 15초 미만인 학생은 전체의 몇 %인지 구하시오. 답 _____

(5) 도수분포다각형과 가로축으로 둘러싸인 부분의 넓이를 구하시오. 답 _____

04 오른쪽 도수분포다각형은 어느 초등학교 학생 40명이 6년 동안 자란 키를 조사하여 나타낸 것인데 일부가 찢어져 보이지 않는다. 자란 키가 14 cm 이상 16 cm 미만인 학생 수를 구하시오.

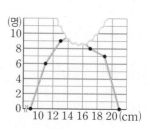

답 _____

01 다음 중 히스토그램에 대한 설명으로 옳지 <u>않은</u> 것은?

① 가로축에는 계급을 나타낸다.

② 세로축에는 계급의 크기를 나타낸다.

③ 직사각형의 개수는 계급의 개수와 같다.

④ 도수가 가장 큰 계급의 직사각형의 넓이가 가장 크다.

⑤ 각 직사각형의 넓이는 각 계급의 도수에 정비례한다.

02 오른쪽 히스토그램은 가현이네 반 학생들의 수학 성적을 조사하여 나타낸 것이다. 다음 중 옳지 <u>않은</u> 것은?

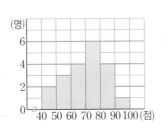

① 계급의 크기는 10점이다.

② 계급의 개수는 6개이다.

③ 성적이 71점인 학생이 속하는 계급의 도수는 6명이다.

④ 성적이 80점 이상인 학생 수는 5명이다.

⑤ 모든 직사각형의 넓이의 합은 100이다.

03 오른쪽 히스토그램은 수현이네 반 학생 35명의 턱걸이 기록을 조사하여 나타낸 것인데 일부가 찢어져 보이지 않는다. 턱걸이 기록이 41회인 학생이 속하는 계급의 도수를 구하시오.

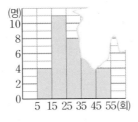

[04~05] 오른쪽 도수 분포다각형은 승훈이네 반 학생들의 1학기 동안 봉사 활동 시간을 조사 하여 나타낸 것이다. 다음 물음에 답하시오.

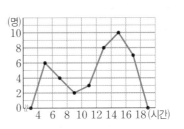

04 전체 학생 수를 구하시오.

05 봉사 활동 시간이 10시간 미만인 학생은 전체의 몇 %인지 구하시오.

06 아래 도수분포다각형은 어느 중학교 1학년 남학생과 여학생의 50 m 달리기 기록을 조사하여 나타낸 것이다. 다음 **보기** 중 옳은 것을 모두 고르시오.

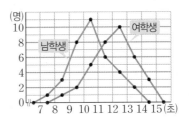

┤ 보기 ├

ㄱ. 남학생 수와 여학생 수는 같다.

ㄴ. 여학생의 기록이 남학생의 기록보다 좋은 편이다.

ㄷ. 각각의 그래프와 가로축으로 둘러싸인 부분의 넓이는 서로 같다.

01 다음 표를 보고 ☐ 안에 알맞은 수를 써넣으시오.

도수의 총합	계급의 도수	상대도수
50	20	A
25	B	0.4
C	40	0.25

(1) $A = \dfrac{(계급의\ 도수)}{(도수의\ 총합)} = \dfrac{\boxed{}}{\boxed{}} = \boxed{}$

(2) $B = (도수의\ 총합) \times (계급의\ 상대도수)$

$\qquad = \boxed{} \times \boxed{} = \boxed{}$

(3) $C = \dfrac{(계급의\ 도수)}{(계급의\ 상대도수)} = \dfrac{\boxed{}}{\boxed{}} = \boxed{}$

02 아래 상대도수의 분포표는 은설이네 학교 학생들의 팔굽혀펴기 횟수를 조사하여 나타낸 것이다. 다음 물음에 답하시오.

팔굽혀펴기 횟수(회)	도수(명)	상대도수
0^{이상}~ 10^{미만}	2	0.04
10 ~20	9	A
20 ~30	B	0.4
30 ~40	14	C
40 ~50		0.1
합계		

(1) 전체 학생 수를 구하시오. 답 _____

(2) A, B, C의 값을 각각 구하시오.

답 _____

(3) 상대도수의 분포표를 완성하시오.

03 아래 상대도수의 분포표는 승우네 반 학생들의 하루 평균 수면 시간을 조사하여 나타낸 것이다. 다음 물음에 답하시오.

수면 시간(시간)	도수(명)	상대도수
4^{이상}~ 5^{미만}	2	
5 ~6	3	0.12
6 ~7		
7 ~8	8	
8 ~9	3	
합계		

(1) 전체 학생 수를 구하시오. 답 _____

(2) 상대도수가 가장 큰 계급을 구하시오.

답 _____

(3) 수면 시간이 7.5시간인 학생이 속하는 계급의 상대도수를 구하시오. 답 _____

(4) 수면 시간이 6시간 미만인 학생은 전체의 몇 %인지 구하시오. 답 _____

04 다음 표는 어느 인증 시험에서 A, B 두 중학교 1학년 학생 중 90점 이상인 학생 수를 조사하여 나타낸 것이다. 90점 이상인 학생의 비율은 어느 학교가 더 높은지 구하시오.

	A 중학교	B 중학교
90점 이상을 받은 학생 수(명)	48	79
전체 학생 수(명)	300	500

01 다음 상대도수의 분포표는 지난 주말 동안 노을이네 학교 학생들의 컴퓨터 사용 시간을 조사하여 나타낸 것이다. 상대도수의 분포표를 완성하고, 이 표를 도수분포다각형 모양의 그래프로 나타내시오.

사용 시간(분)	도수(명)	상대도수
50^{이상} ~ 60^{미만}	5	0.1
60 ~ 70	11	0.22
70 ~ 80	17	
80 ~ 90	10	
90 ~ 100	7	
합계	50	

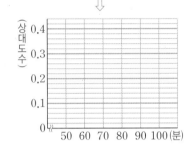

02 오른쪽 그림은 A 중학교 학생 200명의 수행 평가 성적을 조사하여 상대도수의 분포를 그래프로 나타낸 것이다. 다음 물음에 답하시오.

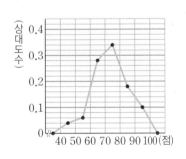

(1) 80점 이상 90점 미만인 계급의 상대도수를 구하시오.
답 _____

(2) 상대도수가 가장 큰 계급의 상대도수를 구하시오.
답 _____

(3) 성적이 60점 이상 70점 미만인 학생은 전체의 몇 % 인지 구하시오.
답 _____

(4) 성적이 80점 이상인 학생 수를 구하시오.
답 _____

03 오른쪽 그림은 혜라네 반 학생들의 과학 성적을 조사하여 상대도수의 분포를 그래프로 나타낸 것인데 일부가 찢어져 보이지 않는다. 성적이 40점 이상 50점 미만인 학생이 4명일 때, 다음을 구하시오.

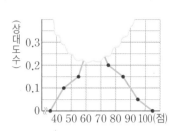

(1) 60점 이상 70점 미만인 계급의 상대도수
답 _____

(2) 전체 학생 수
답 _____

(3) 성적이 60점 이상 70점 미만인 학생 수
답 _____

04 오른쪽 그림은 A 중학교 학생 250명과 B 중학교 학생 400명의 수학 성적을 조사하여 상대도수의 분포를 그래프로 나타낸 것이다. A 중학교와 B 중학교 중에서 수학 성적이 80점 이상인 학생은 어느 학교가 몇 명 더 많은지 구하시오.

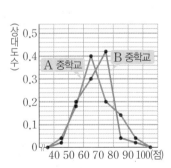

답 _____

01 다음 중 옳지 <u>않은</u> 것은?

① 각 계급의 상대도수의 합은 1이다.

② 각 계급의 상대도수는 그 계급의 도수에 정비례한다.

③ 도수의 총합이 다른 두 집단의 상대도수의 분포를 그래프에 동시에 나타내면 두 자료의 분포 상태를 쉽게 비교할 수 있다.

④ 상대도수의 분포를 나타낸 도수분포다각형 모양의 그래프와 가로축으로 둘러싸인 부분의 넓이는 1이다.

⑤ 어떤 계급의 도수는 그 계급의 상대도수와 도수의 총합을 곱한 값과 같다.

[02~03] 아래 상대도수의 분포표는 민수네 반 학생들의 영어 성적을 조사하여 나타낸 것이다. 다음 물음에 답하시오.

영어 성적(점)	도수(명)	상대도수
$50^{이상}$ ~ $60^{미만}$	4	0.1
60 ~ 70	6	A
70 ~ 80	B	C
80 ~ 90	10	0.25
90 ~ 100	D	0.2
합계	E	1

02 다음 중 A~E의 값으로 옳지 <u>않은</u> 것은?

① $A=0.15$ ② $B=12$ ③ $C=0.25$

④ $D=8$ ⑤ $E=40$

03 영어 성적이 높은 쪽에서 9번째인 학생이 속하는 계급의 상대도수를 구하시오.

04 오른쪽 그림은 지성이네 학교 학생 50명의 공 던지기 기록을 조사하여 상대도수의 분포를 그래프로 나타낸 것이다. 공 던지기 기록이 35 m 이상인 학생 수를 구하시오.

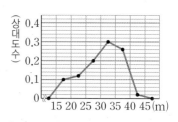

05 오른쪽 그림은 어느 반 학생들의 점심 식사 시간을 조사하여 상대도수의 분포를 그래프로 나타낸 것인데 일부가 찢어져 보이지 않는다. 점심 식사 시간이 15분 미만인 학생이 7명일 때, 이 반의 전체 학생 수를 구하시오.

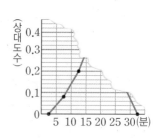

06 아래 그림은 어느 중학교 남학생과 여학생의 100 m 달리기 기록을 조사하여 상대도수의 분포를 그래프로 나타낸 것이다. 다음 보기 중 옳은 것을 모두 고르시오.

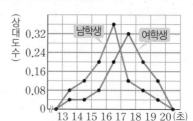

┤ 보기 ├

ㄱ. 남학생이 여학생보다 기록이 더 좋은 편이다.

ㄴ. 달리기 기록이 15초 미만인 학생의 비율은 남학생이 더 높다.

ㄷ. 달리기 기록이 18초 이상인 여학생은 전체 여학생의 12 %이다.

익힘교재편 중등 수학 1(하)

Contact Mirae-N
www.mirae-n.com
(우)06532 서울시 서초구 신반포로 321
1800-8890

수학 EASY 개념서

개념이 수학의 전부다! 술술 읽으며 개념 잡는 EASY 개념서

수학   0_초등 핵심 개념,
          1_1(상),   2_1(하),
          3_2(상),   4_2(하),
          5_3(상),   6_3(하)

수학 필수 유형서

 유형완성

체계적인 유형별 학습으로 실전에서 더욱 강력하게!

수학   1(상), 1(하), 2(상), 2(하), 3(상), 3(하)

미래엔 교과서 연계 도서

자습서

 자습서

핵심 정리와 적중 문제로 완벽한 자율학습!

국어	1-1, 1-2, 2-1, 2-2, 3-1, 3-2	역사	①, ②
영어	1, 2, 3	도덕	①, ②
수학	1, 2, 3	과학	1, 2, 3
사회	①, ②	기술·가정	①, ②
		생활 일본어, 생활 중국어, 한문	

평가 문제집

 평가 문제집

정확한 학습 포인트와 족집게 예상 문제로 완벽한 시험 대비!

국어   1-1, 1-2, 2-1, 2-2, 3-1, 3-2
영어   1-1, 1-2, 2-1, 2-2, 3-1, 3-2
사회   ①, ②
역사   ①, ②
도덕   ①, ②
과학   1, 2, 3

내신 대비 문제집

시험직보 문제집

내신 만점을 위한 시험 직전에 보는 문제집

국어   1-1, 1-2, 2-1, 2-2, 3-1, 3-2

예비 고1을 위한 고등 도서

룩 LOOK

이미지 연상으로 필수 개념을 쉽게 익히는
비주얼 개념서

국어   문법
영어   분석독해

손쉬운

작품 이해에서 문제 해결까지
손쉬운 비법을 담은 문학 입문서

현대 문학, 고전 문학

수학중심

개념과 유형을 한 번에 잡는
개념 기본서

고등 수학(상), 고등 수학(하),
수학 I, 수학 II, 확률과 통계, 미적분, 기하

유형중심

체계적인 유형별 학습으로
실전에서 더욱 강력한 문제 기본서

고등 수학(상), 고등 수학(하),
수학 I, 수학 II, 확률과 통계, 미적분

탄탄한 개념 설명, 자신있는 실전 문제

사회   통합사회, 한국사
과학   통합과학

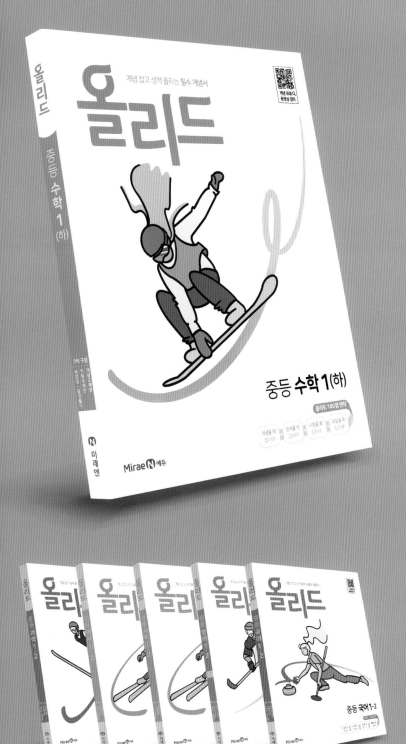

개념교재편 중등 수학 1(하)

1 쉽고 체계적인
개념 설명

교과서 필수 개념을 세분화하여 구성한
도식화, 도표화한 개념 정리를 통해 쉽게
개념을 이해하고 수학의 원리를 익힙니다.

2 개념 1쪽, 문제 1쪽의
2쪽 개념 학습

교과서 개념을 학습한 후 문제를 풀며
부족한 개념을 확인하고 문제를 해결하는
데 필요한 개념과 전략을 바로 익힙니다.

3 완벽한
문제 해결력 신장

유형에 대한 반복 학습과 시험에 꼭 나오
는 적중 문제, 출제율이 높은 서술형 문제
를 공략하며 시험에 완벽하게 대비합니다.

Mirae N 에듀

신뢰받는 미래엔

미래엔은 "Better Content, Better Life" 미션 실행을 위해
탄탄한 콘텐츠의 교과서와 참고서를 발간합니다.

소통하는 미래엔

미래엔의 [도서 오류] [정답 및 해설] [도서 내용 문의] 등은
홈페이지를 통해서 확인이 가능합니다.

Contact Mirae-N
www.mirae-n.com
(우)06532 서울시 서초구 신반포로 321
1800-8890

개념 잡고 성적 올리는 필수 개념서

올리드

바른답·
알찬풀이

개념교재편과 익힘교재편의 **정답 및 풀이**를 제공합니다.

중등 **수학 1**(하)

올리드 100점 전략

| 개념을 꽉 잡아라! | + | 문제를 싹 잡아라! | + | 시험을 확 잡아라! | + | 오답을 꼭 잡아라! |

Mirae N 에듀

올리드 100점 전략

1 교과서 개념을 알차게 정리한 **44개의 개념 꽉 잡기** ······································· 개념교재편

2 개념별 대표 문제부터 실전 문제까지 **체계적인 유형 학습으로 문제 싹 잡기** ····· 익힘교재편

3 핵심 문제부터 기출 문제까지 **완벽한 반복 학습으로 시험 확 잡기**

4 문제별 특성에 맞춘 **자세하고 친절한 풀이로 오답 꼭 잡기** ······················· 바른답·알찬풀이

바른답·알찬풀이

중등 수학 1(하)

01 기본 도형

❶ 점, 선, 면

개념 01 점, 선, 면

개념 확인하기 8쪽

1 ⓐ (1) 입체도형 (2) 6개
(3) 교점의 개수: 8개, 교선의 개수: 12개
(3) 각기둥에서 교점은 꼭짓점이므로
(교점의 개수)=(꼭짓점의 개수)
=8(개)
각기둥에서 교선은 모서리이므로
(교선의 개수)=(모서리의 개수)
=12(개)

대표문제 9쪽

01 ⓐ (1) 점 B (2) 점 C (3) 모서리 CD

02 ⓐ (1) 교점의 개수: 3개, 교선은 없다.
(2) 교점의 개수: 5개, 교선의 개수: 8개
(2) 각뿔에서 교점은 꼭짓점이므로
(교점의 개수)=(꼭짓점의 개수)
=5(개)
각뿔에서 교선은 모서리이므로
(교선의 개수)=(모서리의 개수)
=8(개)

03 ⓐ 18
교점의 개수는 꼭짓점의 개수와 같고 꼭짓점이 10개이므로
$a=10$
교선의 개수는 모서리의 개수와 같고 모서리가 15개이므로
$b=15$
면이 7개이므로 $c=7$
∴ $a+b-c=10+15-7=18$

04 ⓐ (1) ○ (2) ○ (3) × (4) × (5) × (6) ○
(3) 삼각형, 사각형 등과 같이 한 평면 위에 있는 도형은 평면
도형이다.
(4) 선과 면이 만나면 교점이 생긴다.
(5) 교점은 선과 선 또는 선과 면이 만나서 생기는 점이다.

05 ⓐ ③
ㄹ. 오각뿔에서 교점의 개수는 꼭짓점의 개수와 같다.
이상에서 옳은 것은 ㄱ, ㄴ, ㄷ이다.

개념 02 직선, 반직선, 선분

개념 확인하기 10쪽

1 ⓐ 풀이 참조
(1) (두 그림: A B C) ⇨ $\overrightarrow{AB}=\overrightarrow{BC}$
(2) (두 그림: A B C) ⇨ $\overrightarrow{AB}\neq\overrightarrow{BC}$
(3) (두 그림: A B C) ⇨ $\overline{AB}=\overline{BA}$

대표문제 11쪽

01 ⓐ ㄱ, ㄴ
ㄷ. $\overrightarrow{AC}$와 $\overrightarrow{CA}$는 시작점과 뻗어 나가는 방향이 모두 다르므
로 서로 다른 반직선이다.
ㄹ. $\overrightarrow{AB}\neq\overrightarrow{AC}$
이상에서 옳은 것은 ㄱ, ㄴ이다.

02 ⓐ ③
③ $\overrightarrow{QS}$와 $\overrightarrow{QR}$는 시작점과 뻗어 나가는 방향이 모두 같으므로
같은 반직선이다.

03 ⓐ $\overrightarrow{AC}$와 $\overrightarrow{AD}$, $\overline{BC}$와 $\overline{CB}$
$\overrightarrow{AC}$와 $\overrightarrow{AD}$는 시작점과 뻗어 나가는 방향이 같으므로 같은
반직선이다. $\overline{BC}$와 $\overline{CB}$는 양 끝 점이 같으므로 같은 선분이다.

04 ⓐ (1) $\overleftrightarrow{AB}$, $\overleftrightarrow{BC}$, $\overleftrightarrow{CA}$, 개수: 3개
(2) $\overrightarrow{AB}$, $\overrightarrow{BA}$, $\overrightarrow{BC}$, $\overrightarrow{CB}$, $\overrightarrow{CA}$, $\overrightarrow{AC}$, 개수: 6개
(3) $\overline{AB}$, $\overline{BC}$, $\overline{CA}$, 개수: 3개
(1) 두 점을 지나는 직선은
$\overleftrightarrow{AB}$, $\overleftrightarrow{BC}$, $\overleftrightarrow{CA}$의 3개이다.
(2) 두 점을 지나는 반직선은
$\overrightarrow{AB}$, $\overrightarrow{BA}$, $\overrightarrow{BC}$, $\overrightarrow{CB}$, $\overrightarrow{CA}$, $\overrightarrow{AC}$의
6개이다.
(3) 두 점을 지나는 선분은 $\overline{AB}$, $\overline{BC}$, $\overline{CA}$의 3개이다.

05 ⓐ (1) 6개 (2) 12개 (3) 6개
(1) 두 점을 지나는 직선은
$\overleftrightarrow{AB}$, $\overleftrightarrow{BC}$, $\overleftrightarrow{CD}$, $\overleftrightarrow{DA}$, $\overleftrightarrow{AC}$, $\overleftrightarrow{BD}$
의 6개이다.
(2) 두 점을 지나는 반직선은
$\overrightarrow{AB}$, $\overrightarrow{BA}$, $\overrightarrow{BC}$, $\overrightarrow{CB}$, $\overrightarrow{CD}$, $\overrightarrow{DC}$,
$\overrightarrow{DA}$, $\overrightarrow{AD}$, $\overrightarrow{AC}$, $\overrightarrow{CA}$, $\overrightarrow{BD}$, $\overrightarrow{DB}$
의 12개이다.
(3) 두 점을 지나는 선분은 $\overline{AB}$, $\overline{BC}$, $\overline{CD}$, $\overline{DA}$, $\overline{AC}$, $\overline{BD}$
의 6개이다.

ㄹ. $\overline{AB}=\overline{BN}$이고, $\overline{AB}=2\overline{AM}$이므로

$$\overline{AN}=\overline{AB}+\overline{BN}=\overline{AB}+\overline{AB}$$
$$=2\overline{AM}+2\overline{AM}=4\overline{AM}$$

이상에서 옳지 않은 것은 ㄹ이다.

06 답 12 cm

두 점 M, N이 각각 $\overline{AB}$, $\overline{BC}$의 중점이므로

$$\overline{AB}=2\overline{MB}, \overline{BC}=2\overline{BN}$$
$$\therefore \overline{AC}=\overline{AB}+\overline{BC}=2\overline{MB}+2\overline{BN}$$
$$=2(\overline{MB}+\overline{BN})=2\overline{MN}$$
$$=2\times 6=12(cm)$$

소단원 핵심문제   14쪽

| 01 ⑤ | 02 3개 | 03 7 | 04 ⑤ | 04-1 9 cm |

01 교점의 개수는 꼭짓점의 개수와 같고 꼭짓점이 6개이므로

$a=6$

교선의 개수는 모서리의 개수와 같고 모서리가 9개이므로

$b=9$

$$\therefore b-a=9-6=3$$

02 $\overleftrightarrow{CD}$를 포함하는 것은 $\overrightarrow{BD}$, $\overrightarrow{CD}$, $\overrightarrow{BA}$의 3개이다.

이것만은 꼭!

① 직선은 양쪽으로 한없이 뻗어 나가므로 한 직선 위의 임의의 두 점을 지나는 직선은 모두 같은 직선이다.

② 반직선은 시작점과 뻗어 나가는 방향이 모두 같을 때만 같은 반직선이다.

③ 선분은 양 끝 점이 같으면 같은 선분이다.

03 네 점 A, B, C, D가 모두 직선 l 위에 있으므로 만들 수 있는 직선은 직선 l의 1개이다.

$$\therefore a=1$$

반직선은 $\overrightarrow{AB}$, $\overrightarrow{BC}$, $\overrightarrow{CD}$, $\overrightarrow{BA}$, $\overrightarrow{CB}$, $\overrightarrow{DC}$의 6개이다.

$$\therefore b=6$$
$$\therefore a+b=1+6=7$$

04 ① 점 N은 $\overline{AM}$의 중점이므로

$$\overline{AM}=2\overline{AN}=2\overline{NM}$$

② 점 M은 $\overline{AB}$의 중점이므로

$$\overline{AB}=2\overline{MB}$$

③ $\overline{AN}=\dfrac{1}{2}\overline{AM}=\dfrac{1}{2}\times\dfrac{1}{2}\overline{AB}=\dfrac{1}{4}\overline{AB}$

④ $\overline{NB}=\overline{NM}+\overline{MB}=\dfrac{1}{2}\overline{AM}+\overline{MB}$

$$=\dfrac{1}{2}\overline{AM}+\overline{AM}=\dfrac{3}{2}\overline{AM}$$

⑤ $\overline{MB}=\overline{AM}=2\overline{AN}$

개념 03 두 점 사이의 거리

개념 확인하기 ·········· 12쪽

1 답 (1) 10 cm   (2) 6 cm

2 답 (1) 7   (2) $\dfrac{1}{2}$ (3) 2, 14

대표문제   13쪽

01 답 (1) $\dfrac{1}{2}$ (2) $\dfrac{1}{2}$, $\dfrac{1}{2}$, $\dfrac{1}{2}$, $\dfrac{1}{4}$ (3) 2, 2, 2, 4

02 답 (1) 8 cm   (2) 24 cm

(1) 점 M이 $\overline{AB}$의 중점이므로

$$\overline{MB}=\overline{AM}=\dfrac{1}{2}\overline{AB}$$
$$=\dfrac{1}{2}\times 32=16(cm)$$

또, 점 N이 $\overline{MB}$의 중점이므로

$$\overline{MN}=\overline{NB}=\dfrac{1}{2}\overline{MB}$$
$$=\dfrac{1}{2}\times 16=8(cm)$$

(2) $\overline{AN}=\overline{AM}+\overline{MN}$
$$=16+8=24(cm)$$

03 답 (1) 3, 3, 3   (2) $\dfrac{1}{3}$ (3) 2, $\dfrac{2}{3}$

04 답 (1) 5 cm   (2) 10 cm

$\overline{AB}=\overline{BC}=\overline{CD}$이므로

(1) $\overline{BC}=\dfrac{1}{3}\overline{AD}=\dfrac{1}{3}\times 15=5(cm)$

(2) $\overline{AC}=2\overline{BC}=2\times 5=10(cm)$

05 답 ㄹ

ㄱ. 점 M은 $\overline{AB}$의 중점이므로

$$\overline{AB}=2\overline{AM}$$

ㄴ. $\overline{AB}=\overline{BN}=\overline{NC}$이므로

$$\overline{AC}=\overline{AB}+\overline{BN}+\overline{NC}$$
$$=\overline{AB}+\overline{AB}+\overline{AB}=3\overline{AB}$$

ㄷ. $\overline{AB}=\overline{BN}=\overline{NC}$이므로 $\overline{AC}=3\overline{BN}$

$$\therefore \overline{BN}=\dfrac{1}{3}\overline{AC}$$

04-1 두 점 M, N이 각각 $\overline{AC}$, $\overline{CB}$의 중점이므로

$$\overline{MC}=\frac{1}{2}\overline{AC}, \overline{CN}=\frac{1}{2}\overline{CB}$$

$$\therefore \overline{MN}=\overline{MC}+\overline{CN}=\frac{1}{2}\overline{AC}+\frac{1}{2}\overline{CB}$$

$$=\frac{1}{2}(\overline{AC}+\overline{CB})=\frac{1}{2}\overline{AB}$$

$$=\frac{1}{2}\times18=9\text{(cm)}$$

② 각

개념 04 각

개념 확인하기 ·········· **15쪽**

1 답 (1) ㄴ, ㅂ, ㅇ (2) ㄱ (3) ㄷ, ㅁ, ㅅ (4) ㄹ
(1) 예각은 크기가 0°보다 크고 90°보다 작은 각이므로
86°, 37°, 45°이다.
(3) 둔각은 크기가 90°보다 크고 180°보다 작은 각이므로
130°, 112°, 100°이다.

대표문제 16쪽

01 답 (1) 110° (2) 55°
(1) $\angle x+70°=180°$ ∴ $\angle x=110°$
(2) $35°+\angle x+90°=180°$
∴ $\angle x=55°$

02 답 (1) 140° (2) 40°
(1) $\angle BOD=\angle BOC+\angle COD$
$=90°+50°=140°$
(2) $\angle AOB=180°-\angle BOD$
$=180°-140°=40°$

03 답 20°
$\angle x+90°+(2\angle x+30°)=180°$
$3\angle x+120°=180°, 3\angle x=60°$
∴ $\angle x=20°$

04 답 180°, 180°, 90°, 90°
$\times+\times+\bullet+\bullet=\boxed{180°}$이므로
$2(\times+\bullet)=\boxed{180°}$
∴ $\times+\bullet=\boxed{90°}$
∴ $\angle COE=\times+\bullet=\boxed{90°}$

05 답 (1) 2, 40° (2) 4, 80° (3) 3, 60°

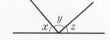

이것만은 꼭!
$\angle x : \angle y : \angle z=a : b : c$일 때,

① $\angle x=180°\times\dfrac{a}{a+b+c}$

② $\angle y=180°\times\dfrac{b}{a+b+c}$

③ $\angle z=180°\times\dfrac{c}{a+b+c}$

06 답 72°
$$\angle y=180°\times\frac{6}{4+6+5}$$
$$=180°\times\frac{6}{15}=72°$$

개념 05 맞꼭지각

개념 확인하기 ·········· **17쪽**

1 답 (1) $\angle BOD$ (2) $\angle EOC$ (3) $\angle DOA$ (4) $\angle FOC$

대표문제 18쪽

01 답 (1) $\angle x=70°$, $\angle y=110°$ (2) $\angle x=60°$, $\angle y=60°$
(1) $\angle x=70°$ (맞꼭지각)
$\angle x+\angle y=180°, 70°+\angle y=180°$
∴ $\angle y=110°$
(2) $\angle x+120°=180°$ ∴ $\angle x=60°$
$\angle x=\angle y$ (맞꼭지각) ∴ $\angle y=60°$

02 답 (1) 10° (2) 125°
(1) $3\angle x+15°=2\angle x+25°$ (맞꼭지각)
∴ $\angle x=10°$
(2) $\angle x+20°=55°+90°$ (맞꼭지각)
$\angle x+20°=145°$ ∴ $\angle x=125°$

03 답 (1) 80° (2) 55°
(1) 오른쪽 그림에서
$60°+\angle x+40°=180°$
∴ $\angle x=80°$

(2) 오른쪽 그림에서
$90°+\angle x+35°=180°$
∴ $\angle x=55°$

04 답 ①

오른쪽 그림에서

$(2\angle x+80°)+\angle x+(\angle x+20°)$
$=180°$

$4\angle x+100°=180°$, $4\angle x=80°$

$\therefore \angle x=20°$

05 답 (1) $\angle x=40°$, $\angle y=70°$ (2) $\angle x=85°$, $\angle y=30°$

(1) $\angle x=40°$ (맞꼭지각)

$2\angle y+40°=180°$, $2\angle y=140°$

$\therefore \angle y=70°$

(2) $\angle x+65°=150°$ (맞꼭지각) $\therefore \angle x=85°$

$\angle y+150°=180°$ $\therefore \angle y=30°$

06 답 ②

$65°+90°=3\angle x+35°$ (맞꼭지각)

$3\angle x=120°$ $\therefore \angle x=40°$

$65°+90°+\angle y=180°$ $\therefore \angle y=25°$

$\therefore \angle x+\angle y=40°+25°=65°$

개념 06 직교와 수선

개념 확인하기 19쪽

1 답 (1) ⊥   (2) 수선   (3) O   (4) CO

대표문제 20쪽

01 답 (1)

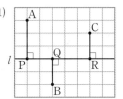

(2) 3, 2, 2

02 답 (1) $\overline{AB}$ (2) 점 B   (3) 6 cm

(3) 점 A와 $\overline{BC}$ 사이의 거리는 $\overline{AB}$의 길이와 같다.

$\therefore \overline{AB}=6$ cm

03 답 (1) 5 cm   (2) 8 cm

(1) 점 A와 $\overline{BC}$ 사이의 거리는 $\overline{AH}$의 길이와 같다.

$\therefore \overline{AH}=5$ cm

(2) 점 C와 $\overline{AB}$ 사이의 거리는 $\overline{AC}$의 길이와 같다.

$\therefore \overline{AC}=8$ cm

04 답 (1) ○   (2) ○   (3) ×   (4) ×   (5) ○

---

(3) $\overline{AB}\perp\overline{CD}$이지만 점 H가 $\overline{CD}$의 중점인지는 알 수 없다.

(4) 점 A에서 $\overleftrightarrow{CD}$에 내린 수선의 발은 점 H이다.

05 답 ㄱ, ㄷ, ㄹ

ㄴ. 오른쪽 그림과 같이 점 A에서 $\overline{BC}$에 내린 수선의 발을 H라 하면 점 A와 $\overline{BC}$ 사이의 거리는 $\overline{AH}$의 길이와 같으므로

$\overline{AH}=\overline{CD}=3$ cm

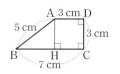

이상에서 옳은 것은 ㄱ, ㄷ, ㄹ이다.

소단원 핵심문제 21쪽

01 (1) 40° (2) 45°	**02** 30°	**03** ④ **04** 9
05 18° **05-1** $\angle AOB=45°$, $\angle BOC=135°$		

01 (1) $(2\angle x-30°)+\angle x=90°$

$3\angle x-30°=90°$, $3\angle x=120°$

$\therefore \angle x=40°$

(2) $70°+(2\angle x-10°)+(\angle x-15°)=180°$

$3\angle x+45°=180°$, $3\angle x=135°$

$\therefore \angle x=45°$

02 $\angle y+60°=2\angle y$ (맞꼭지각) $\therefore \angle y=60°$

$(\angle x+30°)+2\angle y=180°$

$\angle x+30°+120°=180°$ $\therefore \angle x=30°$

$\therefore \angle y-\angle x=60°-30°=30°$

> **이런 풀이 어때요?**
>
> $\angle y=60°$이고 평각의 크기가 180°임을 이용하면
> $\angle y+60°+(\angle x+30°)=180°$
> $\angle x+150°=180°$ $\therefore \angle x=30°$

03 맞꼭지각은 교각 중에서 서로 마주 보는 각이다.

(ⅰ) $\overleftrightarrow{AB}$와 $\overleftrightarrow{CD}$가 점 O에서 만나므로 맞꼭지각은

$\angle AOC$와 $\angle BOD$, $\angle AOD$와 $\angle BOC$

(ⅱ) $\overleftrightarrow{AB}$와 $\overleftrightarrow{EF}$가 점 O에서 만나므로 맞꼭지각은

$\angle AOE$와 $\angle BOF$, $\angle AOF$와 $\angle BOE$

(ⅲ) $\overleftrightarrow{CD}$와 $\overleftrightarrow{EF}$가 점 O에서 만나므로 맞꼭지각은

$\angle COE$와 $\angle DOF$, $\angle COF$와 $\angle DOE$

이상에서 맞꼭지각은 모두 6쌍이다.

> **이런 풀이 어때요?**
>
> n개의 서로 다른 직선이 한 점에서 만날 때 생기는 맞꼭지각의 쌍의 개수는 $n(n-1)$쌍이므로 구하는 맞꼭지각은 모두
> $3\times(3-1)=6$(쌍)이다.

04 점 A와 $\overline{\text{BC}}$ 사이의 거리는 $\overline{\text{DE}}$의 길이와 같으므로 $x=4$
점 C와 $\overline{\text{AB}}$ 사이의 거리는 $\overline{\text{AF}}$의 길이와 같으므로 $y=5$
$\therefore x+y=4+5=9$

05 $\angle\text{AOC}=\dfrac{1}{4}\angle\text{DOB}$에서 $\angle\text{DOB}=4\angle\text{AOC}$
$\angle\text{AOC}+90°+\angle\text{DOB}=180°$에서
$\angle\text{AOC}+90°+4\angle\text{AOC}=180°$
$5\angle\text{AOC}=90°$ $\qquad\therefore \angle\text{AOC}=18°$

05-1 $\angle\text{BOC}=3\angle\text{AOB}$이므로
$\angle\text{AOB}+\angle\text{BOC}=180°$에서
$\angle\text{AOB}+3\angle\text{AOB}=180°$, $4\angle\text{AOB}=180°$
$\therefore \angle\text{AOB}=45°$
$\therefore \angle\text{BOC}=3\angle\text{AOB}=3\times45°=135°$

③ 위치 관계

개념 **07** 점과 직선, 점과 평면의 위치 관계

 개념 확인하기 ·································· 22쪽

1 답 (1) 점 A, 점 C (2) 점 B, 점 D

2 답 (1) 점 A, 점 C (2) 점 B, 점 D

대표문제 ·································· 23쪽

01 답 (1) 점 B, 점 C (2) 점 B, 점 D (3) 점 B

02 답 (1) 점 A, 점 D (2) 점 A, 점 D (3) 점 D

03 답 ㄴ, ㄹ
ㄱ. 점 A는 직선 l 위에 있지 않다.
점 A는 직선 m 위에 있다.
ㄷ. 점 C는 직선 m 위에 있다.
이상에서 옳은 것은 ㄴ, ㄹ이다.

04 답 (1) 점 B, 점 C
(2) 점 A, 점 D, 점 E, 점 F
(3) 점 A, 점 B, 점 D, 점 E
(4) 점 C, 점 F

05 답 (1) 면 ABFE, 면 BFGC, 면 EFGH
(2) 면 ABCD, 면 CGHD

06 답 4
모서리 AC 위에 있지 않은 꼭짓점은 점 B, 점 D, 점 E의 3개
이므로 $a=3$
면 BCDE 위에 있지 않은 점은 꼭짓점 A의 1개이므로
$b=1$
$\therefore a+b=3+1=4$

개념 **08** 두 직선의 위치 관계

개념 확인하기 ·································· 24쪽

1 답 (1) ○ (2) ×

대표문제 ·································· 25~26쪽

01 답 (1) $\overrightarrow{\text{AD}}$, $\overrightarrow{\text{BC}}$ (2) $\overrightarrow{\text{AB}}/\!/\overrightarrow{\text{CD}}$, $\overrightarrow{\text{AD}}/\!/\overrightarrow{\text{BC}}$

02 답 (1) $\overleftrightarrow{\text{DE}}$ (2) $\overleftrightarrow{\text{BC}}$, $\overleftrightarrow{\text{CD}}$, $\overleftrightarrow{\text{EF}}$, $\overleftrightarrow{\text{FA}}$
(1) 오른쪽 그림에서 $\overleftrightarrow{\text{AB}}$와 평행한 직
선은 $\overleftrightarrow{\text{DE}}$이다.
(2) $\overleftrightarrow{\text{AB}}$와 한 점에서 만나는 직선은
$\overleftrightarrow{\text{BC}}$, $\overleftrightarrow{\text{CD}}$, $\overleftrightarrow{\text{EF}}$, $\overleftrightarrow{\text{FA}}$이다.

이것만은 꼭!
평면도형에서 두 직선의 위치 관계를 알아볼 때는 변을 직선으
로 연장하여 생각한다.

03 답 ㄴ, ㄷ, ㄹ
ㄱ. 오른쪽 그림에서 변 AB와 변 CD를
연장하면 두 직선은 한 점에서 만난
다.
이상에서 옳은 것은 ㄴ, ㄷ, ㄹ이다.

04 답 (1) $\overline{\text{AD}}$, $\overline{\text{AE}}$, $\overline{\text{BC}}$, $\overline{\text{BF}}$
(2) $\overline{\text{DC}}$, $\overline{\text{EF}}$, $\overline{\text{HG}}$
(3) $\overline{\text{CG}}$, $\overline{\text{DH}}$, $\overline{\text{EH}}$, $\overline{\text{FG}}$

05 답 (1) $\overline{\text{AB}}$, $\overline{\text{AC}}$, $\overline{\text{BE}}$, $\overline{\text{CF}}$ (2) 점 C
(3) $\overline{\text{EF}}$ (4) $\overline{\text{AD}}$, $\overline{\text{DE}}$, $\overline{\text{DF}}$

06 답 (1) $\overleftrightarrow{\text{GH}}$
(2) $\overleftrightarrow{\text{AB}}$, $\overleftrightarrow{\text{BG}}$, $\overleftrightarrow{\text{CD}}$, $\overleftrightarrow{\text{CH}}$, $\overleftrightarrow{\text{AE}}$, $\overleftrightarrow{\text{DE}}$
(3) $\overleftrightarrow{\text{AF}}$, $\overleftrightarrow{\text{EJ}}$, $\overleftrightarrow{\text{DI}}$, $\overleftrightarrow{\text{GF}}$, $\overleftrightarrow{\text{FJ}}$, $\overleftrightarrow{\text{JI}}$, $\overleftrightarrow{\text{IH}}$

(3) 직선 BC와 만나지도 않고 평행하지도 않은 직선은 직선 BC와 꼬인 위치에 있는 직선이므로 $\overleftrightarrow{AF}$, $\overleftrightarrow{EJ}$, $\overleftrightarrow{DI}$, $\overleftrightarrow{GF}$, $\overleftrightarrow{FJ}$, $\overleftrightarrow{JI}$, $\overleftrightarrow{IH}$이다.

07 답 ②, ③
① $\overline{BC}$와 $\overline{AB}$는 점 B에서 만난다.
④ $\overline{BC}$와 $\overline{CD}$는 점 C에서 만난다.
⑤ $\overline{BC}$와 $\overline{DE}$는 평행하다.

08 답 $\overline{BF}$, $\overline{DH}$, $\overline{EF}$, $\overline{EH}$, $\overline{FG}$, $\overline{GH}$

09 답 (1) ○ (2) × (3) ×
(2) 다음 그림과 같이 $l \perp m$, $l \perp n$이면 두 직선 m, n은 평행하거나 한 점에서 만나거나 꼬인 위치에 있다.

(3) 다음 그림과 같이 $l /\!/ m$, $m \perp n$이면 두 직선 l, n은 수직으로 만나거나 꼬인 위치에 있다.

개념 **09** 직선과 평면의 위치 관계

개념 확인하기 ·· 27쪽

1 답 (1) $\overline{AE}$, $\overline{BF}$, $\overline{CG}$, $\overline{DH}$ (2) $\overline{AB}$, $\overline{BC}$, $\overline{CD}$, $\overline{DA}$
(3) 면 CGHD, 면 EFGH (4) $\overline{EF}$, $\overline{FG}$, $\overline{GH}$, $\overline{HE}$

·· 28쪽

01 답 (1) 면 ABC, 면 ADEB (2) 면 ADFC, 면 BEFC
(3) $\overline{AB}$, $\overline{DE}$ (4) $\overline{DE}$, $\overline{EF}$, $\overline{FD}$

02 답 (1) 면 AEHD, 면 BFGC (2) $\overline{CD}$, $\overline{GH}$ (3) $\overline{AE}$, $\overline{BF}$

03 답 8
면 ABCD와 평행한 모서리는
$\overline{EF}$, $\overline{FG}$, $\overline{GH}$, $\overline{HE}$
의 4개이므로 $a=4$
면 ABCD와 수직인 모서리는
$\overline{AE}$, $\overline{BF}$, $\overline{CG}$, $\overline{DH}$
의 4개이므로 $b=4$
∴ $a+b=4+4=8$

04 답 (1) 5 cm (2) 4 cm
(1) 점 A와 면 BCFE 사이의 거리는 점 A에서 면 BCFE에 내린 수선의 발인 점 B까지의 거리, 즉 $\overline{AB}$의 길이와 같다.
∴ $\overline{AB}=5$ cm
(2) 점 B와 면 DEF 사이의 거리는 점 B에서 면 DEF에 내린 수선의 발인 점 E까지의 거리, 즉 $\overline{BE}$의 길이와 같다.
∴ $\overline{BE}=\overline{CF}=4$ cm

05 답 12
점 B와 면 AEHD 사이의 거리는 $\overline{AB}$의 길이와 같으므로
$\overline{AB}=\overline{GH}=5$ cm ∴ $x=5$
점 E와 면 ABCD 사이의 거리는 $\overline{AE}$의 길이와 같으므로
$\overline{AE}=\overline{DH}=7$ cm ∴ $y=7$
∴ $x+y=5+7=12$

개념 **10** 두 평면의 위치 관계

개념 확인하기 ·· 29쪽

1 답 (1) 면 ABCD, 면 ABFE, 면 EFGH, 면 CGHD
(2) 면 ABCD, 면 CGHD
(3) 면 AEHD
(4) 면 ABCD, 면 ABFE, 면 EFGH, 면 CGHD
(4) 직육면체에서 주어진 면과 수직인 면은 만나는 면과 같다.
따라서 면 BFGC와 수직인 면은
면 ABCD, 면 ABFE, 면 EFGH, 면 CGHD
이다.

·· 30쪽

01 답 (1) 1개 (2) 3개 (3) 4개
(1) 면 ABC와 평행한 면은 면 DEF의 1개이다.
(2) 면 ABC와 수직인 면은
면 ADEB, 면 BEFC, 면 ADFC
의 3개이다.
(3) 면 BEFC와 한 모서리에서 만나는 면은
면 ABC 면 ADEB, 면 DEF, 면 ADFC
의 4개이다.

02 답 (1) 면 ABCD, 면 ABFE, 면 AEHD, 면 BFGC,
면 CGHD, 면 EFGH
(2) 면 ABCD, 면 EFGH

(1) 면 AEGC와
$\overline{AC}$에서 만나는 면 ⇨ 면 ABCD
$\overline{AE}$에서 만나는 면 ⇨ 면 ABFE, 면 AEHD
$\overline{CG}$에서 만나는 면 ⇨ 면 BFGC, 면 CGHD
$\overline{EG}$에서 만나는 면 ⇨ 면 EFGH
따라서 면 AEGC와 만나는 면은
면 ABCD, 면 ABFE, 면 AEHD, 면 BFGC,
면 CGHD, 면 EFGH
이다.

(2) 면 AEGC와 수직인 면은
면 ABCD, 면 EFGH
이다.

03 달 3
면 CIJD와 평행한 면은 면 AGLF의 1개이므로 $a=1$
면 CIJD와 수직인 면은 면 ABCDEF, 면 GHIJKL의
2개이므로 $b=2$
∴ $a+b=1+2=3$

04 달 (1) ○ (2) × (3) ○
(2) 오른쪽 그림과 같이
$l \perp P, m \perp P$이면 $l /\!/ m$

(3) 오른쪽 그림과 같이
$P /\!/ Q, P \perp l$이면 $l \perp Q$

소단원 **핵심문제**　　　　　　　　31~32쪽

01 ④	02 ①,④	03 5	04 ①,③	05 ②
06 ④	07 풀이 참조, 4개	07-1 ④		

01 ④ 점 A는 두 직선 l, m의 교점이다.

02 ① 오른쪽 그림과 같이 $\overleftrightarrow{AB}$와 $\overleftrightarrow{CD}$는
한 점 E에서 만난다.
③ $\overleftrightarrow{AD}$와 $\overleftrightarrow{BC}$는 평행하다. 즉, 만나지
않는다.
④ 오른쪽 그림과 같이 점 A에서 $\overleftrightarrow{CD}$
에 내린 수선의 발은 점 H이다.

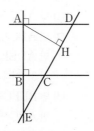

03 모서리 EF와 수직으로 만나는 모서리는 $\overline{DF}, \overline{BE}, \overline{CF}$의
3개이므로 $x=3$
모서리 CF와 평행한 모서리는 $\overline{AD}, \overline{BE}$의 2개이므로 $y=2$
∴ $x+y=3+2=5$

04 $\overline{CE}$와 꼬인 위치에 있는 모서리는 $\overline{CE}$와 만나지도 않고 평행
하지도 않은 모서리이므로 $\overline{AB}, \overline{AD}$이다.
$\overline{CE}$와 $\overline{AC}, \overline{BC}, \overline{DE}$는 한 점에서 만난다.

05 ② $\overline{AD}$는 면 EFGH와 평행하다.

06 ④ 면 ABC와 면 BFC는 한 모서리에서 만나지만 수직은
아니다.
⑤ 모서리 BF와 꼬인 위치에 있는 모서리는
$\overline{AC}, \overline{AD}, \overline{CG}, \overline{DG}, \overline{DE}$
의 5개이다.

07 주어진 전개도로 만들어지
는 정육면체는 오른쪽 그림
과 같고, 모서리 AN과 꼬
인 위치에 있는 모서리는
$\overline{DE(HG)}, \overline{CF}, \overline{JG}, \overline{KF}$
의 4개이다.

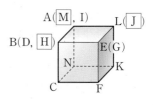

07-1 면 JGHI와 평행한 모서리는 $\overline{CF}, \overline{KF}, \overline{NK}, \overline{NC}$이다.

❹ 평행선의 성질

개념 **11 동위각과 엇각**

개념 확인하기　　　　　　　　33쪽

1 달 풀이 참조
(1)

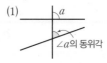

$\angle a$의 엇각은 없다.

(2)

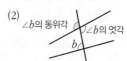

(3)

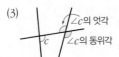

(4)

$\angle d$의 엇각은 없다.

01 답 (1) ∠e (2) ∠h (3) ∠e (4) ∠d

02 답 ㄱ, ㄹ
ㄴ. ∠b의 동위각은 ∠f이다.
ㄷ. ∠f의 엇각은 없다.

03 답 (1) c, 50°, 130° (2) b, 60°

04 답 (1) ∠e, 100° (2) ∠f, 100°
　　　(3) ∠b, 70° (4) ∠a, 110°
(1) ∠a의 동위각은 ∠e이고
　　∠e+80°=180° ∴ ∠e=100°
(2) ∠c의 동위각은 ∠f이고
　　∠f+80°=180° ∴ ∠f=100°
(3) ∠d의 엇각은 ∠b이므로 ∠b=70° (맞꼭지각)
(4) ∠f의 엇각은 ∠a이고
　　∠a+70°=180° ∴ ∠a=110°

개념 12 평행선의 성질

개념 확인하기 ……………………………………… 35쪽

1 답 (1) 130° (2) 80°
(1) l∥m이므로 ∠x=130° (동위각)
(2) l∥m이므로 ∠x=80° (엇각)

01 답 ∠x=45°, ∠y=135°
l∥m이므로 ∠x=45° (동위각)
∠x+∠y=180°, 45°+∠y=180°
∴ ∠y=135°

02 답 (1) ∠x=115°, ∠y=60°
　　　(2) ∠x=100°, ∠y=140°
(1) 오른쪽 그림에서 l∥m이므로
　　∠x+65°=180°
　　∴ ∠x=115°
　　∠y+120°=180°
　　∴ ∠y=60°

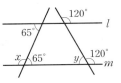

(2) 오른쪽 그림에서 l∥m이므로
　　∠x=60°+40°
　　　=100° (동위각)
　　∠y+40°=180°
　　∴ ∠y=140°

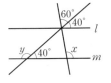

03 답 25°
오른쪽 그림에서 l∥m이므로
2∠x+75°=125° (엇각)
2∠x=50°
∴ ∠x=25°

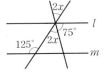

04 답 (1) 80° (2) 85°
(1) 오른쪽 그림과 같이 두 직선 l,
m에 평행한 직선 n을 그으면
엇각의 크기가 각각 같으므로
∠x=20°+60°
　　=80°

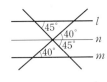

(2) 오른쪽 그림과 같이 두 직선 l,
m에 평행한 직선 n을 그으면
동위각의 크기가 각각 같으므로
∠x=40°+45°
　　=85°

05 답 65°
오른쪽 그림과 같이 두 직선 l, m에
평행한 직선 n을 그으면 엇각의 크
기가 각각 같으므로
∠x+25°=90°
∴ ∠x=65°

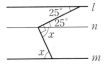

06 답 ㄱ, ㄴ
ㄱ. 동위각의 크기가 같으므로 두 직선 l, m은 평행하다.
ㄴ. 오른쪽 그림에서 엇각의 크기가
같으므로 두 직선 l, m은 평행
하다.

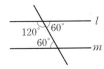

ㄷ. 오른쪽 그림에서 동위각의 크기
가 같지 않으므로 두 직선 l, m
은 평행하지 않다.

ㄹ. 오른쪽 그림에서 동위각의 크기
가 같지 않으므로 두 직선 l, m
은 평행하지 않다.

이상에서 두 직선 l, m이 평행한 것은 ㄱ, ㄴ이다.

소단원 핵심문제

37~38쪽

01 ④	02 ⑤	03 165°	04 30°	05 40°
06 40°	07 (1) ∠DEG, ∠FEG		(2) 120°	08 60°
08-1 84°				

01 ② ∠b와 ∠h, ③ ∠c와 ∠e는 엇각끼리 짝 지은 것이다.

02 ③ ∠f의 동위각은 ∠c이고
$95° + ∠c = 180°$
∴ $∠c = 85°$
④ ∠a의 동위각은 ∠e이고
$∠e + 75° = 180°$
∴ $∠e = 105°$
⑤ ∠d의 엇각은 ∠b이고
$∠b = 95°$ (맞꼭지각)

03 $l \parallel m$이므로
$∠y = 50°$ (엇각)
$∠x = 65° + ∠y = 65° + 50°$
$= 115°$ (엇각)
∴ $∠x + ∠y = 115° + 50° = 165°$

04 오른쪽 그림에서 $l \parallel m$이고 삼각형의
세 각의 크기의 합은 180°이므로
$∠x + 80° + 70° = 180°$
∴ $∠x = 30°$

05 오른쪽 그림과 같이 두 직선 l, m에
평행한 직선 n을 그으면
$30° + (∠x - 15°) = 55°$
$∠x + 15° = 55°$
∴ $∠x = 40°$

06 두 직선 l, m이 평행하려면 동위각
의 크기가 같아야 하므로 오른쪽 그
림에서
$∠x + (3∠x + 20°) = 180°$
$4∠x = 160°$
∴ $∠x = 40°$

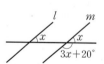

07 (1) 오른쪽 그림에서
$\overline{AD} \parallel \overline{BC}$이므로
$∠EGF = ∠DEG$
$= 30°$ (엇각)
$∠DEG = ∠FEG = 30°$ (접은 각)
∴ $∠EGF = ∠FEG$
따라서 ∠EGF와 크기가 같은 각은 ∠DEG, ∠FEG
이다.

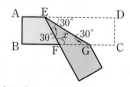

(2) 삼각형 EFG에서
$30° + ∠x + 30° = 180°$
∴ $∠x = 120°$

08 오른쪽 그림과 같이 두 직선 l, m에
평행한 두 직선 p, q를 그으면
$∠x = 30° + 30° = 60°$

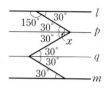

08-1 오른쪽 그림과 같이 두 직선 l, m
에 평행한 두 직선 p, q를 그으면
$∠x = 62° + 22° = 84°$

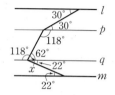

> **이것만은 꼭!**
> 평행선 사이에 꺾인 부분이 나오면 꺾인 점을 지나며 평행선과
> 평행한 보조선을 그어 평행선의 성질을 이용한다.
> 이때 꺾인 점이 2개이면 보조선 2개를 긋는다.

중단원 마무리문제

39~41쪽

01 ④	02 ⑤	03 ②	04 84°	05 60°
06 12쌍	07 90°	08 ⑤	09 ㄱ, ㄹ	10 ③
11 ②, ④	12 6	13 ③, ⑤	14 ①	15 40°
16 105°	17 ④			

01 교점의 개수는 6개이므로
$a = 6$
교선의 개수는 10개이므로
$b = 10$
면의 개수는 6개이므로
$c = 6$
∴ $a + b + c = 6 + 10 + 6 = 22$

02 ② $\overrightarrow{AB}$와 $\overrightarrow{AD}$는 시작점과 뻗어 나가는 방향이 같으므로 같
은 반직선이다.
⑤ $\overrightarrow{CA}$와 $\overrightarrow{CD}$는 시작점은 같지만 뻗어 나가는 방향이 다르
므로 같은 반직선이 아니다.

03 점 N이 $\overline{AM}$의 중점이므로
$\overline{AM} = 2\overline{NM} = 2 \times 3 = 6$(cm)
또, 점 M이 $\overline{AB}$의 중점이므로
$\overline{AB} = 2\overline{AM} = 2 \times 6 = 12$(cm)

04 $\angle y = 180° \times \dfrac{7}{3+7+5}$

$\qquad = 180° \times \dfrac{7}{15} = 84°$

05 $\angle EOB = 90°$이고 $\angle EOB = 3\angle DOE$이므로

$\angle DOE = \dfrac{1}{3}\angle EOB$

$\qquad = \dfrac{1}{3} \times 90° = 30°$ ······ ㉠

한편, $\angle AOE = \angle AOD + \angle DOE = 90°$이고 ㉠에서

$\angle DOE = 30°$이므로

$\angle AOD + 30° = 90°$ ∴ $\angle AOD = 60°$

그런데 $\angle AOD = 2\angle COD$이므로

$2\angle COD = 60°$ ∴ $\angle COD = 30°$ ······ ㉡

㉠, ㉡에서

$\angle COE = \angle COD + \angle DOE$

$\qquad = 30° + 30° = 60°$

06 오른쪽 그림과 같이 네 직선을 각각
a, b, c, d라 하자.
직선 a와 b, 직선 a와 c, 직선 a와 d, 직선
b와 c, 직선 b와 d, 직선 c와 d로 만들어
지는 맞꼭지각이 각각 2쌍이므로 맞꼭지
각은 모두 $2 \times 6 = 12$(쌍)이 생긴다.

07 오른쪽 그림에서
$(3\angle x - 10°) + \angle x$
$\qquad + (4\angle x + 30°)$
$= 180°$
이므로 $8\angle x = 160°$
∴ $\angle x = 20°$ ··· ㉮
$\angle y = 4\angle x + 30°$ (맞꼭지각)이므로
$\angle y = 4 \times 20° + 30° = 80° + 30° = 110°$ ··· ㉯
∴ $\angle y - \angle x = 110° - 20° = 90°$ ··· ㉰

단계	채점 기준	배점 비율
㉮	$\angle x$의 크기 구하기	40 %
㉯	$\angle y$의 크기 구하기	40 %
㉰	$\angle y - \angle x$의 크기 구하기	20 %

08 ⑤ 꼬인 위치에 있는 두 직선은 한 평면 위에 있지 않다.

09 ㄴ. $\overrightarrow{AB}$와 $\overrightarrow{BC}$는 한 점에서 만나지만 수직으로 만나지 않는
다.

ㄷ. 점 A에서 $\overrightarrow{BC}$에 내린 수선의 발은 점 E이다.

ㄹ. 점 B와 $\overrightarrow{AD}$ 사이의 거리는 $\overline{CD}$의 길이와 같으므로
6 cm이다.

이상에서 옳은 것은 ㄱ, ㄹ이다.

10 $\overline{AE}$와 평행한 모서리는 $\overline{BF}$, $\overline{CG}$, $\overline{DH}$이고 이 중 $\overline{BD}$와 꼬
인 위치에 있는 모서리는 $\overline{CG}$이다.

11 ② $\overleftrightarrow{AB}$와 $\overleftrightarrow{CD}$는 한 점에서 만난다.
④ 면 BGHC와 $\overleftrightarrow{FJ}$는 한 점에서 만난다.
⑤ 면 ABCDE와 수직인 모서리는 $\overline{AF}$, $\overline{BG}$, $\overline{CH}$, $\overline{DI}$, $\overline{EJ}$
의 5개이다.

12 면 ABE와 평행한 면은 면 DCF
의 1개이므로 $a = 1$ ··· ㉮
면 AEFD와 수직인 모서리는 $\overline{BE}$, $\overline{CF}$
의 2개이므로 $b = 2$ ··· ㉯
$\overline{CD}$와 꼬인 위치에 있는 모서리는 $\overline{AE}$, $\overline{BE}$, $\overline{EF}$
의 3개이므로 $c = 3$ ··· ㉰
∴ $a + b + c = 1 + 2 + 3$
$\qquad = 6$ ··· ㉱

단계	채점 기준	배점 비율
㉮	a의 값 구하기	30 %
㉯	b의 값 구하기	30 %
㉰	c의 값 구하기	30 %
㉱	$a + b + c$의 값 구하기	10 %

13 전략 직육면체를 이용하여 공간에서 두 직선, 직선과 평면, 두 평면
의 위치 관계를 알아본다.

① 다음 그림과 같이 $l /\!\!/ P$, $m /\!\!/ P$이면 두 직선 l, m은 한 점
에서 만나거나 평행하거나 꼬인 위치에 있다.

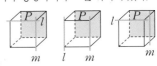

② 다음 그림과 같이 $l /\!\!/ P$, $l /\!\!/ Q$이면 두 평면 P, Q는 한 직
선에서 만나거나 평행하다.

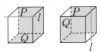

③ 오른쪽 그림과 같이 $l \perp P$, $l \perp Q$이면
$P /\!\!/ Q$

④ 오른쪽 그림과 같이 $l \perp P$, $m \perp P$이면
$l /\!\!/ m$

⑤ 오른쪽 그림과 같이 $l \perp P$, $l /\!\!/ Q$이면
$P \perp Q$

14 직선을 분리하면 다음과 같다.

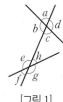

[그림 1]   [그림 2]

(i) [그림 1]에서 $\angle c$의 엇각은 $\angle e$이다.

(ii) [그림 2]에서 $\angle c$의 엇각은 $\angle i$이다.

(i), (ii)에서 $\angle c$의 엇각은 $\angle e$, $\angle i$이다.

이것만은 꼭!

세 직선이 세 점에서 만나는 경우 다음과 같이 한 점을 가리면 동위각과 엇각을 쉽게 찾을 수 있다.

① 동위각

② 엇각

15 오른쪽 그림에서 $l /\!/ m$이고 삼각형의 세 각의 크기의 합은 $180°$이므로
$$45° + (2\angle x + 15°) + \angle x = 180°$$
$$3\angle x + 60° = 180°, \ 3\angle x = 120°$$
$$\therefore \angle x = 40°$$

16 오른쪽 그림과 같이 점 C를 지나고 $\overleftrightarrow{AB}$, $\overleftrightarrow{DE}$에 평행한 직선을 그으면
$$\angle x = 50° + 55° = 105°$$

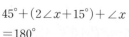

17 ① 오른쪽 그림과 같이 동위각의 크기가 같지 않으므로 두 직선 l, m은 평행하지 않다.

② 동위각의 크기가 같지 않으므로 두 직선 l, m은 평행하지 않다.

③ 엇각 또는 동위각의 크기가 같은지 알 수 없다.

④ 오른쪽 그림과 같이 엇각의 크기가 같으므로 두 직선 l, m은 평행하다.

⑤ 오른쪽 그림과 같이 동위각의 크기가 같지 않으므로 두 직선 l, m은 평행하지 않다.

ㄱ. 이웃한 푸드트럭 사이의 간격은
$$\frac{115 - 13 - 14}{11} = \frac{88}{11} = 8 \text{(m)}$$이므로
$$\overline{BD} = 3 \times 8 = 24 \text{(m)}$$
$$\overline{FH} = 2 \times 8 + 14 = 30 \text{(m)}$$
따라서 $\overline{BD}$와 $\overline{FH}$의 길이는 같지 않다. ··· **1**

ㄴ. $\overline{CE} = 3\overline{CD}$이므로 $\overline{CD} = \dfrac{1}{3}\overline{CE}$ ··· **2**

ㄷ. $\overline{CG} = 6\overline{FG}$이므로 $\overline{FG} = \dfrac{1}{6}\overline{CG}$ ··· **3**

ㄹ. 점 E는 $\overline{DF}$의 중점이므로 $\overline{DE} = \dfrac{1}{2}\overline{DF}$
$$\therefore \overline{DF} = 2\overline{DE}$$ ··· **4**

답 ㄴ, ㄹ

1 ❶ 두 직선 l, m에 평행한 두 직선 p, q를 긋고, $\angle a \sim \angle d$를 이용하여 각을 표시하면?

··· ㉮

❷ 평행선의 성질을 이용하여 $\angle a \sim \angle d$의 크기를 구하면?

$l /\!/ p$이므로
$$\angle a = \boxed{18}° \text{ (엇각)}$$
$$\angle b = 58° - \angle a$$
$$= 58° - 18° = \boxed{40}°$$

$p /\!/ q$이므로
$$\angle c = \angle b = \boxed{40}° \text{ (엇각)}$$

$q /\!/ m$이므로
$$\angle d = \boxed{28}° \text{ (엇각)}$$ ··· ㉯

❸ $\angle x$의 크기는?
$$\angle x = \angle c + \angle d$$
$$= 40° + 28° = \boxed{68}°$$ ··· ㉰

단계	채점 기준	배점 비율
㉮	평행한 두 직선을 긋고 $\angle a \sim \angle d$ 표시하기	30 %
㉯	평행선의 성질을 이용하여 $\angle a \sim \angle d$의 크기 구하기	60 %
㉰	$\angle x$의 크기 구하기	10 %

2 ❶ 두 직선 l, m에 평행한 두 직선 p, q를 긋고, $\angle a \sim \angle d$를 이용하여 각을 표시하면?

····· ㉮

❷ 평행선의 성질을 이용하여 $\angle a \sim \angle d$의 크기를 구하면?

$l /\!/ p$이므로
$\angle a = 30°$ (엇각)
$\angle b = 90° - \angle a$
$\quad = 90° - 30° = 60°$
$p /\!/ q$이므로
$\angle c = \angle b = 60°$ (엇각)
$q /\!/ m$이므로
$\angle d = 70°$ (엇각) ····· ㉯

❸ $\angle x$의 크기는?
$\angle x = \angle c + \angle d$
$\quad = 60° + 70° = 130°$ ····· ㉰

단계	채점 기준	배점 비율
㉮	평행한 두 직선을 긋고 $\angle a \sim \angle d$ 표시하기	30 %
㉯	평행선의 성질을 이용하여 $\angle a \sim \angle d$의 크기 구하기	60 %
㉰	$\angle x$의 크기 구하기	10 %

3 $3\overline{AC} = 2\overline{AB}$이므로
$\overline{AC} = \dfrac{2}{3}\overline{AB} = \dfrac{2}{3} \times 24 = 16 \,(\text{cm})$ ····· ㉮
점 D가 $\overline{AC}$의 중점이므로
$\overline{AD} = \overline{DC} = \dfrac{1}{2}\overline{AC}$
$\qquad = \dfrac{1}{2} \times 16 = 8 \,(\text{cm})$ ····· ㉯
또, $\overline{AE} = 3\overline{DE}$이므로 $\overline{AD} = 2\overline{DE} = 8 \text{ cm}$
$\therefore \overline{DE} = 4 \,(\text{cm})$ ····· ㉰
$\therefore \overline{AE} = \overline{AD} + \overline{DE}$
$\qquad = 8 + 4 = 12 \,(\text{cm})$ ····· ㉱

답 12 cm

단계	채점 기준	배점 비율
㉮	$\overline{AC}$의 길이 구하기	30 %
㉯	$\overline{AD}$의 길이 구하기	30 %
㉰	$\overline{DE}$의 길이 구하기	30 %
㉱	$\overline{AE}$의 길이 구하기	10 %

4 $\angle AOB = 5\angle BOC$이므로
$5\angle BOC = 90°$ $\quad \therefore \angle BOC = 18°$ ····· ㉮
$\therefore \angle COE = 90° - 18° = 72°$

$\angle COE = 4\angle COD$이므로
$4\angle COD = 72°$ $\quad \therefore \angle COD = 18°$ ····· ㉯
$\therefore \angle BOD = \angle BOC + \angle COD$
$\qquad = 18° + 18° = 36°$ ····· ㉰

답 36°

단계	채점 기준	배점 비율
㉮	$\angle BOC$의 크기 구하기	30 %
㉯	$\angle COD$의 크기 구하기	50 %
㉰	$\angle BOD$의 크기 구하기	20 %

5 $\overrightarrow{FI}$와 꼬인 위치에 있는 직선은
$\overrightarrow{AB}, \overrightarrow{AE}, \overrightarrow{CD}, \overrightarrow{GH}, \overrightarrow{GJ}$
의 5개이므로 $a = 5$ ····· ㉮
면 ABHG와 평행한 직선은
$\overrightarrow{DE}, \overrightarrow{DF}, \overrightarrow{FI}, \overrightarrow{IJ}, \overrightarrow{EJ}$
의 5개이므로 $b = 5$ ····· ㉯
면 BHIFC와 수직인 면은
면 ABCDE, 면 ABHG, 면 GHIJ, 면 DFIJE
의 4개이므로 $c = 4$ ····· ㉰
$\therefore a + b + c = 5 + 5 + 4 = 14$ ····· ㉱

답 14

단계	채점 기준	배점 비율
㉮	a의 값 구하기	50 %
㉯	b의 값 구하기	20 %
㉰	c의 값 구하기	20 %
㉱	$a + b + c$의 값 구하기	10 %

6 오른쪽 그림에서 $\overline{AD} /\!/ \overline{BC}$이
므로 $\angle BFE = \angle y$ (엇각)
접은 각의 크기는 같으므로
$\angle EFH = \angle BFE = \angle y$
삼각형 EFH에서
$\angle y + \angle y + 110° = 180°$, $2\angle y = 70°$
$\therefore \angle y = 35°$ ····· ㉮

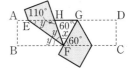

$\overline{AD} /\!/ \overline{BC}$이므로 $\angle GFC = 60°$ (엇각)
평각의 크기는 $180°$이므로 $\angle y + \angle y + \angle x + 60° = 180°$
$35° + 35° + \angle x + 60° = 180°$ $\quad \therefore \angle x = 50°$ ····· ㉯
$\therefore \angle x - \angle y = 50° - 35° = 15°$ ····· ㉰

답 15°

단계	채점 기준	배점 비율
㉮	$\angle y$의 크기 구하기	50 %
㉯	$\angle x$의 크기 구하기	30 %
㉰	$\angle x - \angle y$의 크기 구하기	20 %

02 작도와 합동

❶ 삼각형의 작도

개념 13 간단한 도형의 작도

개념 확인하기 ··· 46쪽

1 답 ㄱ, ㄹ

대표문제 47쪽

01 답 (1) × (2) × (3) ○

(1) 작도할 때는 컴퍼스를 사용하여 선분의 길이를 잰다.

(2) 두 점을 연결하여 선분을 그릴 때는 눈금 없는 자를 사용한다.

02 답 ㉠, ㉢

03 답 눈금 없는 자, 컴퍼스, B, $\overline{AB}$, 2

❶ 눈금 없는 자 를 사용하여 $\overline{AB}$를 점 B의 방향으로 연장한다.

❷ 컴퍼스 를 사용하여 $\overline{AB}$의 길이를 잰다.

❸ 점 B 를 중심으로 반지름의 길이가 $\overline{AB}$ 인 원을 그려 $\overline{AB}$의 연장선과의 교점을 C라 한다.

⇨ $\overline{AC} = 2 \overline{AB}$

04 답 (1) ㉢, ㉠, ㉣ (2) $\overline{PC}, \overline{PD}$ (또는 $\overline{PD}, \overline{PC}$) (3) $\overline{CD}$

(2) ㉡, ㉤은 각각 점 O, 점 P를 중심으로 반지름의 길이가 같은 원을 그린 것이므로

$\overline{OA} = \overline{OB} = \overline{PC} = \overline{PD}$

(3) ㉣은 점 D를 중심으로 반지름의 길이가 $\overline{AB}$인 원을 그린 것이므로

$\overline{AB} = \overline{CD}$

05 답 Q, A, B, C, $\overline{AB}$, $\overline{AB}$, D

개념 14 삼각형 ABC

개념 확인하기 ··· 48쪽

1 답 (1) $\overline{BC}$ (2) $\overline{AC}$ (3) $\overline{AB}$
(4) ∠C (5) ∠A (6) ∠B

대표문제 49쪽

01 답 (1) 4 cm (2) 8 cm (3) 90° (4) 30°

(1) ∠A의 대변은 $\overline{BC}$이므로

(∠A의 대변의 길이) = $\overline{BC}$ = 4 cm

(2) ∠C의 대변은 $\overline{AB}$이므로

(∠C의 대변의 길이) = $\overline{AB}$ = 8 cm

(3) $\overline{AB}$의 대각은 ∠C이므로

($\overline{AB}$의 대각의 크기) = ∠C = 90°

(4) $\overline{BC}$의 대각은 ∠A이므로

($\overline{BC}$의 대각의 크기) = ∠A = 180° − (90° + 60°)
= 30°

02 답 (1) ○ (2) × (3) ○ (4) × (5) × (6) ○

(1) 6 < 2 + 5이므로 삼각형을 만들 수 있다.

(2) 14 > 5 + 7이므로 삼각형을 만들 수 없다.

(3) 6 < 6 + 6이므로 삼각형을 만들 수 있다.

(4) 11 = 8 + 3이므로 삼각형을 만들 수 없다.

(5) 8 = 4 + 4이므로 삼각형을 만들 수 없다.

(6) 9 < 5 + 5이므로 삼각형을 만들 수 있다.

03 답 ㄱ, ㄴ

ㄱ. 5 < 3 + 4 ㄴ. 7 < 4 + 5

ㄷ. 14 = 6 + 8 ㄹ. 15 > 7 + 7

이상에서 삼각형의 세 변의 길이가 될 수 있는 것은 ㄱ, ㄴ이다.

04 답 7, 13, 7, <, 1, 1, 13

(i) 가장 긴 변의 길이가 x일 때

$x < 6 + 7$ ∴ $x < 13$

(ii) 가장 긴 변의 길이가 7 일 때

$7 < x + 6$ ∴ $x > 1$

(i), (ii)에서 x의 값의 범위는

$1 < x < 13$

05 답 ①, ⑤

(i) 가장 긴 변의 길이가 x cm일 때

$x < 8 + 12$

∴ $x < 20$

(ii) 가장 긴 변의 길이가 12 cm일 때

$12 < x + 8$

∴ $x > 4$

(i), (ii)에서 x의 값의 범위는

$4 < x < 20$

따라서 x의 값이 될 수 없는 것은 ① 4, ⑤ 20이다.

이것만은 꼭!

세 변의 길이가 주어질 때, 삼각형을 만들 수 있는 조건
⇨ (가장 긴 변의 길이) < (나머지 두 변의 길이의 합)

개념 15 삼각형의 작도

대표문제 51쪽

01 답 (1) ○ (2) ○ (3) × (4) ○

(3) ∠C는 길이가 b, c인 두 변의 끼인각이 아니므로 △ABC를 작도할 수 없다.

02 답 a, B, c, C, b, A

❶ 한 직선을 긋고, 그 위에 길이가 a 인 $\overline{BC}$를 작도한다.

❷ 점 B 를 중심으로 반지름의 길이가 c 인 원을 그린다.

❸ 점 C 를 중심으로 반지름의 길이가 b 인 원을 그려 ❷에서 그린 원과의 교점을 A 라 한다.

❹ $\overline{AB}$, $\overline{AC}$를 그으면 △ABC가 구하는 삼각형이다.

03 답 a, B, B, c, A

❶ 한 직선을 긋고, 그 위에 길이가 a 인 $\overline{BC}$를 작도한다.

❷ $\overrightarrow{BC}$를 한 변으로 하고 ∠B 와 크기가 같은 각을 작도한다.

❸ 점 B 를 중심으로 반지름의 길이가 c 인 원을 그려 그 교점을 A 라 한다.

❹ $\overline{AC}$를 그으면 △ABC가 구하는 삼각형이다.

04 답 a, C, A

❶ 한 직선을 긋고, 그 위에 길이가 a 인 $\overline{BC}$를 작도한다.

❷ $\overrightarrow{BC}$를 한 변으로 하고 ∠B와 크기가 같은 ∠PBC를 작도한다.

❸ $\overrightarrow{CB}$를 한 변으로 하고 ∠C 와 크기가 같은 ∠QCB를 작도한다.

❹ $\overrightarrow{BP}$, $\overrightarrow{CQ}$의 교점을 A 라 하면 △ABC가 구하는 삼각형이다.

개념 16 삼각형이 하나로 정해지는 경우

개념 확인하기 52쪽

1 답 (1) ○ (2) × (3) ×

(1) ∠C = $180° - (40° + 50°) = 90°$

따라서 $\overline{BC}$의 길이와 그 양 끝 각 ∠B, ∠C의 크기가 주어진 경우와 같으므로 △ABC가 하나로 정해진다.

(2) ∠C는 $\overline{AB}$와 $\overline{BC}$의 끼인각이 아니므로 △ABC가 하나로 정해지지 않는다.

(3) 세 각의 크기가 주어졌으므로 모양은 같지만 크기가 다른 삼각형이 무수히 많이 그려진다.
따라서 △ABC가 하나로 정해지지 않는다.

대표문제 53쪽

01 답 ㄴ, ㄷ

ㄱ. 세 각의 크기가 주어졌으므로 모양은 같지만 크기가 다른 삼각형이 무수히 많이 그려진다.
따라서 △ABC가 하나로 정해지지 않는다.

ㄴ. $\overline{AB}$의 길이와 그 양 끝 각 ∠A, ∠B의 크기가 주어졌으므로 △ABC가 하나로 정해진다.

ㄷ. ∠B = $180° - (50° + 60°) = 70°$
따라서 $\overline{BC}$의 길이와 그 양 끝 각 ∠B, ∠C의 크기가 주어진 경우와 같으므로 △ABC가 하나로 정해진다.

ㄹ. ∠A는 $\overline{AB}$와 $\overline{BC}$의 끼인각이 아니므로 △ABC가 하나로 정해지지 않는다.

ㅁ. 세 변의 길이가 주어졌으나 $12 > 5 + 6$이므로 △ABC가 그려지지 않는다.

이상에서 △ABC가 하나로 정해지는 것은 ㄴ, ㄷ이다.

(참고) ㄹ의 조건이 주어지면 △ABC는 다음과 같이 2개로 그려진다.

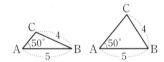

02 답 ③

③ $4 = 1 + 3$이므로 △ABC가 그려지지 않는다.

03 답 (1) ○ (2) ○ (3) × (4) ○

(1) $\overline{AB}$와 $\overline{AC}$의 길이가 주어지면 세 변의 길이가 주어진 경우이므로 △ABC가 하나로 정해진다.

(2) ∠A와 ∠B의 크기가 주어지면
∠C = $180° - (∠A + ∠B)$
따라서 한 변의 길이와 그 양 끝 각의 크기가 주어진 경우와 같으므로 △ABC가 하나로 정해진다.

(3) $\overline{AC}$의 길이와 ∠A의 크기가 주어지면 두 변의 길이와 그 끼인각이 아닌 다른 한 각의 크기가 주어진 경우이므로 △ABC가 하나로 정해지지 않는다.

(4) $\overline{AB}$의 길이와 ∠B의 크기가 주어지면 두 변의 길이와 그 끼인각의 크기가 주어진 경우이므로 △ABC가 하나로 정해진다.

04 답 ⑤

① 한 변의 길이와 그 양 끝 각의 크기가 주어진 경우이므로 △ABC가 하나로 정해진다.

② ∠B = $180° - (∠A + ∠C)$
따라서 한 변의 길이와 그 양 끝 각의 크기가 주어진 경우와 같으므로 △ABC가 하나로 정해진다.

③ 한 변의 길이와 그 양 끝 각의 크기가 주어진 경우이므로 △ABC가 하나로 정해진다.

④ 두 변의 길이와 그 끼인각의 크기가 주어진 경우이므로 △ABC가 하나로 정해진다.

⑤ ∠A는 $\overline{AB}$와 $\overline{BC}$의 끼인각이 아니므로 △ABC가 하나로 정해지지 않는다.

05 답 ㄱ, ㄹ

ㄱ. 9<7+5이므로 △ABC가 하나로 정해진다.

ㄴ. 12=7+5이므로 △ABC가 그려지지 않는다.

ㄷ. ∠A는 $\overline{AB}$와 $\overline{BC}$의 끼인각이 아니므로 △ABC가 하나로 정해지지 않는다.

ㄹ. ∠B는 $\overline{AB}$와 $\overline{BC}$의 끼인각이므로 △ABC가 하나로 정해진다.

이상에서 △ABC가 하나로 정해지기 위해 필요한 나머지 한 조건으로 알맞은 것은 ㄱ, ㄹ이다.

소단원 핵심문제
54~55쪽

01 ④	02 ⑤	03 ②	04 ④	05 ①, ③
06 ㄴ, ㄹ	07 7개	07-1 3개		

01 ④ 선분의 길이를 옮길 때 컴퍼스를 사용한다.

02 ① 두 점 B, D를 중심으로 반지름의 길이가 $\overline{AB}$인 원을 각각 그린 것이므로 $\overline{AB}=\overline{CD}$

②, ③, ④ 두 점 O, P를 중심으로 반지름의 길이가 $\overline{OA}$인 원을 각각 그린 것이므로 $\overline{OA}=\overline{OB}=\overline{PC}=\overline{PD}$

03 ① $\overline{PQ}=\overline{PR}=\overline{AB}=\overline{AC}$
② $\overline{BC}=\overline{QR}$

04 두 변 AB, BC의 길이와 그 끼인각 ∠B의 크기가 주어질 때, △ABC는 다음과 같이 작도할 수 있다.

(i) 한 변을 먼저 작도한 후에 각을 작도하고 나머지 변을 작도한다.
③ $\overline{AB}$ → ∠B → $\overline{BC}$ 또는 ⑤ $\overline{BC}$ → ∠B → $\overline{AB}$

(ii) 각을 먼저 작도한 후에 두 변을 작도한다.
① ∠B → $\overline{AB}$ → $\overline{BC}$ 또는 ② ∠B → $\overline{BC}$ → $\overline{AB}$

따라서 작도하는 순서로 옳지 않은 것은 ④이다.

05 ① 세 각의 크기가 주어졌으므로 모양은 같지만 크기가 다른 삼각형이 무수히 많이 그려진다.
따라서 △ABC가 하나로 정해지지 않는다.

② ∠A=180°−(60°+80°)=40°
따라서 $\overline{AC}$의 길이와 그 양 끝 각 ∠A, ∠C의 크기가 주어진 경우와 같으므로 △ABC가 하나로 정해진다.

③ ∠A는 $\overline{AB}$와 $\overline{BC}$의 끼인각이 아니므로 △ABC가 하나로 정해지지 않는다.

④ 두 변의 길이와 그 끼인각의 크기가 주어진 경우이므로 △ABC가 하나로 정해진다.

⑤ 11<7+6이므로 △ABC가 하나로 정해진다.

이것만은 꼭!

삼각형이 하나로 정해지지 않는 경우
① (가장 긴 변의 길이)≥(나머지 두 변의 길이의 합)일 때
② 두 변의 길이와 그 끼인각이 아닌 다른 한 각의 크기가 주어질 때
③ 세 각의 크기가 주어질 때

06 ㄱ. ∠A+∠B=45°+135°=180°
이므로 △ABC가 그려지지 않는다.

ㄴ. ∠B=180°−(45°+60°)=75°
따라서 $\overline{AB}$의 길이와 그 양 끝 각 ∠A, ∠B의 크기가 주어진 경우와 같으므로 △ABC가 하나로 정해진다.

ㄷ. ∠A는 $\overline{AB}$와 $\overline{BC}$의 끼인각이 아니므로 △ABC가 하나로 정해지지 않는다.

ㄹ. 두 변의 길이와 그 끼인각의 크기가 주어진 경우이므로 △ABC가 하나로 정해진다.

이상에서 △ABC가 하나로 정해지기 위해 필요한 나머지 한 조건으로 알맞은 것은 ㄴ, ㄹ이다.

07 (i) 가장 긴 변의 길이가 x cm일 때
$x<4+8$ ∴ $x<12$

(ii) 가장 긴 변의 길이가 8 cm일 때
$8<x+4$ ∴ $x>4$

(i), (ii)에서 x의 값의 범위는 $4<x<12$

따라서 x의 값이 될 수 있는 자연수는 5, 6, 7, 8, 9, 10, 11의 7개이다.

07-1 (i) 가장 긴 변의 길이가 10 cm일 때
10=4+6 (×), 10<4+7 (○), 10<6+7 (○)

(ii) 가장 긴 변의 길이가 7 cm일 때
7<4+6 (○)

(i), (ii)에서 세 변의 길이가
(4 cm, 7 cm, 10 cm), (6 cm, 7 cm, 10 cm), (4 cm, 6 cm, 7 cm)
인 경우에 삼각형을 만들 수 있다.

따라서 만들 수 있는 삼각형의 개수는 3개이다.

❷ 삼각형의 합동

개념 17 도형의 합동

개념 확인하기 ·· 56쪽

1 답 (1) 점 E (2) $\overline{AB}$ (3) ∠G (4) ∠B

대표문제 ·· 57쪽

01 답 (1) 2 cm (2) 60° (3) 75°
합동인 두 도형에서 대응변의 길이와 대응각의 크기는 각각
같다.
(1) $\overline{DE}$의 대응변은 $\overline{AB}$이므로
$\overline{DE}=\overline{AB}=2$ cm
(2) ∠B의 대응각은 ∠E이므로
∠B=∠E=60°
(3) △ABC에서
∠A=180°−(60°+45°)
      =75°

02 답 (1) 8 cm (2) 125° (3) 100°
(1) $\overline{HG}$의 대응변은 $\overline{DC}$이므로
$\overline{HG}=\overline{DC}=8$ cm
(2) ∠A의 대응각은 ∠E이므로
∠A=∠E=125°
(3) ∠H의 대응각은 ∠D이고 사각형 ABCD에서
∠D=360°−(∠A+∠B+∠C)
      =360°−(125°+55°+80°)
      =100°
∴ ∠H=∠D=100°

03 답 $x=12, y=60$
$\overline{DF}$의 대응변은 $\overline{AC}$이므로
$\overline{DF}=\overline{AC}=12$ cm   ∴ $x=12$
∠D의 대응각은 ∠A이므로
∠D=∠A=60°   ∴ $y=60$

04 답 ④
① $\overline{AB}=\overline{EF}=5$ cm
② $\overline{EH}=\overline{AD}=3$ cm
③ ∠B=∠F=75°
④ ∠D=360°−(85°+75°+90°)
      =110°
⑤ ∠E=∠A=85°

---

05 답 ㄹ
ㄹ. 합동인 두 도형의 넓이는 항상 같지만 두 도형의 넓이가
같다고 해서 반드시 합동인 것은 아니다.
다음 그림의 두 삼각형의 넓이는 4 cm²로 같지만 합동은
아니다.

$\text{(넓이)}=\dfrac{1}{2}\times 4\times 2$ $\text{(넓이)}=\dfrac{1}{2}\times 4\times 2$
$\qquad\quad =4(\text{cm}^2)$ $\qquad\quad =4(\text{cm}^2)$

개념 18 삼각형의 합동 조건

개념 확인하기 ·· 58쪽

1 답 (1) ○ (2) × (3) ×
(1) 대응하는 세 변의 길이가 각각 같으므로
△ABC≡△DEF (SSS 합동)
(2) 대응하는 두 변의 길이가 각각 같지만 그 끼인각이 아닌 다
른 한 각의 크기가 같으므로 △ABC와 △DEF는 서로
합동이 아니다.
(3) 대응하는 세 각의 크기가 각각 같으면 모양은 같지만 크기
가 다를 수 있으므로 △ABC와 △DEF는 서로 합동이
아니다.

대표문제 ·· 59쪽

01 답 (1) △ABC≡△DEF, SSS 합동
(2) △ABC≡△DEF, SAS 합동
(3) △ABC≡△DEF, ASA 합동
(1) △ABC와 △DEF에서
$\overline{AB}=\overline{DE}=4$ cm, $\overline{BC}=\overline{EF}=9$ cm,
$\overline{AC}=\overline{DF}=8$ cm
∴ △ABC≡△DEF (SSS 합동)
(2) △ABC와 △DEF에서
$\overline{AB}=\overline{DE}=7$ cm, ∠B=∠E=45°,
$\overline{BC}=\overline{EF}=5$ cm
∴ △ABC≡△DEF (SAS 합동)
(3) △ABC와 △DEF에서
$\overline{AB}=\overline{DE}=8$ cm, ∠A=∠D=72°
∠B=180°−(72°+60°)=48°=∠E
∴ △ABC≡△DEF (ASA 합동)

02 작도와 합동 **17**

02 目 ㄱ과 ㄷ (또는 △ABC와 △GIH), ASA 합동
/ ㄴ과 ㅂ (또는 △DEF와 △QPR), SAS 합동
/ ㄹ과 ㅁ (또는 △JKL과 △NMO), SSS 합동

[ㄱ과 ㄷ] △ABC와 △GIH에서
$\overline{BC}=\overline{IH}=7$ cm, ∠B=∠I=80°,
∠C=180°−(70°+80°)=30°=∠H
∴ △ABC≡△GIH (ASA 합동)

[ㄴ과 ㅂ] △DEF와 △QPR에서
$\overline{DF}=\overline{QR}=7$ cm, $\overline{EF}=\overline{PR}=6$ cm, ∠F=∠R=30°
∴ △DEF≡△QPR (SAS 합동)

[ㄹ과 ㅁ] △JKL과 △NMO에서
$\overline{JK}=\overline{NM}=6$ cm, $\overline{KL}=\overline{MO}=5$ cm,
$\overline{JL}=\overline{NO}=7$ cm
∴ △JKL≡△NMO (SSS 합동)

03 目 $\overline{BD}$, SSS

04 目 △OCD, ∠COD, △OCD, SAS

05 目 풀이 참조
△OAD와 △OCB에서 $\overline{AD} /\!/ \overline{BC}$이므로
∠ADO=∠CBO (엇각), ∠DAO=∠BCO (엇각)
또, $\overline{AD}=\overline{CB}$이므로
△OAD≡△OCB (ASA 합동)

소단원 핵심문제   60쪽

01 ④	02 ②	03 ㄴ	03-1 ①, ③

01 ① $\overline{BC}=\overline{FG}=8$ cm
② $\overline{EF}=\overline{AB}=5$ cm
③ ∠B=∠F=70°
④, ⑤ ∠H=∠D=80°이므로
∠E=360°−(80°+65°+70°)=145°

이것만은 꼭!
합동인 도형의 성질
① 대응변의 길이가 서로 같다. ② 대응각의 크기가 서로 같다.

02 ① 대응하는 세 변의 길이가 각각 같으므로
△ABC≡△PQR (SSS 합동)
② 대응하는 두 변의 길이가 각각 같지만, 그 끼인각이 아닌
다른 한 각의 크기가 같으므로 △ABC와 △PQR는 서
로 합동이라 할 수 없다.
③ 대응하는 한 변의 길이가 같고, 그 양 끝 각의 크기가 각각
같으므로
△ABC≡△PQR (ASA 합동)

④ ∠C=180°−(∠A+∠B)=180°−(∠P+∠Q)
=∠R
즉, 대응하는 한 변의 길이가 같고, 그 양 끝 각의 크기가
각각 같으므로
△ABC≡△PQR (ASA 합동)
⑤ 대응하는 두 변의 길이가 각각 같고, 그 끼인각의 크기가
같으므로
△ABC≡△PQR (SAS 합동)

03 △ABC와 △ADE에서
$\overline{AB}=\overline{AD}$, ∠ABC=∠ADE, ∠A는 공통
∴ △ABC≡△ADE (ASA 합동)

03-1 ② $\overline{BC}=\overline{EF}$이면 대응하는 두 변의 길이가 각각 같고, 그
끼인각의 크기가 같으므로
△ABC≡△DEF (SAS 합동)
④, ⑤ ∠A=∠D 또는 ∠C=∠F이면 대응하는 한 변의
길이가 같고, 그 양 끝 각의 크기가 각각 같으므로
△ABC≡△DEF (ASA 합동)

중단원 마무리문제   61~63쪽

01 ㄱ, ㄷ	02 ㈎ $\overline{AB}$ ㈏ $\overline{AB}$ ㈐ 정삼각형	03 ③
04 ②	05 ⑤	06 (1) $x+5$ (2) $x>3$ 07 ②, ⑤
08 ②, ③	09 ③	10 ④ 11 ㄱ, ㄴ, ㄷ
12 80°	13 ⑤	14 정삼각형 15 120°

01 ㄴ. 작도에서는 눈금 없는 자와 컴퍼스만을 사용한다.
이상에서 옳은 것은 ㄱ, ㄷ이다.

03 $\overline{OA}=\overline{OB}=\overline{PC}=\overline{PD}$, $\overline{AB}=\overline{CD}$

04 ① $\overline{CA}=\overline{DA}=\overline{PE}=\overline{PF}$
② $\overline{CD}=\overline{EF}$이지만 $\overline{CD}=\overline{PE}$인지는 알 수 없다.

05 ① 2<2+2   ② 8<3+6   ③ 10<4+9
④ 8<5+5   ⑤ 12=5+7
따라서 삼각형의 세 변의 길이가 될 수 없는 것은 ⑤이다.

06 가장 긴 변의 길이가 $x+5$이므로   ··· ㉮
$x+5<x+(x+2)$, $x+5<2x+2$
∴ $x>3$ ··· ㉯

단계	채점 기준	배점 비율
㉮	가장 긴 변의 길이 찾기	30%
㉯	x의 값의 범위 구하기	70%

07 ① 세 각의 크기가 주어졌으므로 모양은 같지만 크기가 다른 삼각형이 무수히 많이 그려진다.

따라서 △ABC가 하나로 정해지지 않는다.

② $\overline{AB}$의 길이와 그 양 끝 각 ∠A, ∠B의 크기가 주어졌으므로 △ABC가 하나로 정해진다.

③ ∠A는 $\overline{BC}$와 $\overline{CA}$의 끼인각이 아니므로 △ABC가 하나로 정해지지 않는다.

④ 한 변의 길이와 그 양 끝 각의 크기가 주어졌으나

$$∠A + ∠C = 105° + 75° = 180°$$

이므로 △ABC가 그려지지 않는다.

⑤ $10 < 5 + 7$이므로 △ABC가 하나로 정해진다.

이것만은 꼭

삼각형이 하나로 정해지는 경우
① 세 변의 길이가 주어질 때
② 두 변의 길이와 그 끼인각의 크기가 주어질 때
③ 한 변의 길이와 그 양 끝 각의 크기가 주어질 때

08 ② 다음 그림의 두 마름모의 넓이는 6 cm²로 같지만 합동은 아니다.

$$(넓이) = 4 × 3 × \frac{1}{2} \qquad (넓이) = 6 × 2 × \frac{1}{2}$$
$$= 6(cm^2) \qquad\qquad = 6(cm^2)$$

③ 다음 그림의 두 직각삼각형의 넓이는 12 cm²로 같지만 합동은 아니다.

$$(넓이) = \frac{1}{2} × 6 × 4 \qquad (넓이) = \frac{1}{2} × 8 × 3$$
$$= 12(cm^2) \qquad\qquad = 12(cm^2)$$

09 ① ∠P = ∠A = 70°
② $\overline{CD} = \overline{RS} = 5$ cm
③ ∠R = ∠C = 85°
④ ∠B = ∠Q = 130°이므로

$$∠D = 360° - (70° + 130° + 85°)$$
$$= 75°$$

⑤ $\overline{PQ}$의 대응변은 $\overline{AB}$이므로 주어진 조건만으로는 $\overline{PQ}$의 길이를 알 수 없다.

10 떨어져 나간 부분의 삼각형에서 나머지 한 각의 크기는
$180° - (70° + 60°) = 50°$
따라서 떨어져 나간 부분의 삼각형과 ④의 삼각형이 ASA 합동이므로 알맞은 조각은 ④이다.

11 ㄱ. $\overline{AB} = \overline{DE}$이면 대응하는 한 변의 길이가 같고, 그 양 끝 각의 크기가 각각 같으므로
△ABC ≡ △DEF (ASA 합동)

ㄴ, ㄷ. ∠A = ∠D, ∠B = ∠E이므로
$∠C = 180° - (∠A + ∠B) = 180° - (∠D + ∠E)$
$= ∠F$

이때 $\overline{AC} = \overline{DF}$ 또는 $\overline{BC} = \overline{EF}$이면 대응하는 한 변의 길이가 같고, 그 양 끝 각의 크기가 각각 같으므로
△ABC ≡ △DEF (ASA 합동)

이상에서 △ABC ≡ △DEF이기 위해 필요한 나머지 한 조건으로 알맞은 것은 ㄱ, ㄴ, ㄷ이다.

12 △ABC와 △ADE에서
$\overline{AB} = \overline{AD}$ ······ ㉠
$\overline{AC} = \overline{AD} + \overline{DC} = \overline{AB} + \overline{BE}$
$= \overline{AE}$ ······ ㉡
∠A는 공통 ······ ㉢
㉠, ㉡, ㉢에서
△ABC ≡ △ADE (SAS 합동) ··· ㉮
이때 ∠ADE의 대응각은 ∠ABC이므로
∠ADE = ∠ABC
$= 180° - (70° + 30°) = 80°$ ··· ㉯

단계	채점 기준	배점 비율
㉮	△ABC ≡ △ADE임을 알기	60 %
㉯	∠ADE의 크기 구하기	40 %

13 △PAM과 △PBM에서
$\boxed{\overline{PM}}$은 공통
점 M은 $\overline{AB}$의 중점이므로
$\overline{AM} = \boxed{\overline{BM}}$
$\overline{AB} \perp l$이므로
$∠PMA = \boxed{∠PMB} = 90°$
∴ △PAM ≡ $\boxed{△PBM}$ ($\boxed{SAS}$ 합동)
따라서 $\overline{PA} = \overline{PB}$이다.

14 △ADF와 △BED와 △CFE에서
$\overline{AD} = \overline{BE} = \overline{CF}$ ······ ㉠
△ABC가 정삼각형이므로 $\overline{AB} = \overline{BC} = \overline{CA}$
$\overline{BD} = \overline{AB} - \overline{AD}$
$= \overline{BC} - \overline{BE} = \overline{CE}$
$= \overline{CA} - \overline{CF} = \overline{FA}$
이므로 $\overline{FA} = \overline{DB} = \overline{EC}$ ······ ㉡
∠A = ∠B = ∠C = 60° ······ ㉢
㉠, ㉡, ㉢에서
△ADF ≡ △BED ≡ △CFE (SAS 합동)이므로
$\overline{FD} = \overline{DE} = \overline{EF}$
따라서 △DEF는 정삼각형이다.

15 <u>전략</u> 정삼각형의 성질을 이용하여 합동인 삼각형을 찾는다.

△ACD와 △BCE에서

△ABC가 정삼각형이므로 $\overline{AC}=\overline{BC}$ ⋯⋯ ㉠

또, △ECD가 정삼각형이므로 $\overline{CD}=\overline{CE}$ ⋯⋯ ㉡

한편, ∠ACB=∠ECD=60°이므로

∠ACD=∠BCE=180°−60°=120° ⋯⋯ ㉢

㉠, ㉡, ㉢에서 △ACD≡△BCE (SAS 합동)

△BCE에서 ∠a+∠b=60°

△PBD에서

∠BPD+∠a+∠b=180°

이므로

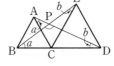

∠BPD=180°−(∠a+∠b)

   =180°−60°=120°

✦ 창의·융합 문제 63쪽

△ABE와 △DCE에서

∠BAE=∠CDE=85° ⋯⋯ ㉠

$\overline{AE}=\overline{DE}=4\,km$ ⋯⋯ ㉡

∠AEB=∠DEC (맞꼭지각) ⋯⋯ ㉢

㉠, ㉡, ㉢에서 △ABE≡△DCE (ASA 합동) ⋯ ❶

△ABE≡△DCE이고 $\overline{AB}$에 대응하는 변은 $\overline{DC}$이므로

$\overline{AB}=\overline{DC}=7\,km$ ⋯ ❷

따라서 선호가 서 있는 지점과 섬이 있는 지점 사이의 거리는

$\overline{AB}$의 길이와 같으므로 구하는 거리는 7 km이다. ⋯ ❸

답 7 km

교과서 속 서술형 문제 64~65쪽

1 ❶ △ABD와 △BCE에서 길이가 서로 같은 변을 각각 찾으면?

주어진 조건에서

$\overline{BD}=\boxed{\overline{CE}}$ ⋯⋯ ㉠

또, △ABC는 정삼각형이므로

$\boxed{\overline{AB}}=\overline{BC}$ ⋯⋯ ㉡ ⋯ ㉮

❷ △ABD와 △BCE에서 ∠ABD와 ∠BCE의 **크기**를 각각 **구하면?**

정삼각형의 한 각의 크기는 $\boxed{60°}$이므로

∠ABD=∠BCE=$\boxed{60°}$ ⋯⋯ ㉢ ⋯ ㉯

---

❸ 합동인 두 삼각형을 기호 ≡를 사용하여 나타내면?

㉠, ㉡, ㉢에서 대응하는 $\boxed{두}$ 변의 길이가 각각 같고,

그 $\boxed{끼인각}$ 의 크기가 같으므로

△ABD≡$\boxed{△BCE}$ ($\boxed{SAS}$ 합동) ⋯ ㉰

❹ ∠CBE=∠a, ∠BEC=∠b라 할 때, ∠a+∠b의 **크기**는?

△BCE에서 ∠BCE=60°이고, 삼각형의 세 각의 크기의 합은 $\boxed{180°}$이므로

∠a+60°+∠b=$\boxed{180°}$

∴ ∠a+∠b=180°−60°=$\boxed{120°}$

❺ ∠BPD의 크기는?

∠ADB=∠BEC=∠b이므로 △BPD에서

∠a+∠b+∠BPD=180°

∴ ∠BPD=180°−120°=$\boxed{60°}$ ⋯ ㉱

단계	채점 기준	배점 비율
㉮	△ABD와 △BCE에서 길이가 같은 두 변 찾기	15 %
㉯	∠ABD, ∠BCE의 크기 각각 구하기	15 %
㉰	합동인 두 삼각형을 기호 ≡를 사용하여 나타내고, 합동 조건 구하기	30 %
㉱	∠BPD의 크기 구하기	40 %

---

2 ❶ △ABE와 △BCF에서 길이가 서로 같은 변을 각각 찾으면?

주어진 조건에서

$\overline{BE}=\overline{CF}$ ⋯⋯ ㉠

또, 사각형 ABCD는 정사각형이므로

$\overline{AB}=\overline{BC}$ ⋯⋯ ㉡ ⋯ ㉮

❷ △ABE와 △BCF에서 ∠ABE와 ∠BCF의 **크기**를 각각 **구하면?**

정사각형의 한 각의 크기는 90°이므로

∠ABE=∠BCF=90° ⋯⋯ ㉢ ⋯ ㉯

❸ 합동인 두 삼각형을 기호 ≡를 사용하여 나타내면?

㉠, ㉡, ㉢에서 대응하는 두 변의 길이가 각각 같고, 그 끼인각의 크기가 같으므로

△ABE≡△BCF (SAS 합동) ⋯ ㉰

❹ ∠FBC=∠a, ∠BFC=∠b라 할 때, ∠a+∠b의 **크기**는?

△BCF에서 ∠BCF=90°이고, 삼각형의 세 각의 크기의 합은 180°이므로

∠a+90°+∠b=180°

∴ ∠a+∠b=180°−90°=90°

❺ ∠BPE의 크기는?

∠AEB=∠BFC=∠*b*이므로

△BPE에서

∠*a*+∠*b*+∠BPE=180°

∴ ∠BPE=180°−90°=90° ··· ㉣

단계	채점 기준	배점 비율
㉮	△ABE와 △BCF에서 길이가 같은 두 변 찾기	15 %
㉯	∠ABE, ∠BCF의 크기 각각 구하기	15 %
㉰	합동인 두 삼각형을 기호 ≡를 사용하여 나타내고, 합동 조건 구하기	30 %
㉱	∠BPE의 크기 구하기	40 %

3 삼각형의 세 변의 길이가 되려면

(가장 긴 변의 길이)<(나머지 두 변의 길이의 합)

을 만족해야 한다.

(i) 가장 긴 변의 길이가 *x* cm일 때

x<3+9

∴ *x*<12 ··· ㉮

(ii) 가장 긴 변의 길이가 9 cm일 때

9<3+*x*

∴ *x*>6 ··· ㉯

(i), (ii)에서 *x*의 값의 범위는

6<*x*<12 ··· ㉰

따라서 *x*의 값이 될 수 있는 자연수는

7, 8, 9, 10, 11 ··· ㉱

❸ 7, 8, 9, 10, 11

단계	채점 기준	배점 비율
㉮	가장 긴 변의 길이가 *x* cm일 때, *x*의 값의 범위 구하기	30 %
㉯	가장 긴 변의 길이가 9 cm일 때, *x*의 값의 범위 구하기	30 %
㉰	*x*의 값의 범위 구하기	10 %
㉱	*x*의 값이 될 수 있는 자연수 구하기	30 %

4 (1) 주어진 두 각을 제외한 나머지 한 각의 크기는

180°−(30°+50°)=100° ··· ㉮

(2) 삼각형은 한 변의 길이가 4 cm이고, 그 양 끝 각의 크기가 (30°, 50°), (30°, 100°), (50°, 100°)가 될 수 있으므로 주어진 조건을 만족하는 삼각형은 다음 그림과 같다.

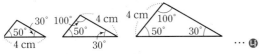

··· ㉯

따라서 작도할 수 있는 삼각형의 개수는 3개이다. ··· ㉰

❸ (1) 100° (2) 3개

단계	채점 기준	배점 비율
(1) ㉮	나머지 한 각의 크기 구하기	30 %
(2) ㉯	주어진 조건을 만족하는 삼각형 모두 그리기	50 %
㉰	작도할 수 있는 삼각형의 개수 구하기	20 %

5 △PAB와 △PDC에서

△PBC가 정삼각형이므로

$\overline{PB}=\overline{PC}$ ······ ㉠ ··· ㉮

사각형 ABCD가 정사각형이므로

$\overline{AB}=\overline{DC}$ ······ ㉡ ··· ㉯

∠ABP=90°−∠PBC

=90°−60°

=90°−∠PCB

=∠DCP ······ ㉢ ··· ㉰

㉠, ㉡, ㉢에서 대응하는 두 변의 길이가 각각 같고, 그 끼인각의 크기가 같으므로

△PAB≡△PDC (SAS 합동) ··· ㉱

❸ △PDC, SAS 합동

단계	채점 기준	배점 비율
㉮	$\overline{PB}=\overline{PC}$임을 알기	20 %
㉯	$\overline{AB}=\overline{DC}$임을 알기	20 %
㉰	∠ABP=∠DCP임을 알기	30 %
㉱	△PAB와 합동인 삼각형을 찾고, 합동 조건 구하기	30 %

6 △BCE와 △DCF에서

사각형 ABCD가 정사각형이므로

$\overline{BC}=\overline{DC}=20$ cm ······ ㉠

사각형 ECFG가 정사각형이므로

$\overline{EC}=\overline{FC}=15$ cm ······ ㉡

정사각형의 한 각의 크기는 90°이므로

∠BCE=∠DCF=90° ······ ㉢

㉠, ㉡, ㉢에서 대응하는 두 변의 길이가 각각 같고, 그 끼인각의 크기가 같으므로

△BCE≡△DCF (SAS 합동) ··· ㉮

이때 $\overline{DF}$의 대응변은 $\overline{BE}$이므로

$\overline{DF}=\overline{BE}=25$ cm ··· ㉯

❸ 25 cm

단계	채점 기준	배점 비율
㉮	합동인 두 삼각형을 기호 ≡를 사용하여 나타내고, 합동 조건 구하기	60 %
㉯	$\overline{DF}$의 길이 구하기	40 %

03 다각형

① 다각형(1)

개념 19 다각형

개념 확인하기 68쪽

1 답 (1) $\overline{AB}$, $\overline{BC}$, $\overline{CD}$, $\overline{AD}$
(2) 점 A, 점 B, 점 C, 점 D
(3) ∠A, ∠B, ∠BCD, ∠D
(4) ∠DCE

대표문제 69쪽

01 답 ㄴ, ㄹ
ㄱ. 곡선으로 둘러싸여 있으므로 다각형이 아니다.
ㄷ. 선분으로 둘러싸여 있지 않으므로 다각형이 아니다.
ㅁ. 입체도형은 다각형이 아니다.
ㅂ. 2개의 선분과 곡선으로 둘러싸여 있으므로 다각형이 아니다.
이상에서 다각형인 것은 ㄴ, ㄹ이다.

02 답 풀이 참조, 130°
오른쪽 그림과 같이 변 CB의 연장선 위에 점 D를 잡으면 ∠B의 외각은 ∠DBA이다.
∴ (∠B의 외각의 크기)
= 180° − (∠B의 내각의 크기)
= 180° − 50° = 130°

03 답 (1) 120° (2) 100°
(1) (∠A의 내각의 크기) = 180° − (∠A의 외각의 크기)
= 180° − 60° = 120°
(2) (∠C의 외각의 크기) = 180° − (∠C의 내각의 크기)
= 180° − 80° = 100°

04 답 ③, ⑤
① 2개의 선분과 곡선으로 둘러싸여 있으므로 다각형이 아니다.
② 모든 변의 길이가 같지 않으므로 정다각형이 아니다.
④ 모든 내각의 크기가 같지 않으므로 정다각형이 아니다.

05 답 ⑤
⑤ 다각형의 한 꼭짓점에서 내각과 외각의 크기의 합은 180°이다.

06 답 정육각형
(개)에서 6개의 선분으로 둘러싸인 다각형은 육각형이고,
(내), (대)에서 모든 변의 길이가 같고, 모든 내각의 크기가 같은 다각형은 정다각형이다.
따라서 구하는 다각형은 정육각형이다.

개념 20 삼각형의 내각

개념 확인하기 70쪽

1 답 (1) 100° (2) 70° (3) 35°
(1) 35° + ∠x + 45° = 180°   ∴ ∠x = 100°
(2) 50° + 60° + ∠x = 180°   ∴ ∠x = 70°
(3) 55° + 90° + ∠x = 180°   ∴ ∠x = 35°

대표문제 71쪽

01 답 $\overline{BC}$, 엇각, ∠EAC, 180°

02 답 (1) 18° (2) 80° (3) 25° (4) 35°
(1) 90° + 3∠x + 2∠x = 180°
5∠x + 90° = 180°, 5∠x = 90°
∴ ∠x = 18°
(2) ∠x + 40° + (∠x − 20°) = 180°
2∠x + 20° = 180°, 2∠x = 160°
∴ ∠x = 80°
(3) 2∠x + 75° + (∠x + 30°) = 180°
3∠x + 105° = 180°, 3∠x = 75°
∴ ∠x = 25°
(4) ∠x + (2∠x − 30°) + 3∠x = 180°
6∠x − 30° = 180°, 6∠x = 210°
∴ ∠x = 35°

03 답 55°
∠ACB = 55° (맞꼭지각)이므로
∠x + 70° + 55° = 180°, ∠x + 125° = 180°
∴ ∠x = 55°

이것만은 꼭!
맞꼭지각의 크기는 서로 같다.
⇨ ∠a = ∠c, ∠b = ∠d

04 目 $50°$

$\triangle ABD$에서

$\angle BAD + 50° + 90° = 180°$, $\angle BAD + 140° = 180°$

$\therefore \angle BAD = 40°$

$\therefore \angle x = \angle CAB - \angle BAD$

$\qquad = 90° - 40° = 50°$

05 目 $30°$

$\angle A + \angle B + \angle C = 180°$에서

$\angle C = 2\angle A$이고 $\angle B = 90°$이므로

$\angle A + 90° + 2\angle A = 180°$, $3\angle A = 90°$

$\therefore \angle x = 30°$

06 目 (1) 3, 90° (2) 75°

(1) (가장 큰 내각의 크기) $= 180° \times \dfrac{\boxed{3}}{1+2+3}$

$\qquad\qquad\qquad\qquad\quad = 180° \times \dfrac{3}{6} = \boxed{90°}$

(2) (가장 큰 내각의 크기) $= 180° \times \dfrac{5}{3+4+5}$

$\qquad\qquad\qquad\qquad\quad = 180° \times \dfrac{5}{12} = 75°$

개념 21 삼각형의 내각과 외각 사이의 관계

개념 확인하기 72쪽

1 目 (1) 75° (2) 120°

(1) $\angle x = 30° + 45° = 75°$

(2) $\angle x = 36° + 84° = 120°$

2 目 (1) 85° (2) 45°

(1) $\angle x + 45° = 130°$ $\quad \therefore \angle x = 85°$

(2) $\angle x + 50° = 95°$ $\quad \therefore \angle x = 45°$

대표문제 73쪽

01 目 (1) 110° (2) 120°

(1) $\angle x = 50° + (180° - 120°) = 50° + 60° = 110°$

(2) $\angle x = 90° + (180° - 150°) = 90° + 30° = 120°$

02 目 (1) 20° (2) 35°

(1) $30° + 40° = \angle x + 50°$ $\quad \therefore \angle x = 20°$

(2) $80° + \angle x = 3\angle x + 10°$, $2\angle x = 70°$

$\qquad \therefore \angle x = 35°$

---

03 目 (1) 95° (2) 130°

(1) $\angle ACB = 50°$ (맞꼭지각)이므로

$\qquad \angle x = 45° + 50° = 95°$

(2) $\angle ABC = 180° - 130° = 50°$

$\qquad \angle ACB = 180° - 100° = 80°$

$\qquad \therefore \angle x = 50° + 80° = 130°$

04 目 (1) $\angle x = 80°$, $\angle y = 65°$ (2) $\angle x = 85°$, $\angle y = 40°$

(1) $\angle x = 25° + 55° = 80°$

$\qquad 35° + \angle y + \angle x = 180°$, $35° + \angle y + 80° = 180°$

$\qquad \therefore \angle y = 65°$

(2) $\angle x = 45° + 40° = 85°$

$\qquad \angle y + 40° = 80°$ $\quad \therefore \angle y = 40°$

05 目 145°

$\angle x = 40° + 55° = 95°$

$\angle y + 45° = \angle x$, $\angle y + 45° = 95°$

$\therefore \angle y = 50°$

$\therefore \angle x + \angle y = 95° + 50° = 145°$

이것만은 꼭!

오른쪽 그림에서 삼각형의 한 외각의 크기는 그와
이웃하지 않는 두 내각의 크기의 합과 같으므로

$\angle p = \angle a + \angle b$, $\angle p = \angle c + \angle d$

$\Rightarrow \angle a + \angle b = \angle c + \angle d$

06 目 70°

$\triangle ABC$에서

$\angle BAC + 40° + 80° = 180°$ $\quad \therefore \angle BAC = 60°$

$\overline{AD}$가 $\angle A$의 이등분선이므로

$\angle BAD = \dfrac{1}{2}\angle BAC = \dfrac{1}{2} \times 60° = 30°$

$\triangle ABD$에서 $\angle x = 40° + 30° = 70°$

소단원 핵심문제 74쪽

01 ①, ③ 02 40° 03 ④ 04 130° 04-1 75°

01 ② 팔각형은 8개의 변과 8개의 꼭짓점을 가지고 있다.

④ 다각형에서 이웃하는 두 변으로 이루어진 내부의 각은
내각이다.

⑤ 네 내각의 크기가 같은 사각형은 직사각형이다.

02 삼각형의 세 내각의 크기의 비가 4 : 5 : 9이므로

(가장 작은 내각의 크기) $= 180° \times \dfrac{4}{4+5+9}$

$\qquad\qquad\qquad\qquad\qquad = 180° \times \dfrac{4}{18} = 40°$

03 △ABD에서
$55° + \angle ABD = 85°$ $\therefore \angle ABD = 30°$
이때 $\angle ABC = 2\angle ABD = 2 \times 30° = 60°$이므로
△ABC에서 $\angle x = 55° + 60° = 115°$

04 △ABC에서
$85° + 20° + \angle DBC + \angle DCB + 25° = 180°$
$\therefore \angle DBC + \angle DCB = 50°$
△DBC에서 $\angle x + \angle DBC + \angle DCB = 180°$
$\angle x + 50° = 180°$ $\therefore \angle x = 130°$

04-1 △DBC에서
$125° + \angle DBC + \angle DCB = 180°$
$\therefore \angle DBC + \angle DCB = 55°$
△ABC에서
$\angle x + 15° + \angle DBC + \angle DCB + 35° = 180°$
$\angle x + 15° + 55° + 35° = 180°$
$\therefore \angle x = 75°$

② 다각형(2)

개념 22 다각형의 내각

개념 확인하기 ·········· 75쪽

1 답 (1) 8개 (2) 1080°
(2) $180° \times 8 - 360°$
$= 180° \times (8-2) = 1080°$

대표문제 76쪽

01 답 (1) 900° (2) 1440° (3) 1620° (4) 2520°
(1) $180° \times (7-2) = 900°$
(2) $180° \times (10-2) = 1440°$
(3) $180° \times (11-2) = 1620°$
(4) $180° \times (16-2) = 2520°$

02 답 2, 6, 육각형
구하는 다각형을 n각형이라 하면
$180° \times (n - \boxed{2}) = 720°$
$n - 2 = 4$ $\therefore n = \boxed{6}$
따라서 구하는 다각형은 $\boxed{육각형}$이다.

03 답 (1) 90° (2) 110°
(1) 주어진 다각형은 사각형이고
(사각형의 내각의 크기의 합) $= 180° \times (4-2) = 360°$
이므로 $\angle x + 100° + 105° + 65° = 360°$
$\therefore \angle x = 90°$
(2) 주어진 다각형은 오각형이고
(오각형의 내각의 크기의 합) $= 180° \times (5-2) = 540°$
이므로 $\angle x + 115° + 120° + 105° + 90° = 540°$
$\therefore \angle x = 110°$

04 답

	정팔각형	정십이각형	정이십각형
내각의 크기의 합	$180° \times (\boxed{8}-2)$ $=\boxed{1080°}$	$180° \times (12-2)$ $=1800°$	$180° \times (20-2)$ $=3240°$
한 내각의 크기	$\dfrac{\boxed{1080°}}{8}$ $=\boxed{135°}$	$\dfrac{1800°}{12}=150°$	$\dfrac{3240°}{20}=162°$

05 답 2, 2, 5, 정오각형
구하는 정다각형을 정n각형이라 하면
$\dfrac{180° \times (n-\boxed{2})}{n} = 108°$
$180° \times (n-\boxed{2}) = 108° \times n$
$180° \times n - 360° = 108° \times n, 72° \times n = 360°$
$\therefore n = \boxed{5}$
따라서 구하는 정다각형은 $\boxed{정오각형}$이다.

06 답 15개
구하는 정다각형을 정n각형이라 하면
$\dfrac{180° \times (n-2)}{n} = 156°$
$180° \times n - 360° = 156° \times n, 24° \times n = 360°$
$\therefore n = 15$
따라서 구하는 정다각형은 정십오각형이고 꼭짓점의 개수는
15개이다.

개념 23 다각형의 외각

개념 확인하기 ·········· 77쪽

1 답 (1) 360° (2) 360°
(1), (2) 다각형의 외각의 크기의 합은 항상 360°이다.

2 답 (1) 90° (2) 60°
(1) $\dfrac{360°}{4} = 90°$ (2) $\dfrac{360°}{6} = 60°$

대표문제

01 답 (1) $130°$ (2) $120°$
(1) $\angle x + 130° + 100° = 360°$
$\therefore \angle x = 130°$
(2) $85° + 65° + 90° + \angle x = 360°$
$\therefore \angle x = 120°$

02 답 (1) $65°$ (2) $125°$
(1) $80° + \angle x + 120° + (180° - 85°) = 360°$
$\therefore \angle x = 65°$
(2) $85° + (180° - \angle x) + 60° + (180° - 110°)$
$+ (180° - 90°) = 360°$
$\therefore \angle x = 125°$

03 답 $130°$
$(180° - \angle x) + (180° - \angle x) + (\angle x - 85°)$
$+ (180° - 90°) + (180° - 100°) + 45° = 360°$
$\therefore \angle x = 130°$

이런 풀이 어때요?
육각형의 내각의 크기의 합은 $180° \times (6-2) = 720°$이므로
$\angle x + \angle x + \{180° - (\angle x - 85°)\} + 90° + 100°$
$+ (180° - 45°) = 720°$
$\therefore \angle x = 130°$

04 답 $360°$, 20, 정이십각형
구하는 정다각형을 정n각형이라 하면
$\dfrac{360°}{n} = 18°$, $18° \times n = 360°$
$\therefore n = \boxed{20}$
따라서 구하는 정다각형은 정이십각형이다.

05 답 정십오각형
구하는 정다각형을 정n각형이라 하면
$\dfrac{360°}{n} = 24°$, $24° \times n = 360°$
$\therefore n = 15$
따라서 구하는 정다각형은 정십오각형이다.

06 답 2, $72°$, $72°$, 5, 정오각형
(한 외각의 크기) $= 180° \times \dfrac{\boxed{2}}{3+2} = 180° \times \dfrac{2}{5} = \boxed{72°}$
구하는 정다각형을 정n각형이라 하면
$\dfrac{360°}{n} = \boxed{72°}$이므로 $n = \boxed{5}$
따라서 구하는 정다각형은 정오각형이다.

개념 24 다각형의 대각선

개념 확인하기

1 답

다각형	꼭짓점의 개수	한 꼭짓점에서 그을 수 있는 대각선의 개수	대각선의 개수
사각형	4개	$4-3=1$(개)	$\dfrac{4 \times (4-3)}{2} = 2$(개)
오각형	5개	$5-3=2$(개)	$\dfrac{5 \times (5-3)}{2} = 5$(개)
육각형	6개	$6-3=3$(개)	$\dfrac{6 \times (6-3)}{2} = 9$(개)
⋮	⋮	⋮	⋮
n각형	n개	$(n-3)$개	$\dfrac{n(n-3)}{2}$개

대표문제

01 답 (1) 팔각형 (2) 십각형 (3) 십삼각형 (4) 십육각형
구하는 다각형을 n각형이라 하면
(1) $n-3=5$ $\therefore n=8$
따라서 구하는 다각형은 팔각형이다.
(2) $n-3=7$ $\therefore n=10$
따라서 구하는 다각형은 십각형이다.
(3) $n-3=10$ $\therefore n=13$
따라서 구하는 다각형은 십삼각형이다.
(4) $n-3=13$ $\therefore n=16$
따라서 구하는 다각형은 십육각형이다.

02 답 (1) 4개 (2) 5개
(1) 칠각형의 한 꼭짓점에서 그을 수 있는 대각선의 개수는
$7-3=4$(개)
(2) 한 꼭짓점에서 대각선을 모두 그었을 때 생기는 삼각형의 개수는
$7-2=5$(개)

03 답 (1) 14개 (2) 35개 (3) 65개 (4) 104개
(1) $\dfrac{7 \times (7-4)}{2} = 14$(개)
(2) $\dfrac{10 \times (10-3)}{2} = 35$(개)

(3) $\dfrac{13 \times (13-3)}{2} = 65$(개)

(4) $\dfrac{16 \times (16-3)}{2} = 104$(개)

04 답 (1) 십사각형 (2) 77개

(1) 구하는 다각형을 n각형이라 하면

$n-3=11$ ∴ $n=14$

따라서 구하는 다각형은 십사각형이다.

(2) 십사각형의 대각선의 개수는

$\dfrac{14 \times (14-3)}{2} = 77$(개)

05 답 (1) 8, 팔각형 (2) 십일각형

(1) 구하는 다각형을 n각형이라 하면

$\dfrac{n(n-3)}{2} = 20$에서 $n(n-3) = 40 = 8 \times 5$

∴ $n = \boxed{8}$

따라서 구하는 다각형은 $\boxed{팔각형}$이다.

(2) 구하는 다각형을 n각형이라 하면

$\dfrac{n(n-3)}{2} = 44$에서 $n(n-3) = 88 = 11 \times 8$

∴ $n = 11$

따라서 구하는 다각형은 십일각형이다.

06 답 (1) 구각형 (2) 27개

(1) 구하는 다각형을 n각형이라 하면

$180° \times (n-2) = 1260°$, $n-2 = 7$

∴ $n = 9$

따라서 구하는 다각형은 구각형이다.

(2) 구각형의 대각선의 개수는

$\dfrac{9 \times (9-3)}{2} = 27$(개)

01 주어진 다각형은 육각형이고

(육각형의 내각의 크기의 합)$=180° \times (6-2) = 720°$

이므로

$\angle x + 140° + 115° + \angle x + 135° + 130° = 720°$

$2\angle x = 200°$ ∴ $\angle x = 100°$

---

02 구하는 다각형을 n각형이라 하면

$180° \times (n-2) = 1080°$ ∴ $n = 8$

따라서 구하는 다각형은 팔각형이다.

03 오각형의 외각의 크기의 합은 360°이므로

$(180° - 95°) + 50° + \angle x + 70° + \angle y = 360°$

∴ $\angle x + \angle y = 155°$

04 십오각형의 내각의 크기의 합은

$180° \times (15-2) = 2340°$ ∴ $a = 2340$

십오각형의 외각의 크기의 합은 360°이므로 $b = 360$

∴ $a + b = 2340 + 360 = 2700$

> **이런 풀이 어때요?**
>
> 한 꼭짓점에서 (내각의 크기) + (외각의 크기) = 180°이므로
> $a + b = 180 \times 15 = 2700$

05 ① 다각형의 외각의 크기의 합은 항상 360°이다.

② 정팔각형의 한 외각의 크기는 $\dfrac{360°}{8} = 45°$

③ 십삼각형의 내각의 크기의 합은

$180° \times (13-2) = 1980°$

④ 정십각형의 한 내각의 크기는 $\dfrac{180° \times (10-2)}{10} = 144°$

⑤ 정사각형의 한 내각의 크기와 한 외각의 크기는 90°로 서로 같다.

06 (한 외각의 크기)$=180° \times \dfrac{1}{3+1} = 180° \times \dfrac{1}{4} = 45°$

구하는 정다각형을 정n각형이라 하면

$\dfrac{360°}{n} = 45°$이므로 $n = 8$

따라서 구하는 정다각형은 정팔각형이다.

07 구하는 다각형을 n각형이라 하면

$180° \times (n-2) = 1620°$, $n-2 = 9$

∴ $n = 11$

따라서 구하는 다각형은 십일각형이고

십일각형의 한 꼭짓점에서 그을 수 있는 대각선의 개수는

$11 - 3 = 8$(개)

08 구하는 다각형을 n각형이라 하면

$n-2 = 11$ ∴ $n = 13$

따라서 구하는 다각형은 십삼각형이고

십삼각형의 대각선의 개수는

$\dfrac{13 \times (13-3)}{2} = 65$(개)

> **이것만은 꼭!**
>
> n각형의 한 꼭짓점에서 대각선을 모두 그었을 때 생기는 삼각형의 개수 ⇨ $(n-2)$개

09 (개)에서 모든 변의 길이가 같고, 모든 내각의 크기가 같은 다각형은 정다각형이다.

(내)에서 한 내각의 크기가 $144°$이므로

구하는 다각형을 정n각형이라 하면

$\dfrac{180° \times (n-2)}{n} = 144°$, $180° \times n - 360° = 144° \times n$

$36° \times n = 360°$ ∴ $n = 10$

따라서 구하는 다각형은 정십각형이다.

09-1 구하는 정다각형을 정n각형이라 하면

$\dfrac{180° \times (n-2)}{n} = 150°$, $180° \times n - 360° = 150° \times n$

$30° \times n = 360°$ ∴ $n = 12$

따라서 구하는 정다각형은 정십이각형이고

정십이각형의 대각선의 개수는

$\dfrac{12 \times (12-3)}{2} = 54$(개)

중단원 마무리 문제 83~85쪽

01 ③	02 ④	03 ③	04 ②	05 ②
06 ③	07 80°	08 ③	09 65°	10 ②
11 ②	12 ④	13 21	14 정십팔각형	
15 14번	16 ③	17 35개	18 40°	

01 주어진 도형 중 다각형인 것은 마름모, 사다리꼴, 정육각형, 직각삼각형의 4개이다.

02 $\angle x = 180° - 120° = 60°$

$\angle y = 180° - 102° = 78°$

∴ $\angle x + \angle y = 60° + 78° = 138°$

03 $\overleftrightarrow{AB} /\!/ \overleftrightarrow{CD}$이므로

$\angle CDA = \angle BAD = 25°$ (엇각)

∴ $\angle y = 180° - 25° = 155°$

또, $\triangle OCD$에서

$\angle x = 50° + 25° = 75°$

∴ $\angle x + \angle y = 75° + 155° = 230°$

04 삼각형의 세 내각의 크기의 비가 $4:5:6$이므로

(가장 큰 내각의 크기) $= 180° \times \dfrac{6}{4+5+6}$

$= 180° \times \dfrac{6}{15} = 72°$

∴ (가장 작은 외각의 크기) $= 180° - 72° = 108°$

05 오른쪽 그림과 같이 $\overline{BC}$를 그으면

$\triangle ABC$에서

$48° + 25° + \angle DBC + \angle DCB + 27°$

$= 180°$

∴ $\angle DBC + \angle DCB = 80°$

$\triangle DBC$에서

$\angle x + \angle DBC + \angle DCB = 180°$, $\angle x + 80° = 180°$

∴ $\angle x = 100°$

> **이런 풀이 어때요?**
>
> 오른쪽 그림과 같이 $\overline{AD}$의 연장선 위에
> 점 E를 잡으면
> $\angle a + \angle b = 48°$
> $\triangle ABD$에서 $\angle BDE = \angle a + 25°$
> $\triangle ADC$에서 $\angle CDE = \angle b + 27°$
> ∴ $\angle x = \angle BDE + \angle CDE$
> $= (\angle a + 25°) + (\angle b + 27°)$
> $= \angle a + \angle b + 52°$
> $= 48° + 52° = 100°$

06 $\triangle ABC$는 $\overline{AB} = \overline{AC}$인 이등변삼
각형이므로

$\angle ACB = \angle ABC = \angle x$

$\triangle ABC$에서

$\angle CAD = \angle x + \angle x = 2\angle x$

또, $\triangle CAD$는 $\overline{AC} = \overline{CD}$인 이등변삼각형이므로

$\angle CDA = \angle CAD = 2\angle x$

$2\angle x + 108° = 180°$, $2\angle x = 72°$

∴ $\angle x = 36°$

07 $\angle BAD = \dfrac{1}{2}\angle A = \dfrac{1}{2} \times (180° - 120°) = 30°$ ⋯⋯ ㉮

$\angle ABD = 180° - 130° = 50°$ ⋯⋯ ㉯

$\triangle ABD$에서

$\angle x = \angle BAD + \angle ABD$

$= 30° + 50° = 80°$ ⋯⋯ ㉰

단계	채점 기준	배점 비율
㉮	$\angle BAD$의 크기 구하기	30 %
㉯	$\angle ABD$의 크기 구하기	30 %
㉰	$\angle x$의 크기 구하기	40 %

08 구하는 다각형을 n각형이라 하면

$180° \times (n-2) = 2160°$, $n-2 = 12$

∴ $n = 14$

따라서 구하는 다각형은 십사각형이고 십사각형의 꼭짓점의
개수는 14개이다.

09 오른쪽 그림과 같이 $\overline{CE}$를 그으면 오 각형의 내각의 크기의 합은

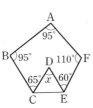

$180° \times (5-2) = 540°$

이므로

$95° + 95° + 65° + \angle DCE$
$\qquad + \angle DEC + 60° + 110°$
$= 540°$

$\therefore \angle DCE + \angle DEC = 115°$

$\triangle DCE$에서

$\angle x = 180° - (\angle DCE + \angle DEC)$
$\qquad = 180° - 115° = 65°$

10 찢기 전의 색종이의 모양을 정n각형이라 하면 한 내각의 크 기가 140°이므로

$\dfrac{180° \times (n-2)}{n} = 140°$, $180° \times n - 360° = 140° \times n$

$40° \times n = 360°$ $\qquad \therefore n = 9$

따라서 찢기 전의 색종이의 모양은 정구각형이다.

11 육각형의 외각의 크기의 합은 360°이므로

$\angle x + (180° - 120°) + (180° - 105°) + 40°$
$\qquad\qquad\qquad + (180° - 90°) + 35° = 360°$

$\angle x + 300° = 360°$ $\qquad \therefore \angle x = 60°$

12 구하는 다각형을 n각형이라 하면 n각형의 외각의 크기의 합 은 항상 360°이므로

$180° \times (n-2) = 360°$, $n-2 = 2$ $\qquad \therefore n = 4$

따라서 구하는 다각형은 사각형이다.

13 십삼각형의 한 꼭짓점에서 그을 수 있는 대각선의 개수는

$13 - 3 = 10$(개) $\qquad \therefore a = 10$

대각선을 그었을 때 생기는 삼각형의 개수는

$13 - 2 = 11$(개) $\qquad \therefore b = 11$

$\therefore a + b = 10 + 11 = 21$

14 (가)에서 모든 변의 길이가 같고, 모든 내각의 크기가 같은 다각 형은 정다각형이다.

(나)에서 대각선의 개수가 135개이므로 구하는 다각형을 정n 각형이라 하면

$\dfrac{n(n-3)}{2} = 135$, $n(n-3) = 270 = 18 \times 15$

$\therefore n = 18$

따라서 구하는 다각형은 정십팔각형이다.

15 각 학생을 칠각형의 꼭짓점으로 생각하면 악수를 한 횟수는 칠각형의 대각선의 개수와 같다. ⋯ ㉠

칠각형의 대각선의 개수는

$\dfrac{7 \times (7-4)}{2} = 14$(개)

따라서 악수는 모두 14번 하게 된다. ⋯ ㉡

단계	채점 기준	배점 비율
㉠	칠각형의 대각선의 개수와 같음을 설명하기	40 %
㉡	악수를 하게 되는 횟수 구하기	60 %

16 ① 한 꼭짓점에서 그을 수 있는 대각선의 개수는

$8 - 3 = 5$(개)

② 대각선의 개수는 $\dfrac{8 \times (8-3)}{2} = 20$(개)

③ 내각의 크기의 합은 $180° \times (8-2) = 1080°$

④ 한 내각의 크기는 $\dfrac{180° \times (8-2)}{8} = 135°$

⑤ 한 외각의 크기는 $\dfrac{360°}{8} = 45°$

이것만은 꼭!

정n각형에서

① 한 꼭짓점에서 그을 수 있는 대각선의 개수: $(n-3)$개

② 대각선의 개수: $\dfrac{n(n-3)}{2}$개

③ 내각의 크기의 합: $180° \times (n-2)$

④ 외각의 크기의 합: 360°

⑤ 한 내각의 크기: $\dfrac{180° \times (n-2)}{n}$

⑥ 한 외각의 크기 : $\dfrac{360°}{n}$

17 (한 외각의 크기) $= 180° \times \dfrac{1}{4+1} = 180° \times \dfrac{1}{5} = 36°$

구하는 정다각형을 정n각형이라 하면

$\dfrac{360°}{n} = 36°$ $\qquad \therefore n = 10$

따라서 구하는 정다각형은 정십각형이고

정십각형의 대각선의 개수는

$\dfrac{10 \times (10-3)}{2} = 35$(개)

18 **전략** 구하는 정다각형을 정n각형이라 하고 내각과 외각의 크기의 총합을 n을 사용한 식으로 나타낸다.

구하는 정다각형을 정n각형이라 하면

$180° \times (n-2) + 360° = 1620°$

$n - 2 = 7$ $\qquad \therefore n = 9$

따라서 구하는 정다각형은 정구각형이고

정구각형의 한 외각의 크기는 $\dfrac{360°}{9} = 40°$

🔆 창의·융합 문제
85쪽

각 의자를 꼭짓점으로 하여 선분으로 연결하면 변이 6개인 육각형 이 만들어진다. ⋯ ❶

육각형의 대각선의 개수는 $\dfrac{6 \times (6-3)}{2} = 9$(개)이다. ⋯ ❷

육각형의 변의 개수는 6개이고, 대각선의 개수는 9개이므로 잔디밭에 길을 모두 $6+9=15$(개) 만들어야 한다. ··· ❸

길이에 관계없이 길 하나를 만드는 데 드는 비용이 10만 원이므로 길 15개를 만드는 데 드는 비용은 $15 \times 10 = 150$(만 원)이다. ··· ❹

🖉 150만 원

교과서 속 서술형 문제

86~87쪽

1 ❶ △ABC에서 ∠ACE의 크기와 ∠A, ∠ABC의 크기 사이의 관계는?

△ABC에서 ∠ACE는 ∠ACB의 $\boxed{외각}$ 이므로

$\angle ACE = \angle A + \angle ABC$

❷ ∠ABD$=\angle a$라 할 때, ∠ACE의 크기를 $\angle a$를 사용하여 나타내면?

$\overline{BD}$가 ∠ABC의 이등분선이므로

$\angle ABC = \boxed{2}\angle ABD = \boxed{2}\angle a$

$\therefore \angle ACE = \angle A + \angle ABC$

$\qquad = \boxed{50° + 2\angle a} \quad \cdots\cdots ㉠ \quad ··· ㉮$

❸ △DBC에서 ∠DCE의 크기를 $\angle a$, $\angle x$를 사용하여 나타내면?

△DBC에서 ∠DCE는 ∠DCB의 외각이므로

$\angle DCE = \angle D + \angle DBC$

$\qquad = \boxed{\angle x + \angle a} \quad \cdots\cdots ㉡ \quad ··· ㉯$

❹ ∠x의 크기는?

∠ACE$=2$∠DCE이므로 ㉠, ㉡에서

$50° + 2\angle a = 2(\angle x + \angle a), \ 2\angle x = \boxed{50°}$

$\therefore \angle x = \boxed{25°} \quad\quad ··· ㉰$

단계	채점 기준	배점 비율
㉮	∠ACE의 크기를 ∠ABD의 크기를 사용하여 나타내기	30 %
㉯	∠DCE의 크기를 ∠ABD, ∠x를 사용하여 나타내기	30 %
㉰	∠x의 크기 구하기	40 %

2 ❶ △DBC에서 ∠DCE의 크기와 ∠D, ∠DBC의 크기 사이의 관계는?

△DBC에서 ∠DCE는 ∠DCB의 외각이므로

$\angle DCE = \angle D + \angle DBC$

❷ ∠DBC$=\angle a$라 할 때, ∠DCE의 크기를 $\angle a$를 사용하여 나타내면?

$\angle DCE = \angle D + \angle DBC$

$\qquad = 30° + \angle a \quad\quad \cdots\cdots ㉠ \quad ··· ㉮$

❸ △ABC에서 ∠ACE의 크기를 $\angle a$, $\angle x$를 사용하여 나타내면?

$\overline{BD}$가 ∠ABC의 이등분선이므로

$\angle ABC = 2\angle DBC = 2\angle a$

$\therefore \angle ACE = \angle A + \angle ABC$

$\qquad = \angle x + 2\angle a \quad\quad \cdots\cdots ㉡ \quad ··· ㉯$

❹ ∠x의 크기는?

∠ACE$=2$∠DCE이므로 ㉠, ㉡에서

$\angle x + 2\angle a = 2(30° + \angle a)$

$\therefore \angle x = 60° \quad\quad ··· ㉰$

단계	채점 기준	배점 비율
㉮	∠DCE의 크기를 ∠DBC의 크기를 사용하여 나타내기	30 %
㉯	∠ACE의 크기를 ∠DBC, ∠x를 사용하여 나타내기	30 %
㉰	∠x의 크기 구하기	40 %

3 사각형의 내각의 크기의 합은 360°이므로

$120° + 80° + \angle C + \angle D = 360°$

$\therefore \angle C + \angle D = 160°$

$\therefore \angle ECD + \angle EDC = \dfrac{1}{2}\angle C + \dfrac{1}{2}\angle D$

$\qquad\qquad\qquad\quad = \dfrac{1}{2}(\angle C + \angle D)$

$\qquad\qquad\qquad\quad = \dfrac{1}{2} \times 160° = 80° \quad ··· ㉮$

삼각형의 내각의 크기의 합은 180°이므로 △DEC에서

$\angle DEC + \angle ECD + \angle EDC = 180°$

$\angle DEC + 80° = 180°$

$\therefore \angle DEC = 100° \quad\quad ··· ㉯$

🖉 100°

단계	채점 기준	배점 비율
㉮	∠ECD+∠EDC의 크기 구하기	50 %
㉯	∠DEC의 크기 구하기	50 %

4 정육각형의 한 외각의 크기는

$\dfrac{360°}{6} = 60° \quad\quad\quad\quad ··· ㉮$

정팔각형의 한 외각의 크기는

$\dfrac{360°}{8} = 45° \quad\quad\quad\quad ··· ㉯$

$\therefore \angle x = 60° + 45° = 105° \quad ··· ㉰$

🖉 105°

단계	채점 기준	배점 비율
㉮	정육각형의 한 외각의 크기 구하기	40 %
㉯	정팔각형의 한 외각의 크기 구하기	40 %
㉰	$\angle x$의 크기 구하기	20 %

5 구하는 다각형을 n각형이라 하면 내각의 크기의 합이 $1260°$이므로

$180° \times (n-2) = 1260°, \ n-2 = 7$

$\therefore \ n = 9$

따라서 구하는 다각형은 구각형이다. ······ ㉮

이때 구각형의 대각선의 개수는

$\dfrac{9 \times (9-3)}{2} = 27$(개) ······ ㉯

답 27개

단계	채점 기준	배점 비율
㉮	조건을 만족하는 다각형 구하기	50 %
㉯	다각형의 대각선의 개수 구하기	50 %

6 오른쪽 그림과 같이 보조선을 그으면 삼각형의 내각의 크기의 합은 $180°$이므로

$\angle p + \angle x + \angle y = 180°$

$\therefore \ \angle p = 180° - (\angle x + \angle y)$ ······ ㉠

사각형의 내각의 크기의 합은 $360°$이므로

$\angle c + \angle d + \angle p + 105° = 360°$

$\therefore \ \angle p = 255° - (\angle c + \angle d)$ ······ ㉡

㉠, ㉡에서

$180° - (\angle x + \angle y) = 255° - (\angle c + \angle d)$

$\therefore \ \angle x + \angle y = \angle c + \angle d - 75°$ ······ ㉢ ···㉮

오각형의 내각의 크기의 합은 $180° \times (5-2) = 540°$이므로

$\angle a + 100° + \angle b + \angle x + \angle y + \angle e + \angle f = 540°$

위의 식에 ㉢을 대입하면

$\angle a + 100° + \angle b + (\angle c + \angle d - 75°) + \angle e + \angle f = 540°$

$\therefore \ \angle a + \angle b + \angle c + \angle d + \angle e + \angle f = 515°$ ··· ㉯

답 515°

단계	채점 기준	배점 비율
㉮	보조선을 그었을 때 생기는 $\angle x$, $\angle y$의 크기의 합을 $\angle c$, $\angle d$를 사용한 식으로 나타내기	60 %
㉯	$\angle a + \angle b + \angle c + \angle d + \angle e + \angle f$의 크기 구하기	40 %

04 원과 부채꼴

1 부채꼴의 뜻과 성질

개념 25 원과 부채꼴

개념 확인하기 ······ 90쪽

1 **답** (1)

(2)

(3)

(4)
(5)

대표문제 91쪽

01 **답** (1) 반지름 (2) 부채꼴 (3) 현 (4) 호 (5) 활꼴

02 **답** (1) $\angle BOC$ (2) $\overarc{AB}$ (3) $\overline{AB}$

03 **답** (1) 정삼각형 (2) $60°$

(1) $\overline{OA} = \overline{OB} = \overline{AB}$이므로 $\triangle OAB$는 정삼각형이다.

(2) $\overarc{AB}$에 대한 중심각은 $\angle AOB$이고, $\triangle OAB$는 정삼각형이므로

$\angle AOB = 60°$

04 **답** (1) ○ (2) × (3) × (4) ○

(2) 부채꼴은 원에서 두 반지름과 호로 이루어진 도형이다.

(3) 활꼴은 원에서 현과 호로 이루어진 도형이다.

05 **답** ㄱ, ㄴ, ㄹ

ㄷ. 원의 중심을 지나는 현은 지름이다.

이상에서 옳은 것은 ㄱ, ㄴ, ㄹ이다.

06 **답** ④

원에서 길이가 가장 긴 현은 지름이므로 반지름의 길이가 $4 \ cm$인 원에서 가장 긴 현의 길이는

$4 \times 2 = 8(cm)$

개념 26 부채꼴의 성질

개념 확인하기 ──── 92쪽

1 답 (1) $\overparen{BC}$ (2) 2 (3) AOC (4) $\overline{BC}$

(1) $\angle AOB = \angle BOC$이므로
$\overparen{AB} = \overparen{BC}$

(2) $\angle AOC = 2\angle BOC$이므로
$\overparen{AC} = 2\overparen{BC}$

(3) $\angle AOC = 2\angle AOB$이므로
(부채꼴 AOC의 넓이) $= 2 \times$ (부채꼴 AOB의 넓이)

(4) $\angle AOB = \angle BOC$이므로
$\overline{AB} = \overline{BC}$

대표문제

93쪽

01 답 (1) 4 (2) 10

(1) 한 원에서 중심각의 크기가 같은 두 부채꼴의 호의 길이는
같으므로 $x=4$

(2) 한 원에서 중심각의 크기가 같은 두 부채꼴의 넓이는 같으
므로 $x=10$

02 답 (1) 9 (2) 150

한 원에서 부채꼴의 호의 길이는 중심각의 크기에 정비례하므로

(1) $30 : 90 = 3 : x$에서 $1 : 3 = 3 : x$
$\therefore x = 9$

(2) $60 : x = 8 : 20$에서 $60 : x = 2 : 5$
$2x = 300$ $\therefore x = 150$

03 답 (1) 16 (2) 60

한 원에서 부채꼴의 넓이는 중심각의 크기에 정비례하므로

(1) $140 : 35 = x : 4$에서 $4 : 1 = x : 4$
$\therefore x = 16$

(2) $90 : x = 36 : 24$에서 $90 : x = 3 : 2$
$3x = 180$ $\therefore x = 60$

04 답 $x=35$, $y=10$

한 원에서 부채꼴의 호의 길이는 중심각의 크기에 정비례하므로
$x : 25 = 7 : 5$에서 $5x = 175$
$\therefore x = 35$

또, $25 : 50 = 5 : y$에서 $1 : 2 = 5 : y$
$\therefore y = 10$

05 답 (1) 2, 80 (2) 3, 120 (3) 4, 160

06 답 (1) 8 (2) 45

(1) 한 원에서 중심각의 크기가 같은 두 현의 길이는 같으므로
$x = 8$

(2) 한 원에서 길이가 같은 두 현에 대한 중심각의 크기는 같으
므로 $x = 45$

07 답 10

$\angle AOB = \angle COD$이므로 $\overline{AB} = \overline{CD} = 10$ cm
$\therefore x = 10$

소단원 핵심문제

94~95쪽

| 01 ③ | 02 30° | 03 72° | 04 90 cm² | 05 15 cm² |
| 06 65° | 07 ③,④ | 08 ③ | 08-1 21 | |

01 ③ 호 BC에 대한 중심각은 $\angle BOC$이다.

02 $(4\angle x + 15°) : \angle x = 27 : 6$에서
$(4\angle x + 15°) : \angle x = 9 : 2$
$9\angle x = 2(4\angle x + 15°)$, $9\angle x = 8\angle x + 30°$
$\therefore \angle x = 30°$

03 $\angle BOC : \angle AOB = \overparen{BC} : \overparen{AB} = (5-3) : 3 = 2 : 3$
한편, $\angle BOC + \angle AOB = 180°$이므로
$\angle BOC = 180° \times \dfrac{2}{2+3} = 180° \times \dfrac{2}{5} = 72°$

04 원 O의 넓이를 x cm²라 하면
$40 : 360 = 10 : x$에서 $1 : 9 = 10 : x$
$\therefore x = 90$
따라서 원 O의 넓이는 90 cm²이다.

05 $\angle AOB : \angle COD = \overparen{AB} : \overparen{CD} = 8 : 3$
부채꼴 COD의 넓이를 x cm²라 하면
$40 : x = 8 : 3$, $8x = 120$ $\therefore x = 15$
따라서 부채꼴 COD의 넓이는 15 cm²이다.

06 원 O에서 $\overline{AB} = \overline{CD} = \overline{DE}$이므로
$\angle AOB = \angle COD = \angle DOE$
이때 $\angle COE = 130°$이므로
$\angle AOB = \dfrac{1}{2}\angle COE = \dfrac{1}{2} \times 130° = 65°$

07 ③ 현의 길이는 중심각의 크기에 정비례하지 않으므로
$\overline{AC} \neq 2\overline{AB}$

④ 삼각형의 넓이는 중심각의 크기에 정비례하지 않으므로
($\triangle AOC$의 넓이) $\neq 2 \times$ ($\triangle AOB$의 넓이)

08 $\triangle$OAB는 $\overline{OA} = \overline{OB}$인 이등변삼

각형이므로

$$\angle OAB = \angle OBA$$
$$= \frac{1}{2} \times (180° - 100°)$$
$$= \frac{1}{2} \times 80° = 40°$$

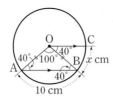

이때 $\overline{AB} \parallel \overline{OC}$이므로 $\angle BOC = \angle OBA = 40°$ (엇각)

부채꼴의 호의 길이는 중심각의 크기에 정비례하므로

$$100 : 40 = 10 : x \qquad \therefore x = 4$$

08-1 $\overline{AD} \parallel \overline{OC}$이므로

$$\angle OAD = \angle BOC$$
$$= 20° \text{ (동위각)}$$

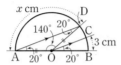

$\overline{OD}$를 그으면 $\triangle$OAD는

$\overline{OA} = \overline{OD}$인 이등변삼각형이므로

$$\angle ODA = \angle OAD = 20°$$
$$\therefore \angle AOD = 180° - (20° + 20°) = 140°$$

부채꼴의 호의 길이는 중심각의 크기에 정비례하므로

$$140 : 20 = x : 3 \qquad \therefore x = 21$$

❷ 부채꼴의 호의 길이와 넓이

개념 27 원의 둘레의 길이와 넓이

개념 확인하기 ─────────────────────── 96쪽

1 **답** (1) 6π cm, 9π cm² (2) 14π cm, 49π cm²
(3) 10π cm, 25π cm²

주어진 원의 둘레의 길이를 l, 넓이를 S라 하면

(1) $l = 2\pi \times 3 = 6\pi$ (cm), $S = \pi \times 3^2 = 9\pi$ (cm²)

(2) $l = 2\pi \times 7 = 14\pi$ (cm), $S = \pi \times 7^2 = 49\pi$ (cm²)

(3) 반지름의 길이가 $10 \times \frac{1}{2} = 5$ (cm)이므로

$l = 2\pi \times 5 = 10\pi$ (cm), $S = \pi \times 5^2 = 25\pi$ (cm²)

대표문제 ─────────────────────── 97쪽

01 **답** (1) 6 cm (2) 10 cm

원의 반지름의 길이를 r cm라 하면

(1) $2\pi r = 12\pi$ $\therefore r = 6$

따라서 반지름의 길이는 6 cm이다.

(2) $2\pi r = 20\pi$ $\therefore r = 10$

따라서 반지름의 길이는 10 cm이다.

02 **답** (1) 9 cm (2) 11 cm

원의 반지름의 길이를 r cm라 하면

(1) $\pi r^2 = 81\pi$, $r^2 = 81 = 9^2$ $\therefore r = 9$

따라서 반지름의 길이는 9 cm이다.

(2) $\pi r^2 = 121\pi$, $r^2 = 121 = 11^2$ $\therefore r = 11$

따라서 반지름의 길이는 11 cm이다.

03 **답** (1) $(4\pi + 8)$ cm, 8π cm²
(2) $(6\pi + 12)$ cm, 18π cm²

(1) (둘레의 길이)

$=$ (반지름의 길이가 4 cm인 원의 둘레의 길이) $\times \frac{1}{2}$

$\quad +$ (원의 지름의 길이)

$= (2\pi \times 4) \times \frac{1}{2} + 8 = 4\pi + 8$ (cm)

(넓이) $=$ (반지름의 길이가 4 cm인 원의 넓이) $\times \frac{1}{2}$

$= (\pi \times 4^2) \times \frac{1}{2} = 8\pi$ (cm²)

(2) 반지름의 길이가 $12 \times \frac{1}{2} = 6$ (cm)이므로

(둘레의 길이)

$=$ (반지름의 길이가 6 cm인 원의 둘레의 길이) $\times \frac{1}{2}$

$\quad +$ (원의 지름의 길이)

$= (2\pi \times 6) \times \frac{1}{2} + 12 = 6\pi + 12$ (cm)

(넓이) $=$ (반지름의 길이가 6 cm인 원의 넓이) $\times \frac{1}{2}$

$= (\pi \times 6^2) \times \frac{1}{2} = 18\pi$ (cm²)

04 **답** (1) 16π cm, 16π cm² (2) 24π cm, 72π cm²

(1) 큰 원의 반지름의 길이는 5 cm, 작은 원의 반지름의 길이

는 3 cm이므로

(둘레의 길이)

$=$ (큰 원의 둘레의 길이) $+$ (작은 원의 둘레의 길이)

$= 2\pi \times 5 + 2\pi \times 3$

$= 10\pi + 6\pi = 16\pi$ (cm)

(넓이) $=$ (큰 원의 넓이) $-$ (작은 원의 넓이)

$= \pi \times 5^2 - \pi \times 3^2$

$= 25\pi - 9\pi = 16\pi$ (cm²)

(2) 큰 원의 반지름의 길이는 9 cm, 작은 원의 반지름의 길이

는 3 cm이므로

(둘레의 길이)

$=$ (큰 원의 둘레의 길이) $+$ (작은 원의 둘레의 길이)

$= 2\pi \times 9 + 2\pi \times 3$

$= 18\pi + 6\pi = 24\pi$ (cm)

(넓이) $=$ (큰 원의 넓이) $-$ (작은 원의 넓이)

$= \pi \times 9^2 - \pi \times 3^2 = 81\pi - 9\pi = 72\pi$ (cm²)

05 🔢 24π cm, 48π cm²

큰 원의 반지름의 길이는 8 cm, 작은 원의 반지름의 길이는

$8 \times \dfrac{1}{2} = 4$(cm)이므로

(둘레의 길이)

= (큰 원의 둘레의 길이) + (작은 원의 둘레의 길이)

$= 2\pi \times 8 + 2\pi \times 4$

$= 16\pi + 8\pi = 24\pi$(cm)

(넓이) = (큰 원의 넓이) − (작은 원의 넓이)

$\qquad = \pi \times 8^2 - \pi \times 4^2$

$\qquad = 64\pi - 16\pi = 48\pi$(cm²)

06 🔢 10π cm, $\dfrac{25}{2}\pi$ cm²

(둘레의 길이)

= (반지름의 길이가 5 cm인 원의 둘레의 길이) $\times \dfrac{1}{2}$

$\qquad + \left\{ \left(\text{반지름의 길이가 } \dfrac{5}{2} \text{ cm인 원의 둘레의 길이} \right) \times \dfrac{1}{2} \right\}$

$\qquad\qquad\qquad\qquad\qquad\qquad\qquad\qquad\qquad \times 2$

$= (2\pi \times 5) \times \dfrac{1}{2} + \left\{ \left(2\pi \times \dfrac{5}{2} \right) \times \dfrac{1}{2} \right\} \times 2$

$= 5\pi + 5\pi = 10\pi$(cm)

오른쪽 그림과 같이 색칠한 부분의 일부
를 옮기면 반지름의 길이가 5 cm인 반
원이 되므로

(넓이)

= (반지름의 길이가 5 cm인 원의 넓이) $\times \dfrac{1}{2}$

$= (\pi \times 5^2) \times \dfrac{1}{2} = \dfrac{25}{2}\pi$(cm²)

개념 **28** 부채꼴의 호의 길이와 넓이

개념 확인하기 98쪽

1 🔢 (1) 2π cm, 6π cm² (2) 2π cm, 3π cm²

주어진 부채꼴의 호의 길이를 l, 넓이를 S라 하면

(1) $l = 2\pi \times 6 \times \dfrac{60}{360} = 2\pi$(cm)

$\quad S = \pi \times 6^2 \times \dfrac{60}{360} = 6\pi$(cm²)

(2) $l = 2\pi \times 3 \times \dfrac{120}{360} = 2\pi$(cm)

$\quad S = \pi \times 3^2 \times \dfrac{120}{360} = 3\pi$(cm²)

2 🔢 8π cm²

(넓이) $= \dfrac{1}{2} \times 8 \times 2\pi = 8\pi$(cm²)

대표문제 99~100쪽

01 🔢 (1) 9, 3π, 60 (2) 270

(1) $2\pi \times \boxed{9} \times \dfrac{x}{360} = \boxed{3\pi}$ $\qquad \therefore x = \boxed{60}$

(2) $2\pi \times 4 \times \dfrac{x}{360} = 6\pi$ $\qquad \therefore x = 270$

02 🔢 (1) 120, 15 (2) 6

(1) $2\pi r \times \dfrac{\boxed{120}}{360} = 10\pi$ $\qquad \therefore r = \boxed{15}$

(2) $2\pi r \times \dfrac{60}{360} = 2\pi$ $\qquad \therefore r = 6$

03 🔢 (1) 15, 45π, 72 (2) 135

(1) $\pi \times \boxed{15}^2 \times \dfrac{x}{360} = \boxed{45\pi}$ $\qquad \therefore x = \boxed{72}$

(2) $\pi \times 8^2 \times \dfrac{x}{360} = 24\pi$ $\qquad \therefore x = 135$

04 🔢 (1) 100, 10π, 36, 6 (2) 2

(1) $\pi r^2 \times \dfrac{\boxed{100}}{360} = \boxed{10\pi}$

$\quad r^2 = \boxed{36}$ $\qquad \therefore r = \boxed{6}$

(2) $\pi r^2 \times \dfrac{90}{360} = \pi$

$\quad r^2 = 4$ $\qquad \therefore r = 2$

05 🔢 (1) 6, 12π, 4 (2) 3π

(1) $\dfrac{1}{2} \times \boxed{6} \times l = \boxed{12\pi}$ $\qquad \therefore l = \boxed{4\pi}$

(2) $\dfrac{1}{2} \times 12 \times l = 18\pi$ $\qquad \therefore l = 3\pi$

06 🔢 (1) 5π, 25π, 10 (2) 2

(1) $\dfrac{1}{2} \times r \times \boxed{5\pi} = \boxed{25\pi}$ $\qquad \therefore r = \boxed{10}$

(2) $\dfrac{1}{2} \times r \times 3\pi = 3\pi$ $\qquad \therefore r = 2$

07 🔢 (1) 12, 60, 4π, 6, 60, 2π, 6, $6\pi + 12$

$\qquad$ (2) 12, 60, 6, 60, 24π, 6π, 18π

08 🔢 $(8\pi + 8)$ cm, 8π cm²

(둘레의 길이)

= (사분원의 호의 길이) + (반원의 호의 길이) + (선분의 길이)

$= 2\pi \times 8 \times \dfrac{90}{360} + 2\pi \times 4 \times \dfrac{1}{2} + 8$

$= 4\pi + 4\pi + 8 = 8\pi + 8$(cm)

(넓이) = (사분원의 넓이) − (반원의 넓이)

$\qquad = \pi \times 8^2 \times \dfrac{90}{360} - \pi \times 4^2 \times \dfrac{1}{2}$

$\qquad = 16\pi - 8\pi = 8\pi$(cm²)

09 🔢 (1) 6, 90, 3π, 3π, 6, 24, $6\pi + 24$

$\qquad$ (2) 6, 6, 90, $36 - 9\pi$, $72 - 18\pi$

10 **답** 10π cm, $(50\pi-100)$ cm^2

(둘레의 길이)=(사분원의 호의 길이)$\times 2$

$$=\left(2\pi\times 10\times\frac{90}{360}\right)\times 2$$

$$=10\pi\,(\text{cm})$$

또, 색칠한 부분의 넓이는 다음과 같이 구할 수 있다.

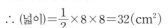

$\therefore$ (넓이)$=\{(\text{사분원의 넓이})-(\text{직각삼각형의 넓이})\}\times 2$

$$=\left(\pi\times 10^2\times\frac{90}{360}-\frac{1}{2}\times 10\times 10\right)\times 2$$

$$=(25\pi-50)\times 2$$

$$=50\pi-100\,(\text{cm}^2)$$

소단원 핵심문제 **101~102쪽**

> **01** ⑤ **02** (1) 24π cm, 16π cm^2 (2) 18π cm, 27π cm^2
> **03** $200°$ **04** ③ **05** 6 cm, $120°$
> **06** 10π cm, $(100-25\pi)$ cm^2 **07** ①
> **07-1** $(25\pi-50)$ cm^2

01 원 O의 반지름의 길이를 r cm라 하면

$2\pi r=10\pi$ $\quad\therefore r=5$

따라서 원 O의 넓이는

$\pi\times 5^2=25\pi\,(\text{cm}^2)$

02 (1) 큰 원의 반지름의 길이가 6 cm이므로

(둘레의 길이)$=2\pi\times 6+2\pi\times 2+2\pi\times 4$

$\qquad\qquad\quad=12\pi+4\pi+8\pi=24\pi\,(\text{cm})$

(넓이)$=\pi\times 6^2-\pi\times 2^2-\pi\times 4^2$

$\qquad\quad=36\pi-4\pi-16\pi=16\pi\,(\text{cm}^2)$

(2) 큰 원의 반지름의 길이가 9 cm이므로

(둘레의 길이)

$=2\pi\times 9\times\frac{1}{2}+2\pi\times 3\times\frac{1}{2}+2\pi\times 6\times\frac{1}{2}$

$=9\pi+3\pi+6\pi=18\pi\,(\text{cm})$

(넓이)$=\pi\times 9^2\times\frac{1}{2}-\pi\times 6^2\times\frac{1}{2}+\pi\times 3^2\times\frac{1}{2}$

$\qquad\quad=\frac{81}{2}\pi-18\pi+\frac{9}{2}\pi$

$\qquad\quad=27\pi\,(\text{cm}^2)$

03 부채꼴의 중심각의 크기를 $x°$라 하면

$2\pi\times 9\times\frac{x}{360}=10\pi$

$\therefore x=200$

따라서 부채꼴의 중심각의 크기는 $200°$이다.

---

04 (정오각형의 한 내각의 크기)$=\frac{180°\times(5-2)}{5}=108°$

이므로 색칠한 부분은 반지름의 길이가 5 cm이고 중심각의 크기는 $108°$인 부채꼴이다.

$\therefore$ (넓이)$=\pi\times 5^2\times\frac{108}{360}=\frac{15}{2}\pi\,(\text{cm}^2)$

05 부채꼴의 반지름의 길이를 r cm라 하면

$\frac{1}{2}\times r\times 4\pi=12\pi$ $\quad\therefore r=6$

부채꼴의 중심각의 크기를 $x°$라 하면

$2\pi\times 6\times\frac{x}{360}=4\pi$ $\quad\therefore x=120$

따라서 부채꼴의 반지름의 길이는 6 cm, 중심각의 크기는 $120°$이다.

06 (둘레의 길이)$=\left(2\pi\times 5\times\frac{90}{360}\right)\times 4=10\pi\,(\text{cm})$

(넓이)$=10\times 10-\left(\pi\times 5^2\times\frac{90}{360}\right)\times 4$

$\qquad\quad=100-25\pi\,(\text{cm}^2)$

07 오른쪽 그림과 같이 색칠한 부분의 일부를 이동하면 구하는 넓이는 직각삼각형의 넓이와 같다.

$\therefore$ (넓이)$=\frac{1}{2}\times 8\times 8=32\,(\text{cm}^2)$

07-1 오른쪽 그림과 같이 색칠한 부분의 일부를 이동하면 구하는 넓이는

$\pi\times 10^2\times\frac{90}{360}-\frac{1}{2}\times 10\times 10$

$=25\pi-50\,(\text{cm}^2)$

중단원 마무리문제 **103~105쪽**

> **01** ⑤ **02** 4 **03** ③ **04** 10 **05** ③
> **06** 18 cm **07** 15 cm **08** ⑤ **09** 24π cm
> **10** ④ **11** ① **12** 18 cm^2 **13** 20π cm^2
> **14** ④ **15** ② **16** $(18\pi-36)$ cm^2
> **17** 20π m^2

01 부채꼴과 활꼴이 같아질 때는 반원인 경우이므로 중심각의 크기는 $180°$이다.

02 부채꼴의 호의 길이는 중심각의 크기에 정비례하므로

$48:120=(x+2):(4x-1)$에서

$2:5=(x+2):(4x-1)$

$5x+10=8x-2,\ -3x=-12$ $\quad\therefore x=4$

03 부채꼴의 호의 길이는 중심각의 크기에 정비례하므로
$$\angle AOC : \angle COB = \overset{\frown}{AC} : \overset{\frown}{BC}$$
$$= 10 : 2 = 5 : 1$$
$\angle AOC + \angle COB = 180°$이므로
$$\angle COB = 180° \times \frac{1}{5+1} = 180° \times \frac{1}{6} = 30°$$

04 부채꼴의 넓이는 중심각의 크기에 정비례하므로
$2x : (x+30) = 1 : 2$에서
$4x = x + 30$, $3x = 30$
$$\therefore x = 10$$

05 부채꼴의 넓이는 중심각의 크기에 정비례하므로
(부채꼴 AOB의 넓이) : (부채꼴 BOC의 넓이)
: (부채꼴 COA의 넓이)
$$= \angle AOB : \angle BOC : \angle COA$$
$$= 3 : 5 : 4$$
원 O의 넓이는 $96\pi \text{ cm}^2$이므로
(부채꼴 AOB의 넓이) $= 96\pi \times \frac{3}{3+5+4} = 96\pi \times \frac{3}{12}$
$$= 24\pi (\text{cm}^2)$$

이것만은 꼭!
원 O 위의 세 점 A, B, C에 대하여
$\angle AOB : \angle BOC : \angle COA = a : b : c$
일 때,
① $\overset{\frown}{AB} : \overset{\frown}{BC} : \overset{\frown}{CA} = a : b : c$
② (부채꼴 AOB의 넓이) : (부채꼴 BOC의 넓이)
: (부채꼴 COA의 넓이) $= a : b : c$

06 $\overset{\frown}{AB} = \overset{\frown}{BC}$이므로 $\angle AOB = \angle BOC$
$$\therefore \overline{BC} = \overline{AB} = 4 \text{ cm}$$
$\overline{OC} = \overline{OA} = 5 \text{ cm}$이므로
색칠한 부분의 둘레의 길이는
$$\overline{OA} + \overline{AB} + \overline{BC} + \overline{OC}$$
$$= 5 + 4 + 4 + 5$$
$$= 18 (\text{cm})$$

07 $\triangle OCE$는 $\overline{OC} = \overline{CE}$인 이등변삼각형이므로
$$\angle COE = \angle CEO = 25° \qquad \cdots \text{㉮}$$
$\triangle OCE$에서
$$\angle OCB = \angle COE + \angle CEO = 25° + 25° = 50°$$
$\triangle OBC$는 $\overline{OB} = \overline{OC}$인 이등변삼각형이므로
$$\angle OBC = \angle OCB = 50° \qquad \cdots \text{㉯}$$
$\triangle OBE$에서
$$\angle AOB = \angle OBE + \angle OEB$$
$$= 50° + 25° = 75° \qquad \cdots \text{㉰}$$

부채꼴의 호의 길이는 중심각의 크기에 정비례하므로
$75 : 25 = \overset{\frown}{AB} : 5$에서 $3 : 1 = \overset{\frown}{AB} : 5$
$$\therefore \overset{\frown}{AB} = 15 (\text{cm}) \qquad \cdots \text{㉱}$$

단계	채점 기준	배점 비율
㉮	$\angle COE$의 크기 구하기	10 %
㉯	$\angle OCB$, $\angle OBC$의 크기 각각 구하기	20 %
㉰	$\angle AOB$의 크기 구하기	20 %
㉱	$\overset{\frown}{AB}$의 길이 구하기	50 %

08 ① $\angle AOB = \angle DOE$이므로 $\overset{\frown}{AB} = \overset{\frown}{DE}$
② $\angle AOB = \angle BOC$이므로 $\overline{AB} = \overline{BC}$
③ $\angle AOB = \frac{1}{2}\angle AOC$이므로 $\overset{\frown}{AB} = \frac{1}{2}\overset{\frown}{AC}$
④ $\angle AOC = 2\angle DOE$이므로
(부채꼴 AOC의 넓이) $= 2 \times$ (부채꼴 DOE의 넓이)
⑤ 삼각형의 넓이는 중심각의 크기에 정비례하지 않으므로
($\triangle AOC$의 넓이) $\neq 2 \times$ ($\triangle DOE$의 넓이)

09 원 O의 반지름의 길이를 $r \text{ cm}$라 하면
$$\pi r^2 = 144\pi, \ r^2 = 144 \qquad \therefore r = 12 \qquad \cdots \text{㉮}$$
$$\therefore (둘레의 길이) = 2\pi \times 12 = 24\pi (\text{cm}) \qquad \cdots \text{㉯}$$

단계	채점 기준	배점 비율
㉮	원 O의 반지름의 길이 구하기	50 %
㉯	원 O의 둘레의 길이 구하기	50 %

10 [전략] 지름이 $\overline{AB'}$인 반원을 지름이 $\overline{AB}$인 반원 자리에 옮겨서 생각해 본다.
(둘레의 길이) $= \overset{\frown}{AB'} + \overset{\frown}{AB} + \overset{\frown}{BB'} = 2\overset{\frown}{AB} + \overset{\frown}{BB'}$
$$= 2 \times \left(2\pi \times 6 \times \frac{1}{2}\right) + 2\pi \times 12 \times \frac{45}{360}$$
$$= 12\pi + 3\pi = 15\pi (\text{cm})$$

11 다음 그림과 같이 색칠한 부분을 대칭이동하면 구하는 둘레의 길이는 중간 크기의 원과 작은 원의 둘레의 길이의 합과 같다.

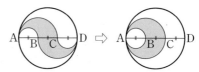

$$\therefore (둘레의 길이) = 2\pi \times 5 + 2\pi \times \frac{5}{2}$$
$$= 10\pi + 5\pi = 15\pi (\text{cm})$$

12 오른쪽 그림과 같이 색칠한 부분을 이동하면 구하는 넓이는 가로의 길이가 3 cm, 세로의 길이가 6 cm인 직사각형의 넓이와 같으므로
(넓이) $= 3 \times 6 = 18 (\text{cm}^2)$

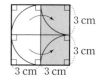

개념교재편

13 부채꼴의 반지름의 길이를 r cm라 하면

$$2\pi r \times \frac{72}{360} = 4\pi \qquad \therefore r = 10$$

따라서 반지름의 길이가 10 cm이므로 부채꼴의 넓이는

$$\pi \times 10^2 \times \frac{72}{360} = 20\pi \,(\text{cm}^2)$$

> **이런 풀이 어때요?**
>
> 주어진 부채꼴은 반지름의 길이가 10 cm, 호의 길이가 4π cm
> 이므로
>
> $$(\text{넓이}) = \frac{1}{2} \times 10 \times 4\pi = 20\pi \,(\text{cm}^2)$$

14 부채꼴의 호의 길이를 l cm라 하면

$$\frac{1}{2} \times 9 \times l = 54\pi \qquad \therefore l = 12\pi$$

따라서 호의 길이는 12π cm이다.

15 색칠한 부분의 넓이는 다음과 같이 구할 수 있다.

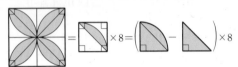

$$\therefore (\text{넓이})$$
$$= \left(\pi \times 4^2 \times \frac{90}{360} - \frac{1}{2} \times 4 \times 4\right) \times 8$$
$$= (4\pi - 8) \times 8$$
$$= 32\pi - 64 \,(\text{cm}^2)$$

16 색칠한 부분의 넓이는 다음과 같이 구할 수 있다.

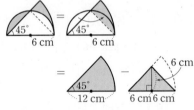

$$\therefore (\text{넓이}) = \pi \times 12^2 \times \frac{45}{360} - \frac{1}{2} \times 12 \times 6$$
$$= 18\pi - 36 \,(\text{cm}^2)$$

17 말이 움직일 수 있는 영역의 최대 넓이는 오른쪽 그림의 색칠한 부분과 같다. 따라서 말이 움직일 수 있는 영역의 최대 넓이는 오른쪽 그림에서 반지름의 길이가 각각 1 m, 2 m, 5 m인 부채꼴 3개의 넓이의 합과 같으므로

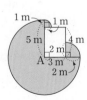

$$\pi \times 1^2 \times \frac{90}{360} + \pi \times 2^2 \times \frac{90}{360} + \pi \times 5^2 \times \frac{270}{360}$$
$$= \frac{\pi}{4} + \pi + \frac{75}{4}\pi$$
$$= 20\pi \,(\text{m}^2)$$

[방법 A]에서 곡선 부분의 끈의 길이는 두 부분 모두 반지름의 길이가 5 cm 인 반원의 호의 길이와 같으므로 필요한 끈의 최소 길이는

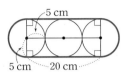

$$20 \times 2 + \left(2\pi \times 5 \times \frac{1}{2}\right) \times 2 = 40 + 10\pi \,(\text{cm}) \qquad \cdots ❶$$

[방법 B]에서 곡선 부분의 끈의 길이는 세 부분 모두 반지름의 길이가 5 cm, 중심각의 크기가 120°인 부채꼴의 호의 길이와 같으므로 필요한 끈의 최소 길이는

$$10 \times 3 + \left(2\pi \times 5 \times \frac{120}{360}\right) \times 3$$
$$= 30 + 10\pi \,(\text{cm}) \qquad \cdots ❷$$

$(40 + 10\pi) - (30 + 10\pi) = 10\,(\text{cm})$이므로 방법 B가 방법 A 보다 끈을 10 cm 더 적게 사용할 수 있다. $\cdots ❸$

답 방법 B, 10 cm

> **참고** 같은 크기의 원기둥을 묶을 때, 몇 개의 원기둥을 묶더라도 곡선 부분인 부채꼴의 중심각의 크기를 모두 더하면 360°이다.

---

1 ❶ 색칠한 부분의 둘레의 길이를 구하는 식은?

    (둘레의 길이)

$$= \widehat{AB} + \boxed{\widehat{CD}} + \overline{AC} + \boxed{\overline{BD}} \qquad \cdots ㉮$$

❷ ❶의 식을 이용하여 색칠한 부분의 둘레의 길이를 구하면?

    (둘레의 길이)

$$= 2\pi \times \boxed{12} \times \frac{\boxed{120}}{360} + 2\pi \times \boxed{6} \times \frac{\boxed{120}}{360} + 6 + \boxed{6}$$
$$= 8\pi + 4\pi + 12$$
$$= \boxed{12\pi + 12} \,(\text{cm}) \qquad \cdots ㉯$$

❸ 색칠한 부분의 넓이를 구하는 식은?

    (넓이)

$$= (\text{부채꼴 } \boxed{AOB} \text{의 넓이}) - (\text{부채꼴 } \boxed{COD} \text{의 넓이})$$
$$\qquad \cdots ㉰$$

❹ ❸의 식을 이용하여 색칠한 부분의 넓이를 구하면?

$$(\text{넓이}) = \pi \times \boxed{12}^2 \times \frac{\boxed{120}}{360} - \pi \times \boxed{6}^2 \times \frac{\boxed{120}}{360}$$
$$= 48\pi - 12\pi = \boxed{36\pi} \,(\text{cm}^2) \qquad \cdots ㉱$$

단계	채점 기준	배점 비율
㉮	색칠한 부분의 둘레의 길이를 구하는 식 세우기	10 %
㉯	색칠한 부분의 둘레의 길이 구하기	40 %
㉰	색칠한 부분의 넓이를 구하는 식 세우기	10 %
㉱	색칠한 부분의 넓이 구하기	40 %

2 ❶ 색칠한 부분의 둘레의 길이를 구하는 식은?

(둘레의 길이)$=\overparen{AB}+\overparen{CD}+\overline{AC}+\overline{BD}$ … ㉮

❷ ❶의 식을 이용하여 색칠한 부분의 둘레의 길이를 구하면?

(둘레의 길이)

$=2\pi \times 8 \times \dfrac{45}{360}+2\pi \times 4 \times \dfrac{45}{360}+4+4$

$=2\pi + \pi + 8 = 3\pi + 8\,(cm)$ … ㉯

❸ 색칠한 부분의 넓이를 구하는 식은?

(넓이)

$=$(부채꼴 AOB의 넓이)$-$(부채꼴 COD의 넓이)

… ㉰

❹ ❸의 식을 이용하여 색칠한 부분의 넓이를 구하면?

(넓이)$=\pi \times 8^2 \times \dfrac{45}{360}-\pi \times 4^2 \times \dfrac{45}{360}$

$=8\pi - 2\pi = 6\pi\,(cm^2)$ … ㉱

단계	채점 기준	배점 비율
㉮	색칠한 부분의 둘레의 길이를 구하는 식 세우기	10 %
㉯	색칠한 부분의 둘레의 길이 구하기	40 %
㉰	색칠한 부분의 넓이를 구하는 식 세우기	10 %
㉱	색칠한 부분의 넓이 구하기	40 %

3 △OBC는 $\overline{OB}=\overline{OC}$인 이등변삼각형이므로

$\angle OCB = \angle OBC = 15°$ … ㉮

$\therefore \angle BOC = 180° - (15° + 15°)$

$=150°$ … ㉯

$\angle AOC = 180° - 150° = 30°$ … ㉰

부채꼴의 호의 길이는 중심각의 크기에 정비례하므로

$\overparen{AC} : \overparen{BC} = \angle AOC : \angle BOC = 30 : 150 = 1 : 5$ … ㉱

🅐 $1 : 5$

단계	채점 기준	배점 비율
㉮	$\angle OCB$의 크기 구하기	20 %
㉯	$\angle BOC$의 크기 구하기	20 %
㉰	$\angle AOC$의 크기 구하기	20 %
㉱	$\overparen{AC} : \overparen{BC}$를 가장 간단한 자연수의 비로 나타내기	40 %

4 $\angle AOB : \angle BOC = 3 : 1$이므로

$\angle AOB = 180° \times \dfrac{3}{3+1} = 180° \times \dfrac{3}{4} = 135°$ … ㉮

원 O의 반지름의 길이를 r cm라 하면

$2\pi r \times \dfrac{135}{360} = 9\pi$ $\therefore r = 12$

따라서 원 O의 반지름의 길이는 12 cm이다. … ㉯

$\therefore$ (부채꼴 AOB의 넓이)$=\pi \times 12^2 \times \dfrac{135}{360}$

$=54\pi\,(cm^2)$ … ㉰

🅐 54π cm²

단계	채점 기준	배점 비율
㉮	$\angle AOB$의 크기 구하기	30 %
㉯	원 O의 반지름의 길이 구하기	30 %
㉰	부채꼴 AOB의 넓이 구하기	40 %

5 $\overline{EB}=\overline{BC}=\overline{EC}=4$ cm이므로

△EBC는 정삼각형이다.

따라서 $\angle EBC = 60°$이므로

$\angle ABE = \angle ECD$

$=90° - \angle EBC$

$=90° - 60° = 30°$ … ㉮

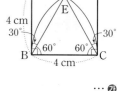

$\therefore$ (색칠한 부분의 넓이)

$=$(정사각형 ABCD의 넓이)$-$(부채꼴 ABE의 넓이)$\times 2$

… ㉯

$=4 \times 4 - \left(\pi \times 4^2 \times \dfrac{30}{360}\right) \times 2$

$=16 - \dfrac{8}{3}\pi\,(cm^2)$ … ㉰

🅐 $\left(16 - \dfrac{8}{3}\pi\right)$ cm²

단계	채점 기준	배점 비율
㉮	$\angle ABE$, $\angle ECD$의 크기 구하기	20 %
㉯	색칠한 부분의 넓이를 구하는 식 세우기	30 %
㉰	색칠한 부분의 넓이 구하기	50 %

6 (직사각형 ABCD의 넓이)$-$(㉠의 넓이)

$=$(부채꼴 ABE의 넓이)$-$(㉡의 넓이)

이때 (㉠의 넓이)$=$(㉡의 넓이)이므로

(직사각형 ABCD의 넓이)$=$(부채꼴 ABE의 넓이) … ㉮

$12 \times \overline{BC} = \pi \times 12^2 \times \dfrac{90}{360}$

$12\overline{BC} = 36\pi$

$\therefore \overline{BC} = 3\pi\,(cm)$ … ㉯

🅐 3π cm

단계	채점 기준	배점 비율
㉮	직사각형 ABCD와 부채꼴 ABE의 넓이가 같음을 알기	50 %
㉯	$\overline{BC}$의 길이 구하기	50 %

05 입체도형

❶ 다면체

개념 29 다면체

개념 확인하기 ·················· 110쪽

1 답

입체도형			
꼭짓점의 개수	6개	5개	8개
모서리의 개수	9개	8개	12개
면의 개수	5개	5개	6개
몇 면체인가?	오면체	오면체	육면체

대표문제 111쪽

01 답 ②, ⑤
② 다각형이 아닌 원과 곡면으로 둘러싸여 있으므로 다면체가 아니다.
⑤ 구는 곡면으로 둘러싸여 있으므로 다면체가 아니다.

02 답 4개
다면체는
ㄱ. 오각뿔 ㄴ. 직육면체   ㄷ. 사각기둥   ㅂ. 사면체
의 4개이다.

03 답 (1) 오면체 (2) 육면체
(1) 면의 개수가 5개이므로 주어진 입체도형은 오면체이다.
(2) 면의 개수가 6개이므로 주어진 입체도형은 육면체이다.

04 답 ⑤
주어진 다면체의 면의 개수는 다음과 같다.
① 4개   ② 6개   ③ 7개   ④ 7개   ⑤ 8개
따라서 면의 개수가 가장 많은 것은 ⑤이다.

05 답 2
꼭짓점의 개수는 10개이므로 $a=10$
모서리의 개수는 15개이므로 $b=15$
면의 개수는 7개이므로 $c=7$
$\therefore a-b+c=10-15+7=2$
참고 다면체의 꼭짓점의 개수를 v개, 모서리의 개수를 e개, 면의 개수를 f라 하면 항상 다음이 성립한다.
$\Rightarrow v-e+f=2$

06 답 ④
④ 점 A에 모인 면의 개수는 5개이다.

개념 30 다면체의 종류

개념 확인하기 ·················· 112쪽

1 답

다면체	오각기둥	오각뿔	오각뿔대
겨냥도			
밑면의 모양	오각형	오각형	오각형
옆면의 모양	직사각형	삼각형	사다리꼴
면의 개수	7개	6개	7개

대표문제 113쪽

01 답 (1) ㄴ, ㄷ, ㄹ, ㅁ (2) ㄴ, ㅁ (3) ㄱ, ㅂ (4) ㄷ, ㄹ
(1) 각기둥과 각뿔대는 밑면이 2개이므로 ㄴ, ㄷ, ㄹ, ㅁ이다.

02 답 ③
③ 원기둥은 원과 곡면으로 둘러싸여 있으므로 다면체가 아니다.

03 답 (1) - ㉡ (2) - ㉢ (3) - ㉠
각기둥, 각뿔, 각뿔대의 옆면의 모양은 각각 직사각형, 삼각형, 사다리꼴이다.

04 답 ㄹ, ㅁ
ㄹ. 팔각기둥은 면의 개수가 $8+2=10$(개)이므로 십면체이다.
ㅁ. 팔각뿔은 면의 개수가 $8+1=9$(개)이므로 구면체이다.

05 답 ⑤
주어진 다면체의 꼭짓점의 개수는 다음과 같다.
① $2\times4=8$(개)   ② $2\times4=8$(개)
③ $2\times4=8$(개)   ④ $7+1=8$(개)
⑤ $2\times7=14$(개)
따라서 꼭짓점의 개수가 나머지 넷과 다른 하나는 ⑤이다.

06 답 팔각뿔대
(나), (다)에서 구하는 입체도형은 각뿔대이다.
구하는 각뿔대를 n각뿔대라 하면 (가)에서 십면체이므로
$n+2=10$ $\therefore n=8$
따라서 구하는 입체도형은 팔각뿔대이다.

개념 31 정다면체

대표문제 115쪽

01 답 (1) ◯ (2) ◯ (3) ×

(3) 정다면체는 정사면체, 정육면체, 정팔면체, 정십이면체, 정이십면체의 5가지뿐이다.

02 답 (1) ㄱ, ㄷ, ㅁ (2) ㄱ, ㄴ, ㄹ

03 답 정팔면체

(개)에서 면의 모양이 정삼각형인 정다면체는 정사면체, 정팔면체, 정이십면체이다.

(내)에서 모서리의 개수가 12개이므로 구하는 정다면체는 정팔면체이다.

04 답 풀이 참조 (1) 정육면체 (2) 점 J (3) $\overline{ED}$

주어진 전개도로 만들어지는 정다면체는 정육면체이고, 겨냥도는 오른쪽 그림과 같다.

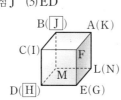

05 답 풀이 참조 (1) 점 E (2) $\overline{CB}$ (3) $\overline{AF}$ (또는 $\overline{EF}$)

주어진 전개도로 만들어지는 정다면체는 정사면체이고, 겨냥도는 오른쪽 그림과 같다.

(3) 점 A와 점 E가 겹치므로 $\overline{CD}$와 꼬인 위치에 있는 모서리는 $\overline{AF}$ (또는 $\overline{EF}$)이다.

소단원 핵심문제 116~117쪽

01 ⑤	02 ⑤	03 ③	04 ②, ⑤
05 팔각기둥		06 ③	07 ②
07-1 풀이 참조			

01 주어진 다면체의 면의 개수는 다음과 같다.

① 3+2=5(개)　　　② 4+2=6(개)

③ 5+1=6(개)　　　④ 6+1=7(개)

⑤ 6+2=8(개)

따라서 면의 개수가 바르게 짝 지어진 것은 ⑤이다.

02 ⑤ 육각뿔 – 삼각형

03 주어진 각뿔을 n각뿔이라 하면 꼭짓점의 개수가 14개이므로

$n+1=14$　∴ $n=13$

십삼각뿔의 면의 개수는 13+1=14(개)이므로

$a=14$

십삼각뿔의 모서리의 개수는 2×13=26(개)이므로

$b=26$

∴ $a+b=14+26=40$

04 ② 각뿔대의 두 밑면은 모양은 같지만 크기가 다르므로 합동이 아니다.

⑤ n각뿔대의 꼭짓점의 개수는 $2n$개이다.

05 (개), (내)에서 구하는 입체도형은 각기둥이다.

구하는 각기둥을 n각기둥이라 하면 (대)에서 모서리의 개수가 24개이므로

$3n=24$　∴ $n=8$

따라서 구하는 입체도형은 팔각기둥이다.

06 ③ 주어진 전개도로 만들어지는 정다면체는 정십이면체이므로 꼭짓점의 개수는 20개이다.

07 ② 정다면체의 면이 될 수 있는 것은 정삼각형, 정사각형, 정오각형뿐이다. 즉, 면의 모양이 정육각형인 정다면체는 없다.

⑤ 면의 개수가 가장 적은 정다면체는 정사면체이므로 모서리의 개수는 6개이다.

07-1 꼭짓점 A에 모인 면의 개수는 3개이고, 꼭짓점 B에 모인 면의 개수는 4개이다.

따라서 각 꼭짓점에 모인 면의 개수가 다르므로 정다면체가 아니다.

② 회전체

개념 32 회전체

개념 확인하기 118쪽

1 답 ㄱ, ㄷ, ㄹ

ㄴ. 다면체이다.

대표문제 119쪽

01 답 (1) ㄱ, ㄷ, ㄹ, ㅁ, ㅇ (2) ㄴ, ㅂ, ㅅ, ㅈ

02 📴 풀이 참조

(1)　　(2)　

(3)　　(4)　

03 📴 풀이 참조

(1)　　(2)　　(3)　

04 📴 풀이 참조

(1)　　(2)　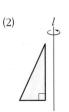

개념 33 회전체의 성질

대표문제
121쪽

01 📴 풀이 참조

회전체	회전축에 수직인 평면으로 자를 때 생기는 단면	회전축을 포함하는 평면으로 자를 때 생기는 단면
(원뿔)	○	(오각형)
(마름모형)	○	(마름모)
(원뿔대)	(도넛모양)	(두 사다리꼴)

---

02 📴 풀이 참조, 100 cm²

주어진 평면도형을 1회전 시킬 때 생기는 회전체는 원기둥이고, 회전축을 포함하는 평면으로 자를 때 생기는 단면은 다음 그림과 같은 정사각형이다.

∴ (단면의 넓이)＝10×10＝100(cm²)

03 📴 15 cm²

주어진 회전체를 회전축을 포함하는 평면으로 자를 때 생기는 단면은 다음 그림과 같은 삼각형이다.

따라서 구하는 넓이는
$\dfrac{1}{2} \times 6 \times 5 = 15 (\text{cm}^2)$

04 📴 (1) $a=2, b=4\pi, c=4$　(2) $a=5, b=3, c=6\pi$
　　　(3) $a=2, b=10, c=6$

(1) 원기둥의 전개도에서
　원의 반지름의 길이는 원기둥의 밑면인 원의 반지름의 길이와 같으므로 $a=2$
　직사각형의 가로의 길이는 원기둥의 밑면인 원의 둘레의 길이와 같으므로
　$b=2\pi \times 2 = 4\pi$
　직사각형의 세로의 길이는 원기둥의 높이와 같으므로
　$c=4$

(2) 원뿔의 전개도에서
　부채꼴의 반지름의 길이는 원뿔의 모선의 길이와 같으므로
　$a=5$
　원의 반지름의 길이는 원뿔의 밑면인 원의 반지름의 길이와 같으므로 $b=3$
　부채꼴의 호의 길이는 원뿔의 밑면인 원의 둘레의 길이와 같으므로
　$c=2\pi \times 3 = 6\pi$

(3) 원뿔대의 전개도에서
　작은 원의 반지름의 길이는 원뿔대의 두 밑면 중 작은 원의 반지름의 길이와 같으므로 $a=2$
　옆면의 직선 부분의 길이는 원뿔대의 모선의 길이와 같으므로 $b=10$
　큰 원의 반지름의 길이는 원뿔대의 두 밑면 중 큰 원의 반지름의 길이와 같으므로 $c=6$

소단원 핵심문제   122~123쪽

01 ②, ④	02 ⑤	03 ⑤	04 ②	05 ②
06 ㄱ, ㄴ	07 (개) ㄷ	(내) ㄱ	(대) ㄹ	(래) ㄴ
07-1 128 cm²				

01 ②, ④ 다면체이다.

02 주어진 평면도형이 회전축에서 떨어져 있으므로 평면도형을 직선 l을 회전축으로 하여 1회전 시킬 때 생기는 입체도형은 속이 뚫린 모양의 입체도형이다.

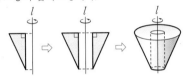

03 ⑤ 구는 어느 방향으로 자르더라도 단면이 항상 원이다.

04 색칠한 밑면은 원뿔대의 두 밑면 중 작은 원이므로 그 둘레의 길이는 $\widehat{AB}$의 길이와 같다.

05 주어진 평면도형을 1회전 시킬 때 생기는 회전체는 밑면의 반지름의 길이가 3 cm, 높이가 5 cm인 원기둥이다.

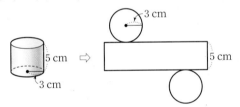

원기둥의 전개도에서 옆면인 직사각형의 가로의 길이는 원기둥의 밑면인 원의 둘레의 길이와 같다.
∴ (직사각형의 가로의 길이)$=2\pi \times 3=6\pi$ (cm)

06 ㄷ. 모선에 대한 설명이다.
ㄹ. 구는 전개도를 그릴 수 없다.

07 주어진 원뿔을 다음과 같은 평면으로 자를 때 생기는 단면은 다음과 같다.

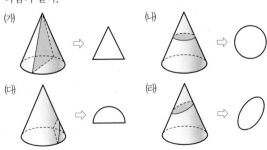

07-1 주어진 평면도형을 1회전 시킬 때 생기는 회전체는 원뿔대이다. 이 원뿔대를 회전축을 포함하는 평면으로 자를 때 생기는 단면은 오른쪽 그림과 같은 사다리꼴이다.

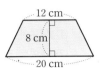

따라서 구하는 넓이는
$\dfrac{1}{2} \times (12+20) \times 8=128$ (cm²)

---

❸ 기둥의 부피와 겉넓이

개념 34 기둥의 부피

개념 확인하기 124쪽

1 답 (1) 풀이 참조   (2) 풀이 참조

(1) ① (밑넓이)$=\dfrac{1}{2} \times 5 \times \boxed{12}=\boxed{30}$ (cm²)
  ② (높이)$=\boxed{10}$ cm
  ③ (부피)$=\boxed{30} \times \boxed{10}=\boxed{300}$ (cm³)

(2) ① (밑넓이)$=\pi \times \boxed{4}^2=\boxed{16\pi}$ (cm²)
  ② (높이)$=\boxed{8}$ cm
  ③ (부피)$=\boxed{16\pi} \times \boxed{8}=\boxed{128\pi}$ (cm³)

대표문제 125쪽

01 답 (1) 24 cm²   (2) 5 cm   (3) 120 cm³

(1) (밑넓이)$=\dfrac{1}{2} \times 6 \times 8=24$ (cm²)

(2) (높이)$=5$ cm

(3) (부피)$=24 \times 5=120$ (cm³)

02 답 72 cm³

(밑넓이)$=\dfrac{1}{2} \times (4+8) \times 2=12$ (cm²)

(높이)$=6$ cm

∴ (부피)$=12 \times 6=72$ (cm³)

03 답 140 cm³

(밑넓이)$=\dfrac{1}{2} \times 8 \times 3+\dfrac{1}{2} \times 8 \times 4=28$ (cm²)

(높이)$=5$ cm

∴ (부피)$=28 \times 5=140$ (cm³)

04 🅐 (1) 25π cm^2 (2) 3 cm (3) 75π cm^3

(1) (밑넓이)$=\pi\times5^2=25\pi$(cm^2)

(2) (높이)$=3$ cm

(3) (부피)$=25\pi\times3=75\pi$(cm^3)

05 🅐 252π cm^3

(밑넓이)$=\pi\times6^2=36\pi$(cm^2)

(높이)$=7$ cm

∴ (부피)$=36\pi\times7=252\pi$(cm^3)

06 🅐 60π cm^3

(밑넓이)$=\pi\times12^2\times\dfrac{30}{360}=12\pi$(cm^2)

(높이)$=5$ cm

∴ (부피)$=12\pi\times5=60\pi$(cm^3)

> **이것만은 꼭!**
> 밑면이 반지름의 길이가 r, 중심각의 크기가 $x°$인 부채꼴이고
> 높이가 h인 기둥의 부피를 V라 하면
> $V=$(부채꼴의 넓이)$\times$(높이)
> $=\left(\pi r^2\times\dfrac{x}{360}\right)\times h$

07 🅐 (1) 80π cm^3 (2) 5π cm^3 (3) 75π cm^3

(1) $\pi\times4^2\times5=80\pi$(cm^3)

(2) $\pi\times1^2\times5=5\pi$(cm^3)

(3) $80\pi-5\pi=75\pi$(cm^3)

개념 35 기둥의 겉넓이

개념 확인하기 ⋯⋯⋯⋯⋯⋯⋯⋯⋯⋯⋯⋯⋯⋯ 126쪽

1 🅐 풀이 참조

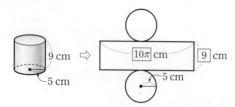

(1) (밑넓이)$=\pi\times\boxed{5}^2=\boxed{25\pi}$(cm^2)

(2) (옆넓이)$=\boxed{10\pi}\times9=\boxed{90\pi}$(cm^2)

(3) (겉넓이)$=\boxed{25\pi}\times2+\boxed{90\pi}=\boxed{140\pi}$(cm^2)

대표문제 ⋯⋯⋯⋯⋯⋯⋯⋯⋯⋯⋯⋯⋯⋯⋯⋯ 127쪽

01 🅐 (1) 12 cm^2 (2) 128 cm^2 (3) 152 cm^2

(1) (밑넓이)$=\dfrac{1}{2}\times6\times4=12$(cm^2)

---

(2) (옆넓이)$=(5+6+5)\times8=128$(cm^2)

(3) (겉넓이)$=12\times2+128=152$(cm^2)

02 🅐 (1) 286 cm^2 (2) 210 cm^2

(1) (밑넓이)$=7\times5=35$(cm^2)

(옆넓이)$=(7+5+7+5)\times9=216$(cm^2)

∴ (겉넓이)$=35\times2+216=286$(cm^2)

(2) (밑넓이)$=\dfrac{1}{2}\times(3+7)\times3=15$(cm^2)

(옆넓이)$=(3+3+5+7)\times10=180$(cm^2)

∴ (겉넓이)$=15\times2+180=210$(cm^2)

03 🅐 (1) 9π cm^2 (2) 48π cm^2 (3) 66π cm^2

(1) (밑넓이)$=\pi\times3^2=9\pi$(cm^2)

(2) (옆넓이)$=2\pi\times3\times8=48\pi$(cm^2)

(3) (겉넓이)$=9\pi\times2+48\pi=66\pi$(cm^2)

04 🅐 120π cm^2

(밑넓이)$=\pi\times5^2=25\pi$(cm^2)

(옆넓이)$=2\pi\times5\times7=70\pi$(cm^2)

∴ (겉넓이)$=25\pi\times2+70\pi=120\pi$(cm^2)

05 🅐 $(30+24\pi)$ cm^2

(밑넓이)$=\pi\times3^2\times\dfrac{1}{2}=\dfrac{9}{2}\pi$(cm^2)

(옆넓이)$=\left\{(3+3)+2\pi\times3\times\dfrac{1}{2}\right\}\times5$

$=30+15\pi$(cm^2)

∴ (겉넓이)$=\dfrac{9}{2}\pi\times2+(30+15\pi)$

$=30+24\pi$(cm^2)

06 🅐 (1) 15 cm^2 (2) 80 cm^2 (3) 110 cm^2

(1) (밑넓이)$=$(큰 사각기둥의 밑넓이)

$\qquad\qquad\qquad$ $-$(작은 사각기둥의 밑넓이)

$\qquad\quad=4\times4-1\times1=15$(cm^2)

(2) (옆넓이)$=$(큰 사각기둥의 옆넓이)

$\qquad\qquad\qquad$ $+$(작은 사각기둥의 옆넓이)

$\qquad\quad=4\times4\times4+1\times4\times4=80$(cm^2)

(3) (겉넓이)$=15\times2+80=110$(cm^2)

소단원 핵심문제 ⋯⋯⋯⋯⋯⋯⋯⋯⋯⋯⋯⋯ 128쪽

01 8 cm	**02** (1) 180 cm^2 (2) $(120+144\pi)$ cm^2
03 42 cm^3, 96 cm^2	**04** 114 cm^3, 158 cm^2
05 168π cm^3	**05-1** 154π cm^2

01 원기둥의 높이를 h cm라 하면

$\pi \times 5^2 \times h = 200\pi$　　$\therefore h = 8$

따라서 원기둥의 높이는 8 cm이다.

02 (1) (밑넓이) $= \dfrac{1}{2} \times (3+6) \times 4 = 18(\text{cm}^2)$

(옆넓이) $= (3+4+6+5) \times 8 = 144(\text{cm}^2)$

$\therefore$ (겉넓이) $= 18 \times 2 + 144 = 180(\text{cm}^2)$

(2) (밑넓이) $= \pi \times 6^2 \times \dfrac{270}{360} = 27\pi(\text{cm}^2)$

(옆넓이) $= \left\{ (6+6) + 2\pi \times 6 \times \dfrac{270}{360} \right\} \times 10$

$\qquad = 120 + 90\pi(\text{cm}^2)$

$\therefore$ (겉넓이) $= 27\pi \times 2 + (120 + 90\pi)$

$\qquad = 120 + 144\pi(\text{cm}^2)$

03 (밑넓이) $= \dfrac{1}{2} \times 4 \times 3 = 6(\text{cm}^2)$

$\therefore$ (부피) $= 6 \times 7 = 42(\text{cm}^3)$

(옆넓이) $= (3+4+5) \times 7 = 84(\text{cm}^2)$

$\therefore$ (겉넓이) $= 6 \times 2 + 84 = 96(\text{cm}^2)$

04 (밑넓이) $= 7 \times 3 - 2 \times 1 = 19(\text{cm}^2)$

$\therefore$ (부피) $= 19 \times 6 = 114(\text{cm}^3)$

(옆넓이) $= (5+1+2+2+7+3) \times 6$

$\qquad = 120(\text{cm}^2)$

$\therefore$ (겉넓이) $= 19 \times 2 + 120 = 158(\text{cm}^2)$

05 주어진 직사각형을 1회전 시킬 때 생기는 회전체는 다음 그림과 같이 가운데에 구멍이 뚫린 원기둥이므로

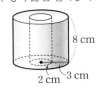

(밑넓이) $= \pi \times 5^2 - \pi \times 2^2 = 21\pi(\text{cm}^2)$

$\therefore$ (부피) $= 21\pi \times 8 = 168\pi(\text{cm}^3)$

05-1 원기둥의 밑넓이가 21π cm²이고

(옆넓이) $= 2\pi \times 5 \times 8 + 2\pi \times 2 \times 8$

$\qquad = 112\pi(\text{cm}^2)$

$\therefore$ (겉넓이) $= 21\pi \times 2 + 112\pi = 154\pi(\text{cm}^2)$

이것만은 꼭!

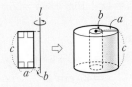

가운데에 구멍이 뚫린 원기둥에서

• (밑넓이) = (큰 원기둥의 밑넓이) − (작은 원기둥의 밑넓이)

• (옆넓이) = (큰 원기둥의 옆넓이) + (작은 원기둥의 옆넓이)

---

❹ 뿔의 부피와 겉넓이

개념 확인하기 129쪽

1 📋 풀이 참조

(1) (밑넓이) $= \pi \times \boxed{5}^2 = \boxed{25\pi}(\text{cm}^2)$

(2) (높이) $= \boxed{9}$ cm

(3) (부피) $= \dfrac{1}{3} \times \boxed{25\pi} \times \boxed{9} = \boxed{75\pi}(\text{cm}^3)$

대표문제 130쪽

01 📋 (1) 56 cm² (2) 9 cm (3) 168 cm³

(1) (밑넓이) $= 7 \times 8 = 56(\text{cm}^2)$

(2) (높이) $= 9$ cm

(3) (부피) $= \dfrac{1}{3} \times 56 \times 9 = 168(\text{cm}^3)$

02 📋 64 cm³

(밑넓이) $= \dfrac{1}{2} \times 6 \times 8 = 24(\text{cm}^2)$

(높이) $= 8$ cm

$\therefore$ (부피) $= \dfrac{1}{3} \times 24 \times 8 = 64(\text{cm}^3)$

03 📋 (1) 60 cm³ (2) 20 cm³ (3) 3 : 1

(1) (밑넓이) $= \dfrac{1}{2} \times 5 \times 4 = 10(\text{cm}^2)$

(높이) $= 6$ cm

$\therefore$ (부피) $= 10 \times 6 = 60(\text{cm}^3)$

(2) (밑넓이) $= \dfrac{1}{2} \times 5 \times 4 = 10(\text{cm}^2)$

(높이) $= 6$ cm

$\therefore$ (부피) $= \dfrac{1}{3} \times 10 \times 6 = 20(\text{cm}^3)$

(3) (각기둥의 부피) : (각뿔의 부피)

$\qquad = 60 : 20 = 3 : 1$

04 📋 (1) 36π cm² (2) 8 cm (3) 96π cm³

(1) (밑넓이) $= \pi \times 6^2 = 36\pi(\text{cm}^2)$

(2) (높이) $= 8$ cm

(3) (부피) $= \dfrac{1}{3} \times 36\pi \times 8 = 96\pi(\text{cm}^3)$

05 📋 100π cm³

(밑넓이) $= \pi \times 5^2 = 25\pi(\text{cm}^2)$

(높이) $= 12$ cm

$\therefore$ (부피) $= \dfrac{1}{3} \times 25\pi \times 12 = 100\pi(\text{cm}^3)$

06 답 (1) 32π cm³ (2) 4π cm³ (3) 28π cm³

(1) (큰 원뿔의 부피)$=\dfrac{1}{3}\times(\pi\times4^2)\times6$

$\qquad\qquad\qquad\quad=32\pi\,(\mathrm{cm}^3)$

(2) (잘라 낸 작은 원뿔의 부피)$=\dfrac{1}{3}\times(\pi\times2^2)\times3$

$\qquad\qquad\qquad\qquad\qquad\quad=4\pi\,(\mathrm{cm}^3)$

(3) (원뿔대의 부피)$=32\pi-4\pi=28\pi\,(\mathrm{cm}^3)$

07 답 $\dfrac{112}{3}$ cm³

(큰 사각뿔의 부피)$=\dfrac{1}{3}\times(4\times4)\times8$

$\qquad\qquad\qquad\quad=\dfrac{128}{3}\,(\mathrm{cm}^3)$

(잘라 낸 작은 사각뿔의 부피)$=\dfrac{1}{3}\times(2\times2)\times4$

$\qquad\qquad\qquad\qquad\qquad\quad=\dfrac{16}{3}\,(\mathrm{cm}^3)$

∴ (사각뿔대의 부피)$=\dfrac{128}{3}-\dfrac{16}{3}=\dfrac{112}{3}\,(\mathrm{cm}^3)$

 개념 **37** 뿔의 겉넓이

개념 확인하기 ⋯⋯⋯⋯⋯⋯⋯⋯⋯⋯⋯ 131쪽

1 답 풀이 참조

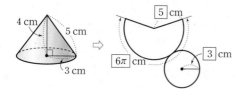

(1) (밑넓이)$=\pi\times\boxed{3}^2=\boxed{9\pi}\,(\mathrm{cm}^2)$

(2) (옆넓이)$=\dfrac{1}{2}\times5\times\boxed{6\pi}=\boxed{15\pi}\,(\mathrm{cm}^2)$

(3) (겉넓이)$=\boxed{9\pi}+\boxed{15\pi}=\boxed{24\pi}\,(\mathrm{cm}^2)$

대표문제 ⋯⋯⋯⋯⋯⋯⋯⋯⋯⋯⋯ 132쪽

01 답 (1) 9 cm² (2) 36 cm² (3) 45 cm²

(1) (밑넓이)$=3\times3=9\,(\mathrm{cm}^2)$

(2) (옆넓이)$=\left(\dfrac{1}{2}\times3\times6\right)\times4=36\,(\mathrm{cm}^2)$

(3) (겉넓이)$=9+36=45\,(\mathrm{cm}^2)$

---

02 답 95 cm²

(밑넓이)$=5\times5=25\,(\mathrm{cm}^2)$

(옆넓이)$=\left(\dfrac{1}{2}\times5\times7\right)\times4=70\,(\mathrm{cm}^2)$

∴ (겉넓이)$=25+70=95\,(\mathrm{cm}^2)$

03 답 (1) 4π cm² (2) 12π cm² (2) 16π cm²

(1) (밑넓이)$=\pi\times2^2=4\pi\,(\mathrm{cm}^2)$

(2) (옆넓이)$=\pi\times2\times6=12\pi\,(\mathrm{cm}^2)$

(3) (겉넓이)$=4\pi+12\pi=16\pi\,(\mathrm{cm}^2)$

04 답 75π cm²

(밑넓이)$=\pi\times5^2=25\pi\,(\mathrm{cm}^2)$

(옆넓이)$=\pi\times5\times10=50\pi\,(\mathrm{cm}^2)$

∴ (겉넓이)$=25\pi+50\pi=75\pi\,(\mathrm{cm}^2)$

05 답 (1) 8π cm (2) $120°$ (3) 64π cm²

(1) (밑면인 원의 둘레의 길이)

$\qquad=2\pi\times4=8\pi\,(\mathrm{cm})$

(2) $2\pi\times12\times\dfrac{x}{360}=8\pi,\ x=120$

$\qquad\therefore \angle x=120°$

(3) (원뿔의 겉넓이)$=$(밑넓이)$+$(옆넓이)

$\qquad\qquad\qquad\quad=\pi\times4^2+\pi\times4\times12$

$\qquad\qquad\qquad\quad=16\pi+48\pi=64\pi\,(\mathrm{cm}^2)$

06 답 풀이 참조 (1) 4π cm² (2) 16π cm²

(3) 36π cm² (4) 56π cm²

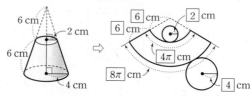

(1) (작은 밑면의 넓이)$=\pi\times2^2=4\pi\,(\mathrm{cm}^2)$

(2) (큰 밑면의 넓이)$=\pi\times4^2=16\pi\,(\mathrm{cm}^2)$

(3) (옆넓이)$=$(큰 부채꼴의 넓이)$-$(작은 부채꼴의 넓이)

$\qquad\qquad=\dfrac{1}{2}\times12\times8\pi-\dfrac{1}{2}\times6\times4\pi$

$\qquad\qquad=48\pi-12\pi=36\pi\,(\mathrm{cm}^2)$

(4) (겉넓이)$=$(두 밑넓이의 합)$+$(옆넓이)

$\qquad\qquad=4\pi+16\pi+36\pi=56\pi\,(\mathrm{cm}^2)$

07 답 117 cm²

(두 밑넓이의 합)$=3\times3+6\times6$

$\qquad\qquad\qquad\quad=45\,(\mathrm{cm}^2)$

(옆넓이)$=\left\{\dfrac{1}{2}\times(3+6)\times4\right\}\times4=72\,(\mathrm{cm}^2)$

∴ (겉넓이)$=$(두 밑넓이의 합)$+$(옆넓이)

$\qquad\qquad=45+72=117\,(\mathrm{cm}^2)$

소단원 **핵심문제**
133쪽

01 7 cm   **02** ②   **03** 312π cm³, 210π cm²
04 (1) 18 cm²   (2) 6 cm   (3) 36 cm³
04-1 $\dfrac{45}{2}$ cm³

01 사각뿔의 높이를 h cm라 하면
$\dfrac{1}{3} \times (9 \times 9) \times h = 189$, $27h = 189$
$\therefore h = 7$
따라서 구하는 사각뿔의 높이는 7 cm이다.

02 (밑넓이) $= 8 \times 8 = 64$(cm²)
(옆넓이) $= \left(\dfrac{1}{2} \times 8 \times 7\right) \times 4 = 112$(cm²)
$\therefore$ (겉넓이) $= 64 + 112 = 176$(cm²)

03 주어진 사다리꼴을 1회전 시킬
때 생기는 회전체는 오른쪽 그림
과 같은 원뿔대이다.
(큰 원뿔의 부피)
$= \dfrac{1}{3} \times (\pi \times 9^2) \times 12$
$= 324\pi$(cm³)
(잘라 낸 작은 원뿔의 부피)
$= \dfrac{1}{3} \times (\pi \times 3^2) \times 4 = 12\pi$(cm³)
$\therefore$ (부피) $= 324\pi - 12\pi = 312\pi$(cm³)
(두 밑넓이의 합) $= \pi \times 9^2 + \pi \times 3^2 = 90\pi$(cm²)
(옆넓이)
$=$ (큰 부채꼴의 넓이) $-$ (작은 부채꼴의 넓이)
$= \pi \times 9 \times 15 - \pi \times 3 \times 5$
$= 135\pi - 15\pi$
$= 120\pi$(cm²)
$\therefore$ (겉넓이) $= 90\pi + 120\pi = 210\pi$(cm²)

04 (1) $\triangle BCD = \dfrac{1}{2} \times 6 \times 6 = 18$(cm²)
(2) $\overline{CG} = 6$ cm
(3) 삼각뿔 C-BGD에서 $\triangle BCD$를 밑면, $\overline{CG}$를 높이로 하
면 구하는 부피는
$\dfrac{1}{3} \times 18 \times 6 = 36$(cm³)

04-1 정육면체에서 잘라 낸 부분의 부피는 삼각뿔의 부피와 같으
므로 구하는 부피는
$3 \times 3 \times 3 - \dfrac{1}{3} \times \left(\dfrac{1}{2} \times 3 \times 3\right) \times 3$
$= \dfrac{45}{2}$(cm³)

❺ 구의 부피와 겉넓이

개념 **38** 구의 부피와 겉넓이

개념 확인하기 ·· 134쪽

1 답 (1) 풀이 참조   (2) 풀이 참조
(1) ① (부피) $= \dfrac{4}{3}\pi \times \boxed{5}^3 = \boxed{\dfrac{500}{3}\pi}$(cm³)
② (겉넓이) $= 4\pi \times \boxed{5}^2 = \boxed{100\pi}$(cm²)
(2) ① (부피) $= \dfrac{4}{3}\pi \times \boxed{6}^3 = \boxed{288\pi}$(cm³)
② (겉넓이) $= 4\pi \times \boxed{6}^2 = \boxed{144\pi}$(cm²)

대표문제
135쪽

01 답 ②
구의 반지름의 길이를 r cm라 하면
$\dfrac{4}{3}\pi r^3 = 36\pi$, $r^3 = 27$ $\therefore r = 3$
따라서 반지름의 길이는 3 cm이다.

02 답 (1) 4 cm   (2) 7 cm
구의 반지름의 길이를 r cm라 하면
(1) $4\pi r^2 = 64\pi$, $r^2 = 16$ $\therefore r = 4$
따라서 반지름의 길이는 4 cm이다.
(2) $4\pi r^2 = 196\pi$, $r^2 = 49$ $\therefore r = 7$
따라서 반지름의 길이는 7 cm이다.

03 답 486π cm³
(부피) $= \dfrac{4}{3}\pi \times 9^3 \times \dfrac{1}{2} = 486\pi$(cm³)

04 답 12π cm²
(겉넓이) $= \pi \times 2^2 + 4\pi \times 2^2 \times \dfrac{1}{2} = 12\pi$(cm²)

05 답 63π cm³, 57π cm²
(부피) $=$ (반구의 부피) $+$ (원기둥의 부피)
$= \dfrac{4}{3}\pi \times 3^3 \times \dfrac{1}{2} + \pi \times 3^2 \times 5$
$= 18\pi + 45\pi$
$= 63\pi$(cm³)
(겉넓이) $=$ (구의 겉넓이) $\times \dfrac{1}{2} +$ (원기둥의 옆넓이)
$\quad\quad\quad + $ (원기둥의 밑넓이)
$= (4\pi \times 3^2) \times \dfrac{1}{2} + 2\pi \times 3 \times 5 + \pi \times 3^2$
$= 18\pi + 30\pi + 9\pi$
$= 57\pi$(cm²)

06 **풀** (1) 18π cm³, 36π cm³, 54π cm³   (2) $1:2:3$

(1) (원뿔의 부피)$=\dfrac{1}{3}\times(\pi\times3^2)\times6=18\pi$(cm³)

(구의 부피)$=\dfrac{4}{3}\pi\times3^3=36\pi$(cm³)

(원기둥의 부피)$=\pi\times3^2\times6=54\pi$(cm³)

(2) (원뿔의 부피) : (구의 부피) : (원기둥의 부피)

$=18\pi:36\pi:54\pi$

$=1:2:3$

이것만은 꼭!

- (원뿔의 부피)$=\dfrac{1}{3}\times$(원기둥의 부피)

- (구의 부피)$=\dfrac{2}{3}\times$(원기둥의 부피)

⇨ (원뿔의 부피) : (구의 부피) : (원기둥의 부피)

$=1:2:3$

소단원 핵심문제   **136쪽**

01 9 cm   **02** 512π cm³, 256π cm²

03 240π cm³, 132π cm²   **04** 147π cm²

05 108π cm³   **05-1** 36π cm³

01 구의 반지름의 길이를 r cm라 하면

$4\pi r^2=324\pi$, $r^2=81$

∴ $r=9$

따라서 구의 반지름의 길이는 9 cm이다.

02 (부피)$=$(구의 부피)$\times\dfrac{3}{4}$

$=\left(\dfrac{4}{3}\pi\times8^3\right)\times\dfrac{3}{4}=512\pi$(cm³)

(겉넓이)$=$(구의 겉넓이)$\times\dfrac{3}{4}+$(반원의 넓이)$\times2$

$=(4\pi\times8^2)\times\dfrac{3}{4}+\left(\pi\times8^2\times\dfrac{1}{2}\right)\times2$

$=192\pi+64\pi=256\pi$(cm²)

이것만은 꼭!

일부가 잘린 구의 겉넓이를 구할 때, 잘린 단면인 부채꼴의 넓이도 더해야 한다.

즉, 구의 $\dfrac{1}{A}$을 잘라 내고 남은 부분의 겉넓이는

⇨ (구의 겉넓이)$\times\left(1-\dfrac{1}{A}\right)+$(잘린 단면의 넓이)

03 (부피)$=$(반구의 부피)$+$(원뿔의 부피)

$=\dfrac{4}{3}\pi\times6^3\times\dfrac{1}{2}+\dfrac{1}{3}\times(\pi\times6^2)\times8$

$=144\pi+96\pi=240\pi$(cm³)

(겉넓이)$=$(구의 겉넓이)$\times\dfrac{1}{2}+$(원뿔의 옆넓이)

$=(4\pi\times6^2)\times\dfrac{1}{2}+\pi\times6\times10$

$=72\pi+60\pi=132\pi$(cm²)

04 주어진 부채꼴을 1회전 시킬 때 생기는 회전체는 다음 그림과 같은 반구이므로

(겉넓이)$=$(구의 겉넓이)$\times\dfrac{1}{2}+$(원의 넓이)

$=(4\pi\times7^2)\times\dfrac{1}{2}+\pi\times7^2$

$=98\pi+49\pi=147\pi$(cm²)

05 통은 밑면의 반지름의 길이가 3 cm이고, 높이가 12 cm인 원기둥이므로

(통의 부피)$=\pi\times3^2\times12$

$=108\pi$(cm³)

05-1 (공 1개의 부피)$=\dfrac{4}{3}\pi\times3^3=36\pi$(cm³)

∴ (남아 있는 물의 부피)

$=$(통의 부피)$-$(공 1개의 부피)$\times2$

$=108\pi-36\pi\times2=36\pi$(cm³)

중단원 마무리문제   **137~139쪽**

01 ⑤   **02** 20   **03** 정이십면체   **04** ③

05 ⑤   **06** ③   **07** ⑤   **08** 21π cm²

09 ④, ⑤   **10** $(60-5\pi)$ cm³   **11** ③   **12** ①

13 152 cm²   **14** 72 cm³   **15** ④

16 ⑤   **17** 125개

01 주어진 다면체의 꼭짓점의 개수는 다음과 같다.

① 4개   ② 6개   ③ 8개   ④ 6개   ⑤ 10개

따라서 꼭짓점의 개수가 가장 많은 것은 ⑤이다.

02 삼각기둥의 면의 개수는 $3+2=5$(개)이므로

$a=5$　　　　　　　　　　　　　　　　　　　… ㉮

오각뿔대의 모서리의 개수는 $3\times5=15$(개)이므로

$b=15$　　　　　　　　　　　　　　　　　　　… ㉯

$\therefore a+b=5+15=20$　　　　　　　　　　　… ㉰

단계	채점 기준	배점 비율
㉮	a의 값 구하기	40 %
㉯	b의 값 구하기	40 %
㉰	$a+b$의 값 구하기	20 %

03 ㈎, ㈏에서 구하는 다면체는 정다면체이고, 면의 모양이 정삼각형인 정다면체는 정사면체, 정팔면체, 정이십면체이다.
㈐에서 모서리의 개수가 30개이므로 구하는 다면체는 정이십면체이다.

04 ② 꼭짓점의 개수가 가장 많은 정다면체는 꼭짓점의 개수가 20개인 정십이면체이다.
③ 한 꼭짓점에 모인 면의 개수가 3개인 정다면체는 정사면체, 정육면체, 정십이면체의 3개이다.

05 주어진 전개도로 만들어지는 정다면체는 오른쪽 그림과 같은 정팔면체이다.
⑤ $\overline{AJ}$와 $\overline{EG}$는 평행하다.

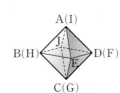

06 주어진 평면도형을 1회전 시킬 때 생기는 회전체는 다음 그림과 같다.

① 　② 　③

④ 　⑤

07 ⑤ 원뿔대 - 사다리꼴

> **이것만은 꼭!**
> 회전체를 회전축을 포함하는 평면으로 자를 때 생기는 단면의 모양
> • 구 - 원　　　　　　• 반구 - 반원
> • 원기둥 - 직사각형　　• 원뿔 - 이등변삼각형
> • 원뿔대 - 사다리꼴

08 주어진 평면도형을 1회전 시킬 때 생기는 회전체는 가운데에 구멍이 뚫린 원기둥이다. 이 회전체를 회전축에 수직인 평면으로 자를 때 생기는 단면은 오른쪽 그림과 같다.

$\therefore$ (단면의 넓이)$=25\pi-4\pi=21\pi(cm^2)$

09 ④ 구를 회전축에 수직인 평면으로 자를 때 생기는 단면은 항상 원이지만 모두 합동인 것은 아니다.
⑤ 원뿔대를 회전축에 수직인 평면으로 자를 때 생기는 단면은 원이다.

> **이것만은 꼭!**
> 회전체의 성질
> ① 회전체를 회전축에 수직인 평면으로 자를 때 생기는 단면은 항상 원이다.
> ② 회전체를 회전축을 포함하는 평면으로 자를 때 생기는 단면은 회전축을 대칭축으로 하는 선대칭도형이고, 모두 합동이다.

10 (부피)$=$(사각기둥의 부피)$-$(원기둥의 부피)
$=3\times4\times5-\pi\times1^2\times5$
$=60-5\pi(cm^3)$

11 (밑넓이)$=\dfrac{1}{2}\times12\times5=30(cm^2)$
(옆넓이)$=(13+12+5)\times h=30h(cm^2)$
이때 겉넓이가 $240\,cm^2$이므로
$30\times2+30h=240$, $30h=180$
$\therefore h=6$

12 원뿔의 모선의 길이를 $l\,cm$라 하면
$\pi\times3^2+\pi\times3\times l=27\pi$
$9\pi+3l\pi=27\pi$, $3l\pi=18\pi$
$\therefore l=6$
따라서 구하는 모선의 길이는 $6\,cm$이다.

13 (두 밑넓이의 합)$=4\times4+6\times6=52(cm^2)$
(옆넓이)$=\left\{\dfrac{1}{2}\times(4+6)\times5\right\}\times4$
$=100(cm^2)$
$\therefore$ (겉넓이)$=52+100=152(cm^2)$

14 주어진 색종이를 접었을 때 만들어지는 삼각뿔은 오른쪽 그림과 같다.

(밑넓이)$=\dfrac{1}{2}\times6\times6$
$=18(cm^2)$　　　　　… ㉮

(높이)$=12\,cm$　　　　　　　… ㉯

$\therefore$ (부피)$=\dfrac{1}{3}\times18\times12=72(cm^3)$　… ㉰

단계	채점 기준	배점 비율
㉮	삼각뿔의 밑넓이 구하기	40 %
㉯	삼각뿔의 높이 알기	20 %
㉰	삼각뿔의 부피 구하기	40 %

15 [전략] 그릇에 물을 가득 채웠을 때 물의 부피는 밑면의 반지름의 길이가 8 cm이고 높이가 12 cm인 원뿔의 부피와 같음을 이용한다.

그릇의 부피는

$$\frac{1}{3} \times (\pi \times 8^2) \times 12 = 256\pi\,(cm^3)$$

1분에 4π cm³씩 일정하게 물을 담으므로 빈 그릇에 물을 가득 채우는 데 걸리는 시간은

$$256\pi \div 4\pi = 64(분)$$

16 (부피)

$$= (반구의 부피) + (원기둥의 부피) + (반구의 부피)$$
$$= (구의 부피) + (원기둥의 부피)$$
$$= \frac{4}{3}\pi \times 3^3 + \pi \times 3^2 \times 4$$
$$= 36\pi + 36\pi = 72\pi\,(cm^3)$$

17 (반지름의 길이가 15 cm인 구 모양의 쇠구슬 1개의 부피)

$$= \frac{4}{3}\pi \times 15^3 = 4500\pi\,(cm^3)$$

(반지름의 길이가 3 cm인 구 모양의 쇠구슬 1개의 부피)

$$= \frac{4}{3}\pi \times 3^3 = 36\pi\,(cm^3)$$

따라서 만들 수 있는 쇠구슬의 개수는

$$4500\pi \div 36\pi = 125(개)$$

🔆 창의·융합 문제   139쪽

음료의 부피는 밑면의 가로, 세로의 길이가 모두 8 cm이고 높이가 12 cm인 사각기둥의 부피이다.

$$\therefore (음료의 부피) = 8 \times 8 \times 12 = 768\,(cm^3) \quad \cdots ■1$$

종이팩을 거꾸로 세웠을 때, 음료가 들어 있지 않은 부분의 부피는 밑면의 가로, 세로의 길이가 모두 8 cm이고 높이가 3 cm인 사각기둥의 부피이다.

$$\therefore (음료가 들어 있지 않은 부분의 부피)$$
$$= 8 \times 8 \times 3 = 192\,(cm^3) \quad \cdots ■2$$

종이팩의 부피는 음료의 부피와 음료가 들어 있지 않은 부분의 부피의 합과 같으므로

(종이팩의 부피)

$$= (음료의 부피) + (음료가 들어 있지 않은 부분의 부피)$$
$$= 768 + 192 = 960\,(cm^3)$$

따라서 종이팩의 부피는 960 cm³이다. $\cdots ■3$

답 960 cm³

교과서 속 서술형 문제   140~141쪽

1 ❶ 그릇 A에 들어 있는 물의 부피는?

그릇 A에 들어 있는 물의 부피는 삼각뿔의 부피와 같다.

$$\therefore (부피) = \frac{1}{3} \times \left(\frac{1}{2} \times 9 \times 8\right) \times \boxed{10}$$
$$= \boxed{120}\,(cm^3) \quad \cdots ㉠ \quad \cdots ㉮$$

❷ 그릇 B에 들어 있는 물의 부피를 x에 대한 식으로 나타내면?

그릇 B에 들어 있는 물의 부피는 삼각기둥의 부피와 같다.

$$(밑넓이) = \frac{1}{2} \times x \times \boxed{8}$$
$$= \boxed{4x}\,(cm^2)$$
$$(높이) = 5\ cm$$

이므로 구하는 물의 부피를 x에 대한 식으로 나타내면

$$\boxed{4x} \times 5 = \boxed{20x}\,(cm^3) \quad \cdots ㉡ \quad \cdots ㉯$$

❸ x의 값은?

두 그릇에 들어 있는 물의 부피가 같으므로 ㉠, ㉡에서

$$120 = 20x$$
$$\therefore x = \boxed{6} \quad \cdots ㉰$$

단계	채점 기준	배점 비율
㉮	그릇 A에 들어 있는 물의 부피 구하기	40 %
㉯	그릇 B에 들어 있는 물의 부피를 x에 대한 식으로 나타내기	40 %
㉰	x의 값 구하기	20 %

2 ❶ 그릇 A에 들어 있는 물의 부피는?

그릇 A에 들어 있는 물의 부피는 원뿔의 부피와 같다.

$$\therefore (부피) = \frac{1}{3} \times (\pi \times 5^2) \times 9$$
$$= 75\pi\,(cm^3) \quad \cdots ㉠ \quad \cdots ㉮$$

❷ 그릇 B에 들어 있는 물의 부피를 x에 대한 식으로 나타내면?

그릇 B에 들어 있는 물의 부피는 원기둥의 부피와 같다.

$$(밑넓이) = \pi \times 5^2$$
$$= 25\pi\,(cm^2)$$
$$(높이) = x\ cm$$

이므로 구하는 물의 부피를 x에 대한 식으로 나타내면

$$25\pi \times x = 25\pi x\,(cm^3) \quad \cdots ㉡ \quad \cdots ㉯$$

❸ x의 값은?

두 그릇에 들어 있는 물의 부피가 같으므로 ㉠, ㉡에서

$$75\pi = 25\pi x$$
$$\therefore x = 3 \quad \cdots ㉰$$

단계	채점 기준	배점 비율
㉮	그릇 A에 들어 있는 물의 부피 구하기	40 %
㉯	그릇 B에 들어 있는 물의 부피를 x에 대한 식으로 나타내기	40 %
㉰	x의 값 구하기	20 %

3 (개), (내)에서 구하는 입체도형은 각뿔이다.

구하는 각뿔을 n각뿔이라 하면 (대)에서 모서리의 개수가

18개이므로

$2n=18$

$\therefore n=9$

따라서 구하는 각뿔은 구각뿔이다.   ··· ㉮

이때 구각뿔의 면의 개수는

$9+1=10$(개)

이므로 $a=10$

또, 구각뿔의 꼭짓점의 개수는

$9+1=10$(개)

이므로 $b=10$ ··· ㉯

$\therefore a+b=10+10=20$ ··· ㉰

       답 20

단계	채점 기준	배점 비율
㉮	조건을 만족하는 입체도형 구하기	30 %
㉯	a, b의 값 각각 구하기	50 %
㉰	$a+b$의 값 구하기	20 %

4 주어진 삼각형을 $\overline{AC}$를 회전축으로 하여 1회전 시킬 때 생기는 회전체는 다음 그림과 같다.

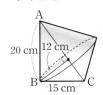

··· ㉮

이 회전체를 회전축에 수직인 평면으로 자를 때 생기는 단면 중 넓이가 가장 큰 단면은 반지름의 길이가 12 cm인 원이므로   ··· ㉯

(넓이)$=\pi \times 12^2$

       $=144\pi (\text{cm}^2)$ ··· ㉰

       답 144π cm^2

단계	채점 기준	배점 비율
㉮	회전체의 모양 구하기	30 %
㉯	넓이가 가장 큰 단면 구하기	50 %
㉰	단면의 넓이 구하기	20 %

5 밑면의 반지름의 길이를 r cm라 하면

원뿔의 전개도에서 부채꼴의 호의 길이는 밑면인 원의 둘레의 길이와 같으므로

$2\pi \times 6 \times \dfrac{120}{360}=2\pi \times r$

$\therefore r=2$ ··· ㉮

$\therefore$ (원뿔의 겉넓이)$=\pi \times 2^2 + \pi \times 2 \times 6$

                 $=4\pi + 12\pi = 16\pi (\text{cm}^2)$ ··· ㉯

       답 16π cm^2

단계	채점 기준	배점 비율
㉮	밑면의 반지름의 길이 구하기	50 %
㉯	원뿔의 겉넓이 구하기	50 %

6 주어진 평면도형을 1회전 시킬 때 생기는 회전체는 다음 그림과 같다.

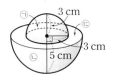

··· ㉮

이때 부피는 (작은 반구의 부피)＋(큰 반구의 부피)이므로

(작은 반구의 부피)$=\dfrac{4}{3}\pi \times 3^3 \times \dfrac{1}{2}$

                  $=18\pi (\text{cm}^3)$

(큰 반구의 부피)$=\dfrac{4}{3}\pi \times 5^3 \times \dfrac{1}{2}$

                $=\dfrac{250}{3}\pi (\text{cm}^3)$

$\therefore$ (부피)$=18\pi + \dfrac{250}{3}\pi = \dfrac{304}{3}\pi (\text{cm}^3)$ ··· ㉯

또, 구하는 겉넓이는

㉠＋㉡＋㉢이므로

㉠$=(4\pi \times 3^2) \times \dfrac{1}{2}$

   $=18\pi (\text{cm}^2)$

㉡$=(4\pi \times 5^2) \times \dfrac{1}{2}$

   $=50\pi (\text{cm}^2)$

㉢$=\pi \times 5^2 - \pi \times 3^2$

   $=16\pi (\text{cm}^2)$

$\therefore$ (겉넓이)$=$㉠＋㉡＋㉢

              $=18\pi + 50\pi + 16\pi$

              $=84\pi (\text{cm}^2)$ ··· ㉰

       답 $\dfrac{304}{3}\pi$ cm^3, 84π cm^2

단계	채점 기준	배점 비율
㉮	회전체의 모양 알기	20 %
㉯	회전체의 부피 구하기	40 %
㉰	회전체의 겉넓이 구하기	40 %

06 자료의 정리와 해석

❶ 줄기와 잎 그림, 도수분포표

개념 **39** 줄기와 잎 그림

개념 확인하기 ·························· 144쪽

1 답 풀이 참조 (1) 0, 4, 5, 7, 8 (2) 1

줄넘기 기록					(1|6은 16회)
줄기			잎		
1	6	9			
2	0	4	5	7	8
3	1	5	6		

(1) 줄기가 2인 잎은 0, 4, 5, 7, 8이다.

(2) 줄기가 1인 잎: 6, 9의 2개

줄기가 2인 잎: 0, 4, 5, 7, 8의 5개

줄기가 3인 잎: 1, 5, 6의 3개

따라서 잎이 가장 적은 줄기는 1이다.

대표문제 145쪽

01 답 (1) 풀이 참조 (2) 0, 5, 5, 8 (3) 1 (4) 18개

(1)

인터넷 사용 시간					(0|2는 2시간)
줄기			잎		
0	2	4	8		
1	0	2	2	3	6	9
2	1	3	4	5	7
3	0	5	5	8	

(3) 줄기가 0인 잎: 2, 4, 8의 3개

줄기가 1인 잎: 0, 2, 2, 3, 6, 9의 6개

줄기가 2인 잎: 1, 3, 4, 5, 7의 5개

줄기가 3인 잎: 0, 5, 5, 8의 4개

따라서 잎이 가장 많은 줄기는 1이다.

(4) 3+6+5+4=18(개)

02 답 (1) 15명 (2) 8명 (3) 47세 (4) 27세

(1) 전체 회원 수는 잎의 총개수와 같으므로

7+3+5=15(명)

(2) 나이가 33세 미만인 회원은

22세, 23세, 25세, 25세, 25세, 27세, 29세, 31세

의 8명이다.

(4) 나이가 적은 회원의 나이부터 차례대로 나열하면

22세, 23세, 25세, 25세, 25세, 27세, …

따라서 나이가 6번째로 적은 회원의 나이는 27세이다.

03 답 (1) 20명 (2) 10명 (3) 10, 20, 50

(1) 전체 학생 수는 잎의 총개수와 같으므로

5+8+7=20(명)

(2) 성적이 88점 이상인 학생은

88점, 89점, 89점, 91점, 93점, 95점, 96점, 97점, 97점, 99점

의 10명이다.

(3) $\dfrac{(88\text{점 이상인 학생 수})}{(\text{전체 학생 수})} \times 100$

$= \dfrac{\boxed{10}}{\boxed{20}} \times 100 = \boxed{50} (\%)$

04 답 ㄱ, ㄴ

ㄴ. 키가 145 cm 이상 155 cm 미만인 학생은

145 cm, 147 cm, 151 cm, 153 cm, 153 cm

의 5명이다.

ㄷ. 전체 학생 수는 잎의 총개수와 같으므로

6+5+8+6=25(명)

키가 140 cm 미만인 학생은

133 cm, 134 cm, 134 cm, 135 cm, 138 cm, 139 cm

의 6명이므로 전체의

$\dfrac{6}{25} \times 100 = 24(\%)$

이상에서 옳은 것은 ㄱ, ㄴ이다.

이것만은 꼭!

변량이 세 자리 수일 때는 보통 백의 자리의 숫자와 십의 자리의 숫자를 줄기로, 일의 자리의 숫자를 잎으로 구분한다.

개념 **40** 도수분포표

개념 확인하기 ·························· 146쪽

01 답

비행 시간(초)		도수(명)
0이상 ~ 5미만	/	1
5 ~ 10	//////	6
10 ~ 15	////	4
15 ~ 20	///////	7
20 ~ 25	//	2
합계		20

01 답 (1) 10 cm (2) 5개 (3) 190 cm 이상 200 cm 미만
(4) 8명
(1) (계급의 크기)=180−170=190−180
  =⋯=220−210=10(cm)
(2) 계급은
170^{이상}~180^{미만}, 180~190, 190~200, 200~210,
210~220
의 5개이다.
(3) 기록이 192 cm인 학생이 속하는 계급은 190 cm 이상
200 cm 미만이다.
(4) 200 cm 이상 210 cm 미만인 계급의 도수: 5명
210 cm 이상 220 cm 미만인 계급의 도수: 3명
따라서 기록이 200 cm 이상인 학생 수는
5+3=8(명)

02 답 (1) 5 (2) 7명 (3) 20분 이상 30분 미만
(4) 20분 이상 30분 미만
(1) 도수의 총합이 30명이므로
  $A=30-(5+7+13)=5$
(4) 통학 시간이
30분 이상인 학생 수: 5명
20분 이상인 학생 수: 13+5=18(명)
따라서 통학 시간이 7번째로 긴 학생이 속하는 계급은
20분 이상 30분 미만이다.

03 답 (1) 6 (2) 20 %
(1) 도수의 총합이 30명이므로
  $A=30-(4+11+6+3)=6$
(2) 키가 150 cm 이상 155 cm 미만인 학생은 6명이므로 전
체의
  $\dfrac{6}{30}\times100=20(\%)$

이것만은 꼭!
■명 중 ▲명은 전체의 몇 %인지 구하기
⇨ $\dfrac{▲}{■}\times100(\%)$
예 20명 중 4명은 ⇨ $\dfrac{4}{20}\times100=20(\%)$

04 답 ⑤
① (계급의 크기)=60−50=70−60
  =⋯=100−90=10(점)
② 계급은
50^{이상}~60^{미만}, 60~70, 70~80, 80~90, 90~100
의 5개이다.

③ 도수의 총합이 25명이므로
  $A=25-(6+10+4+2)=3$
④ 성적이 71점인 학생이 속하는 계급은 70점 이상 80점 미
만이므로 이 계급의 도수는 10명이다.
⑤ 성적이 80점 이상인 학생은 4+2=6(명)이므로 전체의
  $\dfrac{6}{25}\times100=24(\%)$

| **01** 12개 | **02** A반 | **03** ②, ④ | **04** 4명 | **04-1** 28 % |

01 홈런의 개수가 적은 타자의 홈런의 개수부터 차례대로 나열하면
1개, 3개, 4개, 7개, 12개, ⋯
이므로 홈런을 5번째로 적게 친 타자의 홈런의 개수는
12개이다.

02 수행평가 성적이 8점 이상 17점 미만인 학생 수는
A반: 8점, 12점, 15점, 16점의 4명
B반: 9점, 15점, 15점의 3명
따라서 A반이 더 많다.

03 ① 도수의 총합이 35명이므로
  $A=35-(3+12+9+7)=4$
② (계급의 크기)=2−0=4−2
  =⋯=10−8=2(편)
③ 도수가 가장 큰 계급은 4편 이상 6편 미만이므로 이 계급
의 도수는 12명이다.
④ 관람한 영화가
8편 이상인 학생 수: 7명
6편 이상인 학생 수: 9+7=16(명)
따라서 영화를 10번째로 많이 관람한 학생이 속하는 계급
은 6편 이상 8편 미만이다.
⑤ 관람한 영화가 4편 미만인 학생은 3+4=7(명)이므로 전
체의
  $\dfrac{7}{35}\times100=20(\%)$

04 운동 시간이 40분 이상 50분 미만인 학생 수를 A명이라 하면
운동 시간이 40분 이상인 학생이 전체의 24 %이므로
$\dfrac{A+2}{25}\times100=24$
$A+2=6$ ∴ $A=4$
따라서 운동 시간이 40분 이상 50분 미만인 학생은 4명이다.

04-1 도수의 총합이 25명이므로 운동 시간이 10분 이상 20분 미만인 학생 수는

$25-(4+5+3+4+2)=7$(명)

따라서 전체의

$\frac{7}{25}\times100=28(\%)$

② 히스토그램과 도수분포다각형

개념 **41** 히스토그램

개념 확인하기 ………………………………………… 149쪽

1 답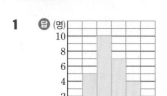

대표문제 150쪽

01 답 (1) 10 L   (2) 40가구
   (3) 50 L 이상 60 L 미만
   (1) (계급의 크기)$=30-20=40-30$
      $=\cdots=80-70=10$(L)
   (2) 전체 가구 수는
      $2+5+9+12+8+4=40$(가구)

02 답 (1) 5개   (2) 25명   (3) 17명   (4) 100
   (1) (계급의 개수)$=$(직사각형의 개수)$=5$(개)
   (2) 전체 학생 수는
      $2+5+10+7+1=25$(명)
   (3) 12회 이상 16회 미만인 계급의 도수: 10명
      16회 이상 20회 미만인 계급의 도수: 7명
      따라서 이용 횟수가 12회 이상 20회 미만인 학생 수는
      $10+7=17$(명)
   (4) 계급의 크기는 $8-4=4$(회)이므로
      (직사각형의 넓이의 합)
      $=$(계급의 크기)$\times$(도수의 총합)
      $=4\times25=100$

03 답 (1) 30명   (2) 11명   (3) 30 %
   (1) 전체 학생 수는
      $2+8+11+6+3=30$(명)
   (2) 모형 만들기를 하는 데 걸린 시간이
      10시간 이상인 학생 수: 3명
      8시간 이상인 학생 수: $6+3=9$(명)
      6시간 이상인 학생 수: $11+6+3=20$(명)
      따라서 걸린 시간이 10번째로 많은 학생이 속하는 계급은
      6시간 이상 8시간 미만이므로 이 계급의 도수는 11명이다.
   (3) 걸린 시간이 8시간 이상인 학생은 $6+3=9$(명)이므로 전체의
      $\frac{9}{30}\times100=30(\%)$

04 답 ㄴ, ㄷ
   ㄱ. 계급의 개수는 직사각형의 개수와 같으므로 5개이다.
   ㄴ. 전체 학생 수는
      $5+6+7+4+3=25$(명)
      사용 시간이 60분 미만인 학생은 $5+6=11$(명)이므로 전체의
      $\frac{11}{25}\times100=44(\%)$
   ㄷ. 사용 시간이 가장 많은 학생의 사용 시간은 알 수 없다.
   ㄹ. 계급의 크기는 $40-20=20$(분)이므로
      (직사각형의 넓이의 합)$=$(계급의 크기)$\times$(도수의 총합)
      $\qquad\qquad\qquad\qquad\quad=20\times25=500$
   이상에서 옳지 않은 것은 ㄴ, ㄷ이다.

개념 **42** 도수분포다각형

개념 확인하기 ………………………………………… 151쪽

1 답

대표문제 152쪽

01 답 (1) 10점   (2) 35명
   (3) 90점 이상 100점 미만   (4) 17명

(1) (계급의 크기)$=50-40=60-50$
$=\cdots=100-90=10$(점)

(2) 전체 학생 수는
$5+8+10+7+3+2=35$(명)

(4) 60점 이상 70점 미만인 계급의 도수: 10명
70점 이상 80점 미만인 계급의 도수: 7명
따라서 국어 성적이 60점 이상 80점 미만인 학생 수는
$10+7=17$(명)

02 📖 (1) 5개 (2) 36명 (3) 11명 (4) 72

(1) 계급은
$11^{이상}\sim 13^{미만}, 13\sim 15, 15\sim 17, 17\sim 19, 19\sim 21$
의 5개이다.

(2) 전체 학생 수는
$3+7+15+9+2=36$(명)

(3) 17시간 이상 19시간 미만인 계급의 도수: 9명
19시간 이상 21시간 미만인 계급의 도수: 2명
따라서 시청 시간이 17시간 이상인 학생 수는
$9+2=11$(명)

(4) (도수분포다각형과 가로축으로 둘러싸인 부분의 넓이)
$=$ (히스토그램의 직사각형의 넓이의 합)
$=$ (계급의 크기) $\times$ (도수의 총합)
$=2\times 36=72$

(주의) (1) 양 끝에 도수가 0인 계급을 세어 계급의 개수를 7개
라 하지 않도록 주의한다.

03 📖 (1) 32명 (2) 25 % (3) 6명

(1) 전체 학생 수는
$2+6+10+9+5=32$(명)

(2) 식사 시간이 12분 미만인 학생은 $2+6=8$(명)이므로 전
체의 $\dfrac{8}{32}\times 100=25$(%)

(3) 식사 시간이
8분 미만인 학생 수: 2명
12분 미만인 학생 수: $6+2=8$(명)
따라서 식사 시간이 5번째로 짧은 학생이 속하는 계급은
8분 이상 12분 미만이므로 이 계급의 도수는 6명이다.

04 📖 ㄱ, ㄷ

ㄱ. 2회 이상 4회 미만인 계급의 도수: 4명
4회 이상 6회 미만인 계급의도수: 10명
따라서 봉사 활동 횟수가 6회 미만인 학생 수는
$4+10=14$(명)

ㄴ. 봉사 활동 횟수가
10회 이상인 학생 수: 5명
8회 이상인 학생 수: $10+5=15$(명)
따라서 봉사 활동 횟수가 7번째로 많은 학생이 속하는 계
급은 8회 이상 10회 미만이다.

ㄷ. 계급의 크기는 $4-2=2$(회)이고,
전체 학생 수는
$4+10+11+10+5=40$(명)
이므로
(도수분포다각형과 가로축으로 둘러싸인 부분의 넓이)
$=$ (히스토그램의 직사각형의 넓이의 합)
$=$ (계급의 크기) $\times$ (도수의 총합)
$=2\times 40=80$
이상에서 옳지 않은 것은 ㄱ, ㄷ이다.

소단원 **핵심문제**   153~154쪽

| 01 ⑤ | 02 2배 | 03 (1) 40명 (2) 80 (3) 7명 (4) 25 % |
| 04 ㄱ, ㄷ, ㄹ | 05 60 % | 05-1 9명 |

01 ① $A=9, B=4$이므로
$A+B=9+4=13$

② 전체 학생 수는
$3+5+9+11+8+4=40$(명)

④ 60 L 이상 70 L 미만인 계급의 도수: 8명
70 L 이상 80 L 미만인 계급의 도수: 4명
따라서 마시는 물의 양이 60 L 이상인 학생 수는
$8+4=12$(명)

⑤ 마시는 물의 양이
30 L 미만인 학생 수: 3명
40 L 미만인 학생 수: $3+5=8$(명)
따라서 마시는 물의 양이 4번째로 적은 학생이 속하는 계급
은 30 L 이상 40 L 미만이므로 이 계급의 도수는 5명이다.

02 계급의 크기는
$75-70=5$(cm)
도수가 가장 큰 계급의 도수는 8명이므로 도수가 가장 큰 계
급의 직사각형의 넓이는
$5\times 8=40$
도수가 가장 작은 계급의 도수는 4명이므로 도수가 가장 작은
계급의 직사각형의 넓이는
$5\times 4=20$
따라서 도수가 가장 큰 계급의 직사각형의 넓이는 도수가 가
장 작은 계급의 직사각형의 넓이의 $40\div 20=2$(배)이다.

03 (1) 전체 학생 수는
$4+7+10+9+6+4=40$(명)

(2) (도수분포다각형과 가로축으로 둘러싸인 부분의 넓이)
    =(계급의 크기)×(도수의 총합)
    =2×40=80

(3) 게임 점수가
    5점 미만인 학생 수: 4명
    7점 미만인 학생 수: 4+7=11(명)
    따라서 게임 점수가 8번째로 낮은 학생이 속하는 계급은
    5점 이상 7점 미만이므로 이 계급의 도수는 7명이다.

(4) 게임 점수가 11점 이상인 학생은 6+4=10(명)이므로
    전체의
    $\dfrac{10}{40} \times 100 = 25(\%)$

04 ㄱ. 남학생 수는
    2+5+8+5+3+4+2+1=30(명)
    여학생 수는
    4+6+12+4+4=30(명)
    따라서 남학생 수와 여학생 수는 같다.

ㄴ. 남학생의 도수분포다각형에서 키가 제일 작은 학생이 속
    하는 계급은 135 cm 이상 140 cm 미만이고, 여학생의
    도수분포다각형에서 키가 제일 작은 학생이 속하는 계급
    은 140 cm 이상 145 cm 미만이다.
    따라서 키가 제일 작은 학생은 남학생 중에 있다.

ㄷ. 키가 160 cm 이상인
    남학생 수: 4+2+1=7(명)
    여학생 수: 4명
    따라서 남학생이 더 많다.

ㄹ. 계급의 크기와 도수의 총합이 같으므로 각각의 도수분포
    다각형과 가로축으로 둘러싸인 부분의 넓이는 같다.

이상에서 옳은 것은 ㄱ, ㄷ, ㄹ이다.

05 대여한 책의 수가 6권 이상 8권 미만인 학생 수는
    30-(7+6+4+2)=11(명)
    따라서 대여한 책의 수가 4권 이상 8권 미만인 학생은
    7+11=18(명)이므로 전체의
    $\dfrac{18}{30} \times 100 = 60(\%)$

> **이런 풀이 어때요?**
> 대여한 책의 수가 4권 이상 8권 미만인 학생 수는
> 30-(6+4+2)=18(명)
> 이므로 전체의
> $\dfrac{18}{30} \times 100 = 60(\%)$

05-1 수면 시간이 9시간 이상인 학생 수를 a명이라 하면
    $\dfrac{a}{30} \times 100 = 10$ ∴ $a=3$

따라서 수면 시간이 8시간 이상 9시간 미만인 학생 수는
30-(1+7+10+3)=9(명)

③ 상대도수와 그 그래프

개념 **43** 상대도수

개념 확인하기 ·· 155쪽

1 답 (1) 풀이참조 (2) 0.4 (3) 4시간 이상 5시간 미만

(1)

독서 시간(시간)	도수(명)	상대도수
4^{이상} ~ 5^{미만}	4	$\dfrac{4}{40}=0.1$
5 ~ 6	12	$\dfrac{\boxed{12}}{40}=\boxed{0.3}$
6 ~ 7	16	$\dfrac{16}{40}=\boxed{0.4}$
7 ~ 8	8	$\dfrac{8}{40}=\boxed{0.2}$
합계	40	$\boxed{1}$

(2) 도수가 가장 큰 계급은 6시간 이상 7시간 미만이므로 구하
    는 상대도수는 0.4이다.

대표문제 156쪽

01 답 0.24
전체 학생 수는
1+5+6+9+4=25(명)
성공 횟수가 33회인 학생이 속하는 계급은 30회 이상 35회
미만이므로 도수는 6명이다.
∴ (상대도수)$=\dfrac{6}{25}=0.24$

02 답 (1) 8, 0.2 (2) 0.4, 16
(1) $A=\dfrac{(\text{계급의 상대도수})}{(\text{도수의 총합})}$
    $=\dfrac{\boxed{8}}{40}=\boxed{0.2}$
(2) $B=(\text{도수의 총합}) \times (\text{계급의 상대도수})$
    $=40 \times \boxed{0.4} = \boxed{16}$

03 답 (1) 0.2 (2) 12명
(1) 상대도수의 총합은 1이므로
    $A=1-(0.1+0.25+0.4+0.05)$
    $=0.2$

(2) 1회 이상 3회 미만, 3회 이상 5회 미만인 계급의 상대도수
의 합은

$0.2+0.1=0.3$

따라서 질문 횟수가 5회 미만인 학생 수는

$40×0.3=12$(명)

04 답 (1) $A=0.25$, $B=4$, $C=0.2$, $D=0.15$, $E=2$

(2) 0.15 (3) 25%

(1) $A=\dfrac{5}{20}=0.25$, $D=\dfrac{3}{20}=0.15$

$E=20×0.1=2$, $B=20-(5+6+3+2)=4$

$C=\dfrac{4}{20}=0.2$

(2) 키가

160 cm 이상인 학생 수: 2명

155 cm 이상인 학생 수: $3+2=5$(명)

즉, 키가 5번째로 큰 학생이 속하는 계급은 155 cm 이상
160 cm 미만이다.

따라서 이 계급의 상대도수는 0.15이다.

(3) 155 cm 이상 160 cm 미만, 160 cm 이상 165 cm 미
만인 계급의 상대도수의 합은

$0.15+0.1=0.25$

따라서 키가 155 cm 이상인 학생은 전체의

$0.25×100=25(\%)$

개념 **44** 상대도수의 분포를 나타낸 그래프

개념 확인하기 ──────────────── 157쪽

1 답

대표문제 158~159쪽

01 답 (1) 50회 이상 60회 미만 (2) 5명 (3) 15 %

(2) 30회 이상 40회 미만인 계급의 상대도수는 0.25이므로

$20×0.25=5$(명)

(3) 60회 이상 70회 미만인 계급의 상대도수는 0.15이므로
줄넘기 횟수가 60회 이상 70회 미만인 학생은 전체의

$0.15×100=15(\%)$

---

02 답 (1) 2명 (2) 14명 (3) 25 %

(1) 상대도수가 가장 작은 계급은 160 cm 이상 170 cm 미
만이고, 이 계급의 상대도수는 0.05이므로 도수는

$40×0.05=2$(명)

(2) 기록이 193 cm인 학생이 속하는 계급은

190 cm 이상 200 cm 미만이므로

구하는 학생 수는

$40×0.35=14$(명)

(3) 200 cm 이상 210 cm 미만, 210 cm 이상 220 cm 미
만인 계급의 상대도수의 합은

$0.15+0.1=0.25$

이므로 기록이 200 cm 이상인 학생은 전체의

$0.25×100=25(\%)$

03 답 (1) 0.4 (2) 20명

(1) 상대도수의 총합은 1이므로 30세 이상 40세 미만인 계급
의 상대도수는

$1-(0.1+0.35+0.15)=0.4$

(2) 20세 이상 30세 미만, 30세 이상 40세 미만인 계급의 상
대도수의 합은

$0.1+0.4=0.5$

따라서 나이가 40세 미만인 선생님 수는

$40×0.5=20$(명)

04 답 (1) 0.25 (2) 24명

(1) 상대도수의 총합은 1이므로 60점 이상 70점 미만인 계급
의 상대도수는

$1-(0.15+0.2+0.15+0.2+0.05)=0.25$

(2) 60점 이상 70점 미만, 70점 이상 80점 미만인 계급의 상대
도수의 합은

$0.25+0.15=0.4$

따라서 성적이 60점 이상 80점 미만인 학생 수는

$60×0.4=24$(명)

05 답 (1) $A=4$, $B=7$, $C=0.05$, $D=0.3$, $E=0.35$

(2) 1학년

(1) $A=20×0.2=4$

1학년에서 90점 이상 100점 미만인 계급의 도수는

$20×0.15=3$(명)이므로

$B=20-(1+4+5+3)=7$

$C=\dfrac{2}{40}=0.05$, $D=\dfrac{12}{40}=0.3$

$E=1-(0.05+0.2+0.3+0.1)=0.35$

(2) 1학년에서 80점 이상 90점 미만인 계급의 상대도수는

$\dfrac{7}{20}=0.35$

1학년, 2학년에서 80점 이상 90점 미만, 90점 이상 100점 미만인 계급의 상대도수의 합은 각각

1학년: 0.35+0.15=0.5

2학년: 0.35+0.1=0.45

따라서 미술 성적이 80점 이상인 학생의 비율이 더 높은 학년은 1학년이다.

06 달 (1) 1학년 (2) 1학년: 0.4, 2학년: 0.36 (3) 2학년

(1) 1시간 이상 2시간 미만인 계급의 상대도수가 1학년은 0.16, 2학년은 0.1이므로 1학년이 더 높다.

(2) 각 계급의 도수는 그 계급의 상대도수에 정비례하므로 도수가 가장 큰 계급은 상대도수가 가장 큰 계급과 같다.

1학년에서 도수가 가장 큰 계급은 2시간 이상 3시간 미만이므로 상대도수는 0.4이다.

2학년에서 도수가 가장 큰 계급은 4시간 이상 5시간 미만이므로 상대도수는 0.36이다.

(3) 2학년의 시청 시간을 나타내는 그래프가 1학년의 시청 시간을 나타내는 그래프보다 오른쪽으로 치우쳐 있으므로 2학년이 TV를 더 오래 시청하는 편이다.

07 달 ③, ⑤

① 남학생과 여학생의 전체 학생 수는 알 수 없다.

② 여학생의 기록을 나타내는 그래프가 남학생의 기록을 나타내는 그래프보다 오른쪽으로 치우쳐 있으므로 여학생들이 더 느린 편이다.

③ 여학생 중 8초 이상 8.5초 미만, 8.5초 이상 9초 미만, 9초 이상 9.5초 미만인 계급의 상대도수의 합은

0.02+0.04+0.1=0.16

이므로 전체의

0.16×100=16(%)

④ 여학생 중 9.5초 이상 10초 미만인 계급의 도수가 15명이고, 이 계급의 상대도수가 0.3이므로

(여학생의 전체 학생 수)=$\dfrac{15}{0.3}$=50(명)

⑤ 남학생, 여학생의 계급의 크기와 상대도수의 총합이 각각 같으므로 상대도수의 분포를 나타낸 그래프와 가로축으로 둘러싸인 부분의 넓이는 서로 같다.

소단원 핵심문제 160~161쪽

01 32명 02 ④ 03 0.2

04 (1) 200명 (2) 70명 (3) 55 % 05 (1) 40명 (2) 6명

06 ㄱ, ㄴ, ㄹ 06-1 ②

01 (전체 학생 수)=$\dfrac{8}{0.25}$=32(명)

02 $A=50×0.1=5$, $B=\dfrac{8}{50}=0.16$

$C=50×0.3=15$, $D=\dfrac{13}{50}=0.26$, $E=1$

03 12초 이상 14초 미만인 계급의 도수가 2명이고, 이 계급의 상대도수가 0.08이므로

(전체 학생 수)=$\dfrac{2}{0.08}$=25(명)

따라서 14초 이상 16초 미만인 계급의 도수는 5명이므로 이 계급의 상대도수는

$\dfrac{5}{25}$=0.2

04 (1) 40분 이상 50분 미만인 계급의 도수가 20명이고, 이 계급의 상대도수가 0.1이므로

(전체 학생 수)=$\dfrac{20}{0.1}$=200(명)

(2) 도수가 가장 큰 계급은 상대도수가 가장 큰 계급인 60분 이상 70분 미만이고, 이 계급의 상대도수는 0.35이므로 구하는 학생 수는

200×0.35=70(명)

(3) 50분 이상 60분 미만, 60분 이상 70분 미만인 계급의 상대도수의 합은 0.2+0.35=0.55

이므로 전체의

0.55×100=55(%)

05 (1) 55 kg 이상 60 kg 미만인 계급의 도수가 8명이고, 이 계급의 상대도수가 0.2이므로

(전체 학생 수)=$\dfrac{8}{0.2}$=40(명)

(2) 40 kg 이상 45 kg 미만인 계급의 상대도수는

1-(0.1+0.3+0.25+0.2)=0.15

따라서 몸무게가 40 kg 이상 45 kg 미만인 학생 수는

40×0.15=6(명)

06 ㄱ. 상대도수가 가장 큰 계급이 도수도 가장 크므로 B 중학교에서 도수가 가장 큰 계급은 8회 이상 10회 미만이다.

ㄴ. A 중학교에서 4회 이상 6회 미만인 계급의 상대도수는 0.2이므로 구하는 학생 수는

200×0.2=40(명)

ㄷ. A, B 중학교에서 2회 이상 4회 미만, 4회 이상 6회 미만인 계급의 상대도수의 합은 각각

A 중학교: 0.1+0.2=0.3

B 중학교: 0.05+0.15=0.2

따라서 관람 횟수가 2회 이상 6회 미만인 학생의 전체에 대한 비율은 A 중학교가 더 높다.

ㄹ. B 중학교의 그래프가 A 중학교의 그래프보다 오른쪽으로 치우쳐 있으므로 B 중학교 학생들의 영화 관람 횟수가 A 중학교 학생들의 영화 관람 횟수보다 많은 편이다.

이상에서 옳은 것은 ㄱ, ㄴ, ㄹ이다.

06-1 A, B 두 반의 전체 학생 수를 각각

$3a$명, $2a$명 (단, a는 자연수)

이라 하고, 어떤 계급에 속하는 학생 수를 각각

$4b$명, $5b$명 (단, b는 자연수)

이라 하면 이 계급의 상대도수의 비는

$$\frac{4b}{3a} : \frac{5b}{2a} = 8 : 15$$

중단원 **마무리 문제** 162~164쪽

01 ④	**02** 45 %	**03** ㄱ, ㄴ, ㄹ	**04** ③, ④
05 $A=4, B=7$		**06** 24	**07** ⑤	**08** 9
09 ㄴ, ㄷ	**10** 7명	**11** ①	**12** ④	**13** ③
14 ㄱ, ㄴ, ㄹ			

01 ④ 통학 시간이 15분 미만인 학생은

6분, 8분, 9분, 10분, 11분, 11분, 13분

의 7명이다.

⑤ 통학 시간이 긴 쪽에서부터 차례대로 나열하면

34분, 32분, 30분, 27분, 26분, …

이므로 통학 시간이 4번째로 긴 학생의 통학 시간은 27분

이다.

이것만은 꼭!

줄기와 잎 그림에서 줄기에는 중복되는 수를 한 번씩만 쓰지만

잎에는 중복되는 수를 모두 쓴다.

02 전체 학생 수는 잎의 총개수와 같으므로

$3+8+6+3=20$(명)

이때 통학 시간이 20분 이상인 학생은

20분, 22분, 24분, 26분, 26분, 27분, 30분, 32분, 34분의 9명

이므로 전체의

$$\frac{9}{20} \times 100 = 45(\%)$$

03 ㄷ. 변량을 나눈 구간의 너비를 계급의 크기라 한다.

이상에서 옳은 것은 ㄱ, ㄴ, ㄹ이다.

04 ① $0^{이상} \sim 5^{미만}$, $5 \sim 10$, $10 \sim 15$, $15 \sim 20$, $20 \sim 25$의 5개

이다.

② 10개 이상 15개 미만인 계급의 도수는

$30-(2+8+6+3)=11$(명)   ∴ $A=11$

③ 도수가 가장 큰 계급은 10개 이상 15개 미만이다.

④ 문자 메시지를 15개 이상 보낸 학생은 $6+3=9$(명)이므

로 전체의

$$\frac{9}{30} \times 100 = 30(\%)$$

⑤ 하루 동안 보낸 문자 메시지가

20개 이상인 학생 수: 3명

15개 이상인 학생 수: $6+3=9$(명)

따라서 문자 메시지를 5번째로 많이 보낸 학생이 속하는

계급은 15개 이상 20개 미만이다.

05 사회 성적이 70점 미만인 학생이 전체의 20 %이므로

$$\frac{2+A}{30} \times 100 = 20, \ 2+A=6 \qquad \therefore A=4$$

$$\therefore B = 30-(2+4+8+9)=7$$

06 계급의 개수는 5개이므로 $a=5$

계급의 크기는 $60-50=10$(점)이므로 $b=10$

또, 성적이 81점인 학생이 속하는 계급은 80점 이상 90점 미

만이고 이 계급의 도수는 9명이므로 $c=9$

$$\therefore a+b+c=5+10+9=24$$

07 ② 전체 학생 수는

$3+5+7+9+6=30$(명)

③ 도수가 6명 이하인 계급은

$50^{이상} \sim 60^{미만}$, $60 \sim 70$, $90 \sim 100$

의 3개이다.

④ 성적이 가장 낮은 학생이 속하는 계급은 50점 이상 60점

미만이므로 이 계급의 도수는 3명이다.

⑤ (직사각형의 넓이의 합)=(계급의 크기)×(도수의 총합)

$=10 \times 30 = 300$

이것만은 꼭!

히스토그램에서

(직사각형의 넓이의 합)=(계급의 크기)×(도수의 총합)

08 (계급의 크기)$=13-11=15-13$

$=\cdots=21-19=2$(초)   ⋯ ㉮

(전체 학생 수)$=2+6+a+7+4=19+a$(명)   ⋯ ㉯

(직사각형의 넓이의 합)=(계급의 크기)×(도수의 총합)

이므로

$2 \times (19+a)=56, \ 19+a=28$

$\therefore a=9$ ⋯ ㉰

단계	채점 기준	배점 비율
㉮	계급의 크기 구하기	30 %
㉯	전체 학생 수 구하기	30 %
㉰	a의 값 구하기	40 %

09 ㄱ. $10^{이상} \sim 15^{미만}$, $15 \sim 20$, $20 \sim 25$, $25 \sim 30$, $30 \sim 35$의

5개이다.

ㄴ. 전체 학생 수는

$3+7+10+8+2=30$(명)

이때 던지기 기록이 10 m 이상 15 m 미만인 학생은 3명

이므로 전체의

$$\frac{3}{30} \times 100 = 10(\%)$$

ㄷ. 던지기 기록이

30 m 이상인 학생 수: 2명

25 m 이상인 학생 수: 8+2=10(명)

따라서 던지기 기록이 9번째로 좋은 학생이 속하는 계급
은 25 m 이상 30 m 미만이다.

이상에서 옳은 것은 ㄴ, ㄷ이다.

10 성적이 70점 이상 80점 미만인 학생 수를 a명이라 하면

(전체 학생 수)$=1+5+a+4+3$

$\qquad\qquad\qquad =13+a$(명) ··· ㉮

이때 성적이 80점 이상인 학생은 $4+3=7$(명)이고, 전체의
35 %이므로

$\dfrac{7}{13+a}\times100=35$, $13+a=20$ $\therefore a=7$

따라서 성적이 70점 이상 80점 미만인 학생은 7명이다. ··· ㉯

단계	채점 기준	배점 비율
㉮	보이지 않는 계급의 도수를 a명이라 하고 전체 학생 수를 a에 대한 식으로 나타내기	50 %
㉯	주어진 조건을 이용하여 성적이 70점 이상 80점 미만인 학생 수 구하기	50 %

11 8권 이상 10권 미만, 10권 이상 12권 미만인 계급의 상대도
수의 합은 $0.25+0.05=0.3$

이므로 전체의

$0.3\times100=30(\%)$

12 4권 이상 6권 미만인 계급의 상대도수는

$1-(0.1+0.4+0.25+0.05)=0.2$

따라서 대여한 책의 수가 4권 이상 6권 미만인 학생 수는

$40\times0.2=8$(명)

13 10회 이상 20회 미만인 계급의 도수는 3명이고, 이 계급의 상
대도수가 0.05이므로

(전체 학생 수)$=\dfrac{3}{0.05}=60$(명)

따라서 30회 이상 40회 미만인 계급의 도수가 9명이므로 이
계급의 상대도수는

$\dfrac{9}{60}=0.15$

> 이것만은 꼭!
>
> ① (도수의 총합)$=\dfrac{(계급의\ 도수)}{(계급의\ 상대도수)}$
>
> ② (계급의 상대도수)$=\dfrac{(계급의\ 도수)}{(도수의\ 총합)}$

14 전략 (계급의 도수)$=$(도수의 총합)$\times$(계급의 상대도수)임을 이용
하여 계급의 도수를 구한다.

ㄱ. 1학년에서 40점 미만인 계급의 상대도수는 0.05이므로
학생 수는

$180\times0.05=9$(명)

ㄴ. 2학년에서 80점 이상 90점 미만, 90점 이상 100점 미만
인 계급의 상대도수의 합은 $0.15+0.05=0.2$이므로 성
적이 80점 이상인 학생 수는

$200\times0.2=40$(명)

ㄷ. 2학년 학생 중 성적이 가장 낮은 학생이 속하는 계급은
40점 이상 50점 미만이지만 정확한 점수는 알 수 없다.

ㄹ. 1학년 학생 중 90점 이상 100점 미만인 계급의 상대도수
는 0.1이므로 전체의

$0.1\times100=10(\%)$

이상에서 옳은 것은 ㄱ, ㄴ, ㄹ이다.

> 💡 **창의·융합 문제**   164쪽

(1) 16도 이상 20도 미만인 계급의 도수를 x개라 하면
각 직사각형의 넓이는 각 계급의 도수에 정비례하므로

$4:x=1:2$ $\therefore x=8$

따라서 16도 이상 20도 미만인 계급의 도수는 8개이다. ··· ❶

(2) 전체 귤의 개수는

$4+5+9+8+3+1=30$(개) ··· ❷

(3) 등급이 최상인 귤은 당도가 16도 이상이다.

16도 이상 20도 미만인 계급의 도수: 8개

20도 이상 24도 미만인 계급의 도수: 3개

24도 이상 28도 미만인 계급의 도수: 1개

따라서 등급이 최상인 귤의 개수는

$8+3+1=12$(개)이므로 전체의

$\dfrac{12}{30}\times100=40(\%)$ ··· ❸

답 (1) 8개 (2) 30개 (3) 40 %

> 📚 교과서 속 **서술형 문제**   165~166쪽

1 ❶ 20세 이상 30세 미만, 30세 이상 40세 미만인 계급의 상대도
수의 합은?

20세 이상 30세 미만, 30세 이상 40세 미만인 계급의 상
대도수는 각각 $\boxed{0.1}$, $\boxed{0.22}$이므로 상대도수의 합은

$\boxed{0.1}+\boxed{0.22}=\boxed{0.32}$ ··· ㉮

❷ 어떤 계급의 상대도수와 도수가 주어질 때, 도수의 총합을 구
하는 식은?

(도수의 총합)$=\dfrac{(계급의\ \boxed{도수})}{(계급의\ \boxed{상대도수})}$

❸ 전체 회원 수는?

나이가 20세 이상 40세 미만인 회원이 16명이므로

$$(전체 회원 수) = \frac{\boxed{16}}{\boxed{0.32}} = \boxed{50}(명) \qquad \cdots \text{❷}$$

❹ 나이가 40세 이상 60세 미만인 회원 수는?

40세 이상 50세 미만, 50세 이상 60세 미만인 계급의 상대도수의 합은

$$\boxed{0.26} + \boxed{0.2} = \boxed{0.46}$$

따라서 나이가 40세 이상 60세 미만인 회원 수는

$$\boxed{50} \times \boxed{0.46} = \boxed{23}(명) \qquad \cdots \text{❸}$$

단계	채점 기준	배점 비율
㉮	20세 이상 30세 미만, 30세 이상 40세 미만인 계급의 상대도수의 합 구하기	30 %
㉯	전체 회원 수 구하기	40 %
㉰	나이가 40세 이상 60세 미만인 회원 수 구하기	30 %

2 ❶ 12시간 이상 15시간 미만, 15시간 이상 18시간 미만인 계급의 상대도수의 합은?

12시간 이상 15시간 미만, 15시간 이상 18시간 미만인 계급의 상대도수는 각각 0.25, 0.05이므로 상대도수의 합은

$$0.25 + 0.05 = 0.3 \qquad \cdots \text{㉮}$$

❷ 어떤 계급의 상대도수와 도수가 주어질 때, 도수의 총합을 구하는 식은?

$$(도수의 총합) = \frac{(계급의 도수)}{(계급의 상대도수)}$$

❸ 전체 학생 수는?

청취 시간이 12시간 이상인 학생이 18명이므로

$$(전체 학생 수) = \frac{18}{0.3} = 60(명) \qquad \cdots \text{㉯}$$

❹ 청취 시간이 3시간 이상 6시간 미만인 학생 수는?

3시간 이상 6시간 미만인 계급의 상대도수가 0.1이므로 청취 시간이 3시간 이상 6시간 미만인 학생 수는

$$60 \times 0.1 = 6(명) \qquad \cdots \text{㉰}$$

단계	채점 기준	배점 비율
㉮	12시간 이상 15시간 미만, 15시간 이상 18시간 미만인 계급의 상대도수의 합 구하기	30 %
㉯	전체 학생 수 구하기	40 %
㉰	청취 시간이 3시간 이상 6시간 미만인 학생 수 구하기	30 %

3 멀리뛰기 기록이 200 cm 미만인 학생이 전체의 30 %이므로 그 학생 수는 $40 \times 0.3 = 12(명)$ $\qquad \cdots \text{㉮}$

즉, $4 + A = 12$이므로 $A = 8$ $\qquad \cdots \text{㉯}$

$B = 40 - (4 + 8 + 10 + 8) = 10$ $\qquad \cdots \text{㉰}$

$\therefore B - A = 10 - 8 = 2$ $\qquad \cdots \text{㉱}$

답 2

단계	채점 기준	배점 비율
㉮	기록이 200 cm 미만인 학생 수 구하기	30 %
㉯	A의 값 구하기	20 %
㉰	B의 값 구하기	30 %
㉱	$B - A$의 값 구하기	20 %

4 100점 이상 110점 미만을 득점한 경기 수가 전체의 32 %이므로 그 경기 수는

$$50 \times 0.32 = 16(경기) \qquad \cdots \text{㉮}$$

따라서 110점 이상 120점 미만을 득점한 경기 수는

$$50 - (2 + 7 + 12 + 16 + 1) = 12(경기) \qquad \cdots \text{㉯}$$

답 12경기

단계	채점 기준	배점 비율
㉮	100점 이상 110점 미만을 득점한 경기 수 구하기	60 %
㉯	110점 이상 120점 미만을 득점한 경기 수 구하기	40 %

5 계급의 크기는

$$25 - 20 = 30 - 25$$
$$= \cdots = 45 - 40 = 5(분) \qquad \cdots \text{㉮}$$

전체 학생 수는 $(a + b + c + d + e)$명이므로

$$5 \times (a + b + c + d + e) = 160$$
$$\therefore a + b + c + d + e = 32 \qquad \cdots \text{㉯}$$

답 32

단계	채점 기준	배점 비율
㉮	계급의 크기 구하기	40 %
㉯	$a + b + c + d + e$의 값 구하기	60 %

6 20개 이상 30개 미만인 계급의 도수가 4명이고, 상대도수가 0.2이므로

$$(전체 선수 수) = \frac{4}{0.2} = 20(명) \qquad \cdots \text{㉮}$$

$$A = 20 \times 0.3 = 6$$

$$B = \frac{1}{20} = 0.05$$

$$C = 1 \qquad \cdots \text{㉯}$$

답 $A = 6, B = 0.05, C = 1$

단계	채점 기준	배점 비율
㉮	전체 선수 수 구하기	10 %
㉯	A, B, C의 값 각각 구하기	각 30 %

01 기본 도형

❶ 점, 선, 면

익힘문제

개념 01 점, 선, 면 + 개념 02 직선, 반직선, 선분

4쪽

01 답 (1) 평면도형　(2) 입체도형

02 답 (1) 교점: 8개, 교선: 12개　(2) 교점: 4개, 교선: 6개

03 답 풀이 참조

(1) $\overrightarrow{AC}$

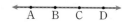

(2) $\overrightarrow{CB}$

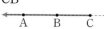

(3) $\overline{BD}$

A　B　C　D

04 답 (1) =　(2) =　(3) ≠　(4) =

(3) 시작점은 같지만 뻗어 나가는 방향이 다르므로

$\overrightarrow{BA} \neq \overrightarrow{BC}$

05 답 (1) 3개　(2) 6개　(3) 3개

(1) 두 점을 지나는 서로 다른 직선은

$\overleftrightarrow{AB}, \overleftrightarrow{BC}, \overleftrightarrow{CA}$

의 3개이다.

(2) 두 점을 지나는 서로 다른 반직선은

$\overrightarrow{AB}, \overrightarrow{BA}, \overrightarrow{BC}, \overrightarrow{CB}, \overrightarrow{CA}, \overrightarrow{AC}$

의 6개이다.

(3) 두 점을 지나는 서로 다른 선분은

$\overline{AB}, \overline{BC}, \overline{CA}$

의 3개이다.

06 답 ㄱ, ㄷ

ㄴ. 교점은 선과 선 또는 선과 면이 만나는 경우에 생긴다.

ㄹ. 시작점과 뻗어 나가는 방향이 모두 같아야 같은 반직선이다.

이상에서 옳은 것은 ㄱ, ㄷ이다.

익힘문제

개념 03 두 점 사이의 거리

5쪽

01 답 (1) 4 cm　(2) 2 cm　(3) 3 cm

02 답 (1) 2, 2　(2) $\frac{1}{2}$, 5

03 답 (1) $\frac{1}{3}$, 5　(2) 2, $\frac{2}{3}$, 10

04 답 (1) 2 cm　(2) 6 cm

(1) $\overline{AM} = \frac{1}{2}\overline{AB} = \frac{1}{2} \times 8 = 4\,(cm)$

$\therefore \overline{NM} = \frac{1}{2}\overline{AM} = \frac{1}{2} \times 4 = 2\,(cm)$

(2) $\overline{NB} = \overline{NM} + \overline{MB} = \overline{NM} + \overline{AM}$

$= 2 + 4 = 6\,(cm)$

05 답 (1) 8 cm　(2) 4 cm　(3) 8 cm　(4) 12 cm

(1) $\overline{AL} = \frac{1}{2}\overline{AB} = \frac{1}{2} \times 16 = 8\,(cm)$

(2) $\overline{BN} = \frac{1}{2}\overline{BL} = \frac{1}{2}\overline{AL} = \frac{1}{2} \times 8 = 4\,(cm)$

(3) $\overline{MN} = \overline{LM} + \overline{LN} = \frac{1}{2}\overline{AL} + \overline{BN}$

$= \frac{1}{2} \times 8 + 4 = 8\,(cm)$

(4) $\overline{AN} = \overline{AB} - \overline{BN} = 16 - 4 = 12\,(cm)$

06 답 24 cm

두 점 M, N이 각각 $\overline{AB}, \overline{BC}$의 중점이므로

$\overline{AB} = 2\overline{MB}, \overline{BC} = 2\overline{BN}$

$\therefore \overline{AC} = \overline{AB} + \overline{BC} = 2\overline{MB} + 2\overline{BN}$

$= 2(\overline{MB} + \overline{BN}) = 2\overline{MN}$

$= 2 \times 12 = 24\,(cm)$

필수문제

6쪽

01 15　**02** ②, ⑤　**03** $\overrightarrow{AB}, \overrightarrow{AC}$　**04** 10개

05 ④　**06** 4 cm　**07** 16 cm

01 교점의 개수는 6개이므로 $a = 6$

교선의 개수는 9개이므로 $b = 9$

$\therefore a + b = 6 + 9 = 15$

02 ② 교선의 개수는 12개이다.

⑤ 면 ABCD와 면 CGHD가 만나서 생기는 교선은 $\overline{CD}$ 하나뿐이다.

03 반직선은 시작점과 뻗어 나가는 방향이 모두 같아야 하므로
$\overrightarrow{AD}$와 같은 반직선은 $\overrightarrow{AB}$, $\overrightarrow{AC}$이다.

04 어느 세 점도 한 직선 위에 있지 않은 다섯 개의 점 중 두 점을
지나는 서로 다른 직선은
$\overleftrightarrow{AB}$, $\overleftrightarrow{AC}$, $\overleftrightarrow{AD}$, $\overleftrightarrow{AE}$, $\overleftrightarrow{BC}$, $\overleftrightarrow{BD}$, $\overleftrightarrow{BE}$, $\overleftrightarrow{CD}$, $\overleftrightarrow{CE}$, $\overleftrightarrow{DE}$
의 10개이다.

05 ㄱ. $\overline{AB}=3\overline{MN}=3\times2\overline{PM}=6\overline{PM}$

ㄴ. $\overline{AN}=2\overline{MN}=2\times2\overline{PM}=4\overline{PM}$

ㄷ. $\overline{MB}=\overline{MN}+\overline{NB}=\dfrac{1}{3}\overline{AB}+\dfrac{1}{3}\overline{AB}=\dfrac{2}{3}\overline{AB}$

ㄹ. $\overline{PN}=\dfrac{1}{2}\overline{MN}=\dfrac{1}{2}\overline{NB}$

06 두 점 M, N이 각각 $\overline{AB}$, $\overline{BC}$의 중점이므로

$\overline{MB}=\dfrac{1}{2}\overline{AB}$, $\overline{BN}=\dfrac{1}{2}\overline{BC}$

$\therefore \overline{MN}=\overline{MB}+\overline{BN}=\dfrac{1}{2}\overline{AB}+\dfrac{1}{2}\overline{BC}$

$\qquad\quad =\dfrac{1}{2}(\overline{AB}+\overline{BC})=\dfrac{1}{2}\overline{AC}$

$\qquad\quad =\dfrac{1}{2}\times8=4(\text{cm})$

07 $\overline{AB}=2\overline{AM}=2\times12=24(\text{cm})$이므로

$\overline{BC}=\dfrac{1}{3}\overline{AB}=\dfrac{1}{3}\times24=8(\text{cm})$

$\therefore \overline{MN}=\overline{MB}+\overline{BN}$

$\qquad\quad =\overline{AM}+\dfrac{1}{2}\overline{BC}$

$\qquad\quad =12+\dfrac{1}{2}\times8=16(\text{cm})$

❷ 각

익힘문제

개념 04 각
7쪽

01 답 (1) ∠A, ∠BAC, ∠CAB
(2) ∠C, ∠ACB, ∠BCA

02 답 (1) 예각 (2) 둔각 (3) 직각 (4) 예각 (5) 평각 (6) 둔각

03 답 (1) 평각 (2) 직각 (3) 예각 (4) 둔각

04 답 (1) $45°$ (2) $40°$ (3) $55°$
(1) $\angle x=180°-135°=45°$
(2) $\angle x+60°+2\angle x=180°$
$\quad 3\angle x=120°$ $\quad \therefore \angle x=40°$

(3) 오른쪽 그림에서
$\angle a+35°=90°$이므로
$\angle a=55°$
$(\angle x-20°)+\angle a=90°$
$(\angle x-20°)+55°=90°$ $\quad \therefore \angle x=55°$

05 답 $45°$
$\angle BOD=\angle BOC+\angle COD$
$\qquad\quad =\dfrac{1}{4}\angle AOC+\dfrac{1}{4}\angle COE$
$\qquad\quad =\dfrac{1}{4}(\angle AOC+\angle COE)$
$\qquad\quad =\dfrac{1}{4}\angle AOE=\dfrac{1}{4}\times180°=45°$

06 답 $\angle x=75°$, $\angle y=45°$, $\angle z=60°$
$\angle x=180°\times\dfrac{5}{5+3+4}=180°\times\dfrac{5}{12}=75°$
$\angle y=180°\times\dfrac{3}{5+3+4}=180°\times\dfrac{3}{12}=45°$
$\angle z=180°\times\dfrac{4}{5+3+4}=180°\times\dfrac{4}{12}=60°$

익힘문제

개념 05 맞꼭지각
8쪽

01 답 (1) ∠BOE (2) ∠AOC (3) ∠AOE

02 답 (1) $30°$ (2) $60°$ (3) $80°$ (4) $20°$
(1) $2\angle x=60°$ $\quad \therefore \angle x=30°$
(2) $2\angle x+10°=3\angle x-50°$ $\quad \therefore \angle x=60°$
(3) $30°+\angle x+70°=180°$
$\quad \angle x+100°=180°$
$\quad \therefore \angle x=80°$

(4) $70°+90°+\angle x=180°$
$\quad \angle x+160°=180°$
$\quad \therefore \angle x=20°$

03 답 (1) $\angle x=42°$, $\angle y=132°$ (2) $\angle x=35°$, $\angle y=125°$
(3) $\angle x=45°$, $\angle y=30°$
(1) $\angle x+90°+48°=180°$
$\quad \angle x+138°=180°$ $\quad \therefore \angle x=42°$
$\quad \therefore \angle y=\angle x+90°$ (맞꼭지각)
$\qquad\quad =42°+90°=132°$

(2) $90°+\angle x+(\angle x+20°)=180°$

$2\angle x+110°=180°$ ∴ $\angle x=35°$

∴ $\angle y=90°+\angle x$ (맞꼭지각)

$=90°+35°=125°$

(3) $2\angle x+30°=3\angle x-15°$ (맞꼭지각)

∴ $\angle x=45°$

$(2\angle x+30°)+2\angle y=180°$이므로

$90°+30°+2\angle y=180°, 2\angle y=60°$

∴ $\angle y=30°$

04 답 12쌍

맞꼭지각을 모두 구하면

∠AOC와 ∠BOD, ∠COE와 ∠DOF,

∠EOG와 ∠FOH, ∠BOG와 ∠AOH,

∠AOE와 ∠BOF, ∠COG와 ∠DOH,

∠BOE와 ∠AOF, ∠DOG와 ∠COH,

∠AOG와 ∠BOH, ∠BOC와 ∠AOD,

∠DOE와 ∠COF, ∠FOG와 ∠EOH의 12쌍이다.

익힘문제

개념06 직교와 수선

9쪽

01 답 (1) 직교 (2) 90 (3) 수선 (4) 수선의 발

02 답 (1) 7 cm (2) 30°

(1) 직선 PQ가 $\overline{AB}$의 수직이등분선이므로 $\overline{AH}=\overline{BH}$

∴ $\overline{BH}=\overline{AH}=7$ cm

(2) 삼각형 PAH에서 ∠AHP=90°이므로

∠APH+60°+90°=180° ∴ ∠APH=30°

03 답 (1) 2 (2) 4 (3) 3 (4) 1

04 답 (1) ① 점 A ② 12 cm (2) ① 점 E ② 3 cm

(1) ② 점 D와 $\overline{AB}$ 사이의 거리는 $\overline{AD}$의 길이와 같으므로 12 cm이다.

(2) ② 점 A와 $\overline{CD}$ 사이의 거리는 $\overline{AE}$의 길이와 같으므로 3 cm이다.

05 답 ㄱ, ㄹ

ㄴ. 점 E에서 $\overline{AD}$에 내린 수선의 발은 점 A이다.

ㄷ. 점 A와 $\overline{CD}$ 사이의 거리는 6 cm이다.

이상에서 옳은 것은 ㄱ, ㄹ이다.

필수문제

10쪽

01 ③   02 30°   03 60°   04 ④   05 ⑤

06 6쌍   07 ①, ④

01 $45°+90°+(\angle x+30°)=180°$

$\angle x+165°=180°$

∴ $\angle x=15°$

02 ∠AOC+∠COD+∠DOB=180°

∠AOC+90°+2∠AOC=180°

3∠AOC=90°

∴ ∠AOC=30°

03 $75°+\angle a+\angle b=180°$이므로

$\angle a+\angle b=105°$

∴ $\angle a=105°\times\dfrac{4}{4+3}=105°\times\dfrac{4}{7}=60°$

04 오른쪽 그림에서

$(2\angle x+20°)+\angle x+(3\angle x+10°)$

$=180°$

$6\angle x+30°=180°, 6\angle x=150°$

∴ $\angle x=25°$

$\angle y=3\angle x+10°$ (맞꼭지각)

$=3\times25°+10°=85°$

∴ $\angle y-\angle x=85°-25°=60°$

05 ∠AOC=$\angle a$, ∠BOF=$\angle b$라 하면

∠COE=2$\angle a$, ∠EOF=2$\angle b$

∠AOE+∠BOE=180°이므로

$3\angle a+3\angle b=180°, 3(\angle a+\angle b)=180°$

∴ $\angle a+\angle b=60°$

∴ ∠COF=∠COE+∠EOF

$=2\angle a+2\angle b$

$=2(\angle a+\angle b)$

$=2\times60°=120°$

∴ ∠GOD=∠COF=120° (맞꼭지각)

06 (i) 서로 이웃하는 직선이 각을 이루는 경우

∠AOD와 ∠BOC, ∠AOE와 ∠BOF,

∠COE와 ∠DOF의 3쌍

(ii) 서로 이웃하지 않는 직선이 각을 이루는 경우

∠AOC와 ∠BOD, ∠EOD와 ∠FOC,

∠AOF와 ∠BOE의 3쌍

따라서 모두 6쌍의 맞꼭지각이 생긴다.

07 ② 점 B에서 $\overline{AD}$에 내린 수선의 발은 점 E이다.

③ 점 D와 $\overline{BE}$ 사이의 거리는 6 cm이다.

④ $\overline{AD}$와 수직으로 만나는 선분은 $\overline{BE}$, $\overline{CD}$의 2개이다.

❸ 위치 관계

11~12쪽

익힘문제

개념07 점과 직선, 점과 평면의 위치 관계
+ 개념08 두 직선의 위치 관계

01 탑 (1) 점 A, 점 C (2) 점 B, 점 D (3) 점 C
    (4) 점 A, 점 B, 점 D

02 탑 (1) 점 A, 점 B, 점 C (2) 점 A, 점 D

03 탑 (1) 변 CD (2) 변 AB, 변 CD

04 탑 (1) 한 점에서 만난다. (2) 평행하다.
    (3) 한 점에서 만난다.

05 탑 (1) ○ (2) × (3) ○
    (1) $\overline{CD}$와 $\overline{BC}$는 한 점 C에서 만난다.
    (2) $\overline{AB}$와 수직으로 만나는 변은 없다.

06 탑 6개
    직선 AB와 평행한 직선 EF를 제외하면 되므로 구하는 직선
    은 $\overline{BC}$, $\overline{CD}$, $\overline{DE}$, $\overline{FG}$, $\overline{GH}$, $\overline{HA}$의 6개이다.

07 탑 (1) 평행하다. (2) 한 점에서 만난다.
    (3) 꼬인 위치에 있다.

08 탑 (1) $\overline{DF}$ (2) $\overline{AB}$, $\overline{AD}$, $\overline{CF}$ (3) $\overline{AB}$, $\overline{AC}$, $\overline{AD}$

09 탑 (1) 2개 (2) 6개
    (1) $\overline{AB}$, $\overline{GH}$의 2개이다.
    (2) $\overline{AD}$, $\overline{AE}$, $\overline{CD}$, $\overline{DH}$, $\overline{EF}$, $\overline{EH}$의 6개이다.

10 탑 ㄴ, ㄷ
    ㄱ. $\overline{AB}$와 한 점에서 만나는 모서리는 $\overline{AD}$, $\overline{AE}$, $\overline{BC}$, $\overline{BF}$
       의 4개이다.
    ㄷ. $\overline{BC}$와 수직인 모서리는 $\overline{AB}$, $\overline{CD}$, $\overline{BF}$, $\overline{CG}$의 4개이다.
    ㄹ. $\overline{AD}$와 $\overline{FH}$는 꼬인 위치에 있다.
    이상에서 옳은 것은 ㄴ, ㄷ이다.

익힘문제

개념09 직선과 평면의 위치 관계

13쪽

01 탑 (1) $\overline{AB}$, $\overline{AC}$, $\overline{BC}$ (2) $\overline{AD}$, $\overline{BE}$, $\overline{CF}$
    (3) $\overline{AB}$, $\overline{AC}$, $\overline{BC}$ (4) $\overline{AB}$, $\overline{DE}$

02 탑 (1) 면 ABFE, 면 AEHD, 면 BFGC, 면 CGHD
    (2) 면 EFGH

03 탑 (1) 면 ABCD, 면 BFGC (2) 면 AEHD
    (3) $\overline{AB}$, $\overline{CD}$, $\overline{EF}$, $\overline{GH}$ (4) $\overline{AB}$, $\overline{CD}$, $\overline{EF}$, $\overline{GH}$

04 탑 8
    점 C에서 면 ABED에 내린 수선의 발은 점 B이므로
    $\overline{BC}=3$ cm ∴ $x=3$
    점 D에서 면 BCFE에 내린 수선의 발은 점 E이므로
    $\overline{DE}=\overline{AB}=5$ cm ∴ $y=5$
    ∴ $x+y=3+5=8$

익힘문제

개념10 두 평면의 위치 관계

14쪽

01 탑 (1) 면 ABFE, 면 BFGC, 면 CGHD, 면 AEHD
    (2) 면 CGHD
    (3) 면 ABCD, 면 ABFE, 면 CGHD, 면 EFGH
    (4) $\overline{CG}$

02 탑 (1) 면 EFGH
    (2) 면 ABFE, 면 BFGC, 면 CGHD, 면 AEHD,
       면 BFHD
    (3) 면 ABCD, 면 EFGH

03 탑 (1) 5 cm (2) 6 cm

04 탑 (1) ○ (2) ○ (3) ×
    (1) 오른쪽 그림과 같이 정육면체 2개를 붙
       인 도형에서 $P /\!/ Q$, $P /\!/ R$이면 $Q /\!/ R$
       이다.
    (2) 오른쪽 그림과 같은 정육면체에서 $P \perp Q$,
       $Q /\!/ R$이면 $P \perp R$이다.
    (3) 오른쪽 그림과 같은 정육면체에서 $P /\!/ Q$,
       $P \perp R$이지만 $Q \perp R$이다.

05 탑 7
    면 ABCD와 한 모서리에서 만나는 면은 면 ABFE,
    면 BFGC, 면 CGHD, 면 AEHD의 4개이므로 $a=4$
    면 ABCD와 수직인 면은 면 ABFE, 면 BFGC,
    면 AEHD의 3개이므로 $b=3$
    ∴ $a+b=4+3=7$

필수문제

15쪽

01 ④	02 ④	03 ①	04 $\overline{JH}$, $\overline{CE}$
05 8	06 ④		

01 ④ 점 D는 직선 m 밖에 있다.

02 ①, ②, ③, ⑤ 한 점에서 만난다.
④ 평행하다.

03 대각선 AG와 꼬인 위치에 있는 모서리는
$\overline{BC}, \overline{BF}, \overline{CD}, \overline{DH}, \overline{EF}, \overline{EH}$
모서리 CD와 꼬인 위치에 있는 모서리는
$\overline{AE}, \overline{BF}, \overline{EH}, \overline{FG}$
따라서 대각선 AG, 모서리 CD와 동시에 꼬인 위치에 있는
모서리는 $\overline{BF}, \overline{EH}$이다.

04 주어진 전개도로 만들어지는 만든 삼각
기둥은 오른쪽 그림과 같다.
따라서 모서리 ID와 꼬인 위치에 있는
모서리는 $\overline{JH}, \overline{CE}$이다.

05 면 ACD와 수직인 모서리는 $\overline{AE}, \overline{CG}, \overline{DH}$의 3개이므로
$a=3$
면 AEHD와 수직인 면은 면 AFE, 면 ACD, 면 CGHD,
면 EFGH의 4개이므로 $b=4$
면 CFG와 평행한 면은 면 AEHD의 1개이므로 $c=1$
$\therefore a+b+c=3+4+1=8$

06 ① 면 ABCD에 포함된 모서리는 $\overline{AB}, \overline{BC}, \overline{CD}, \overline{AD}$의 4개
이다.
② 면 ABFE와 평행한 모서리는 $\overline{CD}, \overline{CG}, \overline{GH}, \overline{DH}$의 4개
이다.
③ 면 BFGC와 수직인 모서리는 $\overline{AB}, \overline{CD}, \overline{EF}, \overline{GH}$의 4개
이다.
④ 면 EFGH와 한 점에서 만나는 모서리는 $\overline{AE}, \overline{BF}, \overline{CG},$
$\overline{DH}$의 4개이다.
⑤ 점 A와 모서리 AD를 포함하는 면은 면 ABCD,
면 AEHD의 2개이다.

❹ 평행선의 성질

익힘문제

개념 11 동위각과 엇각 + 개념 12 평행선의 성질

16~17쪽

01 답 (1) $\angle e$ (2) $\angle c$ (3) $\angle e$ (4) $\angle b$

02 답 (1) $140°$ (2) $140°$ (3) $40°$ (4) $120°$

(1) $\angle a$의 동위각은 $\angle d$이고
$40°+\angle d=180°$ $\therefore \angle d=140°$
(2) $\angle c$의 동위각은 $\angle e$이고
$40°+\angle e=180°$ $\therefore \angle e=140°$
(3) $\angle b$의 엇각은 $\angle f$이고 $\angle f=40°$ (맞꼭지각)
(4) $\angle d$의 엇각은 $\angle c$이고
$\angle c+60°=180°$ $\therefore \angle c=120°$

03 답 $\angle c, \angle e, \angle g$
$\angle a=\angle c$ (맞꼭지각)
$=\angle e$ (동위각)
$=\angle g$ ($\angle c$의 동위각 또는 $\angle e$의 맞꼭지각)

04 답 (1) $80°$ (2) $135°$ (3) $40°$
$l \,/\!/\, m$이므로
(1) $\angle x=80°$ (동위각)
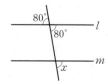

(2) $45°+\angle x=180°$
$\therefore \angle x=135°$
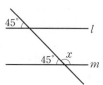

(3) $\angle x+(3\angle x+20°)=180°$
$4\angle x+20°=180°$
$4\angle x=160°$
$\therefore \angle x=40°$
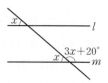

05 답 $162°$
$l \,/\!/\, m$이므로 $\angle x=89°$ (동위각, 맞꼭지각), $\angle y=73°$ (엇각)
$\therefore \angle x+\angle y=89°+73°=162°$

06 답 (1) $\angle x=50°$, $\angle y=105°$ (2) $\angle x=135°$, $\angle y=70°$
(1) 오른쪽 그림에서 $l \,/\!/\, m$이므로
$75°+\angle x+55°=180°$
$\therefore \angle x=50°$
$\angle y=\angle x+55°$ (동위각)
$=50°+55°=105°$
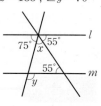

(2) 오른쪽 그림에서 $l \,/\!/\, m$이므로
$45°+\angle x=180°$
$\therefore \angle x=135°$
삼각형의 세 각의 크기의 합은
$180°$이므로
$65°+45°+\angle y=180°$ $\therefore \angle y=70°$

07 답 (1) 105° (2) 10° (3) 125°

(1) 오른쪽 그림과 같이 두 직선 l, m에 평행한 직선 n을 그으면
$\angle x = 60° + 45° = 105°$

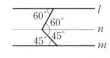

(2) 오른쪽 그림과 같이 두 직선 l, m에 평행한 직선 n을 그으면
$\angle x + 40° = 50°$
$\therefore \angle x = 10°$

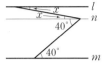

(3) 오른쪽 그림과 같이 두 직선 l, m에 평행한 직선 n을 그으면
$\angle x = 125°$ (엇각)

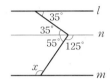

08 답 10°

오른쪽 그림과 같이 두 직선 l, m에 평행한 두 직선 p, q를 그으면
$(103° - \angle x) + 87° = 180°$
$\therefore \angle x = 10°$

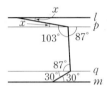

09 답 (1) ○ (2) × (3) × (4) ○

(1) 오른쪽 그림에서 동위각의 크기가 같으므로 두 직선 l, m은 평행하다.

(2) 오른쪽 그림에서 동위각의 크기가 같지 않으므로 두 직선 l, m은 평행하지 않는다.

(3) 엇각의 크기가 같지 않으므로 두 직선 l, m은 평행하지 않는다.

(4) 오른쪽 그림에서 엇각의 크기가 같으므로 두 직선 l, m은 평행하다.

10 답 64°

오른쪽 그림에서 $\overrightarrow{AB} /\!/ \overrightarrow{CD}$이므로
$\angle BCD = \angle ABC = 58°$ (엇각)
또, 접은 각의 크기는 같으므로
$\angle ACB = \angle BCD = 58°$
$\therefore \angle x = 180° - (58° + 58°) = 64°$

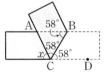

필수문제 ─────────── 18쪽

01 ③, ⑤　02 $\angle x = 100°$, $\angle y = 70°$, $\angle z = 80°$
03 140°　04 ④　05 ①　06 40°　07 ⑤

01 ① $\angle a$의 동위각은 $\angle e$이고 $\angle e = 180° - 120° = 60°$
② $\angle b$의 엇각은 $\angle d$이고 $\angle d = 120°$ (맞꼭지각)
③ $\angle c$의 동위각은 $\angle f$이고 $\angle f = 180° - 120° = 60°$
④ $\angle d$의 엇각은 $\angle b$이고 $\angle b = 105°$ (맞꼭지각)
⑤ $\angle f$의 엇각은 $\angle a$이고 $\angle a = 180° - 105° = 75°$

02 오른쪽 그림에서 $l /\!/ m$이므로
$\angle y + 110° = 180°$
$\therefore \angle y = 70°$
$\angle x = \angle y + 30°$ (동위각)에서
$\angle x = 70° + 30° = 100°$
$\angle y + 30° + \angle z = 180°$에서
$70° + 30° + \angle z = 180°$
$\therefore \angle z = 80°$

03 오른쪽 그림과 같이 두 직선 l, m에 평행한 직선 n을 그으면
$\angle x + 40° = 180°$
$\therefore \angle x = 140°$

04 오른쪽 그림과 같이 두 직선 l, m에 평행한 두 직선 p, q를 그으면
$\angle x + \angle y + \angle z = 105°$ (엇각)

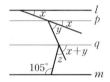

05 ① 엇각의 크기가 같지 않으므로 두 직선 l, m은 평행하지 않는다.

06 오른쪽 그림에서 $\overrightarrow{AB} /\!/ \overrightarrow{CD}$이므로
$\angle BCD = \angle ABC = \angle x$ (엇각)
또, 접은 각의 크기는 같으므로
$\angle ACB = \angle BCD = \angle x$
삼각형의 세 각의 크기의 합은 180°이므로
$100° + \angle x + \angle x = 180°$
$2\angle x = 80°$　$\therefore \angle x = 40°$

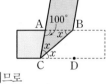

07 ㄴ. $\angle b$와 $\angle d$는 맞꼭지각이므로 $\angle b = \angle d$이다.
그러나 $\angle b = \angle d$라고 해서 두 직선 l, m이 평행한 것은 아니다.
ㄷ. $\angle d = \angle b$ (맞꼭지각)이고 $\angle d = \angle f$이면
$\angle b = \angle f$ (동위각)
$\therefore l /\!/ m$
ㄹ. $\angle e = 180° - \angle h$이고 $\angle c + \angle h = 180°$에서
$\angle c = 180° - \angle h$이므로 $\angle e = \angle c$ (엇각)
$\therefore l /\!/ m$
이상에서 옳은 것은 ㄱ, ㄷ, ㄹ이다.

02 작도와 합동

개념 정리 19쪽

❶ 작도 ❷ 컴퍼스 ❸ 대각 ❹ ∠A ❺ 작다
❻ 끝각 ❼ 변 ❽ 대응각

❶ 삼각형의 작도

익힘문제

개념 13 간단한 도형의 작도 20쪽

01 답 (1) 눈금 없는 자 (2) 컴퍼스

02 답 P, $\overline{AB}$, $\overline{AB}$, Q

03 답 (1) 컴퍼스 (2) ㉡ → ㉠ → ㉢ → ㉣

(2) ㉡ 직선 l 위에 점 C를 잡는다.
㉠ 컴퍼스를 사용하여 $\overline{AB}$의 길이를 잰다.
㉢ 점 C를 중심으로 반지름의 길이가 $\overline{AB}$인 원을 그려 직선 l과의 교점을 P라 한다.
㉣ 점 P를 중심으로 반지름의 길이가 $\overline{AB}$인 원을 그려 직선 l과의 교점을 D라 한다. 이때 $\overline{CD}$가 구하는 선분이다.

04 답 (1) ○ (2) × (3) ○ (4) ○ (5) ○

(1), (2), (3) 점 P를 중심으로 반지름의 길이가 $\overline{OA}$인 원을 그린 것이므로
$\overline{OA}=\overline{OB}=\overline{PC}=\overline{PD}$
(4) 점 D를 중심으로 반지름의 길이가 $\overline{AB}$인 원을 그린 것이므로
$\overline{AB}=\overline{CD}$
(5) ∠XOY와 크기가 같은 각을 작도하였으므로
∠AOB=∠CPD

05 답 (1) ㉠ → ㉤ → ㉡ → ㉥ → ㉢ → ㉣
(2) 동위각의 크기가 같으면 두 직선은 서로 평행하다.

(1) ㉠ 점 P를 지나는 직선을 그어 직선 l과의 교점을 A라 한다.
㉤ 점 A를 중심으로 적당한 원을 그려 직선 PA, 직선 l과의 교점을 각각 B, C라 한다.
㉡ 점 P를 중심으로 반지름의 길이가 $\overline{AB}$인 원을 그려 직선 PA와의 교점을 Q라 한다.
㉥ 컴퍼스를 사용하여 $\overline{BC}$의 길이를 잰다.
㉢ 점 Q를 중심으로 반지름의 길이가 $\overline{BC}$인 원을 그려 ㉡에서 그린 원과의 교점을 R라 한다.
㉣ 직선 PR를 그으면 직선 PR가 구하는 직선이다.

익힘문제

개념 14 삼각형 ABC 21쪽

01 답 (1) ○ (2) ○ (3) × (4) ○ (5) × (6) ×

(3) ∠B의 대변은 $\overline{AC}$이므로 ∠B의 대변의 길이는
$\overline{AC}=4$ cm
(5) $\overline{AB}$의 대각은 ∠C이므로 $\overline{AB}$의 대각의 크기는
$\angle C=180^\circ-(30^\circ+60^\circ)=90^\circ$
(6) 삼각형에서 두 변의 길이의 합은 나머지 한 변의 길이보다 크므로 $\overline{BC}+\overline{AC}>\overline{AB}$

02 답 <, $\overline{BC}$, $\overline{AB}$, 작다

03 답 (1) × (2) × (3) ○ (4) ○

(1) $7>2+4$이므로 삼각형의 세 변의 길이가 될 수 없다.
(2) $6=3+3$이므로 삼각형의 세 변의 길이가 될 수 없다.
(3) $8<4+7$이므로 삼각형의 세 변의 길이가 될 수 있다.
(4) $5<5+5$이므로 삼각형의 세 변의 길이가 될 수 있다.

04 답 (1) $3<x<9$ (2) $4<x<20$
(3) $3<x<17$ (4) $4<x<14$

(1) 가장 긴 변의 길이가 x cm일 때
$x<3+6$ $\quad\therefore x<9$
가장 긴 변의 길이가 6 cm일 때
$6<3+x$ $\quad\therefore x>3$
따라서 구하는 x의 값의 범위는 $3<x<9$
(2) 가장 긴 변의 길이가 x cm일 때
$x<8+12$ $\quad\therefore x<20$
가장 긴 변의 길이가 12 cm일 때
$12<8+x$ $\quad\therefore x>4$
따라서 구하는 x의 값의 범위는 $4<x<20$
(3) 가장 긴 변의 길이가 x cm일 때
$x<7+10$ $\quad\therefore x<17$
가장 긴 변의 길이가 10 cm일 때
$10<7+x$ $\quad\therefore x>3$
따라서 구하는 x의 값의 범위는 $3<x<17$
(4) 가장 긴 변의 길이가 x cm일 때
$x<5+9$ $\quad\therefore x<14$
가장 긴 변의 길이가 9 cm일 때
$9<5+x$ $\quad\therefore x>4$
따라서 구하는 x의 값의 범위는 $4<x<14$

05 답 6, 7, 8, 9

가장 긴 변의 길이가 $x+6$이므로
$x+6<x+(x+1)$ $\quad\therefore x>5$
따라서 한 자리 자연수 x는 6, 7, 8, 9이다.

익힘문제

개념 **15** 삼각형의 작도
+ 개념 **16** 삼각형이 하나로 정해지는 경우 22쪽

01 답 ⓒ → ⓐ → ⓑ

02 답 ⑤
두 변의 길이와 그 끼인각의 크기가 주어진 경우에는 한 변을 작도한 후 각을 작도하고 다른 한 변을 작도하거나 한 각을 작도한 후 두 변을 작도한다.

03 답 ⓔ → ⓑ → ⓒ → ⓐ (또는 ⓔ → ⓒ → ⓑ → ⓐ)

04 답 (1) × (2) ○ (3) ○ (4) × (5) ○
(1) 세 각의 크기가 주어졌으므로 모양은 같고 크기가 다른 삼각형이 무수히 많이 그려진다. 즉, △ABC가 하나로 정해지지 않는다.
(4) ∠C는 $\overline{AB}$, $\overline{AC}$의 끼인각이 아니므로 △ABC가 하나로 정해지지 않는다.

05 답 ㄷ, ㄹ
ㄷ. 두 변의 길이와 그 끼인각의 크기가 주어진 경우이므로 삼각형이 하나로 정해진다.
ㄹ. 세 변의 길이가 주어진 경우이므로 삼각형이 하나로 정해진다.

06 답 ㄱ, ㄴ, ㄹ
ㄱ. ∠C의 크기가 주어지면 ∠B의 크기를 알 수 있다.
따라서 한 변의 길이와 그 양 끝 각의 크기가 주어진 경우이므로 △ABC가 하나로 정해진다.
ㄴ. 한 변의 길이와 그 양 끝 각의 크기가 주어진 경우이므로 △ABC가 하나로 정해진다.
ㄹ. 두 변의 길이와 그 끼인각의 크기가 주어진 경우이므로 △ABC가 하나로 정해진다.

필수문제
23쪽

01 ⓐ	02 ③	03 ②,⑤	04 3개	05 ④
06 ②,④	07 ②			

01 ⓑ 점 O를 중심으로 적당한 원을 그려 $\overrightarrow{OX}$, $\overrightarrow{OY}$와의 교점을 각각 A, B라 한다.
ⓓ 점 P를 중심으로 반지름의 길이가 $\overline{OA}$인 원을 그려 $\overrightarrow{PQ}$와의 교점을 D라 한다.

ⓐ 컴퍼스를 사용하여 $\overline{AB}$의 길이를 잰다.
ⓔ 점 D를 중심으로 반지름의 길이가 $\overline{AB}$인 원을 그려 ⓓ에서 그린 원과의 교점을 C라 한다.
ⓒ $\overrightarrow{PC}$를 그으면 ∠XOY = ∠CPD이다.
따라서 ⓓ 다음에 오는 과정은 ⓐ이다.

02 ①, ② $\overline{AQ} = \overline{BQ} = \overline{PC} = \overline{PD}$
④ 작도 순서는 ⓓ → ⓕ → ⓒ → ⓔ → ⓑ → ⓐ이다.
⑤ 엇각의 크기가 같으면 두 직선은 서로 평행하다는 성질을 이용하였다.

03 ① 3=1+2 ② 4<3+2 ③ 6=3+3
④ 10>4+5 ⑤ 6<6+6
따라서 삼각형을 작도할 수 있는 것은 ②, ⑤이다.

04 (i) 가장 긴 변의 길이가 10 cm일 때
10>3+6 (×), 10<3+8 (○), 10<6+8 (○)
즉, 세 변의 길이가
(3 cm, 8 cm, 10 cm), (6 cm, 8 cm, 10 cm)
인 삼각형 2개를 만들 수 있다.
(ii) 가장 긴 변의 길이가 8 cm일 때
8<3+6 (○)
즉, 세 변의 길이가 (3 cm, 6 cm, 8 cm)인 삼각형 1개를 만들 수 있다.
(i), (ii)에서 만들 수 있는 삼각형의 개수는 2+1=3(개)

05 ① 8=5+3, 즉 가장 긴 변의 길이가 나머지 두 변의 길이의 합과 같으므로 삼각형이 그려지지 않는다.
② ∠B는 $\overline{AB}$, $\overline{AC}$의 끼인각이 아니므로 △ABC가 하나로 정해지지 않는다.
③ ∠A+∠B=180°가 되어 세 각의 크기의 합이 180°보다 크게 되므로 삼각형이 그려지지 않는다.
⑤ 세 각의 크기가 주어졌으므로 모양은 같고 크기가 다른 삼각형이 무수히 많이 그려진다. 즉, △ABC가 하나로 정해지지 않는다.

06 ② ∠B=90°가 주어지면 세 각의 크기의 합이 180°보다 크게 되므로 삼각형이 그려지지 않는다.
④ $\overline{BC}$=5 cm가 주어지면 ∠A가 $\overline{AB}$, $\overline{BC}$의 끼인각이 아니므로 △ABC가 하나로 정해지지 않는다.

07 주어진 조건으로 만들 수 있는 삼각형은 다음 그림과 같이 2개이다.

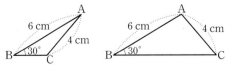

❷ 삼각형의 합동

익힘문제

개념 **17** 도형의 합동 + 개념 **18** 삼각형의 합동 조건

24~25쪽

01 달 (1) 8 cm   (2) 75°   (3) 45°
(3) ∠B의 대응각은 ∠F이고,
∠F = 180° − (75° + 60°) = 45°이므로 ∠B = 45°

02 달 (1) 70°   (2) 75°   (3) 3 cm   (4) 6 cm
(2) ∠G = ∠C = 85°이므로
∠H = 360° − (70° + 130° + 85°) = 75°

03 달 (1) ○   (2) ×   (3) ○   (4) ○   (5) ×
(1) △ABC ≡ △DEF (SSS 합동)
(2) 대응하는 두 변의 길이는 각각 같지만 그 끼인각이 아닌 다른 한 각의 크기가 같으므로 △ABC와 △DEF는 서로 합동이 아니다.
(3) △ABC ≡ △DEF (ASA 합동)
(4) △ABC ≡ △DEF (SAS 합동)
(5) 대응하는 세 각의 크기가 각각 같으면 모양은 같지만 크기가 다를 수 있으므로 △ABC와 △DEF는 서로 합동이 아니다.

04 달 (1) △MON, SAS   (2) △IGH, ASA
(3) △RPQ, SSS

05 달 (개) $\overline{PC}$ (내) $\overline{PD}$ (대) $\overline{CD}$ (래) SSS   (매) ∠AOB

06 달 △ACM, $\overline{AM}$, △ACM, SSS

07 달 △ABD ≡ △ACD, ASA 합동
△ABD와 △ACD에서
$\overline{AD}$는 공통, ∠BAD = ∠CAD = 42°
또, ∠ABD = ∠ACD = 33°이므로
∠ADB = ∠ADC = 180° − (42° + 33°) = 105°
∴ △ABD ≡ △ACD (ASA 합동)

08 달 ㄴ, ㄷ, ㄹ
ㄱ. $\overline{AB} = \overline{DE}$, $\overline{AC} = \overline{DF}$이면 ∠B, ∠E가 주어진 두 변의 끼인각이 아니므로 △ABC ≡ △DEF라고 할 수 없다.
ㄴ. SAS 합동
ㄷ. ASA 합동
ㄹ. ∠B = ∠E, ∠C = ∠F이면 ∠A = ∠D
즉, ∠B = ∠E, $\overline{AB} = \overline{DE}$, ∠A = ∠D이므로 ASA 합동

09 달 ④
△ABC, △BDE가 정삼각형이므로
∠ABC = ∠BDE = 60°
∴ ∠ABE = ∠ABC + ∠CBE
    = ∠DBE + ∠CBE
    = ∠CBD = 180° − 60° = 120°

필수문제

26쪽

01 ④, ⑤	02 115	03 ④	04 ㄴ, ㄹ	05 65°
06 ④, ⑤				

01 ④ 합동인 두 도형은 대응변의 길이가 서로 같다.
⑤ 합동인 두 도형은 모양과 크기가 모두 같다.

02 ∠EGC의 대응각은 ∠ADC이고,
∠ADC = 110°이므로
∠EGC = 110°   ∴ x = 110
$\overline{BC}$의 대응변은 $\overline{FC}$이고, $\overline{FC}$ = 5 cm이므로
$\overline{BC}$ = 5 cm   ∴ y = 5
∴ x + y = 110 + 5 = 115

03 ④ 나머지 한 각의 크기는
180° − (70° + 80°) = 30°
따라서 대응하는 한 변의 길이가 같고, 그 양 끝 각의 크기가 각각 같으므로 ASA 합동이다.

04 ㄴ. ∠B = ∠E이면 대응하는 두 변의 길이가 각각 같고, 그 끼인각의 크기가 같으므로 SAS 합동이다.
ㄹ. $\overline{AC} = \overline{DF}$이면 대응하는 세 변의 길이가 각각 같으므로 SSS 합동이다.

05 △AFD와 △DEC에서
$\overline{DA} = \overline{CD}$, ∠FDA = ∠ECD = 90°, $\overline{FD} = \overline{EC}$
이므로 △AFD ≡ △DEC (SAS 합동)
∴ ∠DEC = ∠AFD
    = 180° − (90° + 25°) = 65°

06 ② ∠ECD = 90° − 60° = 30°
④, ⑤ △EAB와 △EDC에서
$\overline{AB} = \overline{DC}$, $\overline{EB} = \overline{EC}$, ∠ABE = ∠DCE
이므로 △EAB ≡ △EDC (SAS 합동)
∴ $\overline{EA} = \overline{ED}$
즉, △EAD는 이등변삼각형이므로
∠EAD = ∠EDA

03 다각형

개념 정리 ──────────── 27쪽

❶ 내각 ❷ 내각 ❸ 180° ❹ ∠B ❺ $n-2$

❻ 360° ❼ $\dfrac{360°}{n}$ ❽ $n-2$

❶ 다각형(1)

개념 19 다각형 ──────── 28쪽

01 답 ㄱ, ㅁ

ㄴ, ㄹ. 곡선으로 둘러싸여 있으므로 다각형이 아니다.

ㄷ, ㅂ. 입체도형이므로 다각형이 아니다.

이상에서 다각형인 것은 ㄱ, ㅁ이다.

02 답 (1) 오각형 (2) 8

03 답 (1) 95° (2) 105° (3) 80° (4) 70°

(3) ∠C의 외각의 크기는 100°이므로

　(∠C의 내각의 크기)

　$=180°-$(∠C의 외각의 크기)

　$=180°-100°=80°$

(4) ∠D의 내각의 크기는 110°이므로

　(∠D의 외각의 크기)

　$=180°-$(∠D의 내각의 크기)

　$=180°-110°=70°$

04 답 245°

∠$x=180°-40°=140°$

∠$y=180°-75°=105°$

∴ ∠x+∠$y=140°+105°=245°$

05 답 ㄴ, ㄷ

ㄱ. 네 내각의 크기가 같은 사각형은 직사각형이다.

ㄷ. 정다각형은 모든 내각의 크기가 같으므로 모든 외각의 크기는 같다.

ㄹ. 모든 변의 길이가 같고 모든 내각의 크기도 같은 다각형이 정다각형이다.

이상에서 옳은 것은 ㄴ, ㄷ이다.

06 답 정구각형

㈎에서 9개의 내각을 가지고 있는 다각형은 구각형이고 ㈏에서 모든 변의 길이가 같고, 모든 내각의 크기가 같은 다각형은 정다각형이다. 따라서 구하는 다각형은 정구각형이다.

개념 20 삼각형의 내각 ──────── 29쪽

01 답 $\overline{CE}$, ∠ACE, ∠ECD, 180°

02 답 (1) 80° (2) 40° (3) 55° (4) 40°

(1) $55°+45°+$∠$x=180°$　　∴ ∠$x=80°$

(2) $50°+$∠$x+90°=180°$　　∴ ∠$x=40°$

(3) ($∠x+20°$)$+50°+$∠$x=180°$

　$2∠x+70°=180°,\ 2∠x=110°$

　∴ ∠$x=55°$

(4) ∠$x+95°+(2∠x-35°)=180°$

　$3∠x+60°=180°,\ 3∠x=120°$

　∴ ∠$x=40°$

03 답 (1) 15° (2) 36°

(1) (가장 작은 내각의 크기)$=180°\times\dfrac{1}{1+4+7}$

　　$=180°\times\dfrac{1}{12}=15°$

(2) (가장 작은 내각의 크기)$=180°\times\dfrac{2}{2+3+5}$

　　$=180°\times\dfrac{2}{10}=36°$

> **이런 풀이 어때요?**
>
> (1) 삼각형의 세 내각의 크기를 ∠x, $4∠x$, $7∠x$라 하면
> 　∠$x+4∠x+7∠x=180°,\ 12∠x=180°$
> 　∴ ∠$x=15°$
> 　따라서 가장 작은 내각의 크기는 15°이다.
> (2) 삼각형의 세 내각의 크기를 $2∠x$, $3∠x$, $5∠x$라 하면
> 　$2∠x+3∠x+5∠x=180°,\ 10∠x=180°$
> 　∴ ∠$x=18°$
> 　따라서 가장 작은 내각의 크기는
> 　$2∠x=2\times18°=36°$

04 답 (1) ∠$x=68°$, ∠$y=68°$ (2) ∠$x=83°$, ∠$y=62°$

(1) △BDP에서

　∠DPB$+72°+40°=180°$　　∴ ∠DPB$=68°$

　∴ ∠$x=$∠DPB$=68°$ (맞꼭지각)

　△ACP에서

　∠$y+68°+44°=180°$　　∴ ∠$y=68°$

(2) △BDP에서

　∠$y+90°+28°=180°$　　∴ ∠$y=62°$

　∠APC$=$∠$y=62°$ (맞꼭지각)

　이므로 △ACP에서

　∠$x+35°+62°=180°$　　∴ ∠$x=83°$

05 답 (1) 120° (2) 48°

(1) △ABC에서
 $70° + 30° + \angle DBC + \angle DCB + 20° = 180°$
 $\therefore \angle DBC + \angle DCB = 60°$
 △DBC에서
 $\angle x + \angle DBC + \angle DCB = 180°$
 $\angle x + 60° = 180°$
 $\therefore \angle x = 120°$

(2) △ABD에서
 $\angle BAD + \angle ABD + 100° = 180°$
 $\therefore \angle BAD + \angle ABD = 80°$
 △ABC에서
 $25° + \angle BAD + \angle ABD + 27° + \angle x = 180°$
 $25° + 80° + 27° + \angle x = 180°$
 $\therefore \angle x = 48°$

06 답 129°

△ABC에서
$78° + \angle ABC + \angle ACB = 180°$이므로
$\angle ABC + \angle ACB = 102°$
$\angle ABC = 2\angle IBC, \angle ACB = 2\angle ICB$이므로
$2(\angle IBC + \angle ICB) = 102°$
$\therefore \angle IBC + \angle ICB = 51°$
△IBC에서
$\angle x + \angle IBC + \angle ICB = 180°$
$\angle x + 51° = 180°$ $\therefore \angle x = 129°$

익힘문제

개념21 삼각형의 내각과 외각 사이의 관계
30쪽

01 답 (1) 80° (2) 115° (3) 50° (4) 15°

(1) $\angle x = 40° + 40° = 80°$
(2) $\angle x = 42° + 73° = 115°$
(3) $65° + \angle x = 115°$ $\therefore \angle x = 50°$
(4) $35° + 3\angle x = \angle x + 65°$
 $2\angle x = 30°$ $\therefore \angle x = 15°$

02 답 (1) $\angle x = 80°, \angle y = 70°$ (2) $\angle x = 35°, \angle y = 75°$

(1) $\angle x = 30° + 50° = 80°$
 $30° + \angle y + \angle x = 180°$이므로
 $30° + \angle y + 80° = 180°$
 $\therefore \angle y = 70°$

(2) $50° + \angle x = 85°$ $\therefore \angle x = 35°$
 $\angle y = 40° + 35° = 75°$

03 답 (1) 62° (2) 20°

(1) $35° + 72° = 45° + \angle x$ $\therefore \angle x = 62°$
(2) $63° + \angle x = 45° + 38°$ $\therefore \angle x = 20°$

04 답 70°, 35°, 35°

05 답 $\angle x = 58°, \angle y = 87°$

△ABC에서
$\angle x = 29° + 29° = 58°$
따라서 △DBC에서
$\angle y = 29° + \angle x$
 $= 29° + 58° = 87°$

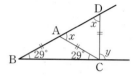

필수문제
31쪽

01 ③, ⑤   **02** ④   **03** 235°
04 $\angle A = 40°, \angle B = 60°, \angle C = 80°$ **05** 62°
06 40°   **07** ③

01 ③ 원은 곡선으로 둘러싸여 있으므로 다각형이 아니다.
 ⑤ 원기둥은 입체도형이므로 다각형이 아니다.

02 ① 다각형은 3개 이상의 선분으로 둘러싸인 평면도형이다.
 ② 다각형을 이루는 선분을 변이라 한다.
 ③ 오각형의 변은 5개, 꼭짓점은 5개이다.
 ⑤ 모든 변의 길이가 같고 모든 내각의 크기가 같은 다각형을
  정다각형이라 한다.

03 (꼭짓점 A에서의 내각의 크기) $= 180° - 43° = 137°$
 (꼭짓점 E에서의 외각의 크기) $= 180° - 82° = 98°$
 $\therefore 137° + 98° = 235°$

04 $\angle B$의 크기는 $\angle A$의 크기보다 20°만큼 크므로
 $\angle B = \angle A + 20°$
 $\angle C$의 크기는 $\angle A$의 크기의 2배이므로
 $\angle C = 2\angle A$
 삼각형의 세 내각의 크기의 합이 180°이므로
 $\angle A + (\angle A + 20°) + 2\angle A = 180°$
 $4\angle A = 160°$ $\therefore \angle A = 40°$
 $\therefore \angle B = 60°, \angle C = 80°$

05 △ABC에서 ∠BCE=52°+35°
△DCE에서 ∠BCE=∠x+25
이므로
52°+35°=∠x+25°
∴ ∠x=62°

06 △ABD에서
∠BAD+80°=120°이므로 ∠BAD=40°
∠DAC=∠BAD=40°이므로 △ADC에서
40°+∠x=80°
∴ ∠x=40°

07 오른쪽 그림과 같이 $\overline{BD}$를 그으
면 △ABD에서
70°+22°+∠CBD
　　　+∠CDB+30°=180°
∴ ∠CBD+∠CDB=58°
△CBD에서
∠x+∠CBD+∠CDB=180°
∠x+58°=180°　　∴ ∠x=122°

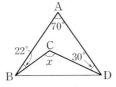

❷ 다각형(2)

익힘문제

개념 22 다각형의 내각 　　　32쪽

01 답 9, 360°, 9, 360°, 1260°

02 답 (1) 360° (2) 720° (3) 1620° (4) 1980°
(1) 180°×(4−2)=360°
(2) 180°×(6−2)=720°
(3) 180°×(11−2)=1620°
(4) 180°×(13−2)=1980°

03 답 (1) 오각형 (2) 칠각형
구하는 다각형을 n각형이라 하면
(1) 180°×(n−2)=540°
　　n−2=3　　∴ n=5
　　따라서 구하는 다각형은 오각형이다.
(2) 180°×(n−2)=900°
　　n−2=5　　∴ n=7
　　따라서 구하는 다각형은 칠각형이다.

04 답 (1) 70° (2) 70° (3) 115° (4) 125°
(1) 주어진 다각형은 사각형이고
　　(사각형의 내각의 크기의 합)=180°×(4−2)=360°
　　이므로
　　∠x+115°+70°+105°=360°
　　∴ ∠x=70°
(2) 주어진 다각형은 사각형이고
　　(사각형의 내각의 크기의 합)=180°×(4−2)=360°
　　이므로
　　150°+∠x+(180°−100°)+60°=360°
　　∴ ∠x=70°
(3) 주어진 다각형은 오각형이고
　　(오각형의 내각의 크기의 합)=180°×(5−2)=540°
　　이므로
　　90°+90°+135°+∠x+110°=540°
　　∴ ∠x=115°
(4) 주어진 다각형은 육각형이고
　　(육각형의 내각의 크기의 합)=180°×(6−2)=720°
　　이므로
　　130°+∠x+90°+110°+150°+115°=720°
　　∴ ∠x=125°

05 답 (1) 108° (2) 135° (3) 150°
(1) $\dfrac{180°×(5−2)}{5}$=108°
(2) $\dfrac{180°×(8−2)}{8}$=135°
(3) $\dfrac{180°×(12−2)}{12}$=150°

06 답 (1) 정삼각형 (2) 정육각형 (3) 정십각형
구하는 정다각형을 정n각형이라 하면
(1) $\dfrac{180°×(n−2)}{n}$=60°
　　180°×n−360°=60°×n
　　120°×n=360°　　∴ n=3
　　따라서 구하는 정다각형은 정삼각형이다.
(2) $\dfrac{180°×(n−2)}{n}$=120°
　　180°×n−360°=120°×n
　　60°×n=360°　　∴ n=6
　　따라서 구하는 정다각형은 정육각형이다.
(3) $\dfrac{180°×(n−2)}{n}$=144°
　　180°×n−360°=144°×n
　　36°×n=360°　　∴ n=10
　　따라서 구하는 정다각형은 정십각형이다.

개념 23 다각형의 외각

33쪽

01 답 (1) $80°$ (2) $100°$ (3) $110°$ (4) $120°$

(1) $\angle x + 70° + 95° + 115° = 360°$

$\quad \therefore \angle x = 80°$

(2) $90° + 70° + 40° + \angle x + 60° = 360°$

$\quad \therefore \angle x = 100°$

(3) $115° + (180° - 45°) + \angle x = 360°$

$\quad \therefore \angle x = 110°$

(4) $90° + 80° + (180° - 120°) + 70° + (180° - \angle x)$

$\quad = 360°$

$\quad \therefore \angle x = 120°$

02 답 (1) $72°$ (2) $45°$ (3) $36°$

(1) $\dfrac{360°}{5} = 72°$

(2) $\dfrac{360°}{8} = 45°$

(3) $\dfrac{360°}{10} = 36°$

03 답 (1) 정십팔각형 (2) 정구각형 (3) 정이십사각형

구하는 정다각형을 정 n각형이라 하면

(1) $\dfrac{360°}{n} = 20°$ $\therefore n = 18$

따라서 구하는 정다각형은 정십팔각형이다.

(2) $\dfrac{360°}{n} = 40°$ $\therefore n = 9$

따라서 구하는 정다각형은 정구각형이다.

(3) $\dfrac{360°}{n} = 15°$ $\therefore n = 24$

따라서 구하는 정다각형은 정이십사각형이다.

04 답 (1) 정십각형 (2) 정오각형 (3) 정십팔각형

구하는 정다각형을 정 n각형이라 하면

(1) (한 외각의 크기)$= 180° \times \dfrac{1}{4+1} = 36°$이므로

$\dfrac{360°}{n} = 36°$ $\therefore n = 10$

따라서 구하는 정다각형은 정십각형이다.

(2) (한 외각의 크기)$= 180° \times \dfrac{2}{3+2} = 72°$이므로

$\dfrac{360°}{n} = 72°$ $\therefore n = 5$

따라서 구하는 정다각형은 정오각형이다.

(3) (한 외각의 크기)$= 180° \times \dfrac{1}{8+1} = 20°$이므로

$\dfrac{360°}{n} = 20°$ $\therefore n = 18$

따라서 구하는 정다각형은 정십팔각형이다.

05 답 (1) 정십이각형 (2) $30°$

(1) 구하는 정다각형을 정 n각형이라 하면

$180° \times (n-2) + 360° = 2160°$

$n - 2 = 10$ $\therefore n = 12$

따라서 구하는 정다각형은 정십이각형이다.

(2) 정십이각형의 한 외각의 크기는 $\dfrac{360°}{12} = 30°$

개념 24 다각형의 대각선

34쪽

01 답 (1) 3개, 4개 (2) 7개, 8개 (3) 12개, 13개

(1) 대각선의 개수: $6 - 3 = 3$(개)

삼각형의 개수: $6 - 2 = 4$(개)

(2) 대각선의 개수: $10 - 3 = 7$(개)

삼각형의 개수: $10 - 2 = 8$(개)

(3) 대각선의 개수: $15 - 3 = 12$(개)

삼각형의 개수: $15 - 2 = 13$(개)

02 답 (1) 구각형 (2) 십일각형 (3) 십사각형

구하는 다각형을 n각형이라 하면

(1) $n - 3 = 6$ $\therefore n = 9$

따라서 구하는 다각형은 구각형이다.

(2) $n - 3 = 8$ $\therefore n = 11$

따라서 구하는 다각형은 십일각형이다.

(3) $n - 3 = 11$ $\therefore n = 14$

따라서 구하는 다각형은 십사각형이다.

03 답 (1) 14개 (2) 27개 (3) 44개

(1) $\dfrac{7 \times (7-3)}{2} = 14$(개)

(2) $\dfrac{9 \times (9-3)}{2} = 27$(개)

(3) $\dfrac{11 \times (11-3)}{2} = 44$(개)

04 답 (1) 육각형 (2) 십각형 (3) 십오각형

구하는 다각형을 n각형이라 하면

(1) $\dfrac{n(n-3)}{2} = 9$에서

$n(n-3) = 18 = 6 \times 3$

$\therefore n = 6$

따라서 구하는 다각형은 육각형이다.

(2) $\dfrac{n(n-3)}{2}=35$에서

$n(n-3)=70=10\times7$

$\therefore n=10$

따라서 구하는 다각형은 십각형이다.

(3) $\dfrac{n(n-3)}{2}=90$에서

$n(n-3)=180=15\times12$

$\therefore n=15$

따라서 구하는 다각형은 십오각형이다.

05 🔢 정십이각형

구하는 다각형을 n각형이라 하면 조건 (개)에서

$n-3=9$ $\therefore n=12$

또, 조건 (내)에서 구하는 다각형은 정다각형이다.

따라서 구하는 다각형은 정십이각형이다.

06 🔢 정팔각형

조건 (개), (내)에서 구하는 다각형은 정다각형이다.

구하는 정다각형을 정n각형이라 하면 조건 (대)에서

$\dfrac{n(n-3)}{2}=20$

$n(n-3)=40=8\times5$

$\therefore n=8$

따라서 구하는 다각형은 정팔각형이다.

필수문제

35쪽

| 01 70° | 02 72° | 03 1260° | 04 9 | 05 54개 |
| 06 91 | 07 12 | 08 ④ | | |

01 오각형의 내각의 크기의 합은

$180°\times(5-2)=540°$이므로

$95°+125°+110°+\angle x+2\angle x=540°$

$3\angle x=210°$

$\therefore \angle x=70°$

02 오각형의 외각의 크기의 합은 360°이므로

$90°+60°+56°+(\angle x+10°)+\angle x=360°$

$2\angle x+216°=360°,\ 2\angle x=144°$

$\therefore \angle x=72°$

---

03 조건 (개)에서 구하는 다각형은 정다각형이다.

조건 (내)에서 한 외각의 크기는

$180°\times\dfrac{2}{7+2}=40°$

이므로 구하는 다각형을 정n각형이라 하면

$\dfrac{360°}{n}=40°$ $\therefore n=9$

따라서 정구각형의 내각의 크기의 합은

$180°\times(9-2)=1260°$

04 주어진 다각형은 칠각형이다.

칠각형의 한 꼭짓점에서 그을 수 있는 대각선의 개수는

$7-3=4$(개)이므로 $a=4$

이때 생기는 삼각형의 개수는 $7-2=5$(개)이므로

$b=5$

$\therefore a+b=4+5=9$

05 내부의 한 점에서 각 꼭짓점에 선분을 모두 그었을 때 12개의 삼각형이 생기는 다각형은 십이각형이다.

따라서 십이각형의 대각선의 개수는

$\dfrac{12\times(12-3)}{2}=54$(개)

06 구하는 다각형을 n각형이라 하면

$n-3=11$ $\therefore n=14$

따라서 구하는 다각형은 십사각형이다.

십사각형의 변의 개수는 14개이므로 $a=14$

십사각형의 대각선의 개수는

$\dfrac{14\times(14-3)}{2}=77$(개)

$\therefore b=77$

$\therefore a+b=14+77=91$

07 구하는 정다각형을 정n각형이라 하면

$\dfrac{360°}{n}=45°$ $\therefore n=8$

따라서 정팔각형의 내부의 한 점에서 각 꼭짓점에 선분을 모두 그었을 때 8개의 삼각형이 생기므로 $a=8$

또, 정팔각형의 대각선의 개수는

$\dfrac{8\times(8-3)}{2}=20$(개)

$\therefore b=20$

$\therefore b-a=20-8=12$

08 (도로의 개수)

= (칠각형의 변의 개수)

+ (칠각형의 대각선의 개수)

$=7+\dfrac{7\times(7-3)}{2}$

$=7+14=21$(개)

04 원과 부채꼴

❶ 부채꼴의 뜻과 성질

익힘문제

개념**25** 원과 부채꼴 + 개념**26** 부채꼴의 성질

37쪽

01 답

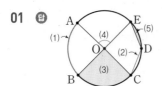

02 답 ㄷ, ㄹ

ㄷ. $\widehat{AC}=2\widehat{AB}$

ㄹ. $\overline{AC}<\overline{AB}+\overline{BC}=2\overline{AB}$

ㅁ. $\triangle AOB\equiv\triangle BOC$ (SAS 합동)

이상에서 옳지 않은 것은 ㄷ, ㄹ이다.

03 답 (1) 지름 (2) $180°$

04 답 (1) 2 (2) 40

(1) $120:30=8:x$에서

$4:1=8:x$, $4x=8$

$\therefore x=2$

(2) $160:x=36:9$에서

$160:x=4:1$, $4x=160$

$\therefore x=40$

05 답 (1) 5 (2) 30

(1) $150:30=25:x$에서

$5:1=25:x$, $5x=25$

$\therefore x=5$

(2) $x:90=4:12$에서

$x:90=1:3$, $3x=90$

$\therefore x=30$

06 답 (1) 5 (2) 80

(1) 한 원에서 크기가 같은 중심각에 대한 현의 길이는 같으므로 $x=5$

(2) 한 원에서 길이가 같은 현에 대한 중심각의 크기는 같으므로 $x=80$

01 ④, ⑤ 02 ③ 03 ④ 04 72 cm 05 4 cm
06 60 cm² 07 ② 08 ③

01 ①호는 원 위의 두 점을 양 끝 점으로 하는 원의 일부분이다.

②현은 원 위의 두 점을 이은 선분이다.

③원의 현 중에서 길이가 가장 긴 것은 지름이다.

02 $\angle x:(3\angle x+25°)=3:12$에서

$\angle x:(3\angle x+25°)=1:4$

$4\angle x=3\angle x+25°$

$\therefore \angle x=25°$

03 $\angle AOB=360°\times\dfrac{2}{2+3+4}=80°$이고

$\triangle OAB$는 $\overline{OA}=\overline{OB}$인 이등변삼각형이므로

$\angle OBA=\dfrac{1}{2}\times(180°-80°)=50°$

$\angle BOC=360°\times\dfrac{3}{2+3+4}=120°$이고

$\triangle OBC$는 $\overline{OB}=\overline{OC}$인 이등변삼각형이므로

$\angle OBC=\dfrac{1}{2}\times(180°-120°)=30°$

$\therefore \angle ABC=\angle OBA+\angle OBC$

$=50°+30°=80°$

04 $\triangle AOB$는 $\overline{OA}=\overline{OB}$인 이등변삼각형이므로

$\angle OAB=\dfrac{1}{2}\times(180°-140°)=20°$

$\overline{AB}/\!/\overline{CD}$이므로

$\angle AOC=\angle OAB=20°$ (엇각)

원 O의 둘레의 길이를 x cm라 하면

$20:360=4:x$

$1:18=4:x$

$\therefore x=72$

따라서 원 O의 둘레의 길이는 72 cm이다.

05 $\triangle OPC$는 $\overline{CP}=\overline{CO}$인 이등변삼각형이므로

$\angle COP=\angle CPO=30°$

$\triangle OPC$에서

$\angle OCD=30°+30°=60°$

$\triangle OCD$는 $\overline{OC}=\overline{OD}$인 이등변삼각형이므로

$\angle ODC=\angle OCD=60°$

$\triangle PDO$에서

$\angle AOD=30°+60°=90°$

$90:30=12:\widehat{BC}$에서

$3:1=12:\widehat{BC}$, $3\widehat{BC}=12$

$\therefore \widehat{BC}=4(cm)$

06 $\angle \text{AOC}=5\angle \text{COB}$에서 $\angle \text{AOC} : \angle \text{COB}=5 : 1$이므로

$\quad \angle \text{COB}=180° \times \dfrac{1}{5+1}=30°$

원 O의 넓이를 $x \text{ cm}^2$라 하면

$30 : 360=5 : x, \ 1 : 12=5 : x$

$\quad \therefore x=60$

따라서 원 O의 넓이는 60 cm^2이다.

07 $\triangle \text{AOC}$는 $\overline{\text{OA}}=\overline{\text{OC}}$인 이등변삼각형이므로

$\quad \angle \text{OAC}=\dfrac{1}{2} \times (180°-150°)=15°$

$\overline{\text{AC}} \sslash \overline{\text{OD}}$이므로 $\angle \text{BOD}=\angle \text{OAC}=15°$ (동위각)

부채꼴 BOD의 넓이를 $x \text{ cm}^2$라 하면

$150 : 15=70 : x, \ 10 : 1=70 : x$

$\quad \therefore x=7$

따라서 부채꼴 BOD의 넓이는 7 cm^2이다.

08 ③ $\overline{\text{BD}}<\overline{\text{BC}}+\overline{\text{CD}}=2\overline{\text{AB}}$

---

❷ 부채꼴의 호의 길이와 넓이

익힘문제

개념27 원의 둘레의 길이와 넓이

+ 개념28 부채꼴의 호의 길이와 넓이

39~40쪽

01 답 (1) $4\pi \text{ cm}, 4\pi \text{ cm}^2$ (2) $8\pi \text{ cm}, 16\pi \text{ cm}^2$

(1) $l=2\pi \times 2=4\pi (\text{cm})$

$\quad S=\pi \times 2^2=4\pi (\text{cm}^2)$

(2) $l=2\pi \times 4=8\pi (\text{cm})$

$\quad S=\pi \times 4^2=16\pi (\text{cm}^2)$

02 답 (1) $12\pi \text{ cm}, 36\pi \text{ cm}^2$ (2) $16\pi \text{ cm}, 64\pi \text{ cm}^2$

(1) $l=2\pi \times 6=12\pi (\text{cm})$

$\quad S=\pi \times 6^2=36\pi (\text{cm}^2)$

(2) $l=2\pi \times 8=16\pi (\text{cm})$

$\quad S=\pi \times 8^2=64\pi (\text{cm}^2)$

03 답 (1) 6 cm (2) 5 cm

원의 반지름의 길이를 $r \text{ cm}$라 하면

(1) $2\pi r=12\pi$ $\quad \therefore r=6$

따라서 구하는 반지름의 길이는 6 cm이다.

(2) $\pi r^2=25\pi, \ r^2=25$ $\quad \therefore r=5$

따라서 구하는 반지름의 길이는 5 cm이다.

04 답 (1) $\pi \text{ cm}, 3\pi \text{ cm}^2$ (2) $3\pi \text{ cm}, 6\pi \text{ cm}^2$

(1) $l=2\pi \times 6 \times \dfrac{30}{360}=\pi (\text{cm})$

$\quad S=\pi \times 6^2 \times \dfrac{30}{360}=3\pi (\text{cm}^2)$

(2) $l=2\pi \times 4 \times \dfrac{135}{360}=3\pi (\text{cm})$

$\quad S=\pi \times 4^2 \times \dfrac{135}{360}=6\pi (\text{cm}^2)$

05 답 (1) $8\pi \text{ cm}, 40\pi \text{ cm}^2$ (2) $20\pi \text{ cm}, 120\pi \text{ cm}^2$

(1) $l=2\pi \times 10 \times \dfrac{144}{360}=8\pi (\text{cm})$

$\quad S=\pi \times 10^2 \times \dfrac{144}{360}=40\pi (\text{cm}^2)$

(2) $l=2\pi \times 12 \times \dfrac{300}{360}=20\pi (\text{cm})$

$\quad S=\pi \times 12^2 \times \dfrac{300}{360}=120\pi (\text{cm}^2)$

06 답 $(2\pi+24) \text{ cm}$

(둘레의 길이)=(호의 길이)+(반지름의 길이)$\times 2$

$\quad =2\pi \times 12 \times \dfrac{30}{360}+12 \times 2$

$\quad =2\pi+24 (\text{cm})$

07 답 (1) $135°$ (2) $90°$

부채꼴의 중심각의 크기를 $x°$라 하면

(1) $2\pi \times 12 \times \dfrac{x}{360}=9\pi, \ 24 \times \dfrac{x}{360}=9$

$\quad \therefore x=135$

따라서 구하는 중심각의 크기는 $135°$이다.

(2) $\pi \times 8^2 \times \dfrac{x}{360}=16\pi, \ 64 \times \dfrac{x}{360}=16$

$\quad \therefore x=90$

따라서 구하는 중심각의 크기는 $90°$이다.

08 답 (1) $12\pi \text{ cm}^2$ (2) $90\pi \text{ cm}^2$

(1) (넓이)$=\dfrac{1}{2} \times 6 \times 4\pi$

$\quad =12\pi (\text{cm}^2)$

(2) (넓이)$=\dfrac{1}{2} \times 15 \times 12\pi$

$\quad =90\pi (\text{cm}^2)$

09 답 (1) 6 cm (2) $2\pi \text{ cm}$

(1) 부채꼴의 반지름의 길이를 $r \text{ cm}$라 하면

$\quad \pi r^2 \times \dfrac{30}{360}=3\pi, \ r^2=36$

$\quad \therefore r=6$

따라서 구하는 반지름의 길이는 6 cm이다.

(2) 부채꼴의 호의 길이를 $l \text{ cm}$라 하면

$\quad \dfrac{1}{2} \times 6 \times l=6\pi$ $\quad \therefore l=2\pi$

따라서 구하는 호의 길이는 $2\pi \text{ cm}$이다.

10 📖 (1) 4 cm (2) 180°

(1) 부채꼴의 반지름의 길이를 r cm라 하면

$$\frac{1}{2} \times r \times 4\pi = 8\pi, \ 2r = 8$$

$$\therefore r = 4$$

따라서 구하는 반지름의 길이는 4 cm이다.

(2) 부채꼴의 중심각의 크기를 $x°$라 하면

$$2\pi \times 4 \times \frac{x}{360} = 4\pi, \ 8 \times \frac{x}{360} = 4$$

$$\therefore x = 180$$

따라서 구하는 중심각의 크기는 180°이다.

11 📖 (1) $(12\pi+12)$ cm (2) $(10\pi+6)$ cm

(1) (색칠한 부분의 둘레의 길이)

$$= 2\pi \times 12 \times \frac{90}{360} + 2\pi \times 6 \times \frac{180}{360} + 12$$

$$= 6\pi + 6\pi + 12$$

$$= 12\pi + 12 \, (\text{cm})$$

(2) (색칠한 부분의 둘레의 길이)

$$= 2\pi \times 9 \times \frac{120}{360} + 2\pi \times 6 \times \frac{120}{360} + (9-6) \times 2$$

$$= 6\pi + 4\pi + 6$$

$$= 10\pi + 6 \, (\text{cm})$$

12 📖 $(32\pi - 64)$ cm^2

(색칠한 부분의 넓이)

$$= \left(\pi \times 8^2 \times \frac{90}{360} - \frac{1}{2} \times 8 \times 8 \right) \times 2$$

$$= (16\pi - 32) \times 2$$

$$= 32\pi - 64 \, (\text{cm}^2)$$

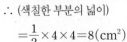
━━━━━━━━━ 41쪽

01 10π cm	**02** ③	**03** ④	**04** ③
05 $(6\pi+18)$ cm	**06** ③		
07 $(4\pi+8)$ cm, 8 cm^2			

01 (반원 O의 호의 길이)$= (2\pi \times 1) \times \frac{1}{2}$

$$= \pi \, (\text{cm})$$

(반원 O′의 호의 길이)$= (2\pi \times 4) \times \frac{1}{2}$

$$= 4\pi \, (\text{cm})$$

가장 큰 반원의 지름의 길이가 $2+8=10\,(\text{cm})$이므로

(가장 큰 반원의 호의 길이)$= (2\pi \times 5) \times \frac{1}{2} = 5\pi \, (\text{cm})$

$\therefore$ (색칠한 부분의 둘레의 길이)$= \pi + 4\pi + 5\pi$

$$= 10\pi \, (\text{cm})$$

02 (색칠한 부분의 넓이)$= \pi \times 7^2 - \pi \times 4^2 - \pi \times 3^2$

$$= 49\pi - 16\pi - 9\pi$$

$$= 24\pi \, (\text{cm}^2)$$

03 (색칠한 부분의 둘레의 길이)

$$= \left(2\pi \times 4 \times \frac{1}{2} \right) \times 2 + \left(2\pi \times 8 \times \frac{90}{360} \right) \times 2 + 8 \times 2$$

$$= 8\pi + 8\pi + 16$$

$$= 16\pi + 16 \, (\text{cm})$$

(색칠한 부분의 넓이)

$$= \left(\pi \times 4^2 \times \frac{1}{2} \right) \times 2 + \left(\pi \times 8^2 \times \frac{90}{360} \right) \times 2$$

$$= 16\pi + 32\pi$$

$$= 48\pi \, (\text{cm}^2)$$

04 부채꼴의 반지름의 길이를 r cm라 하면

$$2\pi r \times \frac{120}{360} = 12\pi \qquad \therefore r = 18$$

따라서 부채꼴의 반지름의 길이는 18 cm이다.

05 (정육각형의 한 내각의 크기)

$$= \frac{180° \times (6-2)}{6}$$

$$= 120°$$

이므로 색칠한 부채꼴의 중심각의 크기는 120°이다.

$\therefore$ (색칠한 부분의 둘레의 길이)

$$= 2\pi \times 9 \times \frac{120}{360} + 9 \times 2$$

$$= 6\pi + 18 \, (\text{cm})$$

06 색칠한 두 부분의 넓이가 같으므로

(직사각형의 넓이)$=$(부채꼴의 넓이)

따라서 $4 \times x = \pi \times 4^2 \times \frac{90}{360}$이므로

$$4x = 4\pi \qquad \therefore x = \pi$$

07 색칠한 부분의 둘레의 길이는 반지름의 길이가 2 cm인 원의 둘레의 길이와 정사각형의 한 변의 길이를 두 번 더한 것과 같다.

$\therefore$ (색칠한 부분의 둘레의 길이)

$$= 2\pi \times 2 + 4 \times 2 = 4\pi + 8 \, (\text{cm})$$

오른쪽 그림과 같이 색칠한 부분을 이동하면 구하는 넓이는 직각삼각형의 넓이와 같다.

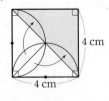

$\therefore$ (색칠한 부분의 넓이)

$$= \frac{1}{2} \times 4 \times 4 = 8 \, (\text{cm}^2)$$

05 입체도형

① 다면체

익힘문제

개념 29 다면체
44쪽

01 답 ㄱ, ㄴ, ㄹ, ㅅ, ㅇ
ㄷ, ㅁ, ㅂ. 다각형이 아닌 원 또는 곡면으로 둘러싸여 있으므로 다면체가 아니다.

02 답 (1) 5개, 오면체   (2) 7개, 칠면체
    (3) 8개, 팔면체   (4) 6개, 육면체

03 답 (1) ㄹ   (2) ㅂ   (3) ㄴ

입체도형	면의 개수	꼭짓점의 개수
ㄱ	5개	6개
ㄴ	6개	8개
ㄷ	5개	5개
ㄹ	8개	6개
ㅁ	5개	6개
ㅂ	4개	4개

(1) 면의 개수가 가장 많은 것은 ㄹ이다.
(2) 면의 개수가 가장 적은 것은 ㅂ이다.
(3) 꼭짓점의 개수가 가장 많은 것은 ㄴ이다.

04 답 ㄷ, ㄹ
주어진 다면체는 오면체이고, 보기의 입체도형의 면의 개수는 다음과 같다.
ㄱ. 6개   ㄴ. 4개   ㄷ. 5개
ㄹ. 5개   ㅁ. 6개   ㅂ. 8개

익힘문제

개념 30 다면체의 종류
45쪽

01 답 (1) ㄴ, ㅂ   (2) ㄷ, ㅁ   (3) ㄱ, ㄹ

02 답 ㄴ, ㄹ

ㄱ. 삼각기둥 – 직사각형   ㄷ. 사각뿔 – 삼각형

03 답 (1) 오각형   (2) 삼각형   (3) 6개
    (4) 6개   (5) 10개   (6) 오각뿔

04 답 (1) 사각형   (2) 사다리꼴   (3) 6개
    (4) 8개   (5) 12개   (6) 사각뿔대

05 답 팔각기둥
(나), (다)에서 구하는 입체도형은 각기둥이다. 구하는 입체도형을 n각기둥이라 하면 (가)에서
$n+2=10$ $\therefore n=8$
따라서 구하는 입체도형은 팔각기둥이다.

익힘문제

개념 31 정다면체
46쪽

01 답 (1) ×   (2) ○   (3) ×   (4) ×
(1) 정다면체는 정사면체, 정육면체, 정팔면체, 정십이면체, 정이십면체의 5가지뿐이다.
(3) 면의 모양이 정삼각형인 정다면체는 정사면체, 정팔면체, 정이십면체이다.
(4) 정다면체의 면의 모양이 될 수 있는 정다각형은 정삼각형, 정사각형, 정오각형이다.

02 답 풀이 참조

정다면체	정사면체	정육면체	정팔면체	정십이면체	정이십면체
면의 개수	4개	6개	8개	12개	20개
꼭짓점의 개수	4개	8개	6개	20개	12개
모서리의 개수	6개	12개	12개	30개	30개

03 답 (1) 정사면체, 정팔면체, 정이십면체
    (2) 정사면체, 정육면체, 정십이면체

04 답 (1) 정육면체   (2) 점 H   (3) 모서리 JI
    (4) 면 JIFK   (5) 3쌍
(1) 면의 개수가 6개이고 면의 모양이 정사각형이므로 다음 그림과 같은 정육면체가 만들어진다.

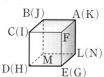

(2) 점 D와 겹치는 꼭짓점은 점 H이다.

(3) 모서리 BC와 겹치는 모서리는 모서리 JI이다.

(4) 면 MDEL과 평행한 면은 면 JIFK이다.

(5) 정육면체에서 평행한 면은 3쌍이다.

05 📖 ㄱ, ㄷ

ㄱ. 한 꼭짓점에 모인 면의 개수가 5개인 정다면체는 정이십
면체의 1가지이다.

ㄷ. 정이십면체의 꼭짓점의 개수는 12개, 정십이면체의 꼭짓
점의 개수는 20개이다.

이상에서 옳지 않은 것은 ㄱ, ㄷ이다.

필수문제 ──────────────── **47~48쪽**

01 4개	02 ④,⑤	03 ④	04 18	05 ③
06 3개	07 팔각뿔	08 사각뿔대		09 ⑤
10 ④	11 ㄴ,ㄷ,ㄱ,ㄹ		12 ③	13 $\overline{GH}$

01 다면체는 ㄱ, ㄴ, ㄹ, ㅂ의 4개이다.

02 ① 오각기둥 – 칠면체   ② 칠각뿔 – 팔면체

③ 팔각뿔대 – 십면체

03 꼭짓점의 개수와 면의 개수를 차례대로 구하면 다음과 같다.

① 6개, 5개   ② 8개, 6개   ③ 10개, 7개

④ 5개, 5개   ⑤ 12개, 20개

04 주어진 입체도형의 꼭짓점의 개수는 10개, 모서리의 개수는
15개, 면의 개수는 7개이므로

$a=10$, $b=15$, $c=7$

∴ $a+b-c=10+15-7=18$

05 주어진 각뿔대를 n각뿔대라 하면

$3n=21$ ∴ $n=7$

따라서 주어진 각뿔대는 칠각뿔대이므로 그 밑면의 모양은 칠
각형이다.

06 주어진 입체도형의 옆면의 모양을 구하면 다음과 같다.

육각기둥, 오각기둥, 칠각기둥 – 직사각형

삼각뿔, 육각뿔 – 삼각형

사각뿔대, 오각뿔대, 육각뿔대, 팔각뿔대 – 사다리꼴

따라서 구하는 입체도형의 개수는 3개이다.

07 (개), (내)에서 구하는 입체도형은 각뿔이다. 구하는 입체도형을
n각뿔이라 하면 (대)에서

$n+1=9$ ∴ $n=8$

따라서 구하는 입체도형은 팔각뿔이다.

08 크기가 다른 사각형 모양의 밑면 2개와 사다리꼴 모양의 옆면
으로 이루어져 있으므로 주어진 전개도로 만들어지는 입체도
형은 사각뿔대이다.

09 한 꼭짓점에 모인 면의 개수를 구하면 다음과 같다.

① 3개   ② 3개   ③ 4개   ④ 3개   ⑤ 5개

10 ② 정십이면체와 정이십면체의 모서리의 개수는 30개로 같
다.

④ 정다면체의 각 면의 모양은 정삼각형, 정사각형, 정오각형
중 하나이다.

⑤ 정육면체의 꼭짓점의 개수와 정팔면체의 면의 개수는 8개
로 같다.

11 ㄱ. 4개   ㄴ. 12개   ㄷ. 8개   ㄹ. 3개

이상에서 값이 가장 큰 것부터 차례대로 나열하면

ㄴ, ㄷ, ㄱ, ㄹ이다.

12 주어진 전개도로 만들어지는 정다면체는 정이십면체이다.

ㄴ. 모서리의 개수는 30개이다.

이상에서 옳은 것은 ㄱ, ㄷ이다.

13 주어진 전개도로 만들어지는
정다면체는 정육면체이고, 겨
냥도는 오른쪽 그림과 같다.
따라서 $\overline{BC}$와 겹치는 모서리
는 $\overline{GH}$이다.

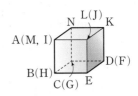

❷ 회전체

익힘문제

개념 32 회전체   **49쪽**

01 📖 (1) 회전체 (2) 원뿔대

02 📖 (1) × (2) ○ (3) × (4) ○

03 📖 ㄴ, ㅂ, ㅅ, ㅈ

04 📖 (1)   (2)   (3)

05 📖 ㄷ

익힘문제

개념33 회전체의 성질

50쪽

01 답

회전체	회전축에 수직인 평면으로 자를 때 생기는 단면	회전축을 포함하는 평면으로 자를 때 생기는 단면
(1)	○	□
(2)	○	△
(3)	○	○
(4)	○	사다리꼴

02 답 (1) 24 cm² (2) 21 cm²

(1) 주어진 원기둥을 회전축을 포함하는
평면으로 자를 때 생기는 단면은 오른
쪽 그림과 같은 직사각형이다.
따라서 구하는 넓이는
$4 \times 6 = 24 (cm^2)$

(2) 주어진 원뿔을 회전축을 포함하는 평면
으로 자를 때 생기는 단면은 오른쪽 그림
과 같은 이등변삼각형이다.
따라서 구하는 넓이는
$\frac{1}{2} \times 6 \times 7 = 21 (cm^2)$

03 답 ㄴ, ㄹ

ㄱ. 원기둥을 회전축에 수직인 평면으로 자를 때 생기는 단면
은 원이다.

ㄷ. 회전체를 회전축을 포함하는 평면으로 자를 때 생기는 단
면은 회전축을 대칭축으로 하는 선대칭도형이다.

이상에서 옳은 것은 ㄴ, ㄹ이다.

04 답 (1) $a=5, b=10$ (2) $a=10, b=7$

(1) 원기둥의 전개도에서 원의 반지름의 길이는 밑면인 원의
반지름의 길이와 같으므로 $a=5$
직사각형의 세로의 길이는 원기둥의 높이와 같으므로
$b=10$

(2) 원뿔대의 전개도에서 옆면의 직선 부분의 길이는 원뿔대
의 모선의 길이와 같으므로 $a=10$
큰 원의 반지름의 길이는 원뿔대의 두 밑면 중 큰 원의 반
지름의 길이와 같으므로 $b=7$

필수문제

51쪽

01 5개	02 ③	03 ③	04 40	05 ④
06 ⑤				

01 회전체는 원기둥, 구, 원뿔, 원뿔대, 반구의 5개이다.

02 ③ 회전축에 붙어 있는 사다리꼴을 직선 l을 회전축으로 하여
1회전 시키면 원뿔대가 생긴다.

03 ③ 원뿔 – 이등변삼각형

04 회전축을 포함한 평면으로 자를 때 생기는 단면은 가로, 세로
의 길이가 각각 8 cm, 3 cm인 직사각형이므로 그 넓이는
$8 \times 3 = 24 (cm^2)$ ∴ $A = 24$
회전축에 수직인 평면으로 자를 때 생기는 단면은 반지름의
길이가 4 cm인 원이므로 그 넓이는
$\pi \times 4^2 = 16\pi (cm^2)$ ∴ $B = 16$
∴ $A + B = 24 + 16 = 40$

06 주어진 원기둥의 전개도는 오른
쪽 그림과 같으므로
(직사각형의 가로의 길이)
$= 2\pi \times 5 = 10\pi (cm)$
따라서 구하는 넓이는
$10\pi \times 15 = 150\pi (cm^2)$

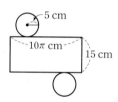

❸ 기둥의 부피와 겉넓이

익힘문제

개념34 기둥의 부피

52쪽

01 답 (1) 270 cm³ (2) 120 cm³ (3) 180π cm³

(1) (부피) $= 30 \times 9 = 270 (cm^3)$

(2) (부피) $= 24 \times 5 = 120 (cm^3)$

(3) (부피) $= 36\pi \times 5 = 180\pi (cm^3)$

02 답 (1) 5 cm (2) 4 cm (3) 10 cm

(1) (높이) $= 60 \div 12 = 5 (cm)$

(2) (높이) $= 72 \div 18 = 4 (cm)$

(3) (높이) $= 640\pi \div 64\pi = 10 (cm)$

03 답 (1) 8 cm² (2) 40 cm³

(1) (밑넓이) $= 4 \times 2 = 8 (cm^2)$

(2) (부피) $= 8 \times 5 = 40 (cm^3)$

04 🔁 (1) 18 cm³ (2) 360 cm³

(1) (밑넓이)=$\frac{1}{2}\times3\times2=3(cm^2)$, (높이)=6 cm

∴ (부피)=$3\times6=18(cm^3)$

(2) (밑넓이)=$\frac{1}{2}\times(12+6)\times4=36(cm^2)$

(높이)=10 cm

∴ (부피)=$36\times10=360(cm^3)$

05 🔁 (1) 63π cm³ (2) 80π cm³

(1) (밑넓이)=$\pi\times3^2=9\pi(cm^2)$, (높이)=7 cm

∴ (부피)=$9\pi\times7=63\pi(cm^3)$

(2) (밑넓이)=$\pi\times4^2=16\pi(cm^2)$, (높이)=5 cm

∴ (부피)=$16\pi\times5=80\pi(cm^3)$

06 🔁 144π cm³

(밑넓이)=$\pi\times12^2\times\frac{45}{360}=18\pi(cm^2)$

(높이)=8 cm

∴ (부피)=$18\pi\times8=144\pi(cm^3)$

---

03 🔁 90π cm²

(겉넓이)=(밑넓이)×2+(옆넓이)

$=(\pi\times3^2)\times2+(2\pi\times3)\times12$

$=18\pi+72\pi=90\pi(cm^2)$

04 🔁 (1) 32π cm² (2) 128π cm²

(1) (밑넓이)=$\pi\times2^2=4\pi(cm^2)$

(옆넓이)=$2\pi\times2\times6=24\pi(cm^2)$

∴ (겉넓이)=$4\pi\times2+24\pi=32\pi(cm^2)$

(2) (밑넓이)=$\pi\times4^2=16\pi(cm^2)$

(옆넓이)=$2\pi\times4\times12=96\pi(cm^2)$

∴ (겉넓이)=$16\pi\times2+96\pi=128\pi(cm^2)$

05 🔁 (90+28π) cm²

(밑넓이)=$\pi\times9^2\times\frac{40}{360}=9\pi(cm^2)$

(옆면의 가로의 길이)=$9\times2+2\pi\times9\times\frac{40}{360}$

$=18+2\pi(cm)$

(옆넓이)=$(18+2\pi)\times5=90+10\pi(cm^2)$

∴ (겉넓이)=$9\pi\times2+90+10\pi$

$=90+28\pi(cm^2)$

익힘문제

개념 **35** 기둥의 겉넓이
53쪽

01 🔁 풀이 참조 (1) 10 cm² (2) 42 cm² (3) 62 cm²

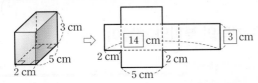

(1) (밑넓이)=$5\times2=10(cm^2)$

(2) (옆넓이)=$(5+2+5+2)\times3=42(cm^2)$

(3) (겉넓이)=$10\times2+42=62(cm^2)$

02 🔁 (1) 108 cm² (2) 108 cm² (3) 204 cm²

(1) (밑넓이)=$\frac{1}{2}\times4\times3=6(cm^2)$

(옆넓이)=$(4+3+5)\times8=96(cm^2)$

∴ (겉넓이)=$6\times2+96=108(cm^2)$

(2) (밑넓이)=$4\times6=24(cm^2)$

(옆넓이)=$(4+6+4+6)\times3=60(cm^2)$

∴ (겉넓이)=$24\times2+60=108(cm^2)$

(3) (밑넓이)=$\frac{1}{2}\times(4+7)\times4=22(cm^2)$

(옆넓이)=$(4+5+7+4)\times8=160(cm^2)$

∴ (겉넓이)=$22\times2+160=204(cm^2)$

필수문제
54쪽

01 192π cm³	**02** ②	**03** 32π cm³
04 ③	**05** 8	**06** 274 cm²
07 72π cm²	**08** 64π cm²	

01 밑면인 원의 반지름의 길이를 r cm라 하면

$2\pi r=8\pi$ ∴ $r=4$

따라서 구하는 원기둥의 부피는

$\pi\times4^2\times12=192\pi(cm^3)$

02 (부피)=(사각기둥의 부피)−(원기둥의 부피)

$=5\times6\times4-\pi\times2^2\times4$

$=120-16\pi(cm^3)$

03 (부피)=$\left(\pi\times4^2\times\frac{120}{360}\right)\times6=32\pi(cm^3)$

04 (i) $\overleftrightarrow{AD}$를 회전축으로 하여 1회전 시

킬 때 생기는 회전체는 오른쪽 그

림과 같은 원기둥이다.

∴ (부피)=$\pi\times3^2\times2$

$=18\pi(cm^3)$

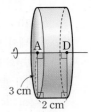

(ii) $\overrightarrow{AB}$를 회전축으로 하여 1회전 시
킬 때 생기는 회전체는 오른쪽 그
림과 같은 원기둥이다.

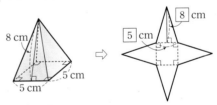

$\therefore$ (부피)$=\pi\times 2^2\times 3$
$\qquad\qquad =12\pi(\text{cm}^3)$

따라서 부피의 비는 $18\pi : 12\pi = 3 : 2$

05 주어진 각기둥의 겉넓이가 248 cm²이므로

$\left\{\dfrac{1}{2}\times(4+10)\times 4\right\}\times 2+(10+5+4+5)\times h=248$

$56+24h=248,\ 24h=192$

$\therefore h=8$

06 (밑넓이)$=7\times 6-3\times 3=33(\text{cm}^2)$

(옆넓이)$=(7+6+4+3+3+3)\times 8=208(\text{cm}^2)$

$\therefore$ (겉넓이)$=33\times 2+208=274(\text{cm}^2)$

07 (겉넓이)$=(\pi\times 3^2)\times 2+(2\pi\times 3)\times 9$

$\qquad\qquad =18\pi+54\pi$

$\qquad\qquad =72\pi(\text{cm}^2)$

08 (겉넓이)

$=$(작은 원기둥의 옆넓이)$+$(큰 원기둥의 겉넓이)

$=(2\pi\times 2)\times 2+\{(\pi\times 4^2)\times 2+2\pi\times 4\times 3\}$

$=8\pi+(32\pi+24\pi)$

$=64\pi(\text{cm}^2)$

❹ 뿔의 부피와 겉넓이

익힘문제

개념 36 뿔의 부피
55쪽

01 답 (1) 75 cm³ (2) 78π cm³

(1) (부피)$=\dfrac{1}{3}\times 25\times 9=75(\text{cm}^3)$

(2) (부피)$=\dfrac{1}{3}\times 39\pi\times 6=78\pi(\text{cm}^3)$

02 답 (1) 15 cm (2) 12 cm

(1) 삼각뿔의 높이를 h cm라 하면

$\dfrac{1}{3}\times 36\times h=180$ $\therefore h=15$

따라서 구하는 삼각뿔의 높이는 15 cm이다.

(2) 사각뿔의 높이를 h cm라 하면

$\dfrac{1}{3}\times 9\times 9\times h=324$ $\therefore h=12$

따라서 구하는 사각뿔의 높이는 12 cm이다.

03 답 (1) 96 cm³ (2) 28 cm³

(1) (부피)$=\dfrac{1}{3}\times(6\times 6)\times 8=96(\text{cm}^3)$

(2) (부피)$=\dfrac{1}{3}\times\left(\dfrac{1}{2}\times 4\times 6\right)\times 7=28(\text{cm}^3)$

04 답 (1) 48π cm³ (2) 320π cm³

(1) (부피)$=\dfrac{1}{3}\times(\pi\times 4^2)\times 9=48\pi(\text{cm}^3)$

(2) (부피)$=\dfrac{1}{3}\times(\pi\times 8^2)\times 15=320\pi(\text{cm}^3)$

05 답 105 cm³

(큰 사각뿔의 부피)$=\dfrac{1}{3}\times(6\times 6)\times 10=120(\text{cm}^3)$

(작은 사각뿔의 부피)$=\dfrac{1}{3}\times(3\times 3)\times 5=15(\text{cm}^3)$

$\therefore$ (사각뿔대의 부피)$=120-15=105(\text{cm}^3)$

06 답 76π cm³

(큰 원뿔의 부피)$=\dfrac{1}{3}\times(\pi\times 6^2)\times 9=108\pi(\text{cm}^3)$

(작은 원뿔의 부피)$=\dfrac{1}{3}\times(\pi\times 4^2)\times 6=32\pi(\text{cm}^3)$

$\therefore$ (원뿔대의 부피)$=108\pi-32\pi=76\pi(\text{cm}^3)$

익힘문제

개념 37 뿔의 겉넓이
56쪽

01 답 풀이 참조 (1) 25 cm² (2) 80 cm² (3) 105 cm²

(1) (밑넓이)$=5\times 5=25(\text{cm}^2)$

(2) (옆넓이)$=\left(\dfrac{1}{2}\times 5\times 8\right)\times 4=80(\text{cm}^2)$

(3) (겉넓이)$=25+80=105(\text{cm}^2)$

02 답 (1) 64 cm² (2) 96 cm²

(1) (밑넓이)$=4\times 4=16(\text{cm}^2)$

(옆넓이)$=\left(\dfrac{1}{2}\times 4\times 6\right)\times 4=48(\text{cm}^2)$

$\therefore$ (겉넓이)$=16+48=64(\text{cm}^2)$

(2) (밑넓이)$=6\times 6=36(\text{cm}^2)$

(옆넓이)$=\left(\dfrac{1}{2}\times 6\times 5\right)\times 4=60(\text{cm}^2)$

$\therefore$ (겉넓이)$=36+60=96(\text{cm}^2)$

03 답 10

$$7 \times 7 + \left(\frac{1}{2} \times 7 \times x\right) \times 4 = 189$$이므로

$$49 + 14x = 189, \ 14x = 140 \qquad \therefore x = 10$$

04 답 (1) $40\pi \ \mathrm{cm^2}$ (2) $96\pi \ \mathrm{cm^2}$

(1) (밑넓이)$=\pi \times 4^2 = 16\pi \ (\mathrm{cm^2})$

(옆넓이)$=\pi \times 4 \times 6 = 24\pi \ (\mathrm{cm^2})$

∴ (겉넓이)$=16\pi + 24\pi = 40\pi \ (\mathrm{cm^2})$

(2) (밑넓이)$=\pi \times 6^2 = 36\pi \ (\mathrm{cm^2})$

(옆넓이)$=\pi \times 6 \times 10 = 60\pi \ (\mathrm{cm^2})$

∴ (겉넓이)$=36\pi + 60\pi = 96\pi \ (\mathrm{cm^2})$

05 답 $200 \ \mathrm{cm^2}$

(작은 밑면의 넓이)$=4 \times 4 = 16 \ (\mathrm{cm^2})$

(큰 밑면의 넓이)$=8 \times 8 = 64 \ (\mathrm{cm^2})$

(옆넓이)$=\left\{\frac{1}{2} \times (4+8) \times 5\right\} \times 4 = 120 \ (\mathrm{cm^2})$

∴ (겉넓이)$=16 + 64 + 120 = 200 \ (\mathrm{cm^2})$

06 답 $104\pi \ \mathrm{cm^2}$

(작은 밑면의 넓이)$=\pi \times 2^2 = 4\pi \ (\mathrm{cm^2})$

(큰 밑면의 넓이)$=\pi \times 6^2 = 36\pi \ (\mathrm{cm^2})$

(옆넓이)$=\pi \times 6 \times 12 - \pi \times 2 \times 4 = 64\pi \ (\mathrm{cm^2})$

∴ (겉넓이)$=4\pi + 36\pi + 64\pi = 104\pi \ (\mathrm{cm^2})$

필수문제

57쪽

01 10 cm	**02** $621\pi \ \mathrm{cm^3}$
03 $975 \ \mathrm{cm^3}$	**04** $340 \ \mathrm{cm^2}$
05 $413 \ \mathrm{cm^2}$	**06** ② **07** ③ **08** ⑤

01 삼각뿔의 높이를 h cm라 하면

$$\frac{1}{3} \times \left(\frac{1}{2} \times 4 \times 6\right) \times h = 40$$

$$4h = 40 \qquad \therefore h = 10$$

따라서 구하는 삼각뿔의 높이는 10 cm이다.

02 원기둥의 부피는

$$(\pi \times 9^2) \times 4 = 324\pi \ (\mathrm{cm^3})$$

원뿔의 부피는

$$\frac{1}{3} \times (\pi \times 9^2) \times 11 = 297\pi \ (\mathrm{cm^3})$$

따라서 주어진 입체도형의 부피는

$$324\pi + 297\pi = 621\pi \ (\mathrm{cm^3})$$

03 (잘라 낸 입체도형의 부피)$=$(삼각뿔의 부피)

$$=\frac{1}{3} \times \left(\frac{1}{2} \times 5 \times 6\right) \times 5$$

$$=25 \ (\mathrm{cm^3})$$

∴ (부피)$=10 \times 10 \times 10 - 25$

$$=1000 - 25 = 975 \ (\mathrm{cm^3})$$

04 (겉넓이)$=10 \times 10 + \left(\frac{1}{2} \times 10 \times 12\right) \times 4$

$$=100 + 240 = 340 \ (\mathrm{cm^2})$$

05 (밑넓이)$=7 \times 7 = 49 \ (\mathrm{cm^2})$

(옆넓이)$=$(사각뿔의 옆넓이)$+$(사각기둥의 옆넓이)

$$=\left(\frac{1}{2} \times 7 \times 6\right) \times 4 + (7 \times 10) \times 4$$

$$=84 + 280 = 364 \ (\mathrm{cm^2})$$

∴ (겉넓이)$=49 + 364 = 413 \ (\mathrm{cm^2})$

06 주어진 평면도형을 1회전 시킬 때 생기는 회전체는 오른쪽 그림과 같으므로

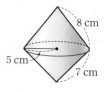

(겉넓이)$=\pi \times 5 \times 8 + \pi \times 5 \times 7$

$$=40\pi + 35\pi = 75\pi \ (\mathrm{cm^2})$$

07 (원뿔의 부피)$=\frac{1}{3} \times (\pi \times 6^2) \times 12 = 144\pi \ (\mathrm{cm^3})$

(원기둥의 부피)$=\pi \times 6^2 \times 12 = 432\pi \ (\mathrm{cm^3})$

따라서 $432\pi \div 144\pi = 3$(번) 부어야 한다.

08 원 O의 반지름의 길이를 r cm라 하면

$$2\pi r = 2 \times (2\pi \times 4), \ 2\pi r = 16\pi$$

$$\therefore r = 8$$

따라서 원뿔의 모선의 길이는 8 cm이므로

(원뿔의 겉넓이)$=\pi \times 4^2 + \pi \times 4 \times 8$

$$=16\pi + 32\pi = 48\pi \ (\mathrm{cm^2})$$

❺ 구의 부피와 겉넓이

익힘문제

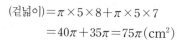

개념 **38** 구의 부피와 겉넓이

58쪽

01 답 (1) $36\pi \ \mathrm{cm^3}, \ 36\pi \ \mathrm{cm^2}$ (2) $288\pi \ \mathrm{cm^3}, \ 144\pi \ \mathrm{cm^2}$

(3) $\frac{256}{3}\pi \ \mathrm{cm^3}, \ 64\pi \ \mathrm{cm^2}$

(1) (부피)$=\frac{4}{3}\pi \times 3^3 = 36\pi \ (\mathrm{cm^3})$

(겉넓이)$=4\pi \times 3^2 = 36\pi \ (\mathrm{cm^2})$

(2) (부피)$=\frac{4}{3}\pi\times 6^3=288\pi(\text{cm}^3)$

(겉넓이)$=4\pi\times 6^2=144\pi(\text{cm}^2)$

(3) (부피)$=\frac{4}{3}\pi\times 4^3=\frac{256}{3}\pi(\text{cm}^3)$

(겉넓이)$=4\pi\times 4^2=64\pi(\text{cm}^2)$

02 답 5 cm

구 ㈜의 반지름의 길이를 r cm라 하면

$4\pi r^2=\pi\times 10^2,\ 4\pi r^2=100\pi$

$r^2=25$ ∴ $r=5$

따라서 구 ㈜의 반지름의 길이는 5 cm이다.

> **이런 풀이 어때요?**
>
> 구 ㈜의 반지름의 길이를 r cm라 하면 원 ㈕의 반지름의 길이는 $2r$ cm이므로
>
> $2r=10$ ∴ $r=5$
>
> 따라서 구 ㈜의 반지름의 길이는 5 cm이다.

03 답 (1) 144π cm^3, 108π cm^2

(2) $\frac{250}{3}\pi$ cm^3, 75π cm^2

(3) $\frac{1024}{3}\pi$ cm^3, 192π cm^2

(1) (부피)$=\frac{4}{3}\pi\times 6^3\times\frac{1}{2}=144\pi(\text{cm}^3)$

(겉넓이)$=\pi\times 6^2+4\pi\times 6^2\times\frac{1}{2}$

$=108\pi(\text{cm}^2)$

(2) (부피)$=\frac{4}{3}\pi\times 5^3\times\frac{1}{2}=\frac{250}{3}\pi(\text{cm}^3)$

(겉넓이)$=\pi\times 5^2+4\pi\times 5^2\times\frac{1}{2}$

$=75\pi(\text{cm}^2)$

(3) (부피)$=\frac{4}{3}\pi\times 8^3\times\frac{1}{2}=\frac{1024}{3}\pi(\text{cm}^3)$

(겉넓이)$=\pi\times 8^2+4\pi\times 8^2\times\frac{1}{2}$

$=192\pi(\text{cm}^2)$

04 답 46π cm^3

공의 반지름의 길이를 r cm라 하면

$\pi\times r^2\times 2r=69\pi$

∴ $r^3=\frac{69}{2}$

∴ (공의 부피)$=\frac{4}{3}\pi r^3=\frac{4}{3}\pi\times\frac{69}{2}$

$=46\pi(\text{cm}^3)$

> **이런 풀이 어때요?**
>
> (공의 부피) : (원기둥 모양의 통의 부피)$=2:3$이므로
>
> (공의 부피)$=\frac{2}{3}\times 69\pi=46\pi(\text{cm}^3)$

59쪽

01 ④ **02** 252π cm^3 **03** 36π cm^2

04 $\frac{224}{3}\pi$ cm^3 **05** ④ **06** ②

07 252π cm^3 **08** ⑤

01 구의 반지름의 길이를 r cm라 하면

$\pi r^2=25\pi$ ∴ $r=5$

따라서 구의 부피는

$\frac{4}{3}\pi\times 5^3=\frac{500}{3}\pi(\text{cm}^3)$

02 (부피)$=$(구의 부피)$\times\frac{7}{8}=\frac{4}{3}\pi\times 6^3\times\frac{7}{8}$

$=252\pi(\text{cm}^3)$

03 주어진 평면도형을 1회전 시킬 때 생기는 회전체는 오른쪽 그림과 같은 구이므로

(겉넓이)$=4\pi\times 3^2$

$=36\pi(\text{cm}^2)$

04 (부피)$=$(반구의 부피)$+$(원뿔의 부피)

$=\frac{4}{3}\pi\times 4^3\times\frac{1}{2}+\frac{1}{3}\times(\pi\times 4^2)\times 6$

$=\frac{128}{3}\pi+32\pi=\frac{224}{3}\pi(\text{cm}^3)$

05 구의 반지름의 길이를 r cm라 하면

$4\pi r^2=144\pi,\ r^2=36$ ∴ $r=6$

∴ (부피)$=\frac{4}{3}\pi\times 6^3=288\pi(\text{cm}^3)$

06 (겉넓이)

$=(\pi\times 6^2-\pi\times 2^2)+4\pi\times 2^2\times\frac{1}{2}+4\pi\times 6^2\times\frac{1}{2}$

$=32\pi+8\pi+72\pi=112\pi(\text{cm}^2)$

07 주어진 평면도형을 1회전 시킬 때 생기는 회전체는 오른쪽 그림과 같으므로

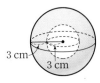

(작은 구의 부피)$=\frac{4}{3}\pi\times 3^3$

$=36\pi(\text{cm}^3)$

(큰 구의 부피)$=\frac{4}{3}\pi\times 6^3=288\pi(\text{cm}^3)$

∴ (부피)$=288\pi-36\pi=252\pi(\text{cm}^3)$

08 원기둥 모양의 그릇에 채워진 물의 높이를 h cm라 하면

$\frac{4}{3}\pi\times 6^3=\pi\times 4^2\times h,\ 288\pi=16\pi h$

∴ $h=18$

따라서 구하는 물의 높이는 18 cm이다.

06 자료의 정리와 해석

개념 정리 ·· 60~61쪽

❶ 잎 ❷ 크기 ❸ 도수 ❹ 0 ❺ 가로축
❻ 1

❶ 줄기와 잎 그림, 도수분포표

익힘문제

개념 39 줄기와 잎 그림 62쪽

01 달 (1) ○ (2) × (3) ○ (4) ×
(2) 세로선의 왼쪽에 줄기를 크기가 작은 값부터 차례대로 세로로 쓴다.
(4) (3|5는 35회)는 줄기가 3이고 잎이 5일 때, 35회임을 뜻한다.

02 달 풀이 참조 (1) 십, 일 (2) 7, 8, 9 (3) 0, 4, 6

체육 성적 (6|4는 64점)

줄기			잎		
6	4	8			
7	0	2	4	6	9
8	0	4	6		
9	2	6			

03 달 (1) 15명 (2) 1 (3) 27권 (4) 20권
(3) 책을 가장 많이 읽은 학생이 읽은 책의 수는 29권이고, 가장 적게 읽은 학생이 읽은 책의 수는 2권이므로 책의 수의 차는 29−2=27(권)

04 달 (1) 7명 (2) 43세
(1) 나이가 50세 이상인 회원은
남자: 52세, 53세, 62세, 65세의 4명
여자: 53세, 55세, 61세의 3명
∴ 4+3=7(명)
(2) 나이가 가장 많은 남자 회원의 나이는 65세이고, 나이가 가장 적은 여자 회원의 나이는 22세이므로 나이의 차는 65−22=43(세)

익힘문제

개념 40 도수분포표 63쪽

01 달 풀이 참조 (1) 10분 (2) 5개 (3) 25분 이상 35분 미만

시간(분)	도수(명)
5이상 ~ 15미만	4
15 ~ 25	6
25 ~ 35	7
35 ~ 45	2
45 ~ 55	1
합계	20

(1) 계급의 크기는
15−5=25−15=⋯=55−45=10(분)
(2) 가장 큰 도수는 7명이므로 도수가 가장 큰 계급은 25분 이상 35분 미만이다.

02 달 (1) 30명 (2) 10회 이상 14회 미만
(3) 12명
(1) 전체 학생 수는
3+7+8+10+2=30(명)
(3) 14회 이상 18회 미만인 계급의 도수는 10명이고
18회 이상 22회 미만인 계급의 도수는 2명이다.
따라서 제기차기 횟수가 14회 이상인 학생 수는
10+2=12(명)

03 달 (1) 5 kg (2) 5개 (3) 40 kg 이상 45 kg 미만
(4) 6 (5) 25 kg 이상 30 kg 미만
(1) 계급의 크기는
30−25=35−30=⋯=50−45=5(kg)
(4) 3+5+A+7+4=25이므로
A=6
(5) 가장 작은 도수는 3명이므로 도수가 가장 작은 계급은 25 kg 이상 30 kg 미만이다.

04 달 (1) 7 (2) 15개 이상 20개 미만 (3) 20 %
(1) 전체 선수의 수는
4+6+12+10+A+1=33+A(명)
홈런의 개수가 0개 이상 5개 미만인 선수 4명이 전체의 10 %이므로
$\frac{4}{33+A}×100=10$, 33+A=40
∴ A=7
(2) 홈런의 개수가
25개 이상인 선수 수: 1명
20개 이상인 선수 수: 1+7=8(명)
15개 이상인 선수 수: 1+7+10=18(명)
따라서 홈런의 개수가 많은 쪽에서 13번째인 선수가 속하는 계급은 15개 이상 20개 미만이다.
(3) 홈런의 개수가 20개 이상인 선수는 7+1=8(명)이므로 전체의 $\frac{8}{40}×100=20(%)$

필수문제 —————————————— 64쪽

01 남학생이 여학생보다 줄기의 수가 큰 쪽에 잎이 많으므로 운동을 더 많이 한 편이다.

02 남학생 중 운동 시간이 50분 이상인 학생이 7명, 여학생 중 운동 시간이 50분 이상인 학생이 5명이다.
따라서 남학생이 $7-5=2$(명) 더 많다.

03 ① 계급의 크기는
$60-50=70-60=\cdots=100-90=10$(점)
② 계급의 개수는 5개이다.
③ 영어 성적이 70점 미만인 학생 수는
$3+5=8$(명)
④ 도수가 가장 큰 계급은 70점 이상 80점 미만이므로 그 계급의 도수는 13명이다.
⑤ 영어 성적이 가장 낮은 학생의 점수는 50점 이상 60점 미만인 계급에 속하지만 정확한 점수는 알 수 없다.

04 $A=B+6$이므로
$2+(B+6)+6+5+B=25$
$2B=6$
$\therefore B=3$
따라서 $A=3+6=9$이므로
$A-2B=9-2\times3$
$\qquad\quad=9-6=3$

05 용돈이 4만원 이상인 학생 수: 3명
용돈이 3만원 이상인 학생 수: $3+5=8$(명)
이므로 용돈이 8번째로 많은 학생이 속하는 계급은 3만 원 이상 4만 원 미만이다.
따라서 구하는 도수는 5명이다.

06 키가 160 cm 이상 165 cm 미만인 학생이 전체의 30 %이고 전체 학생 수가 40명이므로
$\dfrac{A}{40}\times100=30$
$\therefore A=12$
$1+2+8+11+12+B=40$이므로
$34+B=40$
$\therefore B=6$
$\therefore A-B=12-6=6$

07 키가 155 cm 이상인 학생 수는
$11+12+6=29$(명)

❷ 히스토그램과 도수분포다각형

개념**41** 히스토그램 ——————— 65쪽

01 답
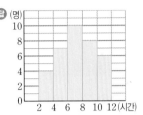

02 답 (1) 4시간 (2) 6개 (3) 50명
(4) 12시간 이상 16시간 미만 (5) 12명
(1) 계급의 크기는
$8-4=12-8=\cdots=28-24=4$(시간)
(2) (계급의 개수)=(직사각형의 개수)
$\qquad\qquad\qquad=6$(개)
(3) 전체 주민 수는
$5+8+15+10+7+5=50$(명)
(5) 20시간 이상 24시간 미만인 계급의 도수는 7명이고 24시간 이상 28시간 미만인 계급의 도수는 5명이다.
따라서 인터넷 접속 시간이 20시간 이상인 주민 수는
$7+5=12$(명)

03 답 (1) 0.4 L (2) 20명 (3) 0.4 (4) 8 (5) 25 %
(1) 계급의 크기는
$0.8-0.4=1.2-0.8=\cdots=2.4-2=0.4$(L)
(2) 전체 학생 수는
$2+5+8+4+1=20$(명)
(3) 도수가 가장 작은 계급은 2 L 이상 2.4 L 미만이고 그 계급의 도수가 1명이므로 직사각형의 넓이는
$0.4\times1=0.4$
(4) (직사각형의 넓이의 합)=(계급의 크기)×(도수의 총합)
$\qquad\qquad\qquad\qquad=0.4\times20=8$
(5) 마신 물의 양이 1.6 L 이상인 학생 수는 $4+1=5$(명)이므로 전체의
$\dfrac{5}{20}\times100=25(\%)$

04 답 5명
1분 동안 윗몸 일으키기 횟수가
30회 미만인 학생 수: 2명
40회 미만인 학생 수: $2+5=7$(명)
따라서 윗몸 일으키기 횟수가 4번째로 적은 학생이 속하는 계급은 30회 이상 40회 미만이므로 그 계급의 도수는 5명이다.

개념 42 도수분포다각형

66쪽

01 답

02 답 (1) 2시간 (2) 5개 (3) 40명
(4) 6시간 이상 8시간 미만 (5) 4명

(1) 계급의 크기는
$$6-4=8-6=\cdots=14-12=2(시간)$$

(2) 양 끝 점은 계급의 개수에 포함되지 않는다. 양 끝 점을 제외한 나머지 점들의 개수는 5개이므로 계급의 개수는 5개이다.

(3) 전체 학생 수는
$$4+10+11+8+7=40(명)$$

(5) 도수가 가장 작은 계급은 4시간 이상 6시간 미만이므로 그 계급의 도수는 4명이다.

03 답 (1) 2초 (2) 32명 (3) 15초 이상 17초 미만
(4) 25 % (5) 64

(1) 계급의 크기는
$$13-11=15-13=\cdots=21-19=2(초)$$

(2) 전체 학생 수는
$$1+7+12+9+3=32(명)$$

(3) 달리기 기록이
13초 미만인 학생 수: 1명
15초 미만인 학생 수: $1+7=8$(명)
17초 미만인 학생 수: $1+7+12=20$(명)
따라서 달리기 기록이 10번째로 좋은 학생이 속하는 계급은 15초 이상 17초 미만이다.

(4) 달리기 기록이 15초 미만인 학생 수는 $1+7=8$(명)이므로 전체의
$$\frac{8}{32}\times100=25(\%)$$

(5) (도수분포다각형과 가로축으로 둘러싸인 부분의 넓이)
$$=(계급의 크기)\times(도수의 총합)$$
$$=2\times32=64$$

04 답 10명
전체 학생 수가 40명이므로 자란 키가 14 cm 이상 16 cm 미만인 학생 수는
$$40-(6+9+8+7)=10(명)$$

01 ② **02** ⑤ **03** 8명 **04** 40명 **05** 30 %
06 ㄱ, ㄷ

01 ② 세로축에는 도수를 나타낸다.

02 ① 계급의 크기는
$$50-40=60-50=\cdots=100-90=10(점)$$
② (계급의 개수)=(직사각형의 개수)
$$=6(개)$$
③ 성적이 71점인 학생이 속하는 계급은 70점 이상 80점 미만이므로 그 계급의 도수는 6명이다.
④ 성적이 80점 이상인 학생 수는
$$4+1=5(명)$$
⑤ 전체 학생 수는
$$2+3+4+6+4+1=20(명)$$
이므로
(직사각형의 넓이의 합)$$=10\times20$$
$$=200$$

03 턱걸이 기록이 41회인 학생이 속하는 계급은 35회 이상 45회 미만이므로 그 계급의 도수는
$$35-(4+11+8+4)$$
$$=8(명)$$

04 전체 학생 수는
$$6+4+2+3+8+10+7$$
$$=40(명)$$

05 봉사 활동 시간이 10시간 미만인 학생 수는
$$6+4+2=12(명)$$
이므로 전체의
$$\frac{12}{40}\times100=30(\%)$$

06 ㄱ. (남학생 수)$=1+3+8+11+6+4+2$
$$=35(명)$$
(여학생 수)$=1+2+5+8+10+6+3$
$$=35(명)$$
따라서 남학생 수와 여학생 수는 같다.
ㄴ. 남학생의 기록을 나타내는 그래프가 여학생의 기록을 나타내는 그래프보다 전체적으로 왼쪽으로 더 치우쳐 있으므로 남학생의 기록이 여학생의 기록보다 좋은 편이다.
ㄷ. 두 그래프에서 계급의 크기와 도수의 총합이 각각 같으므로 두 넓이는 서로 같다.
이상에서 옳은 것은 ㄱ, ㄷ이다.

❸ 상대도수와 그 그래프

개념 43 상대도수

68쪽

01 답 (1) 20, 50, 0.4 (2) 25, 0.4, 10 (3) 40, 0.25, 160

(1) $A = \dfrac{20}{50} = 0.4$

(2) $B = 25 \times 0.4 = 10$

(3) $C = \dfrac{40}{0.25} = 160$

02 답 (1) 50명 (2) $A = 0.18$, $B = 20$, $C = 0.28$

(3) 풀이 참조

(1) 0회 이상 10회 미만인 계급의 도수는 2명이고 상대도수는 0.04이므로

(전체 학생 수) $= \dfrac{2}{0.04} = 50$(명)

(2) 10회 이상 20회 미만인 계급의 상대도수는

$\dfrac{9}{50} = 0.18$ $\therefore A = 0.18$

20회 이상 30회 미만인 계급의 도수는

$50 \times 0.4 = 20$(명) $\therefore B = 20$

30회 이상 40회 미만인 계급의 상대도수는

$\dfrac{14}{50} = 0.28$ $\therefore C = 0.28$

(3)

팔굽혀펴기 횟수(회)	도수(명)	상대도수
0^{이상} ~ 10^{미만}	2	0.04
10 ~ 20	9	0.18
20 ~ 30	20	0.4
30 ~ 40	14	0.28
40 ~ 50	5	0.1
합계	50	1

03 답 (1) 25명 (2) 6시간 이상 7시간 미만 (3) 0.32

(4) 20 %

(1) 5시간 이상 6시간 미만인 계급의 도수는 3명이고 상대도수는 0.12이므로

(전체 학생 수) $= \dfrac{3}{0.12} = 25$(명)

(2) 6시간 이상 7시간 미만인 계급의 도수는

$25 - (2+3+8+3) = 9$(명)

각 계급의 상대도수는 그 계급의 도수에 정비례하므로 도수가 가장 큰 계급이 상대도수가 가장 큰 계급이다.

따라서 상대도수가 가장 큰 계급은 도수가 가장 큰 6시간 이상 7시간 미만이다.

(3) 수면 시간이 7.5시간인 학생이 속하는 계급은 7시간 이상 8시간 미만이고 그 계급의 도수는 8명이므로 상대도수는

$\dfrac{8}{25} = 0.32$

(4) 4시간 이상 5시간 미만인 계급의 상대도수는

$\dfrac{2}{25} = 0.08$

따라서 6시간 미만인 계급의 상대도수의 합은

$0.08 + 0.12 = 0.2$

이므로 전체의

$0.2 \times 100 = 20(\%)$

04 답 A 중학교

$(\text{A 중학교의 상대도수}) = \dfrac{48}{300}$

$= 0.16$

$(\text{B 중학교의 상대도수}) = \dfrac{79}{500}$

$= 0.158$

따라서 A 중학교가 90점 이상인 학생의 비율이 더 높다.

개념 44 상대도수의 분포를 나타낸 그래프

69쪽

01 답

사용 시간(분)	도수(명)	상대도수
50^{이상} ~ 60^{미만}	5	0.1
60 ~ 70	11	0.22
70 ~ 80	17	0.34
80 ~ 90	10	0.2
90 ~ 100	7	0.14
합계	50	1

⇩

02 답 (1) 0.18 (2) 0.34 (3) 28 % (4) 56명

(2) 상대도수가 가장 큰 계급은 70점 이상 80점 미만이므로 그 계급의 상대도수는 0.34이다.

(3) 60점 이상 70점 미만인 계급의 상대도수는 0.28이므로 전체의

$$0.28 \times 100 = 28(\%)$$

(4) 80점 이상인 계급의 상대도수의 합은 $0.18 + 0.1 = 0.28$ 이므로 학생 수는

$$200 \times 0.28 = 56(명)$$

03 답 (1) 0.35 (2) 40명 (3) 14명

(1) 60점 이상 70점 미만인 계급의 상대도수는

$$1 - (0.1 + 0.15 + 0.2 + 0.15 + 0.05) = 0.35$$

(2) (전체 학생 수) $= \dfrac{4}{0.1} = 40(명)$

(3) 성적이 60점 이상 70점 미만인 학생 수는
(도수의 총합) × (그 계급의 상대도수)
$= 40 \times 0.35 = 14(명)$

04 답 A 중학교, 21명

A 중학교에서 80점 이상인 계급의 상대도수의 합은
$0.14 + 0.04 = 0.18$이므로 학생 수는
$$250 \times 0.18 = 45(명)$$
B 중학교에서 80점 이상인 계급의 상대도수의 합은
$0.04 + 0.02 = 0.06$이므로 학생 수는
$$400 \times 0.06 = 24(명)$$
따라서 A 중학교가 $45 - 24 = 21(명)$ 더 많다.

필수문제 ─────────────── **70쪽**

01 ④   **02** ③   **03** 0.25   **04** 14명   **05** 25명
06 ㄱ, ㄴ

01 ④ 상대도수의 분포를 나타낸 도수분포다각형 모양의 그래프와 가로축으로 둘러싸인 부분의 넓이는 계급의 크기와 같다.

02 50점 이상 60점 미만인 계급의 도수는 4명이고 상대도수는 0.1이므로

(전체 학생 수) $= \dfrac{4}{0.1} = 40(명)$

$$\therefore E = 40$$

$$A = \frac{6}{40} = 0.15$$

$$D = 40 \times 0.2 = 8$$

$$B = 40 - (4 + 6 + 10 + 8) = 12$$

$$C = \frac{12}{40} = 0.3$$

03 영어 성적이
90점 이상인 학생 수 : 8명
80점 이상인 학생 수 : $8 + 10 = 18(명)$
이므로 영어 성적이 높은 쪽에서 9번째인 학생이 속하는 계급은 80점 이상 90점 미만이다.
따라서 구하는 상대도수는 0.25이다.

04 공 던지기 기록이 35 m 이상인 계급의 상대도수의 합은
$$0.26 + 0.02 = 0.28$$
따라서 기록이 35 m 이상인 학생 수는
$$50 \times 0.28 = 14(명)$$

05 점심 식사 시간이 15분 미만인 계급의 상대도수의 합은
$0.08 + 0.2 = 0.28$이고 학생 수는 7명이므로

(전체 학생 수) $= \dfrac{7}{0.28} = 25(명)$

06 ㄱ. 남학생의 기록을 나타내는 그래프가 여학생의 기록을 나타내는 그래프보다 전체적으로 왼쪽으로 더 치우쳐 있으므로 남학생이 여학생보다 기록이 더 좋은 편이다.

ㄴ. 기록이 15초 미만인 계급의 상대도수의 합은
남학생 : $0.08 + 0.12 = 0.2$
여학생 : $0.04 + 0.04 = 0.08$
따라서 기록이 15초 미만인 학생의 비율은 남학생이 더 높다.

ㄷ. 여학생에서 기록이 18초 이상인 계급의 상대도수의 합은 $0.2 + 0.12 = 0.32$이므로 기록이 18초 이상인 여학생은 전체 여학생의 $0.32 \times 100 = 32(\%)$이다.

이상에서 옳은 것은 ㄱ, ㄴ이다.